MANUEL D'ENTOMOLOGIE,

OU

HISTOIRE NATURELLE DES INSECTES,

CONTENANT

LA SYNONYMIE ET LA DESCRIPTION DE LA PLUS GRANDE PARTIE DES ESPÈCES D'EUROPE ET DES ESPÈCES EXOTIQUES LES PLUS REMARQUABLES;

PAR M. BOITARD.

TOME SECOND.

PARIS,

RORET, LIBRAIRE, RUE HAUTEFEUILLE,

AU COIN DE CELLE DU BATTOIR.

1828.

MANUEL

D'ENTOMOLOGIE.

FAMILLE 18. LES XYLOPHAGES.

Analyse des genres.

1. { Antennes de dix articles distincts, ou moins. 2
   { Antennes de onze articles. 10

2. { Palpes s'amincissant à la pointe, coniques. 3
   { Palpes filiformes, ou plus gros à l'extrémité. 5

3. { Palpes courts, antennes de huit ou neuf articles distincts; corps cylindrique. . . . . *Genre Scolytes.*
   { Palpes assez allongés; antennes de deux ou de dix articles; corps déprimé, en carré long. 4

4. { Antennes de deux articles, dont le dernier très grand. . . . . *Genre Paussus.*
   { Antennes de dix articles, perfoliées à leur base. . . . . *Genre Cératptère.*

5. { Corps étroit et allongé, cylindrique ou linéaire. 6
   { Corps ovale ou arrondi, déprimé. 9

6. { Antennes en massue perfoliée ou en scie. 7
   { Antennes terminées en massue solide, presque globuleuse. . . . . *Genre Cérylon.*

7. Antennes plus longues que la tête; corps déprimé ou cylindrique............ 8
Antennes guère plus longues que la tête, celle-ci presque aussi longue que le corselet; corps linéaire....... *Genre Némozome.*

8. Corps cylindrique; corselet globuleux ou cubique.................. *Genre Bostriche.*
Corps déprimé................... *Genre Psoa.*

9. Corps ovale................... *Genre Cis.*
Corps arrondi; corselet en forme de bouclier, cachant la tête..... *Genre Clypéastre.*

10. Corps ovale ou globuleux; antennes grossissant insensiblement vers l'extrémité.......................... 11
Corps étroit et allongé; extrémité seule des antennes en massue........... 12

11. Corps ovale; antennes perfoliées ou en massue de trois à quatre articles. *Genre Mycétophage.*
Corps presque globuleux ou contractile. .... *Genre Agathidie.*

12. Massue des antennes de deux articles... 13
Massue des antennes de trois ou quatre articles.... 14

13. Antennes de la longueur de la tête et du corselet; mandibules saillantes. *Genre Lycte.*
Antennes moins longues que la tête et le corselet; mandibules cachées ou peu découvertes................ *Genre Bitome.*

14. Antennes guère plus longues que la tête. .... *Genre Colydie.*
Antennes notablement plus longues que la tête 15

15. Mandibules fortes et avancées... *Genre Trogosite.*
Mandibules petites 16

16. Palpes maxillaires saillans....... *Genre Méryx.*
Palpes très courts.............. 17

17. Second article des antennes plus grand que le troisième; tête et corselet plus étroits que l'abdomen. . . . . *Genre Latridie.*
Second article des antennes à peu près de même grandeur que les autres; tête et corselet aussi larges que l'abdomen. *Genre Sylvain.*

CARACTÈRES. Tête non prolongée en trompe ou en museau ; tarses simples, à articles entiers ou dont le pénultième seul est quelquefois élargi en cœur ; antennes plus grosses vers leur extrémité, ou perfoliées dès leur base.

Les larves de ces insectes vivent dans le bois, et font assez souvent un très grand tort aux plantations d'oliviers, ainsi qu'aux forêts de pins et de sapins.

SECTION PREMIÈRE.

Antennes n'ayant jamais plus de dix articles distincts.

* *Palpes coniques.*

Premier genre. LES SCOLYTES (*Scolytus*).

Palpes très petits ; antennes de huit à neuf articles distincts, les derniers en massue conique ou à trois feuillets ; corps cylindrique.

Souvent ces insectes ont le corps coupé obliquement à son extrémité postérieure, et les élytres ont de petites dents et des aspérités à cette partie de la troncature.

Premier sous-genre. LES SCOLYTES. *Antennes en massue solide.*

SCOLYTE DESTRUCTEUR (*Scolytus destructor*, LATR. ; *hylesinus scolytus*, FAB.). Noirâtre ; glabre ; élytres brunes, tronquées et striées ; tête couverte de poils gris-cendré ; abdomen rétus. — Paris.

SCOLYTE PYGMÉ (*S. pygmæus*, LATR. ; *hylesinus pygmæus*, FAB.). Très noir et luisant ; abdomen rétus ; élytres brunes, entières. — Paris.

Scolyte micrographe (*Scolytus micrographus*, Latr.; *bostrichus micrographus*, Fab.). Cylindrique; dessous ferrugineux; dessus testacé; corselet raboteux en devant, lisse à sa partie postérieure; élytres entières, pointillées, presque lisses, velues à l'extrémité. — Paris.

Scolyte chalcographe (*S. chalcographus*, Latr.; *bostrichus chalcographus*, Fab.). Noir; élytres rousses, presque lisses, un peu tronquées, ayant trois denticules à l'extrémité. — Autriche.

Scolyte typographe (*S. typographus*, Latr.; *bostrichus typographus*, Fab.). Testacé; velu; élytres striées, tronquées et dentées à l'extrémité. — Allemagne.

Scolyte ligniperde (*S. ligniperda*, Latr.; *hylesinus ligniperda*, Fab.). Brun noirâtre; velu; élytres à stries ponctuées, ayant quelques rides; les quatre jambes postérieures dentelées. — France.

Scolyte piniperde (*S. piniperda*, Latr.; *hylesinus piniperda*, Fab.). Noir; un peu velu; tarses roux; élytres à stries crénelées. — Allemagne.

Scolyte pubescent (*S. pubescens*, Latr.; *hylesinus pubescens*, Fab.). D'un brun noirâtre, pubescent; antennes et pates jaunâtres; front velu. — Paris.

Scolyte six-denté (*S. sex-dentatus*, Latr.). Cylindrique; testacé; couvert d'un léger duvet; élytres un peu tronquées, ayant six dents peu apparentes à l'extrémité. — Paris.

Scolyte rétus (*S. retusus*, Latr.). Brun; légèrement velu; élytres lisses et un peu tronquées. — Paris.

Scolyte bidenté (*S. bidens*, Latr.; *bostrichus bidens*, Fab.). Brun foncé; élytres tronquées, ayant une dent près de la suture. — Paris.

Scolyte crenelé (*S. crenatus*, Latr.; *hylesinus crenatus*, Fab.). Noir; antennes et pates d'un brun obscur; élytres de la même couleur, à stries crénelées. — Paris.

Scolyte varié (*S. varius*, Latr.; *hylesinus varius*, Fab.). Noirâtre; élytres d'un brun fauve varié de cendré, striées. — Paris.

Scolyte enfoncé (*Scolytus impressus*, Latr.). Ovale; noirâtre; une large impression sur le front; élytres entières, couvertes d'un duvet soyeux et cendré, à stries ponctuées. — Paris.

Scolyte monographe (*S. monographus*, Latr.; *bostrichus monographus*, Fab.). D'un brun testacé; élytres lisses, un peu tronquées à l'extrémité, ayant chacune trois petites dents, dont deux à l'extrémité de la suture, et la troisième au bord extérieur. — Paris.

Scolyte oléïperde (*S. oleiperda*, Latr.; *hylesinus oleiperda*, Fab.). Brun et velu; élytres d'un gris testacé, striées; pates fauves. — Midi de la France.

Scolyte des dates (*S. dactyliperda*, Latr.; *bostrichus dactyliperda*, Fab.). Velu; élytres entières, testacées; jambes antérieures dentées. — Paris.

Scolyte nain (*S. pusillus*, Latr.). Ovale-oblong; brun; velu; élytres ponctuées, entières. — Paris.

Scolyte du frêne (*S. fraxini*, Latr.; *hylesinus fraxini*, Fab.). Gris; deux lignes noires, confluentes antérieurement, sur le corselet; des taches noires, comme réticulées, sur les élytres. — Paris.

Scolyte du mélèze (*S. laricis*, Latr.; *bostrichus laricis*, Fab.). Brun; élytres tronquées, ayant chacune quatre petites dents; pates roussâtres. — Allemagne.

Scolyte du sapin (*S. abietinus*, Latr.; *hylesinus abietinus*, Fab.). Noir; élytres brunes et courtes. — Allemagne.

Scolyte polygraphe (*S. polygraphus*, Latr.; *bostrichus polygraphus*, Fab.). Noirâtre; corselet rétréci en devant; antennes et pates jaunâtres; élytres d'un brun verdâtre, vaguement ponctuées. — Suède.

Scolyte rubané (*S. vittatus*, Latr.; *hylesinus vittatus*, Fab.). Brun; un peu velu; une bande courte et cendrée sur chaque élytre. — Allemagne.

Scolyte velu (*S. villosus*, Latr.; *hylesinus villosus*, Fab.). Brun; velu; élytres striées par des lignes de points alternativement plus enfoncées; pates d'un brun clair. — Allemagne.

Scolyte raccourci (*S. brevis*, Latr.). Noirâtre; corselet rugueux, brun; élytres d'un brun ferrugineux, à stries légères et ponctuées ; antennes et pates rousses. — Allemagne.

SCOLYTE DENTELÉ (*Scolytus serratus*, LATR.). Brun ; corselet ferrugineux, rude antérieurement ; élytres lisses et striées. — Allemagne.

SCOLYTE MINUSCULE (*S. minimus*, LATR. ; *hylesinus minimus*, FAB.). Cendré ; élytres un peu plus obscures que le reste du corps, lisses et entières. — Saxe.

SCOLYTE TESTACÉ (*S. testaceus*, LATR. ; *hylesinus testaceus*, FAB.). Testacé ; glabre ; élytres lisses, de la longueur de l'abdomen. — Allemagne.

SCOLYTE PATES-JAUNES (*S. flavipes*, LATR.). Noir ; velu ; corselet cylindrique, caréné en dessus ; élytres brunes, striées ; jambes et antennes fauves. — Autriche.

SCOLYTE TÊTE-NOIRE (*S. melanocephalus*, LATR. ; *hylesinus melanocephalus*, FAB.). Gris ; velu ; tête noire ; jambes jaunâtres. — Danemarck.

SCOLYTE THORACIQUE (*S. thoracicus*, LATR.). Noirâtre ; corselet globuleux, rugueux en devant, d'un noir foncé ; antennes et pates fauves ; élytres entières, à stries ponctuées et brunes. — Allemagne.

Deuxième sous-genre : LES PLATYPES. *Antennes en massue solide ; tarses longs, à articles simples.*

PLATYPE CYLINDRIQUE (*platypus cylindricus*, LATR. ; *bostrichus cylindricus*, FAB.). Cylindrique ; noirâtre ; pates comprimées et fauves ; élytres striées, velues, un peu tronquées, dentées à l'extrémité. — Allemagne. France.

Troisième sous-genre. LES PHLOIOTRIBES. *Antennes ayant leur massue en éventail.*

PHLOIOTRIBE DE L'OLIVIER (*Phloiotribus oleæ*, LATR. ; *hylesinus oleæ.*). Gris cendré ; velu ; antennes fauves ; pates brunes. — France méridionale.

Deuxième genre. LES PAUSSUS (*Paussus*).

Ils diffèrent des scolytes par leurs palpes assez allongés, leurs antennes de deux articles, dont le dernier très grand ; leur corps est déprimé, en carré long.

On ignore les mœurs de ces insectes exotiques ; mais on pense qu'ils doivent vivre dans le bois comme les précédens.

PAUSSUS LINÉÉ (*Paussus lineatus*, LATR.). Brun ; une ligne noire sur chaque élytre. — Du Cap.

PAUSSUS MICROCÉPHALE (*P. microcephalus*, LATR.). Brun ; massue des antennes très grande et irrégulièrement dentée. — Afrique.

Troisième genre. LES CÉRAPTÈRES (*Cerapterus*).

Ils ont tous les caractères des paussus ; mais leurs antennes sont de dix articles et perfoliées dès la base.

CÉRAPTÈRE FLAVICORNE (*Cerapterus flavicornis*). Noir ; les deux premiers articles des antennes roussâtres, les autres noirs ; élytres d'un bleu brillant. — Java.

** *Palpes filiformes, ou plus gros à l'extrémité.*

Quatrième genre. LES BOSTRICHES (*Bostrichus*).

Antennes en massue de trois articles, perfoliées ou en scie, plus longues que la tête ; corps cylindrique, étroit et allongé ; corselet globuleux ou cubique.

Leurs larves vivent dans le bois, et c'est aussi là qu'on rencontre l'insecte parfait.

BOSTRICHE CAPUCIN (*Bostrichus capucinus*, LATR. ; *apate capucina*, FAB.). Cinq lignes de longueur ; noir ; corselet bossu, ayant des points élevés ; abdomen et élytres d'un fauve rouge. — Paris.

BOSTRICHE EN DEUIL (*B. luctuosus*, LATR.). Noir ; corselet bossu, couvert de points élevés ; élytres raboteuses, entières. — France méridionale.

BOSTRICHE MURIQUÉ (*B. muricatus*, LATR. ; *sinodendron muricatum*, FAB.). Noir ; corselet bossu, muriqué en devant ; élytres brunes, tronquées et à six dents à l'extrémité. — Midi de la France.

BOSTRICHE BIMACULÉ (*B. bimaculatus*, LATR. ; *apate bimaculata*, FAB.). Noir ; corselet rugueux, renflé, ayant de chaque côté une tache blanche ponctuée de noir; élytres tronquées à l'extrémité, ayant chacune une dent courte et arquée. — Midi de la France.

Bostriche linéé (*Bostrichus lineatus*, Latr.). Noir; pates et antennes fauves; élytres entières, testacées, ayant leur bord extérieur noirâtre, ainsi qu'une ligne longitudinale sur le disque. — Nord de l'Europe.

Bostriche rufipède (*B. rufipes*, Latr.). Brun; pates roussâtres; corselet noir, chagriné en devant; élytres striées, déprimées, non tronquées. — Paris.

Bostriche tronqué (*B. retusus*, Latr.). Brun; antennes fauves; élytres pointillées, tronquées, sans épines. — Paris.

Bostriche bordé (*B. limbatus*, Latr.; *apate limbata*, Fab.). Noir; antennes fauves; élytres lisses, jaunâtres, un peu striées, à bord extérieur et suture noirs. — Nord de l'Europe.

Bostriche six-denté (*B. sex-dentatus*, Latr.). Noirâtre; antennes fauves; corselet globuleux; élytres d'un brun clair, ponctuées, à six petites dents. — France méridionale.

Bostriche sinué (*B. sinuatus*, Latr.; *apate sinuata*, Fab.). Noir; corselet muriqué; élytres tronquées et sinuées à l'extrémité. — Paris.

Cinquième genre. Les Psoa (*Psoa*).

Ils ne diffèrent des bostriches que par la forme déprimée de leur corps.

Psoa de Vienne (*Psoa Viennensis*, Fab.). D'un bronzé foncé; élytres longues, plus ou moins rougeâtres, quelquefois d'un rouge vif. — Italie.

Psoa américain (*P. americana*, Fab.). Entièrement noir. — D'Amérique. Cet insecte appartient-il réellement à ce genre?

Sixième genre. Les Némozomes (*Nemozoma*).

Antennes en massue perfoliée, guère plus longues que la tête : celle-ci presque aussi longue que le corselet; corps linéaire.

Némozome allongé (*Nemozoma elongata*, Latr.). D'un noir brillant; pates et antennes rousses, ainsi qu'une bande à la base des élytres et deux taches à l'extrémité. — Paris.

Septième genre. LES CÉRYLONS (*Cerylon*).

Antennes terminées en massue solide, presque globuleuse; corps allongé, aplati, presque de la même largeur partout.

Comme les précédens, ces insectes vivent dans les bois et sous les écorces d'arbres.

CÉRYLON ATTÉNUÉ (*Cerylon attenuatus*, LATR.). Mince; cylindrique; marron; yeux noirs; élytres un peu obscures à l'extrémité. — Paris.

CÉRYLON DÉPRIMÉ (*C. depressus*, LATR.; *lyctus depressus*, FAB.). D'un brun ferrugineux; corselet plan, oblong, finement ponctué; élytres déprimées, à stries pointillées. — Allemagne.

CÉRYLON BRILLANT (*C. nitidulus*, LATR.; *lyctus nitidulus*, FAB.). Noir; glabre; brillant; tête et base des antennes ferrugineuses, ainsi que les pates. — Allemagne.

CÉRYLON PICIPÈDE (*C. picipes*, LATR.; *lyctus politus*, FAB.), D'un noir luisant; pates et antennes d'un brun ferrugineux; corselet ponctué, plan; de légères stries pointillées sur les élytres. — France.

CÉRYLON DU NOYER (*C. juglandis*, LATR.; *lyctus juglandis*, FAB.). D'un brun obscur, hérissé de poils très courts; élytres à stries crénelées; antennes et pates d'un brun testacé. — France septentrionale.

CÉRYLON TARIÈRE (*C. terebrans*, LATR.; *lyctus terebrans*, FAB.). D'un brun ferrugineux, sans taches; corselet pointillé, très rebordé; élytres à stries crénelées. — Paris.

CÉRYLON BIMACULÉ (*C. bipustulatus*, LATR.; *lyctus bipunctatus*, FAB.). Noir; glabre; pates et antennes roussâtres; élytres ayant chacune un point ferrugineux près de leur extrémité. — Saxe.

CÉRYLON A DEUX FOSSETTES (*C. bifoveatus*, LATR.). Noir; hérissé de poils très courts; corselet allongé, plus étroit que les élytres, ayant deux fossettes à sa partie postérieure. — Suède.

CÉRYLON ESCARBOT (*C. histeroides*, LATR.; *lyctus*

histeroides, Fab.) D'un noir brillant et glabre; corselet non rebordé, profondément ponctué; pates et antennes marron. — Paris.

Cérylon luisant (*Cerylon nitidus*, Latr.; *lyctus nitidus*, Fab.). D'un noir luisant, glabre; antennes et pates d'un brun ferrugineux; élytres lisses. — France.

Cérylon resserré (*C. contractus*, Latr.). Ferrugineux; tête pointillée, ainsi que le corselet, qui est rebordé; des stries pointillées sur les élytres. — Paris.

Huitième genre. Les Cis (*Cis*).

Corps ovale ou arrondi, déprimé; palpes maxillaires beaucoup plus grands que les labiaux, plus gros à leur extrémité; antennes en massue feuilletée; mâles ayant souvent sur la tête deux petites éminences.

Ces insectes vivent dans les bolets et agarics qui croissent sur les arbres.

Cis du bolet (*Cis boleti*, Latr.; *anobium boleti*, Fab.). Brun; irrégulièrement ponctué sur les élytres; pates testacées. — Paris.

Cis nain (*C. minutus*, Latr.; *hylesinus minutus*, Fab.). Noir; glabre et sans taches. — Paris.

Neuvième genre. Les Clypéastres (*Clypeaster*).

Mêmes caractères, mais corps orbiculaire, très plat; tête cachée sous un corselet en demi-cercle.

SECTION DEUXIÈME.

Antennes de onze articles distincts.

Dixième genre. Les Mycétophages (*Mycetophagus*).

Corps ovale; antennes insensiblement plus grosses et perfoliées, quelquefois terminées en massue de trois à quatre articles.

Ces insectes vivent, en état parfait et de larve, dans les champignons.

Mycétophage quadrimaculé (*Mycetophagus quadrimaculatus*, Latr.). D'un brun ferrugineux; corselet noir, ainsi que les élytres, qui ont des stries ponctuées et chacune deux taches rouges. — Paris.

Mycétophage lunaire (*Mycetophagus lunaris*, Fab.). Roux; élytres noires, légèrement striées, portant chacune une lunule et un point roux. — Paris.

Mycétophage a plusieurs points (*M. multipunctatus*, Latr.). D'un brun ferrugineux; élytres fauves, un peu striées, ayant de nombreuses taches brunes. — Paris.

Mycétophage fulvicolle (*M. fulvicollis*, Latr.). Noir; un peu velu; pates et corselet roux, ainsi que deux taches sur les élytres et leur bord extérieur. — Paris.

Mycétophage lisse (*M. glabratus*, Latr.). Noir en dessus; élytres lisses, rousses à la base et à l'extrémité. — Allemagne.

Mycétophage dermestoïde (*M. dermestoides*, Latr.). Brun; abdomen et pates testacés. — Allemagne.

Mycétophage atome (*M. atomarius*, Latr.). Noir; profondément ponctué sur le corselet et les élytres : celles-ci ayant une tache fauve près de la base, une bande sinuée près de l'extrémité, un point derrière cette bande, et cinq autres points sur le disque de chacune. — Autriche.

Mycétophage dix-points (*M. decem-punctatus*, Latr.). Noir; pates et le dernier article des antennes, roux; cinq points de cette couleur sur les élytres. — Russie.

Mycétophage sinué (*M. sinuatus*, Latr.). Noir; deux bandes rousses, en croissant, sur les élytres, et un point de la même couleur près de l'extrémité de ces dernières. — Autriche.

Mycétophage testacé (*M. testaceus*, Latr.). Testacé; sans taches. — Allemagne.

Mycétophage métallique (*M. metallicus*, Latr.). Bronzé; pates ferrugineuses. — Saxe.

Mycétophage chatain (*M. castaneus*, Latr.). Noir; pates et antennes marron, ainsi que les élytres, qui sont un peu plus foncées près de leur bord externe, et chargées de légères stries pointillées. — Allemagne.

Mycétophage nigricorne (*Mycetophagus nigricornis*, Latr.). Roux; antennes noires. — Saxe.

Mycétophage brun (*M. piceus*, Latr.). Brun foncé; élytres ayant de légères stries pointillées, une tache près de leur base, une bande et un point à l'extrémité, ferrugineux. — Allemagne.

Onzième genre. Les Agathidies (*Agathidium*).

Elles se distinguent des précédens par la figure presque globuleuse et contractile de leur corps.

Si l'on n'avait la conformité des tarses en considération, ces insectes seraient placés d'une manière beaucoup plus naturelle dans la dernière famille des tétramères, à côté des phalacres.

Agathidie globuleuse (*Agathidium globus*, Illig.; *sphæridium globus*, Fab.). Corps globuleux; tête noire, luisante; antennes brunes; corselet d'un roux obscur, luisant, sans tache; élytres lisses, noires et luisantes; pates brunes. — Paris.

Agathidie semilunée (*A. semilunum*, Illig.; *sphæridium semilunum*, Fab.). Noir; abdomen et pieds roussâtres. — Paris.

Agathidie nigripenne (*A. nigripenne*, Illig.; *sphæridium nigripenne*, Fab.). Tête et corselet roussâtres, luisans, sans taches; antennes brunes, rousses à la base, ainsi que le corps et les pates; élytres très glabres, noirâtres, luisantes. — Allemagne.

Douzième genre. Les Trogosites (*Trogosita*).

Corps étroit et allongé; antennes notablement plus longues que la tête, ayant l'extrémité seule en massue composée de trois à quatre articles un peu saillans au côté interne; mandibules fortes et saillantes; mâchoires terminées par un seul lobe.

La larve d'une espèce de ce genre fait beaucoup de mal au blé qui est dans les greniers; elle est connue sous le nom de *cadelle*.

Trogosite bleu (*Trogosita cærulea*, Latr.). D'un

noir bleuâtre et luisant, avec une ligne enfoncée sur la tête. — Provence. Il attaque le pain.

TROGOSITE MAURITANIQUE (*Trogosita mauritanica*, LATR.; *T. caraboides*, FAB.). Dessus noirâtre; dessous brun; corselet un peu cordiforme, rebordé; élytres avec des stries lisses. — Paris. Il attaque le blé.

Treizième genre. LES LYCTES (*Lyctus*).

Corps comme les précédens; antennes de la longueur de la tête et du corselet, terminées par une massue de deux articles seulement; mandibules saillantes.

Les lyctes vivent dans le bois.

LYCTE OBLONG (*Lyctus canaliculatus*, FAB.; *lyctus oblongus*, LATR.). D'un brun noirâtre ou testacé, un peu velu; un enfoncement au milieu du corselet; élytres souvent plus claires que la tête et le corselet, ayant des stries ponctuées. — Paris.

Quatorzième genre. LES BITOMES (*Bitoma*).

Corps comme les précédens, mais antennes beaucoup plus courtes, aussi en massue formée de deux articles; mandibules cachées ou peu découvertes.

On trouve ces insectes sous les écorces de vieux bois.

BITOME CRÉNELÉ (*Bitoma crenata*, LATR.). Noir; corselet raboteux, avec quatre lignes élevées; des stries crénelées et deux taches rouges sur les élytres. — Paris.

BITOME RUFIPENNE (*B. rufipennis*, LATR.; *lyctus rufipennis*, FAB.). Il diffère du précédent par ses élytres entièrement fauves. — Allemagne.

BITOME RUFICORNE (*B. ruficornis*, LATR.). Noir; corselet sillonné; antennes et pates d'un brun ferrugineux, ainsi que la moitié des élytres. — Italie.

BITOME RUGICOLLE (*B. rugicollis*, LATR.). D'un brun obscur; quatre lignes longitudinales élevées sur le corselet, ainsi que sur les élytres, qui ont en outre des stries ponctuées. — Paris.

Quinzième genre. LES COLYDIES (*Colydium*).

Corps étroit et allongé; antennes guère plus longues que la tête, en massue perfoliée et de trois articles; mandibules non saillantes et tête non allongée.

COLYDIE SILLONNÉE (*Colydium sulcatum*, LATR.). Testacée, à tête un peu plus obscure; corselet plan, sillonné; élytres avec de légères stries. — Paris.

COLYDIE FILIFORME (*C. filiforme*, LATR.). Noire; élytres sillonnées; pates fauves à la base. — Saxe.

COLYDIE ALLONGÉE (*C. elongatum*, LATR.). Noire; corselet sillonné; pates et antennes roussatres; quatre lignes élevées sur chaque élytre et une double rangée de points entre les lignes. — Paris.

COLYDIE TÊTE-ROUSSE (*C. erythrocephalum*, LATR.). Noire; tête, base des élytres et pates, rousses. — Hongrie.

Seizième genre. LES MÉRYX (*Meryx*).

Semblables aux précédens, mais palpes maxillaires saillans et mandibules petites.

Les antennes sont formées d'articles cylindrico-coniques, et grossissent insensiblement; les palpes maxillaires sont terminés par un article un peu plus gros et tronqué.

MÉRYX RUGUEUX (*Meryx rugosa*, LATR.). Long d'environ trois lignes et demie; brun; un sillon longitudinal sur le corselet; élytres fortement ponctuées, rugueuses. — Inde.

Dix-septième genre. LES LATRIDIES (*Latridius*).

Corps allongé; mandibules petites; palpes très courts; antennes à second article plus grand que le troisième, celui-ci et les suivans beaucoup plus menus et cylindriques, jusqu'à la massue, qui est formée des trois derniers; tête et corselet plus étroits que l'abdomen.

LATRIDIE ENFONCÉE (*Latridius impressus*, LATR.). Brune; corselet arrondi, avec un enfoncement à sa partie supérieure; élytres pointillées et pubescentes. — Paris.

LATRIDIE NAINE (*Latridius minutus*, LATR.). Noire; corselet rebordé postérieurement; pates et antennes fauves; élytres striées. — Paris.

LATRIDIE TRANSVERSALE (*L. transversus*, LATR.). Testacée; élytres plus pâles et striées; corselet rebordé, ayant derrière un enfoncement transversal. — Paris.

Dix-huitième genre. LES SYLVAINS (*Sylvanus*).

Ils ont aussi le corps étroit et allongé, les mandibules petites, et les palpes fort courts; mais leurs antennes, terminées en massue de trois articles, ont leur second article et les suivans, jusqu'à la massue, presque égaux et en forme de cône. La largeur de leur corps est égale. Leur tête est triangulaire.

SYLVAIN UNIDENTÉ (*Sylvanus unidentatus*, LATR.; *dermestes unidentatus*, FAB.). Testacé, sans taches; une dent avancée de chaque côté du corselet; élytres fortement pointillées. — Paris.

FAMILLE 19. LES PLATYSOMES.

Analyse des genres.

1. { Labre avancé entre les mandibules; tarses très courts. 2
   Labre très petit; tarses allongés. . *Genre Parandre.* }

2. { Antennes moniliformes, plus courtes que le corps. . . . . *Genre Cucuje.*
   Antennes à articles cylindriques, très longues. . . . . *Genre Uléïote.* }

CARACTÈRES. Tête non prolongée en trompe ou en museau; tarses simples, à articles entiers; antennes de la même grosseur ou plus grêles à l'extrémité; corps déprimé, allongé.

Ces insectes ont les mêmes habitudes que les précédens; comme eux ils habitent sous les écorces d'arbre.

Premier genre. LES CUCUJES (*Cucujus*).

Labre avancé entre les mandibules; tarses très

courts; antennes presque moniliformes, plus courtes que le corps.

Cucuje bimaculé (*Cucujus bimaculatus*, Latr.; *C. monilis*, Fab.). Testacé; milieu du corselet noir; une tache oblongue, testacée, sur chacune des élytres, qui sont noires.— Paris.

Cucuje déprimé (*C. depressus*, Latr.). Rouge; dessous du corps et pates noires; corselet sillonné, dentelé sur les bords. — Autriche.

Cucuje dermestoïde (*C. dermestoides*, Latr.). Brun; corselet sillonné; élytres lisses et testacées. — Allemagne.

Cucuje unifascié (*C. unifasciatus*, Latr.). Très petit; fauve; élytres plus pâles, faiblement striées, ayant, dans leur milieu, une tache grande, noire, n'atteignant pas les bords; yeux noirs; corselet presque carré, mutique, avec une ligne imprimée de chaque côté. — Paris.

Cucuje noiratre (*C. piceus*, Latr.). D'un brun noir, sans taches; corselet lisse; élytres striées. — Paris.

Cucuje atre (*C. ater*, Latr.). D'un noir luisant; corselet lisse, un peu cordiforme; des stries crénelées sur les élytres. — France.

Cucuje mutique (*C. muticus*, Latr.). Noir; élytres striées; corselet mutique, ayant une ligne imprimée de chaque côté. — Styrie.

Deuxième genre. Les Uléïotes (*Uleiota*).

Labre et tarses comme les précédens, mais antennes longues et à articles cylindriques.

Uléïote flavipède (*Uleiota flavipes*, Latr.; *brontes flavipes*, Fab.). Noirâtre; bouche, antennes et pates fauves; bords latéraux du corselet dentelés; des stries ponctuées sur les élytres, et une ligne élevée longitudinale près du bord extérieur. — Paris. Variété d'un brun plus clair ou jaunâtre: le *brontes pallens* de Fabricius.

Uléïote testacée (*U. testacea*, Latr.). Très petite, d'un fauve testacé; élytres plus pâles; corselet sans dentelures, ayant une ligne imprimée de chaque côté. — Paris.

Troisième genre. LES PARANDRES (*Parandra*).

Labre très petit; tarses allongés; mandibules fortes et dentées; corps moins aplati que dans les précédens, ressemblant beaucoup à celui d'un lucane.

PARANDRE LISSE (*Parandra lævis*, LATR.). Environ un pouce de longueur; d'un brun marron luisant et lisse; yeux noirs; corps vaguement ponctué; élytres et pates d'un brun marron plus clair. — Amérique septentrionale.

FAMILLE 20. LES LONGICORNES.

Analyse des genres.

1. Yeux en forme de rein, environnant la base des antennes. 2
   Yeux arrondis, entiers ou légèrement échancrés, n'entourant pas la base des antennes 13

2. Élytres de la longueur de l'abdomen; ailes pliées. 3
   Elytres beaucoup plus courtes que l'abdomen, ou resserrées brusquement en arrière; ailes étendues, simplement plissées au bout. 12

3. Labre nul ou très petit. 4
   Labre très apparent, avancé entre les mandibules 5

4. Antennes grenues ou courtes; corps convexe, cylindrique; corselet arrondi, sans épines. . . . . *Genre Spondyle.*
   Antennes en scie, ou en peigne, ou simples, ou épineuses, plus longues que le corselet; corps déprimé; corselet tranchant et denté, ou inégal sur ses bords. . . . . *Genre Prione.*

5. Tête verticale ; palpes filiformes, à dernier article ovalaire et cylindrique. . . . 6
Tête penchée en avant. 9

6. Corselet sans pointes ni épines, cylindrique. *Genre Saperde.*
Corselet épineux sur les côtés 7

7. Une épine mobile de chaque côté du corselet. *Genre Macrope.*
Épines du corselet fixes. 8

8. Corselet court ; palpes peu effilés. . . *Genre Lamie.*
Corselet allongé ; palpes effilés à la pointe. . . . . *Genre Gnome.*

9. Palpes terminés par un article plus grand, obconique, comprimé. 10
Palpes terminés par un article large, en triangle renversé ou en hache ; devant de la tête obtus et arrondi. 11

10. Palpes maxillaires plus courts que les labiaux. . . . . *Genre Callichrome.*
Palpes maxillaires plus longs que les labiaux. . . . . *Genre Capricorne.*

11. Corselet déprimé, presque circulaire. *Genre Callidie.*
Corselet élevé, presque globuleux. . *Genre Clyte.*

12. Élytres beaucoup plus courtes que l'abdomen. . . . . *Genre Molorque.*
Élytres aussi longues que l'abdomen, resserrées à l'extrémité, et terminées en alène. . . . . *Genre Nécydale.*

13. Corselet épineux ; antennes courtes ou de longueur moyenne . . . . *Genre Rhagie.*
Corselet uni ; antennes longues. . . . *Genre Lepture.*

Caractères. Les trois premiers articles des tarses spongieux ou garnis de brosses ; le pénultième profondément divisé en deux lobes ; antennes ordinairement amincies vers l'extrémité, longues, quelquefois filiformes ; corps et pieds allongés ; division extérieure des mâchoires plus grande ou aussi grande que l'interne, ne ressemblant pas à un palpe; languette grande comparativement au menton, cordiforme, évasée, échancrée ou bifide à l'extrémité supérieure; corselet en forme de trapèze, ou rétréci en avant; yeux souvent allongés, en forme de rein.

Les larves de ces coléoptères tétramères vivent dans le bois, sous les écorces ou dans l'intérieur des arbres.

SECTION PREMIÈRE.

Yeux en forme de rein, allongés, environnant la base des antennes; élytres de la longueur de l'abdomen, le recouvrant; ailes pliées.

* *Labre nul ou très petit.*

Premier genre. Les Spondyles (*Spondylis*).

Antennes grenues ou courtes; corps convexe, cylindrique; corselet arrondi, sans épines ni rebords; mâchoires à deux lobes très petits.

Spondyle buprestoïde (*Spondylus buprestoides*, Latr.). Long de sept lignes; noir; ponctué; corselet globuleux; deux lignes élevées sur chaque élytre. — Bordeaux.

Spondyle allongé (*S. elongatus*, Meg.). Long de près de neuf lignes; noir, ponctué; corselet globuleux; point de lignes élevées sur les élytres. — Autriche.

Deuxième genre. Les Priones (*Prionus*).

Antennes en scie, ou en peigne, ou simples, ou épineuses; plus longues que le corselet; corps déprimé; corselet tranchant et denté, ou inégal sur ses bords.

Ces insectes se tiennent sur les arbres, et ne volent que le soir.

Prione curvicorne (*Prionus curvicornis*, Fab.). C'est le plus grand des priones connus: il a près de six pouces de long; mandibules très grandes; corselet ferrugineux, aplati, ayant trois fortes épines de chaque côté; élytres jaunes, avec des lignes et des taches ferrugineuses. — Cayenne. Sa larve vit dans le bois du fromager, et les habitans la recherchent pour la manger.

PRIONE TANNEUR (*Prionus coriarius*, LATR.). Quinze lignes de longueur; d'un brun noirâtre; corselet bordé, muni de trois épines de chaque côté; antennes en scie, courtes. — Paris.

PRIONE ROUILLÉ (*P. scabricornis*, LATR.). Dix-huit lignes de longueur; d'un brun cannelle foncé; corselet bordé postérieurement, unidenté; élytres brunes, avec deux lignes élevées; antennes de moyenne longueur, plus grêles vers le bout, hérissées simplement de petites épines. — Midi de la France.

PRIONE OBSCUR (*P. obscurus*, LATR.). Brun; corselet peu crénelé, ayant dans le milieu deux points enfoncés et luisans. — Midi de la France.

PRIONE BOULANGER (*P. depsarius*, LATR.). Dessus brun; dessous ferrugineux et pubescent; antennes courtes, ferrugineuses; corselet unidenté. — Suède.

PRIONE ARTISAN (*P. faber*, LATR.). Noir; corselet rugueux, bordé, muni d'une dent de chaque côté; antennes d'une longueur moyenne; élytres brunes. — Autriche.

** *Labre très apparent, s'avançant entre les deux mandibules.*

Troisième genre. LES MACROPES (*Macropus*).

Tête verticale; palpes filiformes et terminés par un article ovalaire, ou presque cylindrique; une épine mobile de chaque côté du corselet.

MACROPE LONGIMANE (*Macropus longimanus*, THUNB.). Dessus du corps varié de gris, de rouge et de noir; les deux pieds antérieurs très longs, ainsi que les antennes. — Cayenne.

Quatrième genre. LES LAMIES (*Lamia*).

Tête et palpes comme les précédens, mais corselet court, muni d'épines fixes.

LAMIE CHARPENTIÈRE (*Lamia ædilis*, LATR.). D'un gris cendré; quatre points jaunes sur le corselet; antennes longues; élytres arrondies à l'extrémité, nébuleuses, ayant deux bandes plus obscures et un peu ondées. — France.

LAMIE FUNESTE (*Lamia funesta*, LATR.). Brune; élytres lisses, avec deux taches noires; antennes courtes. — France méridionale.

LAMIE TRISTE (*L. tristis*, FAB.). Noirâtre; antennes courtes dans les femelles, longues dans les mâles; élytres raboteuses, ayant deux taches d'un noir sombre. — Midi de la France.

LAMIE TEXTOR (*L. textor*, LATR.). Noire; chagrinée; élytres convexes; antennes de moyenne longueur. — Paris.

LAMIE VARIÉE (*L. varia*, LATR.). Variée de noir et de cendré; corselet tuberculé; antennes moyennes; cuisses renflées. — Midi de la France.

LAMIE NUÉE (*L. nubila*, LATR.; *lamia nebulosa*, FAB.). Antennes de moyenne longueur; des raies noires et ferrugineuses sur le corselet; élytres nuées de brun, avec des points ferrugineux, et une grande tache cendrée près du bord extérieur. — Paris.

LAMIE PÉDESTRE (*L. pedestris*, LATR.). Noire; élytres bordées de blanc à l'extrémité; premier article des antennes rougeâtre, ainsi que les pates; souvent une ligne blanche sur le corselet. — Europe méridionale.

LAMIE BOUFFONNE (*L. morio*, LATR.). Noire; élytres et pates noires ou testacées; antennes courtes, à premier article souvent testacé. — Allemagne.

LAMIE YEUX-DE-PAON (*L. curculionoides*, LATR.). D'un brun cendré; corselet dépourvu d'épine; quatre taches oculaires noires sur le corselet et les élytres. — Paris.

LAMIE CORDONNIÈRE (*L. sutor*, LATR.). Noire; chagrinée, avec des taches irrégulières et des points cendrés et ferrugineux; écusson jaune; pubescente en dessous. — Europe : rare.

LAMIE DE LA RÉGLISSE (*L. glycyrrhizæ*, LATR.). Noire; corselet et élytres longitudinalement rayés de blanc, ces dernières ayant chacune une crête longitudinale élevée; pates ferrugineuses, luisantes, à tarses bruns; antennes courtes. — Sibérie.

LAMIE ATOMAIRE (*Lamia atomaria*, LATR.). Gris cendré varié de brun; élytres ayant des lignes et des points noirs élevés. — Midi de la France.

LAMIE PORTE-CROIX (*L. cruciata*, LATR.). Noire; une croix blanche sur les élytres. — Sibérie.

LAMIE PORTUGAISE (*L. lusitanica*, LATR.). Testacée; une légère bande grisâtre sur les élytres, dont l'extrémité est de la même couleur. — Portugal.

LAMIE FAUVE (*L. fulva*, HERBST.; *dorcadion fulvum*, SCH.). Longue de huit lignes; tête et corselet bruns; antennes noires, avec le premier article fauve; élytres fauves, ayant la suture et quelques lignes longitudinales brunes. — Autriche.

LAMIE FULIGINEUSE (*L. fuliginator*, LATR.). Noire; antennes courtes; élytres ordinairement cendrées ou brunes, bordées de blanc, avec deux lignes blanches, dont l'intérieure souvent plus courte. — Paris.

LAMIE PROVENÇALE (*L. gallo-provincialis*, LATR.). Noirâtre; élytres pointillées, parsemées de points et de taches grisâtres; pates fauves, ainsi que les antennes, dont chaque article est noirâtre à l'extrémité. — Provence.

LAMIE LINÉÉE (*L. lineata*, LATR.). Noirâtre; une ligne blanche sur la tête et sur le corselet; élytres ayant leur suture, le bord externe et une ligne qui s'y joint antérieurement et postérieurement de la même couleur. — Allemagne.

LAMIE RUFIPÈDE (*L. rufipes*, LATR.). Noire; suture des élytres blanche; base des antennes et pates fauves. — Hongrie.

LAMIE À BANDELETTE (*L. vittigera*, LATR.). Noire; élytres plus claires ou brunes, ayant une raie le long du bord extérieur et une autre courte dans le milieu, blanches; suture blanchâtre. — Allemagne.

LAMIE HISPIDE (*L. hispida*. — *Cerambyx hispidus*, FAB.). Élytres blanchâtres à la base, tronquées à l'extrémité, qui est armée d'une forte dent. — Paris.

LAMIE NÉBULEUSE (*L. nebulosa*. — *Cerambyx nebulosus*, FAB.). Gris; des points et une bande ondulée, noirs, près de l'extrémité des élytres; antennes longues, annelées de cendré et de noir. — Paris.

LAMIE CEINTE (*Lamia balteata.* — *Cerambyx balteatus*, FAB.). D'un brun ferrugineux; une bande obscure sur les élytres. — Midi de la France.

LAMIE POILUE (*L. pilosa.*—*Cerambyx pilosus*, FAB.). Antennes de longueur médiocre, un peu velues; élytres grises, armées d'une dent à l'extrémité; deux épines de chaque côté du corselet. — Allemagne.

Cinquième genre. LES GNOMES (*Gnoma*).

Tête verticale; corselet allongé, armé d'épines immobiles; palpes filiformes, plus effilés à leur pointe que dans les précédens. Ces insectes sont tous exotiques.

GNOME LONGICOLLE (*Gnoma longicollis*, FAB.). Port d'une saperde; noir; corps parsemé de points ferrugineux; antennes très longues. — Indes orientales.

Sixième genre. LES SAPERDES (*Saperda*).

Elles ne diffèrent des lamies que par leur corselet cylindrique, dépourvu d'épines.

SAPERDE CHAGRINÉE (*Saperda carcharias*, FAB.). D'un pouce de longueur; couverte d'un duvet d'un cendré jaunâtre; ponctuée de noir; antennes annelées de noir et de gris. — Paris.

SAPERDE EFFILÉE (*S. linearis*, FAB.). Allongée; cylindrique; noire; pates d'un jaune roussâtre. — Paris.

SAPERDE DU CHARDON (*S. cardui*, FAB.). D'un gris noirâtre; parsemée d'un duvet jaunâtre; trois lignes jaunâtres sur le corselet; écusson de cette couleur; antennes annelées de noir et de gris. — Midi de la France.

SAPERDE PORTE-ÉCHELLE (*S. scalaris*, PAYK.). Hispide; jaunâtre en dessous; élytres noires, avec la ligne suturale dentée et des points jaunes. — France; Paris.

SAPERDE DU TREMBLE (*S. tremula*, FAB.). Verte; pubescente; deux points noirs sur le corselet et quatre sur chaque élytre. — Saxe; France.

SAPERDE PONCTUÉE (*S. punctata*, FAB.). Entièrement couverte d'un duvet verdâtre; corselet, côtés de l'abdomen et élytres ponctuées de noir. — Midi de la France.

SAPERDE SUTURALE (*Saperda suturalis*, FAB.). D'un noir bronzé; antennes annelées; trois raies d'un gris jaunâtre sur le corselet; élytres pointues à l'extrémité, ayant leur suture grise. — Midi de la France.

SAPERDE POMMELÉE (*S. irrorata*, FAB.). D'un noir bleuâtre; antennes annelées; corselet rayé; quelques lignes de petites taches grises sur les élytres. — Europe.

SAPERDE VERDATRE (*S. virescens*, FAB.). D'un vert légèrement cendré, velouté; écusson grisâtre. — Paris.

SAPERDE ANNULAIRE (*S. annularis*, OLIV.). Noirâtre, une ligne cendrée de chaque côté du corselet; antennes cendrées, annelées de noir. — Espagne.

SAPERDE DU PEUPLIER (*S. populnea*, FAB.). Noirâtre; antennes courtes, annelées de noir et de cendré; trois lignes jaunâtres sur le corselet, dont celle du milieu souvent effacée, et quatre à cinq points de la même couleur sur chaque élytre. — Paris.

SAPERDE CYLINDRIQUE (*S. cylindrica*, FAB.). Cylindrique; d'un noir cendré; une ligne longitudinale blanchâtre sur le corselet; cuisses et jambes antérieures d'un roux jaunâtre. — Paris.

SAPERDE LINÉOLE (*S. lineola*, FAB.). D'un noir ardoisé; les pates antérieures, une partie des cuisses, une tache sur le corselet et anus d'un noir ardoisé. — Paris.

SAPERDE OCULÉE (*S. oculata*, FAB.). Tête et antennes noires; abdomen, pates et corselet d'un roux jaunâtre; deux points noirs sur le corselet; élytres d'un noir cendré. — France.

SAPERDE ÉRYTROCÉPHALE (*S. erytrocephala*, FAB.). Antennes, yeux, élytres, poitrine et corselet, noirs, souvent une bande transverse rougeâtre sur ce dernier; tête roussâtre, ainsi que l'abdomen et les pates. — Midi de la France.

SAPERDE BIMACULÉE (*S. bimaculata*, OLIV.). Noir; tête rougeâtre, ainsi que le bord extérieur des élytres et le dessus du corselet, celui-ci ayant deux taches sur le dos et les côtés; noires. — Midi de la France.

Saperde fasciée (*Saperda fasciata*, Fab.). Bleue; corselet arrondi, ayant une petite épine de chaque côté; deux bandes jaunes sur les élytres. — Sibérie.

Saperde violette (*S. violacea*, Fab.). Bleue; élytres d'un bleu violet, sans taches. — Midi de la France.

Saperde rufipède (*S. rufipes*, Oliv.). D'un noir cendré; cuisses, jambes antérieures et anus, roussâtres. — France.

Saperde ferrugineuse (*S. ferruginea*, Fab.). Ferrugineuse; corselet faiblement épineux; antennes et pates brunes. — France.

Saperde bout-brulé (*S. præusta*, Fab.). Très petite; élytres jaunâtres, noires à l'extrémité. — Paris.

Saperde testacée (*S. testacea*, Fab.). Noire; élytres testacées; quelques poils roussâtres sur le corselet. — Midi de la France.

Saperde naine (*S. minuta*, Fab.). Brune; antennes testacées; yeux noirs; corselet arrondi, légèrement déprimé; cuisses un peu renflées à leur extrémité. — France.

Saperde de l'asphodèle (*S. asphodeli*, Latr.). Analogue à la saperde du chardon, mais plus grande; élytres d'un jaune verdâtre bronzé, uniformément ponctuées; les points n'étant pas rapprochés en petits groupes épars. — Bordeaux.

Septième genre. Les Callichromes (*Callichroma*).

Tête penchée en avant; palpes terminés par un article plus grand, obconique, allongé et comprimé : les maxillaires plus courts que les labiaux et ne dépassant pas l'extrémité des mâchoires; corselet épineux.

Ces insectes sont ornés de couleurs métalliques et brillantes; ils répandent une odeur agréable.

Callichrome rosalie (*Callichroma alpina*, Latr.; *cerambix alpinus*, Fab.). D'un bleu cendré, avec des taches et des bandes noires; antennes longues, d'un bleu cendré, avec l'extrémité de chaque article très noire et velue. Il a l'odeur du musc. — Paris. Dans les chantiers, très rare.

CALLICHROME MUSQUÉ (*Callichroma moschata*, LATR.; *cerambix moschatus*, FAB.). D'un vert brillant, quelquefois cuivreux ou bleuâtre; antennes de moyenne grandeur; cuisses mutiques. — Paris.

Huitième genre. LES CAPRICORNES (*Cerambix*).

Tête et dernier article des palpes comme les précédens, mais palpes maxillaires plus longs que les labiaux; corselet presque carré ou presque cylindrique, souvent épineux ou tuberculé sur ses côtés.

CAPRICORNE HÉROS (*Cerambix heros*, LATR.). Long d'un pouce et demi à deux pouces; noir; bout des élytres couleur de poix; antennes longues; corselet très ridé; épineux. — Paris.

CAPRICORNE SAVETIER (*C. cerdo*, LATR.). Beaucoup plus petit que le précédent; noir; corselet raboteux et épineux comme dans le précédent; élytres rudes, unicolores; antennes longues, surtout dans le mâle. — Paris.

CAPRICORNE DE KOEHLER (*C. Kœhleri*, LATR.). Noir; corselet ayant souvent une tache rouge de chaque côté; élytres d'un rouge de sang. — Paris.

Neuvième genre. LES CALLIDIES (*Callidium*).

Tête penchée en avant; dernier article des palpes plus grand, mais proportionnellement moins allongé que dans les précédens et plus large, presque en forme de triangle renversé ou de hache; devant de la tête obtus et arrondi; antennes filiformes, ne dépassant pas ordinairement le corps.

Premier sous-genre. LES CALLIDIES. *Corselet déprimé et presque circulaire.*

CALLIDIE PORTE-FAIX (*Callidium bajulus*, LATR.). Brune; corselet velu, avec deux tubercules peu élevés et d'un noir luisant; élytres un peu chagrinées, ayant quelques poils blanchâtres et caduques formant une bande transverse. — Paris.

CALLIDIE SOYEUSE (*C. sericeum*, LATR.). Corselet cendré, soyeux; écusson d'un blanc cendré; élytres testacées, ayant des points rougeâtres et élevés. — Midi de la France.

CALLIDIE SANGUINE (*Callidium sanguineum*, LATR.). Corselet arrondi, tuberculé, d'un rouge sanguin, ainsi que les élytres; corps noir, ainsi que la tête; antennes médiocres. — Paris.

CALLIDIE ONDÉE (*C. undatum*, LATR.). Noire; corselet légèrement tuberculé; deux bandes ondées, d'un blanc jaunâtre, sur les élytres; antennes courtes. — Paris.

CALLIDIE RUSTIQUE (*C. rusticum*, LATR.). Brune; deux lignes longitudinales peu élevées sur les élytres; trois petits enfoncemens disposés en triangle, sur le corselet, qui est nu; antennes courtes. — Paris.

CALLIDIE VARIABLE (*C. variabile*, LATR.). D'un brun cuivreux; corselet glabre, arrondi, d'un vert bronzé, ainsi que les élytres; antennes et pates brunes. — Paris.

CALLIDIE HONGROISE (*C. hungaricum*, LATR.). Noire; élytres obscurément bronzées, rougeâtres vers le milieu de la suture. — Allemagne.

CALLIDIE TESTACÉE (*C. testaceum*, LATR.). Testacée; antennes brunes, médiocres; corselet luisant, un peu tuberculé. — Paris.

CALLIDIE RUFICOLLE (*C. ruficolle*, FAB.). Corselet roux, tuberculé, velu; tête et pates noires, ainsi que le dessous du corps; antennes ferrugineuses, à premier article noir; élytres d'un vert bleuâtre; abdomen quelquefois rouge. — Midi de la France.

CALLIDIE CLAVICORNE (*C. clavicorne*, LATR.). Noire; corselet presque arrondi; élytres crénelées à l'extrémité; cuisses courtes, un peu renflées au bout. — Europe.

CALLIDIE VIOLETTE (*C. violaceum*, LATR.). Violette; cuisses chagrinées, ainsi que le corselet qui est arrondi et pubescent; antennes courtes. — Paris. Rare.

CALLIDIE BLEUATRE (*C. fennicum*, LATR.). Corselet roux, arrondi; élytres d'un noir violet; cuisses noires, renflées; pates fauves; antennes médiocres. — Paris.

CALLIDIE FÉMORALE (*C. femoratum*, LATR.). D'un

noir opaque; corselet et élytres légèrement chagrinés; cuisses rouges, renflées. — Paris. Rare.

CALLIDIE RUFIPÈDE (*Callidium rufipes*, LATR.). Tête bleue; corselet luisant, d'un bleu violet; élytres violettes, lisses; dessous du corps d'un noir bronzé, luisant; jambes rougeâtres. — Paris.

CALLIDIE STRIÉE (*C. striatum*, LATR.). Noire; antennes courtes; cuisses non renflées; corselet glabre, arrondi; élytres ayant des lignes longitudinales peu élevées. — Allemagne.

CALLIDIE FUGACE (*C. fugax*, LATR.). Pubescente; d'un brun foncé; antennes annelées de noir et de ferrugineux; écusson blanc; jambes ferrugineuses. — Midi de la France.

CALLIDIE CLAVIPÈDE (*C. clavipes*, LATR.). D'un noir opaque; antennes un peu plus longues que le corps; cuisses renflées. — Paris. Rare.

CALLIDIE LURIDE (*C. luridum*, LATR.). Noire; glabre; élytres testacées. — Paris.

CALLIDIE CORDONNÉE (*C. liciatum*, LATR.; *C. hafniense*, FAB.). D'un noir nébuleux et cendré; élytres ayant deux bandes cendrées et ondées, avec quelques poils épars et de la même couleur. — Paris.

CALLIDIE APPUYÉE (*C. fulcratum*, LATR.). Noire; corselet nu, brillant; cuisses rougeâtres; deux lignes longitudinales élevées, très peu apparentes, sur les élytres. — Saxe.

CALLIDIE NÉBULEUSE (*C. nebulosum*, LATR.). Corselet nébuleux, arrondi; élytres nébuleuses, recouvertes d'un duvet grisâtre; antennes courtes et obscures; pates brunes, ainsi que le dessous du corps; cuisses peu renflées. — Paris.

CALLIDIE ABDOMINALE (*C. abdominale*, LATR.). Tête, antennes, poitrine et pates, noires; corselet inégal, fauve, ainsi que l'abdomen; élytres violettes, ponctuées. — Midi de la France.

CALLIDIE PALE (*C. pallidum*, LATR.). Testacée; pâle; un peu rembrunie au bout des élytres; corselet un peu hispide, arrondi; cuisses légèrement renflées. — Paris.

CALLIDIE TRISTE (*C. triste*, LATR.). Noire; corselet

pubescent, arrondi; élytres brunes, cendrées à la base. — Saxe.

Callidie noiratre (*Callidium fuscum*, Latr.). Noire; corselet presque sillonné; élytres obscures, ayant deux lignes longitudinales peu élevées; pates brunes; cuisses courtes, très renflées, noires. — Saxe.

Callidie russe (*C. russicum*, Latr.). Noire; corselet tuberculé, arrondi; élytres jaunes, ayant une tache noire à l'extrémité. — Russie.

Deuxième sous-genre. Les Clytes. *Corselet élevé, presque globuleux.*

Clyte ruficorne (*Clytus ruficornis.* — *Callidium ruficorne*, Oliv.). Noir; corselet rougeâtre; élytres ayant trois bandes cendrées. — Midi de la France.

Clyte arqué (*C. arcuatus*, Fab.). Noir; antennes et pates fauves; cuisses renflées et tachées de noir; élytres ayant quatre bandes jaunes, la première interrompue, et les trois autres arquées vers la partie postérieure. — Paris.

Clyte bélier (*C. arietis*, Fab.). Noir; antennes courtes, ferrugineuses, ainsi que les pates; extrémité des élytres jaune, ainsi que trois bandes dont la seconde arquée vers la partie antérieure; abdomen annelé de jaune et de noir. — Paris.

Clyte arvicole (*C. arvicola.* — *Callidium arvicola*, Oliv.). Noir; antennes courtes, fauves; pates de cette dernière couleur, à partie renflée des cuisses noirâtre; quatre taches jaunes sur le corselet et deux lignes semblables sur la tête; élytres ayant chacune trois bandes à l'extrémité et une ligne près le haut de la suture, qui se réunit à la seconde bande, jaunes. — Midi de la France.

Clyte tropique (*C. tropicus*, Panz.). Long de quatre à six lignes; noir; antennes fauves; corselet avec quatre taches jaunes; élytres fauves à la base, noires ensuite, avec une bande jaune, arquée, qui se prolonge à la suture presque jusqu'à l'écusson; une petite tache jaune entre la base de l'élytre et la bande jaune; deux autres bandes jaunes à l'extrémité de l'élytre; pates et milieu des cuisses fauves. — Paris.

Clyte usé (*Clytus detritus*, Fab.). Corselet noir, avec deux bandes transverses jaunes; antennes et pates ferrugineuses; élytres noires ou brunes, ayant cinq fascies jaunes transverses. — Paris.

Clyte orné (*C. ornatus*, Fab.). Verdâtre; une bande noire sur le corselet, et trois autres non interrompues sur les élytres, dont la première formant l'anneau. — Midi de la France.

Clyte plébéïen (*C. plebeium*, Fab.). Noir; deux points blancs de chaque côté de la poitrine et au bord des anneaux de l'abdomen; élytres ayant l'extrémité, une bande au milieu, une petite ligne près de la base de la suture et un point, blancs. — Midi de la France.

Clyte bossu (*C. gibbosus*, Fab.). Noir; quelques taches blanches sur l'abdomen; élytres ayant chacune deux bandes cendrées, un tubercule élevé à la base, et une petite épine à l'extrémité. — Midi de la France.

Clyte des fleurs (*C. floralis*, Fab.). Noir; antennes filiformes, ferrugineuses; pates de cette dernière couleur, ayant un peu de noir sur les cuisses; une bande sur le corselet et cinq sur les élytres, dont la seconde et la troisième arquées, blanchâtres. — Midi de la France.

Clyte quatre-points (*C. quadripunctatus*, Fab.). Dessous du corps et pates d'un vert noirâtre; dessus d'un jaune verdâtre; deux ou trois taches disposées en lignes longitudinales sur chaque élytre. — Paris.

Clyte du verbascum (*C. verbasci*, Fab.). Verdâtre; antennes filiformes et noires; corselet ayant une bande noire, transversale, formée de trois points; élytres avec deux bandes noires, et une tache en croissant, près de la base, sur chacune. — Paris.

Clyte mystique (*C. mysticus*, Fab.). Noir; élytres rougeâtres à la base, ayant leur extrémité et quelques bandes blanchâtres; quelques taches rougeâtres de chaque côté de la poitrine. — Paris.

Clyte de l'aulne (*C. alni*, Fab.). Noir; antennes, pates et base des élytres ferrugineuses : ces dernières avec deux bandes blanches. — Paris.

Clyte trifascié (*C. trifasciatus*, Fab.). Noir,

poitrine tachée de blanc; abdomen annelé de noir et de blanc; antennes, corselet et pates rougeâtres; élytres ayant chacune trois bandes blanches, dont la première formant l'anneau, et les deux autres arquées. — Midi de la France.

Clyte unifascié (*Clytus unifasciatus*, Fab.). Tête, antennes, pates et corselet d'un brun ferrugineux; abdomen noirâtre; élytres ayant leur base d'un brun ferrugineux, une bande blanche et un peu interrompue à la suture, vers le milieu, et leur extrémité noirâtre. — Midi de la France.

Clyte marseillais (*C. massiliensis*, Fab.). Noir; écusson blanc; deux taches blanches de chaque côté de la poitrine; bord des anneaux de l'abdomen blanc; élytres ayant chacune trois bandes blanches, dont celle de la base arquée, interrompue. — Paris.

Clyte gazelle (*C. gazella*, Fab.). Noir; corselet ayant une bande jaune antérieure, et une seconde semblable postérieure; pates fauves, à cuisses noires; élytres avec un point à la base, et trois bandes, dont la première recourbée en avant, jaunes. — Paris.

SECTION DEUXIÈME.

Yeux en forme de rein, allongés, environnant la base des antennes; élytres beaucoup plus courtes que l'abdomen, ou resserrées brusquement en arrière; ailes étendues dans leur longueur, ou simplement plissées à leur extrémité.

Dixième genre. Les Molorques (*Molorchus*).

Tête penchée en avant; dernier article des palpes plus gros, presque cylindrique ou presque ovoïde et tronqué; élytres très courtes, ne couvrant qu'une partie de l'abdomen.

Molorque majeur (*Molorchus major*, Latr.; *M. abbreviatus*, Fab.). Noir; élytres très courtes, rousses, ainsi que les pates et les antennes; extrémité des cuisses postérieures noire. — Paris. Rare.

Molorque mineur (*M. minor*, Latr.; *M. dimidiatus*, Fab.). Noirâtre; bout des anneaux de l'abdomen comme argenté; élytres courtes, fauves, ayant vers l'extrémité une petite ligne blanche et oblique. — Autriche.

MOLORQUE DES OMBELLIFÈRES (*Molorchus umbellatorum*, LATR.). Velu; noir; antennes longues, d'un brun noirâtre, ainsi que les pates; élytres très courtes, testacées, sans taches. — France.

Onzième genre. LES NÉCYDALES (*Necydalis*).

Tête et dernier article des palpes comme dans les précédens; élytres prolongées jusqu'au bout de l'abdomen, mais se resserrant et se terminant en forme d'alêne.

NÉCYDALE FAUVE (*Necydalis rufa*, LATR.). Un peu velue; noire; élytres subulées, fauves, ainsi que les antennes; des taches latérales d'un blanc jaunâtre et soyeux sur la poitrine et l'abdomen. — Paris.

NÉCYDALE BOUT-BRULÉ (*N. præusta*). De même taille que la précédente; entièrement noire. Variété à élytres jaunes, ne différant de la nécydale fauve qu'en ce que leurs cuisses sont à moitié noires, tandis que ces parties sont fauves dans l'espèce précédente. — Midi de la France.

SECTION TROISIÈME.

Yeux arrondis, entiers ou légèrement échancrés, n'entourant pas la base des antennes; corselet rétréci de la base à l'extrémité antérieure, ayant la forme d'un trapèze ou d'un cône tronqué; corps souvent arqué, plus étroit vers son extrémité postérieure.

Douzième genre. LES RHAGIES (*Rhagium*).

Corselet épineux; antennes courtes et de longueur moyenne.

RHAGIE MORDANTE (*Rhagium mordax*, FAB.). Grise; un peu hispide; cuisses piquetées de noir; élytres nébuleuses, ayant deux bandes testacées peu apparentes et deux lignes élevées. — Paris.

RHAGIE SCRUTATEUR (*R. scrutator*. — *Stenocornus scrutator*, OLIV.). Noire; chagrinée; couverte d'un duvet très court et d'un gris jaunâtre ; tête fort large postérieurement, marquée d'un sillon longitudinal profond ; élytres ayant des lignes élevées, et chacune deux bandes transversales, droites, écartées, ferrugineuses. — Autriche.

RHAGIE INQUISITEUR (*Rhagium inquisitor*, FAB.). Noire ; couverte d'un duvet jaunâtre ; dessous du corps pointillé de noir ; élytres ayant deux lignes élevées, et deux bandes testacées et irrégulières. — Paris.

RHAGIE BIFASCIÉE (*R. bifasciatum*, FAB.). Elytres noires auprès de la suture, rougeâtres sur les côtés, ayant deux taches obliques d'un jaune pâle, et trois lignes élevées sur chacune. — Paris.

RHAGIE CEINTE (*R. cinctum*, FAB.). Noire ; cuisses postérieures dentées ; élytres d'un fauve rouge, traversées par une bande d'un jaune pâle. — Autriche.

RHAGIE DU SAULE (*R. salicis*, FAB.). D'un rouge fauve ; poitrine noire ; antennes comprimées, noires, fauves à la base ; élytres d'un bleu noirâtre, quelquefois rouges. — Paris.

RHAGIE NOCTURNE (*R. noctis*, FAB.). Noire ; une petite ligne élevée au milieu du corselet qui est raboteux ; trois lignes élevées peu apparentes sur les élytres, dont l'extrémité est brune. — Autriche.

RHAGIE CHERCHEUSE (*R. indagator*, FAB.). Elytres chagrinées, d'un cendré rougeâtre, ayant chacune trois lignes élevées et trois bandes noires ; pates brunes, à tarses noirs. — France.

RHAGIE COUREUSE (*R. cursor*, FAB.). Elytres testacées, avec la suture et une raie longitudinale noires, ayant chacune trois lignes élevées peu apparentes. — Allemagne.

RHAGIE NAINE (*B. minutum*, FAB.). Elytres d'un gris rougeâtre, chagrinées, ayant chacune trois lignes élevées, deux bandes, et quelques traits dans l'intervalle, noirs. — Allemagne.

Treizième genre. LES LEPTURES (*Leptura*).

Elles ne diffèrent du genre précédent que par leur corselet uni, et par leurs antennes longues.

Lepture lamed (*Leptura lamed*, Latr.). Pubescente ; noire ; élytres livides, légèrement chagrinées, ayant chacune deux taches noires irrégulières. — Nord de l'Europe.

Lepture chrysogastre (*L. chrysogaster*, Latr.). Noire ; couverte d'un duvet soyeux et d'un gris doré ; élytres un peu ponctuées, presque lisses, obliquement tronquées à l'extrémité, du côté qui regarde la suture. — France.

Lepture soyeuse (*L. sericea*, Latr.). Epaules, abdomen, une grande partie des pates, origine du bord extérieur des élytres, rougeâtres ; élytres d'un noir verdâtre, soyeuses, presque lisses. — France.

Lepture glabre (*L. glabrata*, Latr.). Noire ; un peu velue ; corselet ayant un petit tubercule de chaque côté ; abdomen et jambes testacées ; tarses noirâtres. — France.

Lepture méridionale (*L. meridiana*, Latr.). Noire, pubescente ; une pointe courte et mousse de chaque côté du corselet ; pates testacées, à tarses et genoux noirâtres ; base des élytres et abdomen testacés. — France.

Lepture en deuil (*L. luctuosa*, Latr.). Large ; noire ; pubescente ; élytres ayant chacune trois lignes en relief et peu saillantes. — Lyon.

Lepture humérale (*L. humeralis*, Latr.). Noire ; corselet mutique ; élytres presque lisses, avec les épaules d'un roux fauve. — Allemagne.

Lepture mélanure (*L. melanura*, Latr.). Noire ; élytres rouges ou testacées, à suture et extrémité noires. — Paris.

Lepture hastée (*L. hastata*, Latr.). Noire ; élytres rouges, ayant l'extrémité et la suture, noires, ainsi qu'une tache triangulaire qui se prolonge jusqu'à l'extrémité. — Paris.

Lepture bruyante (*L. strepens*, Latr.). Ferrugineuse ; élytres d'un roux pâle, presque lisses. — France.

Lepture porte-croix (*L. cruciata*, Latr.). Tête, corselet, antennes et pates noires, ainsi que le bout de l'abdomen qui est rouge ; élytres de cette dernière couleur, avec l'extrémité et une bande transverse, noires. — Paris.

Lepture verdoyante (*Leptura virens*, Latr.). D'un vert jaunâtre et soyeux; antennes annelées de vert et de noir. — Nord de l'Europe.

Lepture rouge (*L. rubra*, Latr.). Noire; corselet, élytres et jambes rouges. — Nord de l'Europe.

Lepture sept-points (*L. septem-punctata*, Latr.). Noire; élytres testacées, ayant l'extrémité et cinq points noirs; abdomen fauve. — Hongrie.

Lepture testacée (*L. testacea*, Latr.). Noire; jambes fauves; élytres testacées, sans taches. — Europe.

Lepture villageoise (*L. villica*, Latr.). Ferrugineuse; yeux, antennes et poitrine, noirs; élytres ferrugineuses dans la femelle, noires dans le mâle. — France.

Lepture notée (*L. notata*, Latr.). Noire; élytres d'un rouge sanguin, ayant leur bord externe, leur extrémité, et une grande tache suturale, noirs. — Europe.

Lepture sanguinolente (*L. sanguinolenta*, Latr.). Noire; élytres d'un rouge sanguin, ayant quelquefois leur bord extérieur noir. — Nord de l'Europe.

Lepture émeraude (*L. smaragdula*, Latr.). Couverte d'un duvet soyeux; antennes et pates noires. — Suède.

Lepture uniponctuée (*L. unipunctata*, Latr.). Noire; élytres fauves, ayant chacune un point noir au milieu. — Midi de la France.

Lepture cotonneuse (*L. tomentosa*, Latr.). Noire; corselet hérissé de poils jaunâtres; élytres testacées, noires à l'extrémité. — France.

Lepture quadrifasciée (*L. quadrifasciata*, Latr.). Noire; élytres testacées, mucronées extérieurement à l'extrémité, avec quatre bandes transverses, noires, dentées. — Europe.

Lepture écussonnée (*L. scutellata*, Latr.). Noire; écusson blanc; élytres finement pointillées. — Paris.

Lepture éperonnée (*L. calcarata*, Latr.). Noire; antennes annelées de jaune et de noir; jambes postérieures dentées; élytres jaunes amincies, ayant quatre bandes noires : la première formée de cinq points, la seconde interrompue.

Lepture atténuée (*Leptura attenuata*, Latr.). Noire; abdomen quelquefois testacé, à extrémité noire; pates testacées; élytres testacées, atténuées, ayant quatre bandes noires. — Europe.

Lepture subépineuse (*L. subspinosa*, Latr.). Noire; les deux premiers anneaux de l'abdomen fauves; jambes postérieures simples; élytres testacées, ayant quatre bandes noires, dont la première formée de cinq points contigus, la seconde interrompue. — Paris.

Lepture dorée (*L. aurulenta*, Latr.). Noire; corselet ayant ses bords antérieurs et postérieurs dorés; élytres testacées, ayant quatre bandes simples, noires; pates brunes; base des cuisses noire. — Europe.

Lepture noire (*L. nigra*, Latr.). Noire; luisante; amincie; abdomen rouge. — Paris.

Lepture six-taches (*L. sex-maculata*, Latr.). Noire; élytres testacées, ayant trois bandes noires, dentées, dont la première interrompue. — Europe.

Lepture dix-points (*L. decem-punctata*, Latr.). Noire; légèrement couverte d'un duvet doré; élytres jaunes, ayant chacune trois points et deux taches noires. — Paris.

Lepture douze-taches (*L. duodecim-maculata*; Latr.). Noire; élytres jaunes, ayant chacune six taches noires. — Sibérie.

Lepture quatre-taches (*L. quadrimaculata*, Latr.). Noire; élytres livides, ayant chacune deux grandes taches noires. — Midi de la France.

Lepture douteuse (*L. dubia*, Latr.). Pubescente; noire; élytres testacées, ayant chacune cinq points noirs. — Sibérie.

Lepture interrogation (*L. interrogationis*, Latr.). Noire; élytres jaunes, ayant chacune une tache longitudinale arquée et quatre taches marginales, noires. Allemagne.

Lepture a collier (*L. collaris*, Latr.). Tête, antennes, pates et poitrines noires; corselet et abdomen rouges; élytres d'un bleu foncé noirâtre. — France.

Lepture brulée (*Leptura præusta*, Latr.). Noirâtre, à duvet doré; pates fauves et tarses noirs; tête et extrémité des élytres noires. — Paris.

Lepture lisse (*L. lævis*, Latr.). Pubescente; noire; élytres livides, un peu noires à l'extrémité et à la suture. — Paris.

Lepture livide (*L. livida*, Latr.). Noire; élytres testacées, sans taches, arrondies au bout. — Paris.

Lepture vierge (*L. virginea*, Latr.). Noire; abdomen rougeâtre; élytres d'un bleu violet. — Midi de la France.

Lepture suturale (*L. suturalis*, Latr.). D'un noir cendré; pubescente; pates fauves, à genoux noirs; élytres testacées, à suture noire. — Paris.

Lepture quadriguttée (*L. quadriguttata*, Latr.). Noirâtre; élytres noires, ayant chacune deux points ferrugineux à la base. — France.

Lepture fémorée (*L. femorata*, Latr.). Noirâtre; base et milieu des cuisses fauves. — Paris.

Lepture exclamation (*L. exclamationis*, Latr.). Noire; chaque élytre ayant au milieu une ligne jaune et un point de la même couleur vers la base. — Suède.

Lepture bordée (*L. limbata*, Latr.). Pubescente; noire; élytres testacées, obscures, ayant l'extrémité et le bord postérieur noirs. — Europe.

Lepture sex-guttée (*L. sex-guttata*, Latr.). Entièrement noire; trois taches fauves sur chaque élytre. — Paris.

Lepture atre (*L. atra*, Latr.). Entièrement noire et un peu pubescente. — Paris.

FAMILLE 21. LES EUPODES.

Analyse des genres.

1. { Languette profondément échancrée; pointe des mandibules entière 2
   { Languette entière ou peu échancrée; mandibules bifides à la pointe 4

2 { Antennes courtes, presque en scie.. *Genre Mégalope*..
{ Antennes allongées, simples............ 3

3. { Articles des antennes obconiques; dernier article des palpes maxillaires plus grand, un peu cylindrique; cuisses de même grandeur...................... *Genre Orsodacne.*
{ Articles des antennes inégaux; palpes filiformes, à dernier article ovoïde et pointu; cuisses postérieures très grandes. .... *Genre Sagre.*

4. { Yeux sans échancrure; cuisses postérieures très grandes; articles des antennes allongés.................... *Genre Donacie.*
{ Yeux échancrés; cuisses presque égales; antennes à articles grenus....... *Genre Criocère.*

Caractères. Languette presque carrée, ou arrondie dans plusieurs, non évasée en forme de cœur; corselet étroit et cylindrique; tarses plus courts que dans la famille précédente; pas de dents cornées aux mâchoires; antennes n'étant pas en massue perfoliée; les trois premiers articles des tarses spongieux ou garnis de brosses.

Plusieurs de ces insectes ont les cuisses postérieures fort longues. Ils vivent sur les feuilles de divers végétaux dont leurs larves se nourrissent. Ils ont aussi le corps allongé comme les longicornes, mais leurs yeux n'entourent jamais la base des antennes.

Premier genre. Les Mégalopes (*Megalopus*).

Languette profondément échancrée; pointe des mandibules entière; antennes courtes, presque en scie; dernier article des palpes finissant en pointe. Ces insectes sont tous exotiques.

Mégalope ruficorne (*Megalopus ruficornis*, Latr.). Testacé; vertex de la tête et dos du corselet, noirs. — Amérique méridionale.

Mégalope nigricorne (*M. nigricornis*, Latr.). Testacé; antennes, bord des élytres et jambes postérieures, noirs. — De la Trinité.

Deuxième genre. LES ORSODACNES (*Orsodacne*).

Languette et pointe des mandibules comme dans les précédens ; antennes simples, allongées, à articles obconiques ; dernier article des palpes maxillaires plus grand, un peu cylindrique ; cuisses à peu près de la même grandeur.

Leurs mandibules sont dentelées, et leurs yeux n'ont pas d'échancrure.

ORSODACNE CHLOROTIQUE (*Orsodacne chlorotica*, LATR.). Entièrement jaunâtre ; élytres un peu plus pâles ; yeux noirs. — Paris.

ORSODACNE HUMÉRAL (*O. humeralis*, LATR.). Bleu ; corselet ayant deux taches postérieures fauves ; élytres avec une tache fauve à la base externe de chacune.

Troisième genre. LES SAGRES (*Sagra*).

Languette et pointe des mandibules comme dans les mégalopes ; antennes simples et allongées, à articles inégaux ; palpes filiformes, à dernier article ovoïde et pointu ; cuisses postérieures fort grandes.

Leurs mandibules sont sans dents ; les troisième article et suivans, des antennes, sont plus courts, plus arrondis que ceux du milieu. Tous sont exotiques.

SAGRE FÉMORALE (*Sagra femorata*, LATR.). D'un bronzé vert ; cuisses et jambes postérieures dentées. — Inde.

SAGRE POURPRE (*Sagra purpurea*, FAB. le mâle. *Sagra splendida*, Fab. la femelle). Long de huit à dix lignes ; corps d'un beau vert doré, très brillant, à reflets pourpres ; cuisses postérieures munies en dessous, vers leur extrémité, de trois dents, l'intermédiaire forte et aiguë ; jambes postérieures aussi terminées par trois dents. — Chine.

Quatrième genre. LES DONACIES. (*Donacia*).

Languette entière ou peu échancrée ; extrémité des mandibules bifide, ou terminée par deux dents.

Le dernier article des palpes est ovoïde, et leurs

antennes sont à articles cylindriques, allongés, presque égaux. Yeux globuleux; abdomen presque triangulaire; cuisses postérieures grandes. Ces insectes se trouvent sur quelques plantes aquatiques; leurs couleurs sont brillantes.

Donacie crassipède (*Donacia crassipes*, Latr.; *D. nymphece*, Fab.). Cuivreuse ou d'un vert bronzé en dessus; corselet ayant deux tubercules latéraux, antérieurs, et un sillon dorsal terminé postérieurement par un petit enfoncement; élytres étroites, convexes, à stries ponctuées, comme ridées transversalement; cuisses postérieures uni-dentées. — Paris: rare.

Donacie noire (*D. nigra*, Latr.). Noire; antennes et pates fauves; cuisses postérieures unidentées, très renflées. — Allemagne.

Donacie rufipède (*D. rufipes*, Latr.). D'un bronzé noirâtre en dessus; antennes, pates et anus fauves; cuisses postérieures unidentées, renflées; élytres convexes, à stries ponctuées, arrondies postérieurement. — Allemagne. Peut-être est-ce une variété de sexe de la précédente, ainsi que la suivante.

Donacie abdominale (*D. abdominalis*, Latr.). D'un noir violet en dessus; abdomen, antennes et pates d'un rouge ferruginenx. — Allemagne.

Donacie clavipède (*D. clavipes*, Latr.). D'un vert doré en dessus; dessous couvert d'un duvet argenté; cuisses postérieures longues, sans dents. — Allemagne.

Donacie de la sagittaire (*D. sagittariæ*, Latr.). D'un vert doré brillant, quelquefois cuivreux en dessus; recouverte d'un duvet serré, court et doré, en dessous; cuisses postérieures un peu renflées, munies d'une petite dent à l'extrémité; élytres avec des stries légères, ponctuées, ayant de légères dépressions irrégulières qui les font paraître comme ondées. — Paris.

Donacie rayée (*D. vittata*, Latr.; *D. dentipes*, Fab.). D'un vert doré, avec une bande longitudinale plus ou moins large et pourpre, sur les élytres, et les bords verts; cuisses postérieures unidentées et un peu renflées ; dessous du corps pubescent et doré — Paris.

DONACIE BRONZÉE (*Donacia œnea*, LATR.). Bronzée ; corselet cannelé ; élytres un peu tronquées à l'extrémité ; cuisses postérieures simples ou faiblement dentées. — France.

DONACIE BIDENTÉE (*D. bidens*, LATR.). Verte, ayant un reflet violet près de la suture ; deux dents aux cuisses postérieures qui sont renflées. — Paris.

DONACIE MUCRONÉE (*D. mucronata*, LATR. ; *donacia equiseti*, FAB.). Noire ; corselet d'un jaune pâle, ainsi que les élytres qui sont terminées par une petite épine. — Paris.

DONACIE SIMPLE (*D. simplex*, LATR.). Bronzée, plus ou moins brillante ; élytres striées, tronquées à l'extrémité ; cuisses sans dents. — Allemagne.

DONACIE DE L'HYDROCHARIS (*D. hydrocharidis*, LATR.). Soyeuse ; d'un gris bronzé ; cuisses postérieures mutiques, ferrugineuses à la base, ainsi que les intermédiaires. — Allemagne.

Cinquième genre. LES CRIOCÈRES (*Crioceris*).

Languette et extrémité des mandibules comme dans les précédens ; cuisses presque égales ; antennes en grande partie grenues ; yeux échancrés.

Le dernier article de leurs palpes est cylindrique et tronqué ; leur tête est rétrécie postérieurement en forme de cou, et leur abdomen est presque carré. Ils rongent les feuilles des végétaux, particulièrement celles des liliacées, et leurs larves se recouvrent de leurs excrémens.

CRIOCÈRE DU LIS (*Crioceris merdigera*, LATR. ; *Lema merdigera*, FAB.). Tête noire ainsi que le dessous du corps ; élytres et corselet rouges. — Paris.

CRIOCÈRE BRUN (*C. brunnea*, LATR. ; *Lema brunnea*, FAB.). D'un rouge ferrugineux ; yeux, antennes, poitrine et base de l'abdomen, noirs. — Allemagne. Paris.

CRIOCÈRE DOUZE-POINTS (*C. duodecim-punctata*, LATR. ; *Lema 12-punctata*, FAB.). Rouge ; six points noirs sur chaque élytre. — Paris.

CRIOCÈRE DE L'ASPERGE (*Crioceris asparagi*, LATR.; *Lema asparagi*, FAB.). Bleu; corselet rouge, marqué de deux points noirs, et quatre taches blanches sur le bord externe de chaque élytre. — Paris.

CRIOCÈRE BLEU (*C. cyanella*, LATR.; *Lema cyanella*, FAB.). Bleu; jambes et tarses noires; corselet cylindrique, légèrement renflé sur les côtés. — Paris.

CRIOCÈRE MÉLANOPE (*C. melanopa*, LATR.; *Lema melanopa*, FAB.). Bleu; tête et antennes noires; corselet et pates d'un rouge fauve. — Paris.

CRIOCÈRE CINQ-POINTS (*C. quinque-punctata*, LATR.; *Lema quinque-punctata*, FAB.). Noir; corselet fauve; élytres jaunâtres, ayant chacune l'extrémité noire, un point à la base, et un autre commun au milieu de la suture, de la même couleur. — Autriche.

CRIOCÈRE CHAMPÊTRE (*C. campestris*. — *Chrysomela campestris*, LIN.). Bleu; corselet d'un bleu verdâtre; élytres rouges, a bord extérieur jaune, ayant quatre points blancs postérieurs réunis à ce bord. — Italie.

CRIOCÈRE QUATORZE-POINTS (*C. 14-punctata*, LATR.; *Lema 14-punctata*, FAB.). Tête fauve, ainsi que le corselet qui a cinq points noirs; élytres jaunâtres, ayant chacune sept points noirs. — Autriche.

CRIOCÈRE PARACENTHÈSE (*C. paracenthesis*. — *Clythra paracenthesis*, LATR.). Corselet mélangé de jaune et de noir; élytres jaunes, ayant sur chacune une ligne parallèle à la suture, et trois points noirs. — Midi de la France.

FAMILLE 22. LES CYCLIQUES.

Analyse des genres.

1. { Antennes très loin de la bouche, sur le sommet de la tête, très rapprochées à leur base, droites et avancées...... 2
Antennes rapprochées de la bouche, insérées devant ou entre les yeux, plus longues et plus grêles; corps plus bombé............ 4 }

2. Corps ovale oblong; tête entièrement dégagée.................. Genre *Hispe.*
Corps circulaire ou carré; tête cachée sous le corselet ou reçue dans une échancrure.................. 3

3. Tête cachée sous le corselet, non dans une échancrure du corselet.... Genre *Casside.*
Tête découverte, logée dans une échancrure antérieure du corselet... Genre *Imatidie.*

4. Antennes insérées au-devant des yeux, et distantes l'une de l'autre.......... 5
Antennes insérées entre les yeux, très rapprochées à leur base............ 13

5. Corps cylindrique, court............. 6
Corps ovale, plus ou moins allongé ou hémisphérique.................. 8

6. Antennes courtes, en scie............ 7
Antennes simples, presque de la longueur du corps............. Genre *Gribouri.*

7. Palpes labiaux non fourchus.... Genre *Clythre.*
Palpes labiaux fourchus........ Genre *Chlamys.*

8. Tête presque verticale; mandibules resserrées brusquement, arquées à l'extrémité, à pointe forte; les quatre ou cinq derniers articles des antennes allongés, comprimés............... 9
Tête saillante ou simplement penchée; mandibules obtuses ou tronquées, ou terminées par une pointe très courte; dernier article des antennes presque globuleux ou turbiné, ou les quatre derniers presque en massue........ 10

9. Dernier article des palpes plus grand ou ovoïde................... Genre *Eumolpe.*
Palpes filiformes, à dernier article conique.................... Genre *Colaspe.*

10. Corps ovale ou oblong.............. 11
Corps hémisphérique ou ovale raccourci. 12

11. Corps plus ou moins ovale; dernier article des antennes globuleux ou turbiné .... *Genre Chrysomèle.*
Corps oblong; les quatre derniers articles des antennes presque en massue. .... *Genre Hélode.*

12. Dernier article des palpes maxillaires presque en hache........... *Genre Paropside.*
Dernier article des palpes maxillaires beaucoup plus court que le précédent, transversal; arrière-sternum s'avançant en forme de corne.. *Genre Doriphore.*

13. Point de pieds propres à sauter 14
Cuisses postérieures renflées, propres à sauter .... *Genre Altise.*

14. Avant-dernier article des palpes maxillaires dilaté, le dernier beaucoup plus court et tronqué.............. *Genre Adorie.*
Les deux derniers articles des palpes maxillaires différant peu en grandeur. 15

15. Antennes au moins de la longueur du corps, à articles cylindriques.. *Genre Lupère.*
Antennes plus courtes que le corps, à articles obconiques.......... *Genre Galéruque.*

Caractères. Les trois premiers articles des tarses spongieux ou garnis de brosses; pas de dents cornées aux mâchoires; antennes n'étant pas en massue perfoliée; languette presque carrée ou ovale, entière ou légèrement échancrée; corps ordinairement arrondi; base du corselet aussi large que les élytres, dans les espèces dont le corps est oblong; division extérieure des mâchoires ayant l'apparence d'un palpe étroit, cylindrique, d'une couleur plus foncée.

Leurs antennes sont filiformes ou légèrement grosses vers le bout; division intérieure de la mâchoire plus large que l'extérieure, et sans onglet au bout. Le plus ordinairement ces coléoptères sont de petite taille et ornés de couleurs assez vives. Leur corps est toujours glabre, souvent très luisant. Lorsqu'on cherche à les prendre ils contractent leurs pates, contrefont le mort, se laissent tomber et se perdent dans le feuillage. Leurs larves vivent sur les feuilles de différens végétaux.

SECTION PREMIÈRE.

Antennes très loin de la bouche, sur le sommet de la tête, très rapprochées à leur base, droites et avancées.

Premier genre. Les Hispes (*Hispa*).

Corps ovale oblong; tête entièrement dégagée; corselet presque carré ou en trapèze.

Premier sous-genre. Les Hispes. *Antennes à articles courts, presque grenus ou moniliformes; corps souvent épineux.*

Hispe très noire (*Hispa atra*, Latr.). Longue d'une ligne et demie; entièrement noire; les deux premiers articles des antennes ayant chacun une épine à leur base; corselet avec deux épines géminées au bord antérieur, trois à chaque bord latéral, et une petite à chaque angle postérieur; élytres ayant de gros points enfoncés, et plusieurs rangs d'épines. — Paris.

Hispe testacée (*H. testacea*, Latr.). Longue d'environ trois lignes, d'un fauve rougeâtre; antennes dépourvues d'épines à leur base; corselet en ayant cinq rapprochées à leur base à chaque bord latéral, et une sixième ayant la même insertion, mais interne; élytres fortement ponctuées, un peu ridées, ayant plusieurs rangs d'épines. — Bordeaux.

Deuxième sous-genre. Les Alurnes. *Antennes à articles allongés, cylindriques; corps non épineux; mandibules souvent armées d'une forte dent à l'extrémité.*

Alurne grossie (*Alurnus grossus*, Fab.; *Hispa grossa*, Oliv.). Noire; corselet d'un rouge écarlate; élytres jaunes. — Cayenne.

Deuxième genre. Les Cassides (*Cassida*).

Corps déprimé, presque rond, en forme de bouclier ou de petite tortue, souvent un peu élevé en pyramide au milieu du dos, et débordé, tout le tour, par les côtés du corselet et les élytres; tête cachée sous le corselet; antennes grossissant insensiblement vers le bout.

CASSIDE VERTE (*Cassida viridis*, LATR.). Dessus d'un vert pomme pâle; dessous noir; pates d'un roussâtre pâle, ayant la moitié inférieure de leurs cuisses noire; corselet contigu aux élytres dans toute sa largeur; élytres ayant des points dont quelques uns forment de légères stries. — Paris.

CASSIDE RUBIGINEUSE (*C. rubiginosa*, ILLIG.). Semblable à la précédente, dont elle n'est peut-être qu'une variété, mais base des élytres rougeâtre. — France.

CASSIDE VIBEX (*C. vibex*, FAB.). Semblable à la casside verte, mais corselet un peu plus long, et suture des élytres rougeâtre. — Paris.

CASSIDE THORACIQUE (*C. thoracica*, LATR.). Semblable à la casside verte, mais corselet d'un brun rougeâtre plus ou moins prononcé, et dont la teinte se prolonge sur la suture des élytres; pates entièrement roussâtres. — Autriche.

CASSIDE SANGUINOLENTE (*C. sanguinolenta*, LATR.). Elle ressemble à la casside thoracique, mais elle est plus ronde, plus petite, et son disque est un peu plus élevé; stries des élytres mieux marquées, points plus profonds; élytres ayant en outre chacune deux petites côtes courtes et peu distinctes, près de la suture; une tache triangulaire rouge, dessus et autour de l'écusson. — Paris.

CASSIDE ÉQUESTRE (*C. equestris*, LATR.). Grande; noire en dessous, d'un vert tendre en dessus, à points petits, nombreux et vagues; corselet ne joignant pas les élytres à ses angles postérieurs; pates jaunâtres, ainsi que les bords de l'abdomen; cuisses n'ayant pas de noir à leur base. — Paris.

CASSIDE NÉBULEUSE (*C. nebulosa*, LATR.). Dessus d'un jaunâtre roussâtre et clair; noire en dessous; des petites taches noires sur les élytres qui ont des stries formées de points enfoncés, entremêlés de quelques petites côtes: chaque élytre en ayant une près de la suture, qui jette un rameau se réunissant à cette suture à peu de distance de l'écusson. — Variété : *Cassida affinis*, Fab.; *Cassida tigrina*, Duft.). Dessus du corps d'un vert fort clair et très pâle, grisâtre. — Paris.

Casside obsolète (*Cassida obsoleta*, Illig.). Elle a de l'analogie avec la précédente; corps ové, convexe, d'un jaune gris; tête et pates jaunes; élytres ayant des stries ponctuées. — France méridionale.

Casside prasine (*C. prasina*, Latr.). Une fois plus petite que la casside verte; courte; ovée; d'un vert gai; élytres ayant des points rangés en stries; stries un peu élevées; antennes et pates pâles. — Allemagne.

Casside viridule (*C. viridula*, Payk.). D'un verdâtre pâle en dessous; corselet sans rebords; élytres ayant de légères stries formées par des points; pates d'un brun noirâtre. — Suède.

Casside panachée (*C. varia*, Latr.; *C. murræa*, Illig.; *C. variegata*, Lin.). Verte en dessus pendant la jeunesse, ensuite rougeâtre; élytres tachées de noir, ayant des rangées de points enfoncés jusqu'à leur bord extérieur; antennes et pates noires, ainsi que le dessous du corps. — Paris.

Casside rubanée (*C. vittata*, Latr.). Rouge en dessus; trois lignes noires sur le corselet; élytres ayant leur suture noire, ainsi qu'une bande interrompue. — Suisse.

Casside noircie (*C. atrata*, Latr.). D'un noir mat; milieu du bord antérieur du corselet ferrugineux; disque des élytres un peu rugueux. — Autriche.

Casside autrichienne (*C. austriaca*, Latr.). Grande; ovale; d'un ferrugineux foncé; bords des élytres larges et sans tache; leur disque ponctué de noir, à petites rugosités entremêlées de beaucoup de points enfoncés; pates ferrugineuses; base des cuisses noire, ainsi que le corps. — Autriche.

Casside azurée (*C. azurea*, Latr.). D'un bleu qui pâlit considérablement après la mort de l'animal; corps noir; pates pâles; élytres fauves, striées de points, à bords pâles. — Hongrie.

Casside ferrugineuse (*C. ferruginea*, Latr.). Un peu plus petite que la casside autrichienne, plus convexe, à bords moins dilatés; dessous noir; dessus ferrugineux, vaguement ponctué, parsemé de quelques nébulosités; pates ferrugineuses, à base des cuisses noire; élytres ayant chacune deux points élevés. — Midi de la France.

Casside obscure (*Cassida fusca*, Fuesly). Elle ressemble beaucoup à la précédente; dessus noirâtre; élytres presque striées, avec deux lignes élevées. — Allemagne.

Casside bordée (*C. limbata*, Latr.). Corselet bronzé, à bord d'un rouge obscur; élytres pubescentes, pointillées, d'un vert obscur, bordées de rouge. — Allemagne.

Casside pale (*C. pallida*, Latr.). D'un jaunâtre gris en dessus; corselet bordé; élytres avec des stries de points enfoncés et presque ocellés. — Suède.

Casside perlée (*C. margaritacea*, Latr.). Verdâtre; élytres d'un vert argenté; tête et poitrine noires. — Paris.

Casside noble (*C. nobilis*, Latr.). D'un jaunâtre plus ou moins roux en dessus; plus pâle sur les bords; des stries ponctuées sur les élytres, et, près de leur suture, une ligne longitudinale d'un vert doré pendant la vie de l'animal, devenant jaunâtre après sa mort; pates d'un roux jaunâtre, à base des cuisses noire, ainsi que le dessous du corps. — Paris.

Casside gentillette (*C. pulchella*, Creutz). Elle ressemble absolument à la précédente, si ce n'est que la suture de ses élytres est noire. — Allemagne.

Troisième genre. Les Imatidies (*Imatidium*).

Elles ne diffèrent des cassides que par leur tête, qui est découverte et reçue dans une échancrure du corselet. Leurs antennes sont filiformes, cylindriques, et leur corps est presque carré. Ces insectes sont tous exotiques.

Imatidie trimaculée (*Imatidium trimaculatum*, Latr.). Pâle; disque du corselet d'un noir bleuâtre, ainsi que trois taches sur les élytres, dont la postérieure commune. — Amérique méridionale.

SECTION DEUXIÈME.

Antennes rapprochées ou peu éloignées de la bouche, insérées devant ou entre les yeux, plus longues et plus grêles que dans les précédens; corps plus bombé.

A. Antennes insérées devant les yeux, et distantes l'une de l'autre.

Quatrième genre. LES CLYTHRES (*Clythra*).

Corps cylindrique, court; tête verticale, entièrement enfoncée dans le corselet; antennes courtes et en scie : souvent les deux pieds antérieurs des mâles sont allongés.

CLYTHRE TRIDENTÉE (*Clythra tridentata*, LATR.). D'un noir bleuâtre; pates antérieures très longues; élytres sans taches, d'un jaune pâle. — Paris.

CLYTHRE LONGIPÈDE (*C. longipes*, LATR.). D'un noir bleuâtre; élytres pâles, ayant chacune trois points noirs; pates antérieures allongées. — France méridionale.

CLYTHRE LONGIMANE (*C. longimana*, LATR.). D'un vert bronzé; pates antérieures très longues; élytres testacées, ayant chacune un point noir à la base. — Paris.

CLYTHRE A SIX TACHES (*C. sex-maculata*, LATR.). Noire; corselet fauve, sans taches; élytres testacées, ayant chacune trois points noirs. — Espagne.

CLYTHRE SIX-POINTS (*C. sex-punctata*, LATR.). Noire; corselet roux; élytres testacées, ayant chacune trois points noirs; jambes rousses. — Midi de la France.

CLYTHRE DE L'ATRAPHACE (*C. atraphaxidis*, LATR.). Noire; corselet rouge, à trois taches; élytres rousses, ayant chacune trois taches noires; jambes rousses. — Midi de la France.

CLYTHRE QUADRIPONCTUÉE (*C. quadripunctata*, LATR.). Noire; élytres rouges, ayant chacune deux points noirs. — Paris.

CLYTHRE ROUGEATRE (*C. rubra*, LATR.). Noire; corselet rouge, avec une tache noire sur le dos; élytres rougeâtres et luisantes, ayant chacune deux taches noires. — Paris.

CLYTHRE BUCÉPHALE (*Clythra bucephala*, LATR.). D'un bleu foncé et luisant; bouche, côtés du corselet et jambes, rouges. — Paris.

CLYTHRE CYANOCÉPHALE (*C. cyanocephala*, LATR.). Dessous du corps d'un noir bleuâtre luisant, ainsi que la tête; corselet fauve; élytres d'un jaune testacé. — En Corse.

CLYTHRE BIMOUCHETÉE (*C. biguttata*, LATR.). Noire; élytres testacées, ayant chacune deux points noirs; deux points rouges sur le corselet. — Espagne.

CLYTHRE MARGINÉE (*C. marginata*, LATR.). D'un noir bronzé; un point jaune sur le front; élytres jaunes, bordées de noir. — Allemagne.

CLYTHRE QUADRIMACULÉE (*C. quadrimaculata*, LATR.). Rougeâtre; base de la tête d'un noir bleuâtre, et deux taches de la même couleur sur chaque élytre. — France.

CLYTHRE FLORALE (*C. floralis*, LATR.). Noire; corselet d'un fauve luisant, sans taches; élytres d'un rouge pâle, ayant chacune près de la base une petite tache noire en croissant, et une autre au-delà du milieu; écusson noir. — Midi de la France.

CLYTHRE SCOPOLINE (*C. scopolina*, LATR.). Noire; corselet d'un rougeâtre luisant; élytres rougeâtres, ayant deux bandes transversales d'un noir bleuâtre, la première à la base et la seconde au milieu, un peu interrompue à la suture. — Midi de la France.

CLYTHRE INDIGO (*C. cyanea*, LATR.). D'un noir bleuâtre; élytres pointillées, d'un blanc luisant; pates fauves, avec les tarses et la base des cuisses noirs; corselet fauve et sans taches. — Paris.

Cinquième genre. LES CHLAMYS (*Chlamys*).

Elles diffèrent des clythres par leurs palpes labiaux, qui sont fourchus, et par leurs antennes se logeant le long de la poitrine, dans des rainures; leur corps est très raboteux.

CHLAMYS TUBÉREUSE (*Clamys tuberosa*, KNOCH.).

D'un bronzé noir; élytres ayant des tubérosités, et à suture crénelée. — Amérique septentrionale.

Sixième genre. LES GRIBOURIS (*Cryptocephalus*).

Corps cylindrique; tête enfoncée verticalement dans le corselet; antennes simples, presque de la longueur du corps, à articles cylindriques.

GRIBOURI-SOYEUX (*Cryptocephalus sericeus*, LATR.). D'un vert doré en dessus; dessous d'un vert blanchâtre et luisant, ainsi que les pates; élytres pointillées; antennes et yeux noirs. — Paris.

GRIBOURI HÉMORRHOÏDAL (*C. hæmorrhoidalis*, LATR.). Bleu; base des antennes, extrémité des élytres et pates fauves. — France.

GRIBOURI UNICOLORE (*C. unicolor*, LATR.). D'un bleu foncé noirâtre; pubescent en dessous; corselet finement pointillé; antennes noires, excepté à partir du deuxième au cinquième article, qui sont fauves; élytres presque raboteuses. — France.

GRIBOURI FLAVICOLLE (*C. flavicollis*, LATR.). Noir; corselet rougeâtre, ayant six points noirs; élytres jaunes, avec chacune deux points noirs. — Sibérie.

GRIBOURI DU NOISETIER (*C. coryli*, LATR.). Noir; deux points jaunes sur la tête; corselet glabre, rouge, ainsi que les élytres qui sont striées. — Paris.

GRIBOURI RUGICOLLE (*C. rugicollis*, LATR.). Noir; corselet ayant des points serrés et oblongs; élytres jaunes, avec chacune deux points noirs inégaux à la base et un autre à l'extrémité. — Midi de la France.

GRIBOURI BOTHNIEN (*C. bothnicus*, LATR.). Noir; pates jaunes, ainsi que la bouche, et une tache sur le front; souvent une ligne d'un jaune rougeâtre, plus ou moins apparente, au milieu du corselet. — Suède.

GRIBOURI CORDIFÈRE (*C. cordigera*, LATR.). Noir; corselet ayant ses côtés jaunes, ainsi qu'une tache dorsale antérieure et une tache postérieure. — Paris.

GRIBOURI BIMACULÉ (*C. bimaculatus*, LATR.). D'un noir obscur; corselet rougeâtre; élytres testacées, ayant chacune deux points noirs. — Midi de la France.

GRIBOURI BIPONCTUÉ (*C. bipunctatus*, LATR.). D'un noir brillant; élytres rouges, avec chacune deux points noirs, dont un petit près de la base et un autre plus grand au milieu. — Paris.

Gribouri a collier (*Cryptocephalus collaris*, Latr.). D'un bleu luisant; côtés du corselet rougeâtres, ainsi que l'extrémité des élytres et les cuisses. — Sibérie.

Gribouri brillant (*C. nitens*, Latr.). D'un vert bleu ou d'un bleu noirâtre luisant; les deux ou les quatre pates postérieures noires; base des antennes, bouche et pates, d'un jaune fauve; corselet lisse; des stries ponctuées sur les élytres. — Paris.

Gribouri six-points (*C. sex-punctatus*, Latr.). Noir; un point jaune sur le front; corselet mélangé de noir et de jaune; élytres rougeâtres, bordées de noir, ayant chacune deux points noirs vers la base et un autre plus grand sur le disque. — Allemagne.

Gribouri carré (*C. quadratus*, Latr.). D'un noir luisant; élytres jaunes, ayant chacune une bande noire, large, courte et un peu oblique. — France.

Gribouri bigarré (*C. variegatus*, Latr.). Noir; un point jaunâtre entre les antennes; une ligne dorsale courte, et les bords latéraux du corselet rougeâtres; élytres testacées, ayant chacune un point noir près de la base. — Italie.

Gribouri rayé (*C. vittatus*, Latr.). Noir; élytres ayant leur bord externe jaune, et, sur chacune, une bande courte de la même couleur. — Paris.

Gribouri de Morée (*C. Morei*, Latr.). Noir foncé; élytres ayant chacune deux taches jaunes, l'une à l'extrémité, l'autre au milieu, sur le bord externe. — Paris.

Gribouri dix-points (*C. decem-punctatus*, Latr.). Noir en dedans; tête et corselet mélangés de noir; élytres jaunes, ayant chacune cinq points noirs, dont trois sur le bord externe et deux au milieu, plus grands et oblongs. — Allemagne.

Gribouri bipustulé (*C. bipustulatus*, Latr.). Noir; élytres striées, ayant chacune une grande tache rougeâtre vers l'extrémité. — Suisse.

Gribouri huit-taches (*C. octo-guttatus*, Latr.). D'un noir luisant; élytres ayant des stries ponctuées et chacune quatre taches jaunes. — France.

GRIBOURI MARGINELLE (*Cryptocephalus marginellus*, LATR.). D'un noir bleuâtre; base des antennes jaune, ainsi que l'extrémité des élytres, les pates antérieures et les jambes. — France.

GRIBOURI BLEU (*C. cæruleus*, LATR.). Dessus d'un bleu brillant; bouche jaune; des stries ponctuées sur les élytres; dessous noir et sans taches, ainsi que les pates. — France.

GRIBOURI RUFIPÈDE (*C. rufipes*, LATR.). Noir; tête d'un rougeâtre luisant, ainsi que le corselet; pates fauves; des stries pointillées sur les élytres. — Paris.

GRIBOURI PUSILLE (*C. pusillus*, LATR.). Corselet fauve; élytres testacées, striées, ayant chacune deux points à la base, et une bande postérieure, noirs. — Paris.

GRIBOURI DU PIN (*C. pini*, LATR.). Testacé; antennes brunes; élytres un peu plus pâles vers leurs bords. — Allemagne.

GRIBOURI QUADRIPUSTULÉ (*C. quadripustulatus*, LATR.). Noir; élytres lisses, ayant chacune deux taches rougeâtres. — Nord de l'Europe.

GRIBOURI HISTRION (*C. histrio*, LATR.). Noir; pates ferrugineuses, avec les genoux, et une bande sur les cuisses postérieures, noirs; élytres et corselet raboteux, parsemés de taches ferrugineuses. — Italie.

GRIBOURI MARQUETÉ (*C. tesselatus*, LATR.). Noir; deux points jaunes à l'anus; élytres et corselet un peu raboteux, parsemés de taches jaunes. — Midi de la France.

GRIBOURI MARQUÉ (*C. signatus*, LATR.). Noir; deux points et les côtés du corselet jaunes; élytres jaunes, ayant la suture et deux bandes noires. — Midi de la France.

GRIBOURI LABIÉ (*C. labiatus*, LATR.). D'un noir brillant et foncé; base des antennes, bouche et pates, jaunâtres. — Paris.

GRIBOURI BILINÉÉ (*C. bilineatus*, LATR.). Noir; pates ferrugineuses; élytres ayant chacune deux lignes jaunes réunies à l'extrémité. — France.

GRIBOURI RENFLÉ (*C. crassus*, LATR.). D'un noir brillant; les quatre pates antérieures jaunes; une tache sur le front et un point sur le bord des élytres, de la même couleur. — Midi de la France.

GRIBOURI FLAVIPÈDE (*Cryptocephalus flavipes*, LATR.). D'un noir luisant; tête et pates jaunes. — Paris.

GRIBOURI FLAVILABRE (*C. flavilabris*, LATR.). D'un noir violet ou luisant; bouche jaunâtre; pates et antennes noires. — Saxe.

Septième genre. LES EUMOLPES (*Eumolpus*).

Corps ovoïde ou en ovale allongé, souvent rétréci en avant; mandibules resserrées brusquement, arquées à l'extrémité, avec la pointe forte; tête presque verticale; antennes ayant leurs quatre ou cinq derniers articles allongés, coniques ou en triangle renversé, comprimés; dernier article des palpes plus grand et ovoïde.

EUMOLPE ASIATIQUE (*Eumolpus asiaticus*, LATR.). D'un vert bronzé; élytres d'un bleu violet. — Russie.

EUMOLPE PRÉCIEUX (*E. pretiosus*, LATR.). D'un bleu violet très luisant; vaguement et finement ponctué. — Paris.

EUMOLPE OBSCUR (*E. obscurus*, LATR.). Noir; pubescent; antennes ayant leur base ferrugineuse. — France.

EUMOLPE DE LA VIGNE (*E. vitis*, LATR.). Noir; élytres d'un rouge sanguin. — Paris.

EUMOLPE ARÉNAIRE (*E. arenarius*, LATR.). Noirâtre; obscur; sans taches. — France méridionale.

EUMOLPE BRONZÉ (*E. æruginosus*, LATR.). Bronzé; pates ferrugineuses. — France méridionale.

Huitième genre. LES COLASPES (*Colaspis*).

Ils ne diffèrent des eumolpes que par leurs palpes filiformes, dont le dernier article est conique; antennes plus longues que le corselet, moniliformes au plus à leur extrémité.

COLASPE ATRE (*Colaspis atra*, LATR.; *chrysomela atra*, OLIV.). Ovale; d'un noir luisant, vaguement ponctué; corselet un peu plus étroit que l'abdomen, arrondi postérieurement; premiers articles des antennes fauves. — Midi de la France.

COLASPE DU SOPHIA (*Colaspis sophiæ. — Chrysomela sophiæ*, LATR.). D'un bleu luisant; jambes jaunâtres. — Allemagne.

Neuvième genre. LES DORIPHORES (*Doriphora*).

Corps hémisphérique ou ovale raccourci; mandibules, tête et antennes, comme dans les chrysomèles; dernier article des palpes maxillaires beaucoup plus court que le précédent, transversal; arrière-sternum s'avançant en forme de corne.

DORIPHORE PUSTULÉE (*Doriphora pustulata*, ILLIG.; *chrysomela pustulata*, FAB.). Noire, luisante; élytres fasciées, ayant cinq points fauves. — Cayenne.

Dixième genre. LES PAROPSIDES (*Paropsis*).

Corps hémisphérique ou ovale raccourci; mandibules, tête et antennes, comme dans les chrysomèles; corselet transversal; dernier article des palpes maxillaires presque en hache.

PAROPSIDE D'AMBOINE (*Paropsis Amboinensis*, OLIV.). Ovale; d'un brun fauve en dessous; tête et corselet d'un blanc pâle, mélangés de noirâtre; élytres pâles, avec des points bruns enfoncés et des points élevés, jaunâtres, presque disposés en stries. — Amboine.

PAROPSIDE RUFIPÈDE (*P. rufipes*, OLIV.). Même forme; d'un noir bronzé; rebords du corselet et des élytres fauves, ainsi que les pates. — Iles de la mer du Sud.

Onzième genre. LES CHRYSOMÈLES (*Chrysomela*).

Corps plus ou moins ovale; mandibules obtuses ou tronquées, ou terminées par une pointe très courte; tête saillante ou simplement penchée; dernier article des antennes presque globuleux ou turbiné; les deux derniers articles des tarses maxillaires presque de la même longueur, et le dernier ovoïde, tronqué ou presque cylindrique.

CHRYSOMÈLE TÉNÉBRION (*Chrysomela tenebricosa*, LATR.). Noire; ovoïde; sans ailes membraneuses sous les élytres ; antennes et pates violettes. — Paris.

CHRYSOMÈLE FÉMORALE (*Crysomela femoralis*, LAT.). Noire en dessus, tirant sur le violet inférieurement ; cuisses fauves. — Midi de la France.

CHRYSOMÈLE RUGUEUSE (*C. rugosa* , LATR.). Noire ; aptère ; élytres d'un noir bronzé , rugueuses ; corselet en croissant ; abdomen et pates bleuâtres. — Midi de la France.

CHRYSOMÈLE DE BANKS (*C. Banksii* , LATR.). Bronzée en dessus ; ferrugineuse en dessous. — Midi de la France.

CHRYSOMÈLE LUSITANIQUE (*C. lusitanica* , LATR.). corselet cuivreux ; élytres bronzées , avec des points bleuâtres et enfoncés ; dessous du corps violet. — Portugal.

CHRYSOMÈLE DE L'ADONIDE (*C. adonidis*, LATR.). Noire ; côtés du corselet jaunes et marqués d'un point noir ; élytres jaunes, ayant la suture et une longue raie longitudinale d'un noir bleuâtre sur chacune. — Autriche.

CHRYSOMÈLE DE LA CENTAURÉE (*C. centaurii*, LATR.). Cuivreuse et brillante en dessus ; dessous d'un vert bronzé ; pates cuivreuses. — Allemagne.

CHRYSOMÈLE DE GOTTINGUE (*C. Gœttingensis*, LATR.). Violâtre ; lisse ; base des antennes , palpes et tarses , roussâtres. — France.

CHRYSOMÈLE VARIANTE (*C. varians* , LATR.). D'un bronzé bleuâtre en dessus ; bleue en dessous ; antennes et tarses noirs. — Allemagne.

CHRYSOMÈLE HÉMOPTÈRE (*C. hæmoptera* , LATR.). D'un noir violet ; pates, tarses et ailes rouges. — Paris.

CHRYSOMÈLE DORSALE (*C. dorsalis* , LATR.). Noire ; corselet ayant ses bords externes testacés , avec un point noir ; élytres testacées, ayant sur la suture une raie courte et noirâtre. — Autriche.

CHRYSOMÈLE CUIVREUSE (*C. cuprea* , LATR.). Tête bronzée , ainsi que le corselet ; dessous du corps noir ; élytres cuivreuses. — France.

CHRYSOMÈLE DU GRAMEN (*C. graminis* , LATR.). D'un vert bleuâtre et brillant ; élytres ayant des points enfoncés. — Paris.

CHRYSOMÈLE VIOLETTE (*Chrysomela violacea*, LATR.). D'un beau violet; ailes rouges. — Paris.

CHRYSOMÈLE DU PEUPLIER (*C. populi*, LATR.). Bleue; élytres rouges, à extrémité noire. — Paris.

CHRYSOMÈLE VIMINALE (*C. viminalis*, LATR.). Noire; corselet et élytres fauves, sans taches. — Variété à anus rouge, à élytres ayant d'une à six petites taches noires à la base; à pates fauves ou noires. — Paris.

CHRYSOMÈLE BRIQUETÉE (*C. staphylæa*, LATR.). D'un brun testacé; yeux noirs; des points enfoncés et épars sur les élytres. — Paris.

CHRYSOMÈLE LISSE (*C. polita*, LATR.). Tête et corselet dorés; pates et dessous du corps d'un vert obscur; élytres d'un brun testacé, lisses, finement pointillées. — Paris.

CHRYSOMÈLE DU TREMBLE (*C. tremulæ*, LATR.). Bleue; élytres d'un rouge testacé, sans taches. — Paris.

CHRYSOMÈLE LURIDE (*C. lurida*, LATR.). Noire; élytres d'un brun testacé, ayant des points enfoncés disposés en stries près de la suture. — Paris.

CHRYSOMÈLE DU POLYGONUM (*C. polygoni*, LATR.). D'un bleu verdâtre; corselet rougeâtre, ainsi que les cuisses, les jambes et l'anus. — Paris.

CHRYSOMÈLE PALE (*C. pallida*, LATR.). Jaune; yeux et extrémité des antennes noirs; élytres lisses, à stries ponctuées. — Allemagne.

CHYSOMÈLE LAPONE (*C. laponica*, LATR.). D'un bronzé bleuâtre; élytres rouges, ayant chacune, près de la base, un point bleuâtre, ainsi qu'une bande au milieu, la suture, et une tache en croissant près de l'extrémité. — Saxe.

CHRYSOMÈLE DE LA PATIENCE (*C. rumicis*, LATR.). Noire; corselet fauve, avec quatre points noirs; élytres lisses, fauves, à suture noire, ainsi qu'une petite bande sur chacune. — Espagne.

CHRYSOMÈLE A COLLIER (*C. collaris*, LATR.). Violette; corselet ayant ses côtés jaunes, et un point noir au milieu. — Allemagne.

CHRYSOMÈLE CÉRÉALE (*C. cerealis*, LATR.). Dorée

en dessus ; corselet ayant trois bandes longitudinales bleues, et les élytres cinq. — France.

Chrysomèle sanguinolente (*Chrysomela sanguinolenta*, Latr.). Noire ; élytres rugueuses, à bord extérieur d'un rouge de sang. — France.

Chrysomèle glorieuse (*C. gloriosa*, Latr.). D'un vert brillant ; une ligne bleue au milieu de chaque élytre. — France.

Chrysomèle bordée (*C. limbata*, Latr.). D'un noir bleuâtre ; élytres ponctuées, luisantes, à limbe rouge. — Paris.

Chrysomèle américaine (*C. americana*, Latr.). D'un vert bronzé ; élytres ayant cinq stries d'un rouge de sang. — Italie. France méridionale.

Chrysomèle fastueuse (*C. fastuosa*, Latr.). D'un vert bronzé très brillant ; élytres ayant leur suture bleue, et chacune une bande de cette couleur. — Paris.

Chrysomèle bourreau (*C. carnifex*, Latr.). Noire ; élytres lisses, ayant leur bord externe sanguin. — France.

Chrysomèle hanovrienne (*C. hanoveriana*, Latr.). Bleue ; côtés du corselet, bord externe des élytres et une bande au milieu de chacune de ces dernières, d'un jaune ferrugineux. — Allemagne.

Chrysomèle marginée (*C. marginata*, Latr.). D'un brun bronzé ; élytres ponctuées, bordées de jaune ; ailes rouges. — Europe.

Chrysomèle variable (*C. variabilis*, Latr.). Noire ; élytres ayant leur bord extérieur rouge, ainsi que plusieurs lignes courtes et en nombre variable. — Espagne.

Chrysomèle schach (*C. schach*, Latr.). Tête bleue ; corselet et élytres d'un noir bleuâtre bronzé, très brillant et très lisse ; bord externe de ces dernières d'un rouge de sang. — Allemagne.

Chrysomèle uniponctuée (*C. unipunctata*, Latr.). Noire ; côtés du corselet ayant chacun une tache d'un jaune pâle ; élytres testacées, avec un point noir au milieu, près de la suture. — Espagne.

Chrysomèle marginelle (*C. marginella*, Latr.).

D'un vert bronzé brillant; corselet et élytres bordés de jaune. — Europe.

CHRYSOMÈLE CINQ-POINTS (*Chrysomela quinque-punctata*, LATR.). Noire; corselet rougeâtre; élytres testacées, avec cinq points noirs. — France.

CHRYSOMÈLE DES SAULES (*C. vitellinæ*, LATR.; *galeruca vitellinæ*, FAB.). Ovale-oblongue; bleue ou bronzée, luisante; des points disposés en lignes sur les élytres; anus rougeâtre. — France.

CHRYSOMÈLE PERLE (*C. margarita*, LATR.). D'un rouge cuivreux et brillant; élytres finement pointillées; antennes noires. — France.

CHRYSOMÈLE DU BOULEAU (*C. betulæ*, LATR.; *galeruca betulæ*, FAB.). Ronde; d'un bleu foncé et luisant en dessus; d'un noir violet en dessous; élytres ayant des rangées de points. — Paris.

CHRYSOMÈLE FARDÉE (*C. fucata*, LATR.). Noire; corselet et élytres d'un vert bronzé. — Italie.

CHRYSOMÈLE DU CRESSON (*C. armoricæ*, LATR.). Arrondie; bleuâtre ou violette en dessus; noire en dessous; finement et vaguement ponctuée; élytres ayant une fossette près de leur bord externe, et une petite callosité à leur base; antennes rouges à la base. — France.

CHRYSOMÈLE PETITE-LIGNE (*C. litura*, LATR.). Noire en dessous; fauve en dessus; pates fauves; élytres ayant leur suture noire, et une petite ligne de la même couleur sur chacune. — France.

CHRYSOMÈLE ÉCUSSONNÉE (*C. areata*, LATR.). Noire; corselet et élytres très lisses, ayant leur bord externe roux. — Paris.

CHRYSOMÈLE ANALE (*C. analis*, LATR.). Noire; tête et corselet très lisses; élytres blanches, à bord externe roux, ainsi que la base des antennes. — Allemagne.

CHRYSOMÈLE VINGT-POINTS (*C. 20-punctata*, LATR.). D'un vert bronzé; côtés du corselet blancs; élytres blanches, ayant chacune dix taches bronzées. — Italie.

CHRYSOMÈLE BRONZÉE (*C. ænea*, LATR.). Ovale; d'un vert bronzé; élytres vaguement ponctuées; dessus de l'abdomen noir; anus ferrugineux. — France.

Chrysomèle autrichienne (*Chrysomela austriaca*, Latr.). Noire ; crochets des pates rouges ; élytres ponctuées, d'un noir bronzé. — Autriche.

Chrysomèle du prunier (*C. padi*, Latr.). Noire ; élytres pâles ou livides à l'extrémité. — Nord de l'Europe.

Chrysomèle verdelette (*C. viridula*, Latr.). D'un vert luisant et doré ; corselet coupé en devant ; abdomen noir en dessus. — Paris.

Chrysomèle pallipède (*C. pallipes*, Latr.). Noire ; élytres très lisses, pâles, ainsi que les pates et la base des antennes. — Allemagne.

Douzième genre. Les Hélodes (*Helodes*).

Corps oblong ; corselet à diamètres presque égaux ; mandibules et tête comme dans les précédens ; les quatre derniers articles des antennes presque en massue.

On trouve ces insectes dans les lieux aquatiques, sur les plantes.

Hélode de la phellandrie (*Helodes phellandrii*, Fab.). D'un noir bronzé ; côtés du corselet, bord externe des élytres et une ligne sur chaque, jaunes. — Paris.

Hélode violette (*H. violacea*, Fab.). D'un violet noirâtre, plus clair en dessus, plus foncé en dessous ; élytres striées. — Paris.

B. Antennes insérées entre les yeux, très rapprochées à leur base.

* *Cuisses postérieures non renflées, n'étant pas propres à sauter.*

Treizième genre. Les Adories (*Adorium*).

Pénultième article des palpes maxillaires dilaté, le dernier beaucoup plus court et tronqué ; corps ovale arrondi ; élytres grandes et fort larges, dilatées extérieurement.

Adorie biponctuée (*Adorium bipunctatum*, Latr.). Testacée ; une tache noirâtre sur chaque élytre. — De l'Inde.

Quatorzième genre. LES LUPÈRES (*Luperus*).

Les deux derniers articles des palpes maxillaires différant peu en grandeur ; antennes au moins de la longueur du corps, à articles cylindriques ; mâles ayant les antennes plus longues que les femelles.

LUPÈRE FLAVIPÈDE (*Luperus flavipes*, LATR. ; *crioceris flavipes*, FAB.). Noir ; lisse ; pates d'un jaune fauve, ainsi que la base des antennes, et souvent le corselet ; antennes des mâles une demi-fois au moins plus longues que le corps. — Paris.

LUPÈRE A PETITE SUTURE (*L. suturella*). Un peu plus petit que le précédent ; jaune en dessus, avec une bande à la base du corselet, et une ligne à la suture et au bout des élytres, noires. — Paris.

LUPÈRE JAUNE (*L. flavus*, DEJ.). De même taille que le précédent ; entièrement d'un jaune pâle. — Espagne.

Quinzième genre. LES GALÉRUQUES (*Galeruca*).

Palpes comme les lupères ; antennes plus courtes, à articles en cône renversé.

Ces insectes se réunissent quelquefois en grand nombre sur les végétaux, en rongent les feuilles, et font presque autant de dégât que les chenilles.

GALÉRUQUE NIGRICORNE (*Galeruca nigricornis*, LATR.). Jaunâtre ; base de la tête verte, ainsi que les élytres ; antennes noires. — France.

GALÉRUQUE RUSTIQUE (*G. rustica*, FAB.). Dessous noir ; dessus gris ; élytres ayant des points enfoncés et des lignes élevées. — France.

GALÉRUQUE A QUATRE TACHES (*G. quadrimaculata*, LATR.). Noire ; corselet fauve ; poitrine, pates et antennes testacées, ainsi que les élytres, qui ont chacune deux taches noires. — Paris.

GALÉRUQUE DE LA TANAISIE (*G. tanaceti*, LATR.). Noire ; des points élevés et confluens sur les élytres. — Paris.

GALÉRUQUE DE L'ABSINTHE (*G. absinthii*, LATR.). D'un jaune pâle ; une tache noire sur le corselet, et trois lignes de la même couleur sur les élytres. — Sibérie.

GALÉRUQUE BRULÉE (*Galeruca adusta*, LATR.). Noire; tête et corselet fauves; élytres testacées, ayant chacune une tache noire avant leur extrémité. — Autriche.

GALÉRUQUE NIGRIPÈDE (*G. nigripes*, LATR.; *cistela testacea*, FAB.). Noire; corselet, élytres et abdomen jaunes. — Midi de la France.

GALÉRUQUE BORDÉE (*G. tenella*, LATR.). Ferrugineuse; pubescente; tête et corselet jaunes, ainsi que le bord externe des élytres. — France.

GALÉRUQUE SANGUINE (*G. sanguinea*, LATR.). Dessous noir; dessus d'un rouge sanguin; des points profonds et irrégulièrement placés, sur le corselet et les élytres. — Paris.

GALÉRUQUE DU NÉNUPHAR (*G. nympheæ*, LATR.). D'un brun obscur; pubescente; tête, corselet et pates, mélangés de jaune et de noir; élytres ayant leur bord externe proéminent et jaunâtre. — Paris.

GALÉRUQUE DE L'ORME (*G. calmariensis*, LATR.). D'un gris jaunâtre et cendré; élytres ayant une bande noire vers leur bord externe, et une petite ligne semblable à leur base. — Paris.

GALÉRUQUE DE L'AULNE (*G. alni*, LATR.). Ovale; dessus violet; dessous noir, ainsi que les antennes; corselet uni, court, vaguement ponctué, ainsi que les élytres; corps luisant. — Paris.

GALÉRUQUE DU SAULE (*G. capræ*, LATR.). Dessus noir; dessous gris; élytres convexes, profondément et irrégulièrement ponctuées. — Paris.

GALÉRUQUE MARGINÉE (*G. marginata*, LATR.; *meloe marginata*, FAB.). Noire; corselet bordé de rougeâtre, ainsi que les élytres, qui sont très courtes et d'un noir verdâtre. — Midi de la France.

GALÉRUQUE GLABRE (*G. glabrata*, LATR.). Port des criocères; dessus du corps et pates jaunâtres; antennes brunes; tête d'un roux obscur; corselet fauve, un peu proéminent de chaque côté; élytres noires. — Allemagne.

GALÉRUQUE SUBÉPINEUSE (*G. subspinosa*, LATR.).

Port de la précédente ; noire ; antennes, tête, corselet et pates, fauves ; une espèce de petite dent de chaque côté du corselet. — Paris.

** *Cuisses postérieures renflées, propres à sauter.*

Seizième genre. LES ALTISES (*Altica*).

Elles ne diffèrent guère des galéruques que par le renflement de leurs cuisses postérieures. Elles sont petites, ornées de couleurs brillantes, et font beaucoup de tort à nos jardins, en piquant les feuilles des plantes potagères, sur lesquelles elles sont en grand nombre.

ALTISE POTAGÈRE (*Altica oleracea*, LATR.). Oblongue ; d'un bleu verdâtre luisant ; antennes noires, ainsi que les jambes et les tarses ; une ligne imprimée, transversale et postérieure, sur le corselet ; élytres finement et vaguement ponctuées. — Paris.

ALTISE BLEUE (*A. cœrulea*, LATR.). Bleue, convexe ; des points épars et enfoncés ; pates fauves, ainsi que la base des antennes. — Paris.

ALTISE DES JARDINS (*A. hortensis*, LATR.). D'un noir bronzé ; élytres à stries formées de points ; base des antennes fauves, ainsi que les pates, à l'exception des cuisses postérieures. — Paris.

ALTISE DU CHOU (*A. brassicœ*, LATR. ; *crioceris brassicœ*, FAB.). Noire ; devant du corselet d'un jaune pâle, ainsi que les élytres, qui sont bordées de noir et très lisses. — Paris.

ALTISE DE LA ROQUETTE (*A. erucœ*, LATR. ; *galeruca erucœ*, FAB.). Bleue ; antennes noires. — France.

ALTISE DU CRESSON (*A. nasturtii*, LATR. ; *crioceris nasturtii*, FAB.). D'un noir foncé ; élytres testacées, totalement bordées de noir. — Allemagne.

ALTISE JAUNE (*A. tabida*, LATR. ; *crioceris tabida*, FAB.). D'un jaune pâle ; yeux noirs ; des rangées longitudinales de points sur les élytres. — France.

ALTISE DES BOIS (*A. nemorum*, LATR. ; *crioceris nemorum*, FAB.). Oblongue ; noire ; vaguement ponctuée; une bande jaune, longitudinale, au milieu de chaque élytre. — Paris.

Altise dorsale (*Altica dorsalis*, Latr.; *crioceris dorsalis*, Fab.). Noire; corselet et bord des élytres pâles. — Angleterre.

Altise striée (*A. exoleta*, Latr.; *crioceris exoleta*, Fab.). Ovale; fauve; un sillon transversal et postérieur sur le corselet; stries peu régulières, formées par des points sur les élytres. — Paris.

Altise de l'euphorbe (*A. euphorbiæ*, Latr.; *crioceris euphorbiæ*, Fab.). D'un noir luisant; vaguement et finement ponctuée; base des antennes pâle, ainsi que les pates; cuisses postérieures noires; élytres ponctuées. — Allemagne.

Altise très noire (*A. atra*, Latr.; *crioceris atra*, Fab.). Allongée et un peu déprimée; d'un noir foncé; profondément et vaguement ponctuée; base des antennes et tarses d'un brun foncé. — Nord de l'Europe.

Altise marginelle (*A. marginella*, Latr.; *crioceris marginella*, Fab.). Noire; élytres d'un bronzé vert, ayant une bordure et deux points blancs. — Europe.

Altise de la mercuriale (*A. mercurialis*, Latr.; *crioceris mercurialis*, Fab.). Ronde; d'un noir luisant et très foncé; antennes et pates d'un noir moins intense. — Allemagne.

Altise du sisymbre (*A. sisymbrii*, Latr.; *crioceris sisymbrii*, Fab.). D'un noir foncé; corselet fauve; élytres d'un fauve plus pâle, entièrement bordées de noir. — Allemagne.

Altise paillette (*A. atricilla*, Latr.; *crioceris atricilla*, Fab.). Noire; corselet d'un jaune pâle, ainsi que les élytres qui sont sans stries. — Paris.

Altise anglaise (*A. anglica*, Latr.; *crioceris anglica*, Fab.). Très noire; élytres et jambes pâles. — Angleterre.

Altise testacée (*A. testacea*, Latr.; *chrysomela testacea*, Fab.). Orbiculaire; fauve; finement et vaguement pointillée; yeux noirs; corselet uni. — Paris.

ALTISE PATES FAUVES (*Altica fulvipes*, LATR.; *crioceris fulvipes*, FAB.). Noire; base des antennes, tête, corselet et pates fauves; élytres bleues, vaguement ponctuées. — Paris.

ALTISE FUSCIPÈDE (*A. fuscipes*. — *Crioceris fuscipes*, PANZ.). Violette; tête et corselet fauves; pates noires. — Allemagne.

ALTISE RUFICORNE (*A. ruficornis*, LATR.; *crioceris ruficornis*, FAB.). Ovale; bleue; antennes, tête, corselet et pates, fauves; des stries formées par des points, sur les élytres. — Europe.

ALTISE DU HOLSTEIN (*A. holsatica*, LATR.; *crioceris holsatica*, FAB.). Un peu ovale; noire; une tache rouge près de l'extrémité postérieure de chaque élytre. — Nord de l'Europe.

ALTISE QUADRILLE (*A. quatuor-pustulata*, LATR.; *crioceris quadripustulata*, FAB.). Presque ovale; noire; élytres vaguement ponctuées, ayant chacune deux petites lignes ou taches rougeâtres. — Paris.

ALTISE ÉRYTHROCÉPHALE (*A. erythrocephala*, LATR.; *chrysomela erythrocephala*, FAB.). D'un bleu très foncé; tête fauve; pates ayant les genoux de cette dernière couleur. — Europe.

ALTISE TRIFASCIÉE (*A. trifasciata*, LATR.; *chrysomela trifasciata*, FAB.). Blanchâtre en dessus, avec trois bandes noirâtres. — France.

ALTISE DE MODÉER (*A. Modeeri*, LATR.; *chrysomela Modeeri*, FAB.). Presque ovale; d'un bronzé vert; extrémité postérieure des élytres, antennes et pates, jaunâtres; des stries de points sur les élytres. — Nord de l'Europe.

ALTISE NITIDULE (*A. nitidula*, LATR.; *chrysomela nitidula*, FAB.). Tête dorée, ainsi que le corselet qui est très ponctué, avec une impression transversale postérieure; base des antennes et pates rousses; cuisses postérieures et dessous du corps d'un noir bleuâtre; élytres bleues ou vertes, à stries ponctuées. — Paris.

ALTISE DU NAVET (*A. napi*, LATR.; *chrysomela napi*, FAB.). D'un bleu foncé et luisant; base des antennes et pates testacées; cuisses postérieures noires;

élytres ayant des rangées de points dont les intervalles sont ponctués. — Allemagne.

ALTISE PLUTUS (*Altica Plutus*, LATR.; *chrysomela helxines fulvicornis*, FAB.). D'un vert doré cuivreux en dessus, ou d'un bronzé vert; élytres avec des stries ponctuées; base des antennes et pates rousses; cuisses postérieures et dessous du corps d'un noir bleuâtre. — Paris.

ALTISE NIGRIPÈDE (*A. nigripes*, LATR.; *chrysomela nigripes*, FAB.). Entièrement d'un noir verdâtre bronzé, et vaguement ponctuée. — Paris.

ALTISE DE LA JUSQUIAME (*A. hyoscyami*, LATR.; *chrysomela hyoscyami*, FAB.). Ovale; d'un vert bronzé bleuâtre; base des antennes et pates rousses; cuisses postérieures vertes; des stries de points sur les élytres. — Paris.

FAMILLE 23. LES CLAVIPALPES.

Analyse des genres.

1. Dernier article des palpes maxillaires en croissant ou en hache 2
   Dernier article des palpes maxillaires allongé et plus ou moins ovalaire 4

2. Articles intermédiaires des antennes presque cylindriques, les derniers formant une massue oblongue . . . . *Genre Erotyle.*
   Antennes presque grenues, terminées par une massue courte et ovoïde. 3

3. Corps ovale ou oblong . . . . *Genre Triplax.*
   Corps hémisphérique ou presque rond. *G. Tritome.*

4. Corps linéaire; massue des antennes de cinq articles. . . . . *Genre Langurie.*
   Corps presque hémisphérique; massue des antennes de trois articles. . . . . . *Genre Phalacre.*

CARACTÈRES. Les trois premiers articles des tarses spongieux ou garnis de brosses; une dent cornée au côté interne de la mâchoire; antennes en massue très distincte et perfoliée; corps ordinairement arrondi, souvent très bombé; mandibules échancrées ou dentées; palpes terminés par un article plus grand.

De tous les coléoptères tétramères, ce sont les seuls qui ont un onglet ou une dent cornée au côté interne de la mâchoire; leurs antennes sont toujours plus courtes que le corps; le dernier article des palpes maxillaires est très grand, comprimé, presque en croissant, transversal. Ces insectes se trouvent sous les vieilles écorces et dans les bolets qui naissent sur les troncs d'arbres.

SECTION PREMIÈRE.

Dernier article des palpes maxillaires en croissant ou en hache.

Premier genre. LES ÉROTYLES (*Erotylus*).

Articles intermédiaires des antennes presque cylindriques, les derniers formant une massue oblongue; division interne et cornée de la mâchoire terminée par deux dents; pates menues et allongées. Ces insectes sont exotiques.

ÉROTYLE GÉANT (*Erotylus giganteus*, LATR.). Ovale; noir; élytres ayant un grand nombre de petites taches rouges, dont quelques unes sont réunies. — Cayenne.

Deuxième genre. LES TRIPLAX (*Triplax*).

Antennes presque grenues, terminées par une massue courte et ovoïde; division interne des mâchoires membraneuse, terminée par une seule petite dent; corps ovale ou oblong.

TRIPLAX NIGRIPENNE (*Triplax nigripennis.* — *Triplax russica*, FAB.). D'un rouge fauve, luisant; corselet vaguement ponctué; poitrine noire, ainsi que les élytres, qui sont vaguement ponctuées. — Paris.

TRIPLAX RUFIPÈDE (*T. rufipes*, FAB.). Noire; tête, corselet et pates, fauves; des stries ponctuées sur les élytres. — Paris.

TRIPLAX TÊTE NOIRE (*T. melanocephala.* — *Tritoma melanocephalum*, LATR.). Noire; corselet et pates rouges; des stries très marquées sur les élytres. — Midi de la France.

Triplax bronzée (*Triplax ænea*, Fab.). D'un fauve ferrugineux; antennes noires; élytres très luisantes, d'un verdâtre bleu. — Allemagne.

Triplax a élytres soudées (*T. connata*. — *Tritoma connatum*, Latr.). Noire; pates fauves, ainsi que le corselet, qui est un peu enfoncé postérieurement; élytres soudées, convexes, pubescentes. — Allemagne.

Troisième genre. Les Tritomes (*Tritoma*).

Antennes et division interne des mâchoires comme dans les précédens; mais corps hémisphérique ou presque rond.

Tritome a deux pustules (*Tritoma bipustulatum*, Latr.). D'un noir luisant; une tache d'un rouge vif à la base de chaque élytre. — Paris.

Tritome glabre (*T. glabrum*, Latr.). Noire; antennes d'un brun foncé. — Nord de l'Europe.

SECTION DEUXIÈME.

Dernier article des palpes maxillaires allongé et plus ou moins ovalaire.

Quatrième genre. Les Languries (*Languria*).

Corps linéaire; massue des antennes de cinq articles; corps allongé, cylindrique.

Langurie bicolore (*Languria bicolor*, Latr.; *trogosita bicolor*, Fab.). Fauve; tête, poitrine et élytres d'un noir un peu bleuâtre; une tache de la même couleur sur les élytres. — De la Caroline.

Cinquième genre. Les Phalacres (*Phalacrus*).

Corps hémisphérique; massue des antennes de trois articles.

Ces insectes ont le dernier article des palpes maxillaires ovale; leur corps est très lisse. Ils se trouvent sous les fleurs et sous les vieilles écorces.

Phalacre luisant (*Phalacrus coruscus*, Latr.).

Presque ovale; d'un noir très foncé et très luisant, fort lisse; élytres n'ayant qu'une strie près de la suture; dernier article des antennes long. — Paris.

PHALACRE BRONZÉ (*Phalacrus æneus*, LATR.; *sphæridium æneum*, FAB.). Ovale; d'un noir bronzé en dessus, très luisant en dessous; une strie longitudinale sur les élytres, près de la suture. — Paris.

PHALACRE DE LA MILLE-FEUILLE (*P. millefolii*, LATR.). D'un noir brun en dessus; couleur de poix en dessous; des stries pointillées sur les élytres. — Suède.

PHALACRE APICAL (*P. apicalis*, LATR.). Un peu moins d'une demi-ligne de longueur; d'un noir brunâtre; antennes et pates d'un brun clair, ainsi que le bout des élytres; celles-ci lisses. — France.

PHALACRE SANS TACHES (*P. immaculatus*, LATR.). Ovale; entièrement noir; élytres ayant des stries sensibles. — Paris.

PHALACRE TESTACÉ (*P. testaceus*, LATR.). Presque ovale; d'un brun testacé; extrémité des élytres, dessous du corps et antennes plus clairs; quelques stries obsolètes sur les élytres. — Paris.

PHALACRE BICOLORE (*P. bicolor*, LATR.). Ovale; noir en dessus; antennes, dessus du corps et pates, d'un brun rougeâtre; une strie apparente près de la suture des élytres, celles-ci ayant chacune une tache près de l'extrémité. — Paris.

PHALACRE CORTICAL (*P. corticalis*, LATR.). Ovale-oblong; d'un brun testacé en dessous, à dos un peu plus clair; dessous d'un brun rougeâtre; élytres ayant de légères stries longitudinales. — Paris.

SECTION 4. *Les Trimères.*

Cette section se compose de tous les coléoptères qui ont trois articles à tous les tarses. Ces insectes ont beaucoup de rapport avec ceux qui terminent la section précédente; leurs antennes sont en massue ou plus grosses à leur extrémité, et leur corps est hémisphérique ou ovale; ils forment deux familles : celle des *aphidiphages* et celle des *fungicoles*.

FAMILLE 24. LES APHIDIPHAGES.

Cette famille ne renferme que le genre *Coccinelle*.

CARACTÈRES. Antennes plus courtes que la tête et le corselet; dernier article des palpes maxillaires grand et en forme de hache; corps hémisphérique ou ovale raccourci.

Genre unique. LES COCCINELLES (*Coccinella*).

Antennes terminées par une massue comprimée, en triangle renversé; corselet très court, fort large, en forme d'arc.

Ces petits animaux, ordinairement variés ou ponctués de couleurs fort vives, paraissent les premiers au printemps, et habitent les plantes et les arbres de nos jardins. On les rencontre aussi quelquefois dans nos maisons, où on les a désignés sous le nom de *bête à Dieu*. Lorsqu'on les saisit, ils font sortir de leurs cuisses une liqueur jaunâtre d'une odeur très désagréable. Ils se nourrissent de pucerons.

* *Petites; pubescentes; hémisphériques ou ovales.*

COCCINELLE NOIRETTE (*Coccinella nigrina*, LATR.). Presque hémisphérique; noire; pubescente; obtuse postérieurement; tarses couleur de poix. — France.

COCCINELLE FLAVIPÈDE (*C. flavipes*, LATR.). Presque hémisphérique; noire; luisante; pubescente; bouche et pates jaunes. — France.

COCCINELLE ATRE (*C. atra*, LATR.). Ovale; très noire; luisante; pubescente. — Allemagne.

COCCINELLE MIGNONETTE (*C. parvula*, LATR.). Hémisphérique; pubescente; tête, pates et extrémité des élytres, jaunes. — France. Variétés :

1. — *Coccinella flavipes*, FAB. Corselet noir; très peu de jaune à l'extrémité des élytres.

2. — *Coccinella parvula*, FAB. Bout de l'extrémité

des élytres rouge, ainsi que le corselet, qui a une tache noire à sa base.

3. — *Coccinella analis*, FAB. Plus de rouge à l'extrémité des élytres; du reste semblable à la précédente.

4. — A côtés du corselet et extrémité des élytres rouges.

5. — A côtés du corselet et extrémité des élytres jaunes.

COCCINELLE PECTORALE (*Coccinella pectoralis*, LATR.; *Chrysomela pectoralis*, FAB.). Oblongue; fauve; poitrine noire; de faibles stries ponctuées sur les élytres. — Paris.

COCCINELLE ÉCUSSONNÉE (*C. scutellata*, LATR.; *chrysomela scutellata*, FAB.). Oblongue; fauve; poitrine noire, ainsi qu'une tache scutellaire et deux points sur chaque élytre : ces dernières presque striées. — France. — Variété ayant les deux points des élytres réunis en bande :

COCCINELLE DISCOÏDALE (*C. discoidea*, LATR.). Ovale; noire; élytres jaunes à la base, et bords noirs. — France.

COCCINELLE PETITE-RAIE (*C. litura*, LATR.). Hémisphérique; d'un testacé roussâtre et luisant; de petites taches noires sur les élytres. — France. Variétés :

1. — *Nitidula litura*, FAB. Un arc noir et interrompu sur l'extrémité des élytres; corselet sans tache.

2. — *Anthribe livide*, OLIV. Des raies noires et réunies sur le disque des élytres; une tache noirâtre au milieu du corselet.

3. — Plusieurs taches noires et irrégulières sur les élytres; une tache noirâtre au milieu du corselet.

COCCINELLE A DEUX MARQUES (*C. biverrucata*, LATR.). Ovale; d'un noir luisant; élytres ayant, au-delà de leur milieu, une tache rouge et ronde. — France.

COCCINELLE FRONTALE (*C. frontalis*, LATR.). Presque hémisphérique; noire; une tache humérale à chaque élytre. — France. Variétés :

1. — *Coccinella frontalis*, FAB. Tête et angles antérieurs du corselet rouges, ainsi qu'une tache humérale, arrondie et éloignée du bord, sur chaque élytre.

2. — *Coccinella frontalis*, Ross. Front et corselet noirs et sans tache; la tache humérale arrondie, éloignée du bord extérieur.

3. — *Coccinella rufipes*, Fab. Semblable à la précédente, mais tache humérale beaucoup plus grande.

4. — *Coccinelle interrompue*, Oliv. Front et corselet noirs et sans taches; une tache humérale rouge, grande, allant jusqu'au bord extérieur.

5. — *Coccinella marginalis*, Ross. Tête et angles antérieurs du corselet rouge; tache humérale comme dans la précédente.

Coccinelle deux fois bipustulée (*C. bis-bipustulata*, Latr.). Hémisphérique; noire; pubescente; deux points rouges sur chaque élytre. — France. Variétés :

1. — *Coccinella bis-bipustulata*, Fab. Corselet sans tache.

2. — *Coccinelle pubescente*, Oliv. Tête noire; un point rouge de chaque côté du corselet.

** *Oblongues, un peu aplaties; corselet arrondi de chaque côté, plus étroit que les élytres.*

Coccinelle sept-taches (*C. septem-maculata*, Latr.). Oblongue; corselet bordé de jaune; élytres rouges, à taches noires, dont une a l'écusson trilobé. — France. Variétés :

1. — *Coccinella septem-maculata*, Fab. Troisième et quatrième points de chaque élytre réunis en une bande transverse.

2. — Cinq points aux élytres, disposés en cet ordre : 1, 1, 2, 1; le second du bord antérieur très petit.

Coccinelle treize-points (*C. tredecim-punctata*, Latr.). Oblongue; côtés et devant du corselet jaunes, marqués d'un point noir; élytres roussâtres, ponctuées de noir; abdomen bordé de jaune. — France. Variétés :

1. — *Coccinella tredecim-punctata*, Fab. Douze points sur les élytres et un treizième commun.

2. — *Coccinella undecim-maculata*, Harrer. Points des élytres peu marqués, quelques uns manquant souvent.

3. — *Coccinella oblonga*, HERBST. Dix points sur les élytres, le premier marginal manquant; chaque point latéral du corselet réuni avec le noir du disque.

4. — Les deux avant-derniers points des élytres réunis en une bande.

5. — Semblable à la précédente, mais point scutellaire réuni avec ceux qui l'avoisinent.

6. — Les trois derniers points des élytres réunis en une petite raie arquée.

COCCINELLE CHANGEANTE (*C. mutabilis*, LATR.). Ovée; corselet à bords et taches jaunes; élytres rouges, marquées de points noirs; pates de devant roussâtres. — Paris.

1. — *Coccinella quinque-maculata*, FAB. Bordure jaune et antérieure du corselet, trifide; élytres à cinq points, ainsi disposés : $\frac{1}{2}$, o, o, 2, o.

2. — *Coccinella sex-punctata*, FAB. Élytres à six points, dont aucun de commun : o, o, 2, 1.

3. — *Coccinella septem-notata*, FAB. Elytres à sept points; la $\frac{1}{2}$ d'un, ou le scutellaire, o, o, 2, 1; bord jaune et extérieur du corselet jetant dans son milieu et postérieurement un petit rameau jaune.

4. — Deux points jaunes, dorsaux, sur le corselet; élytres à treize points.

5. — Bord jaune et extérieur du corselet jetant dans son milieu et postérieurement un petit rameau; élytres à treize points.

6. — Bordure jaune et antérieure du corselet, trifide; élytres à treize points.

7. — Corselet comme la variété 5; élytres à onze points.

8. — Corselet semblable; élytres à neuf points, le correspondant de celui de la base dans les espèces qui en ont treize, manquant; ensuite 1, 2, 1.

9. — Corselet de la variété 5; élytres à neuf points, un à la base, les deux répondant aux deux de la seconde ligne des variétés qui en ont trois, manquant.

10. — Élytres de la précédente; corselet de la variété 6.

11. — Corselet de la variété 6; élytres à sept points, la $\frac{1}{2}$ d'un, ou le scutellaire, o, o, 2, 1.

12. — Elytres à sept points : $\frac{1}{2}$, 1, 0, 0, 2, 0.

13. — Corselet de la variété 5; élytres à cinq points : 1, 1 intérieur; 2 réunis en une bande large, ondulée, et un plus grand.

14. — Élytres à trois points noirs, un commun, et deux marginaux.

Coccinelle a dix-neuf points (*Coccinella novemdecim-punctata*, Latr.). Oblongue; jaune ou rose; corselet ayant six points noirs, et les élytres dix-neuf. — Paris. Variété : *Coccinella novemdecim-punctata*, Fab. Aucun des points contigus.

Coccinelle M noir (*C. M nigrum*, Latr.). Ovée; d'un gris jaunâtre; élytres sans points, ou noirâtres, grises à leur base; poitrine noire; pates jaunes. — France. Variétés :

1. — *Coccinella M nigrum*, Fab. Pâle; corselet ayant un M noir.

2. — Pâle; corselet ayant des points noirs peu marqués.

4. — Pâle; une tache oblongue, noirâtre, près de l'extrémité de chaque élytre.

3. — Corselet jaunâtre, avec des taches peu apparentes.

5. — Noirâtre; base des élytres grise.

6. — Noirâtre; élytres ayant leur base et deux taches en forme de mouche, dont l'une dorsale et l'autre marginale, grises.

*** *Presque hémisphériques, glabres ou pubescentes; côtés du corselet distingués du bord postérieur qui est transversal.*

Coccinelle deux fois sept-mouchetée (*C. bis-septem-guttata*, Latr.; *C. quindecim-guttata*, Fab.). Hémisphérique; fauve; très unie; côtés du corselet blancs, ainsi que sept points sur chaque élytre, dont l'huméral petit; bord des élytres de la même couleur. — Paris.

Coccinelle deux fois six-mouchetée (*C. bissex-guttata*, Latr.). Hémisphérique; fauve; base des còtés du corselet blanchâtre; six points sur chaque élytre, 1, 2 obliques, 2, 1, de la même couleur. — Paris.

Coccinelle a dix-huit mouchetures (*Coccinella octodecim-guttata*, Latr.). Presque ovée; ferrugineuse; deux mouchetures jaunes à la base du corselet, neuf sur chaque élytre, dont deux à la base en croissant. — France. Variétés :

1. — *Coccinella octodecim-guttata*, Fab. Brune, avec des mouchetures jaunes.

2. — Huit mouchetures des élytres plus grandes : 2, 1, 2, 2, 1.

3. — Une petite moucheture ajoutée à la moucheture extérieure de la première paire.

Coccinelle tigrée (*C. tigrina*, Latr.). Noire ou fauve; côtés du corselet ayant trois points blanchâtres et dix sur chaque élytre : 1, 3, 3, 2, 1. — France. Variété : *Coccinella viginti-guttata*, Fab. Les deux points extérieurs du groupe ternaire du milieu réunis.

Coccinelle a seize mouchetures (*C. sexdecim-guttata*, Latr.). Hémisphérique; fauve; élytres à bords dilatés, ayant chacune huit points blancs, 1, 2, 2, 2, 1, dont les paires obliques. — Europe.

Coccinelle a quatorze mouchetures (*C. quatuordecim-guttata*, Latr.). Presque hémisphérique; fauve; une tache blanche en croissant de chaque côté du corselet, et sept points de la même couleur sur chaque élytre : 1, 3, 2, 1. — Europe.

Coccinelle mouchetures-oblongues (*C. oblongo-guttata*, Latr.). Hémisphérique; côtés du corselet blanchâtres, ainsi que des petites lignes et des mouchetures sur les élytres. — France. Variété : *Coccinella oblongo-guttata*, Fab. Disque du corselet noir, le milieu rouge.

Coccinelle oculée (*C. ocellata*, Latr.). Hémisphérique; noire; corselet mélangé de jaune; élytres rouges, avec l'extrémité de leur bord noir. — France. Variétés :

1. — *Coccinella ocellata*, Fab. Huit points noirs en forme d'yeux, sur les élytres, 1, 3, 3, 1, et un scutellaire commun et double.

2. — *Coccinella sex-lineata*, Fab. Trois lignes longitudinales noires sur les élytres.

3. — Élytres sans taches.

4. — Une tache humérale noire, en forme d'œil, et des mouchetures peu apparentes sur les élytres.

5. — Des points noirs en forme d'yeux, et quelques mouchetures peu apparentes sur les élytres.

Coccinelle bords-ponctués (*C. margine-punctata*, Latr.). Hémisphérique; roussâtre; tête et corselet jaunes, ponctués de noir; deux points marginaux à chaque élytre. — Europe. Variétés :

1. — *Coccinella sexdecim-punctata*, Fab. Huit points noirs sur chaque élytre : 1, 3, 3, 1.

2. — Noire; élytres d'un jaune sale, avec huit taches noires sur chacune : 1, 3, 3, 1.

Coccinelle sept-points (*C. septem-punctata*, Latr.). Hémisphérique; noire; une tache blanche à chaque extrémité latérale du corselet; élytres fauves, ayant sept points noirs : $\frac{1}{2}$, 2 obliques, et 1. — France. Variétés :

1. — *Coccinelle neuf-points*, Oliv. Neuf points sur les élytres; $\frac{1}{2}$ huméral, 2, 1.

2. — *Coccinella septem-punctata*, Fab. Deux points frontaux et une tache aux angles antérieurs du corselet, blanchâtres; trois points et un commun scutellaire, arrondis, noirs, sur les élytres.

3. — Point intérieur de la paire presque oblitéré.

4. — Point commun scutellaire prolongé de chaque côté; le point intérieur de la paire plus grand, anguleux, et un point substitué derrière le point commun.

5. — Tête et corselet sans taches; des espaces difformes, noirs, sur les élytres.

Coccinelle cinq points (*C. quinque-punctata*, Latr.). Hémisphérique; noire; corselet ayant une tache blanche à chaque extrémité latérale et antérieure; élytres d'un rouge de sang, à cinq points noirs : $\frac{1}{2}$, 1, 1. — France. Variétés :

1. — *Coccinella tripunctata*, Lin. Élytres à trois points; les deux du dos manquant.

2. — Elytres à trois points, les deux postérieurs et marginaux manquant.

COCCINELLE ONZE-POINTS (*Coccinella undecim-punctata*, LATR.). Presque ovée; noire; glabre; corselet ayant son extrémité latérale et antérieure, blanche; élytres rousses, à points noirs. — France. Variétés :

1. — *Coccinella undecim-punctata*, FAB. Elytres à onze points : ½, 1, 2, 2, les paires obliques.

2. — *Coccinella novem-punctata*, FAB. Elytres à neuf points : ½, 2, 2, les paires obliques.

3. — *Coccinella quadrimaculata*, FAB. Elytres à quatre points; un commun peu apparent; l'huméral et les latéraux des paires oblitérés.

4. — Première paire de points réunie.

COCCINELLE A QUATORZE PUSTULES (*C. quatuordecim-pustulata*, LATR.). Presque ovale; noire; devant du corselet blanchâtre, ainsi que sept mouchetures sur chaque élytre, 2, 2, 2, 1. — Europe. Variétés :

1. — *Coccinella quatuordecim-pustulata*, FAB. Mouchetures des élytres teintes de rouge.

2. — Front avec une tache blanche de chaque côté.

3. — Front blanc; pates antérieures jaunes.

COCCINELLE HIÉROGLYPHIQUE (*C. hieroglyphica*, LATR.). Presque ovée; noire; corselet ayant son extrémité latérale et antérieure blanche; élytres rouges, ayant une bande sinuée en devant, et une postérieure courte. — Europe. Variétés :

1. — *Coccinella flexuosa*, FAB. Bandes antérieures réunies à l'écusson.

2. — *Coccinella hieroglyphica*, FAB. Bandes larges; l'antérieure se réunissant dans son milieu avec la postérieure, et formant ainsi cinq mouchetures fauves : 2, 2, 1; les deux postérieures antérieures réunies à la suture.

COCCINELLE VARIABLE (*C. variabilis*, LATR.). Presque hémisphérique; glabre; bord du corselet jaune; pates fauves; une ligne élevée transverse près de l'extrémité des élytres. — Paris. Variétés :

1. — *Coccinelle immaculée*, OLIV. Corselet ponctué

de noir, ou à petites raies obscures; élytres jaunes, sans points.

2. — *Coccinelle subponctuée*, Oliv. Un point noir au milieu du bord extérieur des élytres.

3. — *Coccinelle jaune à six points pâles*, De Géer. Elytres jaunâtres, ayant deux points au milieu, l'un marginal, l'autre sutural, et un troisième situé aux épaules.

4. — *Coccinelle noire à dix points jaunes*, var. 2, de Geoffroy. Entièrement roussâtre; côtés du corselet, de petites lignes sur son disque, et dix mouchetures sur les élytres, jaunâtres.

5. — *Coccinelle noire à dix points jaunes*, var. 1 de Geoffroy. Corselet jaune; disque ayant postérieurement quatre points carrés, noirs, formant un arc qui entoure postérieurement un point jaune; élytres noires, à cinq mouchetures d'un jaune rouge : 2, 2, 1; les deux premières en croissant, la dernière apicale.

6. — *Coccinella quadripunctata*, Oliv. Elytres rougeâtres, ayant deux points au milieu, l'un marginal, l'autre sutural.

7. — *Coccinella sex-punctata*, Linn. Trois points sur une ligne transverse, au milieu des élytres.

8. — *Coccinella octo-punctata*, Fab. Trois points sur une ligne transverse, au milieu des élytres, et un quatrième huméral.

9. — *Coccinella decem-punctata*, Fab. Dix points aux élytres : 1, 3, 1, et un scutellaire peu apparent.

10. — *Coccinella tredecim-maculata*, Fab. Treize points aux élytres : $\frac{1}{2}$, 1, huméral; trois au milieu, deux derrière, le scutellaire double quelquefois.

11. — *Coccinella conglomerata*, Linn. Elytres ayant un point scutellaire, un point huméral, une bande ondulée au milieu, et deux points noirs réunis derrière; la bande liée avec les points et avec celui de l'écusson.

12. — *Coccinella decem-pustulata*, Lin. Corselet noir, ayant son bord antérieur et quelques lignes au milieu jaunes; élytres noires, avec cinq mouchetures d'un jaune rouge : 2, 2, 1; les deux premières en croissant, la dernière apicale.

13. — *Coccinella variabilis*, Fab. Côtés du corselet ayant le bord blanc ; élytres noires, avec une tache en croissant, transverse, humérale, rouge ou fauve ; bord huméral noir.

14. — *Coccinella biguttata*, Fab. Elytres jaunes ; une tache humérale, pâle, peu apparente.

15. — La même que le n° 2, mais un point noir au milieu, près de la suture.

16. — Elytres ayant un point commun, un au milieu, près de la suture, et deux autres.

17. — Neuf points aux élytres : $\frac{1}{2}$, 1 huméral, trois au milieu.

18. — Trois points aux élytres ; 1 huméral ; trois au milieu, et un postérieur, marginal ou sutural.

19. — Douze points aux élytres ; un huméral, trois au milieu, et deux derrière ceux-ci.

20. — Ne différant du n° 10 que par les points inférieurs et confluens du groupe ternaire du milieu.

21. — Corselet d'un jaune pâle ; le disque noir postérieurement, avec quelques lignes jaunes ; élytres roussâtres, à dix mouchetures peu marquées.

22. — Corselet jaune ; disque ayant postérieurement des points carrés, noirs, formant un arc ; élytres brunes, à cinq mouchetures pâles : 2, 2, 1, les deux premières en croissant, la dernière à l'extrémité.

23. — Corselet de la précédente, ou noir, avec les côtés, le bord antérieur, et quelques lignes au milieu, jaunes ; élytres noires, avec une tache annulaire large à la base, deux taches derrière le milieu, et une à l'extrémité, d'un jaune rouge.

24. — Corselet noir, avec les côtés et le bord antérieur blanchâtres ; élytres noires, avec cinq mouchetures d'un jaune rouge : 2, 2, 1 ; les deux premières en croissant ; la dernière éloignée à l'extrémité.

25. — Bords antérieurs et côtés du corselet blancs ; élytres noires, ayant une tache presque humérale et le bord extérieur, blancs.

26. — Elytres noires ; une tache humérale transverse et en croissant, rouge, n'atteignant pas le bord extérieur.

27. — Elytres brunes ; lunule humérale, transverse, fauve.

Coccinelle disparate (*Coccinella dispar*, Latr.). Ové-hémisphérique, glabre ; corps et pates noirs ; élytres presque sans rebords. — France. Variétés :

1. — *Coccinella quadripustulata*, Fab. Noire ; côtés du corselet finement bordés de blanc ; deux taches rouges, l'une humérale, l'autre au-dessus du milieu, près de la suture.

2. — *Coccinella sex-pustulata*, Fab. Semblable à la précédente, mais une tache postérieure de plus.

3. — *Coccinella annulata*, Fab. Elytres brunes ; une tache rouge à la base, s'étendant jusqu'à la suture, divisée par une obscurité longitudinale ; une tache en dessus du milieu et une bordure large à l'extrémité, rougeâtres. *Sous-variété :* moitié antérieure des élytres rougeâtre, avec une obscurité longitudinale et l'extrémité, noirâtres ; une tache près la suture et le bord postérieur, rougeâtres.

4. — *Coccinella unifasciata*, Fab. Corselet ayant les côtés blancs, ainsi que deux points à sa base ; élytres rouges, avec une petite bande au milieu, amincie aux deux extrémités.

5. — *Coccinella bipunctata*, Fab. Elytres rouges, ayant chacune un point noir au milieu.

6. — *Coccinelle lancéolée*, Oliv. Une tache rouge à la base des élytres ; une commune sous leur milieu ; une opposée marginale, et une autre apicale, rougeâtres, ainsi que le bord.

7. — Noire ; angles huméraux des élytres bordés de rouge.

8. — Noire ; côtés du corselet finement bordés de blanc ; une tache humérale et un point au milieu, près la suture, rouges.

9. — Comme la précédente, mais un point rouge de plus à l'extrémité des élytres.

10. — Semblable à la précédente, mais tache humérale petite, double.

11. — La même que le n° 2, mais un point rouge de plus, marginal, près des extrémités des élytres.

12. — De même que le n° 2; mais ayant brunâtre la partie des élytres que l'autre a noirâtre, et bords des taches rouges plus effacés.

13. — Analogue à la variété n° 3, mais petites lignes des élytres si étroites, que ces dernières paraissent plutôt rougeâtres; bande brune ou brunâtre, au milieu, bifide en devant et postérieurement.

14. — Elytres rougeâtres, avec une bande noire au milieu et une tache ou ombre postérieure, brune, sinuée.

15. — Elytres rouges, avec une bande au milieu, large, courte, noire, jetant un rameau dans son milieu en devant.

16. — Trois points noirs au milieu des élytres, posés transversalement, celui du milieu plus grand.

17. — Côtés du corselet blancs, ainsi qu'une petite ligne dans son milieu en devant, et une tache en forme de cœur, à sa base; élytres rouges, avec deux points noirs au milieu du dos, l'intérieur petit, souvent réuni; quelquefois un point de plus, antérieur, dans le voisinage de l'écusson.

Coccinelle sans pustule (*Coccinella impustulata*, Latr.). Ové-hémisphérique, glabre; élytres bordées.— France. Variétés :

1. — *Coccinella conglobata*, Fab. Corselet noir au milieu postérieurement; bord et une petite ligne antérieure, côtés, jaunes; un point noir; élytres comme dans la variété suivante; points contigus.

2. — *Coccinella conglobata*, Oliv. Rose en dessus; huit points noirs sur le corselet; autant aux élytres; deux obliques internes; deux extérieurs; un à la suture; trois obliques; les deux extérieurs réunis; extrémité sans taches; suture noire.

3. — *Coccinella conglobata*, Herbst; *coccinella gemella*, ejusdem. Semblable au n° 1., mais les points du corselet et des élytres joints çà et là; une croix noire au milieu des élytres.

4. — *Coccinella impustulata*, Fab. Noire; tête jaune ou noire, ponctuée de jaune; bord antérieur du corselet, une petite ligne à son devant, et ses côtés, jaunes; un point noir à chacun de ses côtés.

5. — Elytres noires ; base et bord postérieur avec une tache jaune ; le bout et l'extrémité de la suture, jaunâtres.

6. — Elytres noires ; des taches jaunâtres, très peu distinctes, à la base et au bord postérieur.

7. — Points du corselet contigus ; élytres noires, sans taches.

8. — Elytres ayant à la base une tache peu apparente, transversale, jaunâtre ainsi que le bord extérieur.

9. — La même que le n° 4, mais points noirs des côtés du corselet unis avec le disque, et la ligne antérieure jaune manquant quelquefois.

10. — Entièrement noire, excepté les côtés du corselet qui sont jaunes.

11. — Noire ; tête fauve, ainsi que les angles antérieurs du corselet.

Coccinelle conglobée (*Coccinella conglobata*, Latr.). Hémisphérique ; glabre ; d'un jaunâtre blanchâtre, tachetée ou marquée de noir ; suture noire ; pates pâles. — Europe. Variétés :

1. — *Coccinella quatuordecim-maculata*, Fab. Six points carrés et noirs sur le corselet ; sept semblables sur les élytres : 3, 3, disposés en arc, un à l'extrémité.

2. — *Coccinella quatuordecim-punctata*, Oliv. Corselet pâle, ayant une grande tache postérieure quadrilobée en devant ; élytres ayant des points carrés plus ou moins réunis entre eux et avec la suture.

3. — *Coccinella conglomerata*, Oliv. Corselet de même ; taches des élytres contiguës, de manière qu'il y a sur les élytres six pustules blanchâtres, deux à la base, deux marginales, une à la suture, et une transverse, lunulée à l'extrémité.

Coccinelle a douze points (*C. duodecim-punctata*, Latr.). Hémisphérique ; glabre ; jaune ; corselet ponctué de noir ; élytres ayant la suture noire, ainsi que plusieurs points et une ligne extérieure ondée. — Paris. Variétés :

1. — *Coccinella duodecim-punctata*, Fab. Corselet à six points noirs, trois de chaque côté en triangle.

2. — *Coccinella sexdecim-punctata*, Lin. Trois points réunis de chaque côté du corselet.

3. — Tous les points du corselet réunis.

4. — Six points sur chaque élytre, et une tache linéaire interrompue à l'extrémité.

Coccinelle a vingt-deux points (*Coccinella viginti-duo-punctata*, Latr.). Hémisphérique ; glabre ; d'un jaune de soufre ; cinq points sur le corselet, dix sur chaque élytre, noirs : 3, 3, 1, 2, et un marginal. — Europe.

Coccinelle onze-taches (*C. undecim-maculata*, Latr.). Pubescente et ferrugineuse ; élytres ayant onze points noirs, un scutellaire et commun, un à chaque épaule, deux internes près la suture, et deux près du bord extérieur placés respectivement plus bas que leurs correspondans intérieurs. — France.

Coccinelle globuleuse (*C. globosa*, Latr.). Renflée, pubescente ; tête et pates ferrugineuses ; élytres ou de la même couleur et souvent ponctuées de noir, ou noires, avec l'extrémité ferrugineuse. — Europe. Variétés :

1. — *Coccinella impunctata*, Oliv. Toute ferrugineuse.

2. — *Coccinella viginti-ter-punctata*, Fab. Des taches noires sur le corselet ; douze points sur les élytres : 3, 3, 1, 3, 2, et un scutellaire petit, souvent distinct.

3. — *Coccinella viginti-duo-punctata*, Fab. Semblable à la précédente, mais points confluens.

4. — *Coccinella hemorrhoidalis*, Fab. Elytres noires, à extrémité rousse ; une bande linéaire, peu apparente, courte ; corselet ferrugineux, noir au milieu.

5. — Ferrugineuse ; corselet à trois ou cinq taches noires ; dessus du corps de la même couleur.

6. — La même avec un point huméral noir.

7. — La même avec un point obscur à l'écusson.

8. — Corselet ferrugineux, avec trois taches noires : ou corps noir avec le corselet ferrugineux ; des points vagues, peu apparens, sur les élytres.

9. — Une tache au milieu du corselet ; dix points

distincts, petits, noirs, sur les élytres : 3, 1, à la suture, 3, 3.

10. — La même ligne que le n° 3, mais ses points formant des bandes irrégulières.

11. — Points noirs tellement contigus que le ferrugineux ne paraît qu'en forme de tache; corselet ferrugineux, noir au milieu.

12. — Elytres noires, avec une tache commune, ferrugineuse au milieu : leur extrémité rousse; une bande linéaire, peu apparente, courte; corselet ferrugineux, noir au milieu.

COCCINELLE LATÉRALE (*Coccinella lateralis*, LATR.). Hémisphérique; glabre, luisante et noire; côtés du corselet d'un rouge de sang; chaque élytre ayant un point de la même couleur au milieu.—Europe. Variété à tête rouge.

**** *Forme des cassides; très unies; corselet très court, transversal, avec les côtés avancés, obtus, en forme de croissant; élytres réunies formant une espèce de cœur, avec un large rebord, échancrées en devant pour recevoir la base du corselet.*

COCCINELLE QUADRIPUSTULÉE (*C. quadripustulata*, LATR.). Convexe; noire; élytres ayant une tache humérale lunulée, une ronde derrière leur milieu, rouges, ainsi que l'anus. —Europe. Variété :

1. — *Coccinella quadriverrucata*, FAB. Le brun obscur remplaçant le noir.

COCCINELLE PUSTULES-EN-REIN (*C. renipustulata*, LATR.). Comprimée; noire; disque de chaque élytre ayant une tache ovée et transverse rouge; abdomen de cette couleur — Europe.

COCCINELLE BIPUSTULÉE (*C. bipustulata*, LATR.). Bossue, comprimée; noire; tête et abdomen rouges, ainsi qu'une bande composée et courte au milieu des élytres. — Paris. Variété :

1. — *Coccinella bipustulata*, FAB. Abdomen brun; angles antérieurs du corselet roussâtres.

OBSERVATION. Des coccinelles de couleur et même de formes différentes, se trouvent souvent accouplées ensemble; d'où il résulte qu'il naît beaucoup d'hybrides, et que la description et la synonymie de ces petits animaux se sont trouvées fort embrouillées. Illiger eut le courage d'entreprendre une réforme et de l'exécuter; l'habile et savant observateur Latreille, en adoptant le travail d'Illiger, le perfectionna. Je viens de donner ici, en ce qui regarde les espèces européennes, le résultat des travaux de ces deux hommes célèbres.

FAMILLE 25. LES FUNGICOLES.

Analyse des genres.

1. Pénultième article des tarses bilobé; tête plus étroite que le corselet.......... 2
   Tarses entiers; tête plus large que le corselet........................ *Genre Dasycère.*

2. Palpes maxillaires filiformes, à dernier article cylindrique : le troisième des antennes beaucoup plus long que le suivant........................ *Genre Eumorphe.*
   Palpes maxillaires plus gros vers leur extrémité; troisième article des antennes de la longueur du suivant, ou simplement un peu plus long........ *Genre Endomyque.*

Caractères. Antennes plus longues que la tête et le corselet; palpes maxillaires filiformes, ou simplement un peu plus gros au bout; corps oblong.

Leur corselet diffère de celui des aphidiphages par sa forme trapézoïde; leur corps est plus oblong. On rencontre ordinairement ces insectes dans les champignons, quelquefois sous les écorces des arbres.

Premier genre. Les Eumorphes (*Eumorphus*).

Pénultième article des tarses bilobé; tête plus étroite que le corselet; antennes terminées par une massue comprimée, formée par les neuvième et dixième articles, qui sont coniques ou en forme de triangle renversé; palpes maxillaires filiformes, avec le troisième article cylindrique ; troisième article des antennes beaucoup plus long que le suivant.

Ces insectes sont tous exotiques, et fort rares dans les collections.

EUMORPHE IMMARGINÉ (*Eumorphus immarginatus*, LATR.). Noir ; sans rebords ; deux points jaunes sur chaque élytre. — Sumatra.

EUMORPHE MARGINÉ (*E. marginatus*, LATR.). Très noir ; élytres violettes, bordées, avec chacune deux points jaunes. — Iles de la mer du Sud.

Deuxième genre. LES ENDOMYQUES (*Endomychus*).

Ils diffèrent des précédens par leurs palpes maxillaires plus gros vers leur extrémité, et par le troisième article de leurs antennes, qui est de la longueur du suivant ou simplement un peu plus long.

Ils vivent dans quelques espèces de champignons, particulièrement dans les lycoperdons, et sous les écorces de quelques arbres.

ENDOMYQUE ÉCARLATE (*Endomychus coccineus*, LATR.). Noir ; corselet d'un rouge sanguin, avec une tache noire ; élytres de la couleur du corselet, ayant chacune deux taches noires. — Paris.

ENDOMYQUE FASCIÉ (*E. fasciatus*, FAB. ; *endomychus succinctus*, PAYK.). Fauve ; élytres lisses, avec une grande tache noirâtre. — Paris.

ENDOMYQUE DES LYCOPERDONS (*E. bovistæ*, LATR.). Noir ; antennes et pates brunes. — Paris.

ENDOMYQUE QUADRIPUSTULÉ (*E. quadripustulatus*, LATR.). Bords du corselet fauves, ainsi que les pates et quatre taches rouges sur les élytres. — Allemagne.

ENDOMYQUE PORTE-CROIX (*E. cruciatus*, LATR.). Dessus rouge ; élytres ayant deux bandes noires, une suturale et longitudinale, l'autre transversale et au milieu. — Autriche.

Troisième genre. LES DASYCÈRES (*Dasycerus*).

Tarses entiers ; tête plus étroite que le corselet ; dernier article des antennes globuleux et velu ; bouche recouverte par le chaperon; élytres embrassant l'abdomen.

Leur chaperon recouvre la bouche. Ils vivent dans les bolets ou sous les feuilles tombées sur la terre.

DASYCÈRE SILLONNÉ (*Dasycerus sulcatus*, BRONG. *Bull. de la Soc. philom.*). Petit, d'une ligne environ de longueur; d'un marron fauve; élytres ayant trois côtes aiguës, avec deux rangées de points enfoncés sur les côtes, à bords relevés. — Montmorency. Sous les bolets.

SECTION 5. *Les Dimères.*

Elle comprend tous les coléoptères dont les tarses n'ont que deux articles. Ces insectes sont très petits, ont les élytres courtes, et vivent à terre, sous les détritus des végétaux et sous les pierres. Ils ne forment qu'une famille, celle des *dimères*.

FAMILLE 26. LES PSÉLAPHIENS.

Analyse des genres.

1. { Antennes de onze articles 2
   Antennes de six articles; mandibules et lèvres non distinctes . . . . *Genre Clavigère.*

2. { Les quatre palpes très petits; deux crochets au bout des tarses . . . . *Genre Chennie.*
   Palpes maxillaires longs et avancés; un seul crochet au bout des tarses. *Genre Psélaphe.*

CARACTÈRES. Deux articles à tous les tarses. Nous avons dit, dans une note placée au bas de l'analyse des ordres et des familles, que ce caractère n'est qu'apparent; par conséquent la section entière des *dimères* n'est qu'artificielle.

Premier genre. LES CHENNIES (*Chennium*).

Antennes de onze articles; des mandibules et une

lèvre, distinctes; les quatre palpes très petits; deux crochets au bout des tarses.

Chennie bituberculée (*Chennium bituberculatum*, Latr.). Deux lignes environ de longueur; corps d'un fauve marron; tête ayant un tubercule sur chaque antenne, une éminence inégale sur le front, et une impression sur le vertex; corselet cylindrique; élytres unies, ayant chacune deux petites stries; l'une au bord extérieur, l'autre à la suture. — France.

Deuxième genre. Les Psélaphes (*Pselaphus*).

Ils diffèrent des précédens par leurs palpes maxillaires longs et avancés; ils n'ont qu'un seul crochet au bout des tarses.

Psélaphe sanguin (*Pselaphus sanguineus*, Latr.; *notoxus sanguineus*, Fab.). D'un brun foncé, glabre, lisse; élytres d'un rouge sanguin, plissées à leur base. — Paris.

Psélaphe de Heis (*P. Heisei*, Latr.). Long d'une ligne; légèrement pubescent; brun; antennes, élytres et pates, roussâtres; élytres striées à la base. — Paris.

Psélaphe porte-hache (*P. securiger*, Beich.). Long d'une demi-ligne; dernier article des palpes maxillaires sécuriforme; corps d'un brun roussâtre; corselet plus large que la tête, surtout postérieurement. — Europe.

Psélaphe noir (*P. niger*, Beich.). Long de trois lignes; allongé; châtain; front élevé, lisse, placé entre les deux fossettes qui se réunissent en avant; corselet anguleux. — D'Europe.

Troisième genre. Les Clavigères (*Claviger*).

Antennes de six articles; mandibules et lèvres non distinctes; un seul crochet au bout des tarses.

Clavigère testacée (*Claviger testaceus*, Illig.). Port des psélaphes; très petite, entièrement roussâtre, à élytres courtes. — Allemagne. On la trouve dans le nid de la fourmi fauve.

Clavigère longicorne (*C. longicornis*). Longue d'une ligne et demie; corps testacé; tête, corselet et abdomen, un peu granuleux; abdomen ovale, arrondi, marqué de deux petits sillons courts, longitudinaux. – Dans les mêmes lieux que la précédente.

SECTION 6. *Les Monomères.*

Elle se compose des insectes qui n'ont qu'un article à tous les tarses.

FAMILLE 27. LES MONOMÈRES.

Elle se compose du seul genre.......... *Monomère.*

Cette famille, ainsi que la section et le genre, n'est établie que sur un seul insecte, le *dermeste armadille* de De Géer, auquel on n'a reconnu qu'un seul article aux tarses. Il est à croire qu'avec des observations plus suivies, plusieurs autres insectes viendraient prendre place dans cette nouvelle coupe.

ORDRE SIXIÈME.

LES ORTHOPTÈRES.

Les insectes composant cet ordre ont en général le corps moins dur que celui des coléoptères; leurs élytres molles, à demi membraneuses, sont chargées de nervures et ne se joignent que rarement à leur suture. Leurs ailes sont simplement pliées en éventail dans leur longueur, avec des nervures membraneuses seulement aussi en longueur. Leurs mâchoires sont terminées par une pièce dentelée et cornée, recouverte d'une galète. En sortant de l'œuf, leurs larves ressemblent à l'insecte parfait, à cette différence près que leurs ailes et leurs élytres ne consistent qu'en un rudiment de ces organes, qui croît et se développe à chaque changement de peau, jusqu'à ce que l'insecte soit parvenu à l'état parfait. Outre deux yeux à réseau, on trouve encore, dans plusieurs espèces, deux ou trois petits yeux lisses. Leur bouche ressemble à celle des coléoptères pour sa composition; mais elle ne porte jamais que quatre palpes, dont les maxillaires ont toujours cinq articles.

Tous sont terrestres, et la plus grande partie se nourrit de végétaux : très peu sont carnassiers. On les divise en deux familles, celle des *coureurs*, et celle des *sauteurs*.

FAMILLE 28. LES COUREURS.

Analyse des genres.

1. { Trois articles aux tarses.......... *Genre Forficule.*
   { Cinq articles à tous les tarses.......... 2

2. { Tête cachée sous la plaque du corselet. *G. Blatte.*
   { Tête découverte.................. 3

3. Pieds antérieurs plus grands que les autres ; antennes insérées entre les yeux ; tête triangulaire et verticale.......... 4
Pieds antérieurs semblables aux autres ; antennes insérées devant les yeux ; tête presque ovoïde et avancée.......... 6

4. Front prolongé en forme de corne. *Genre Ampuse.*
Point de corne sur la tête.............. 5

5. Antennes simples dans les deux sexes ; ailes horizontales............ *Genre Mante.*
Antennes simples ; ailes en toit... *Genre Mantispe.*

6. Corps filiforme ou linéaire, semblable à un petit bâton................ *Genre Phasme.*
Corps très aplati, membraneux, ainsi que les pieds.................. *Genre Phyllie.*

Caractères. Pieds postérieurs n'étant, ainsi que les autres, propres qu'à la course ; femelles dépourvues de tarière cornée ; étuis et ailes couchées horizontalement sur le corps dans le plus grand nombre.

Premier genre. Les Forficules (*Forficula*).

Trois articles aux tarses ; ailes plissées en éventail et se repliant en travers sous des étuis crustacés, très courts et à suture droite ; corps linéaire, se terminant par deux pièces mobiles, grandes et écailleuses, formant une pince à l'anus.

Ces insectes, vulgairement connus sous le nom de *perce-oreilles*, ont la tête découverte, les antennes filiformes et placées devant les yeux. Si leurs élytres à suture droite et recouvrant des ailes pliées transversalement, semblent les rapprocher des coléoptères, les appendices qu'ils ont à l'anus et surtout leurs métamorphoses les en éloignent tout-à-fait et les font placer par le plus grand nombre des auteurs parmi les orthoptères. On les trouve dans les endroits humides, dans les fentes de muraille, sous les vieilles écorces, etc., où souvent ils se réunissent en grand nombre. Ils se nourrissent de substances végétales et attaquent souvent les fruits dans les jardins. Les amateurs d'œillets les redoutent beaucoup, parce qu'ils détruisent les boutons de ces fleurs. Les petits suivent leur mère comme les petits poulets suivent la leur, et ils en reçoivent des soins jusqu'à ce qu'ils soient assez forts pour se passer d'elle.

Grande forficule (*Forficula auricularia*, Fab.). Longue d'un demi-pouce; brune; tête rousse; antennes de treize à quatorze articles; bords du corselet grisâtres; pieds d'un jaune d'ocre. On en trouve une variété dont le mâle a les pinces presque aussi longues que le corps. — Paris.

Petite forficule (*F. minor*, Fab.). Des deux tiers plus petite; brune; tête et corselet noirs; pates jaunes; antennes de onze articles, plus pâles à l'extrémité; pinces droites dans les deux sexes. — Paris.

Forficule gigantesque (*F. gigantea*, Fab.). D'un jaunâtre pâle; disque du corselet brun, ainsi qu'une bande sur chaque élytre, et le milieu du dessus de l'abdomen; antennes d'une trentaine d'articles; pinces droites. — Midi de la France.

Forficule biponctuée (*F. bipunctata*, le mâle; *F. biguttata*, la femelle, Fab.). Noirâtre; second et troisième anneaux de l'abdomen ayant une petite saillie de chaque côté; antennes d'une douzaine d'articles; pates fauves, ainsi que le bord postérieur de la tête; un point brun sur chaque élytre, ainsi que sur la partie des ailes qui les déborde; pinces du mâle courbées en S, celles de la femelle droites. — Allemagne.

Deuxième genre. Les Blattes (*Blatta*).

Cinq articles à tous les tarses; ailes simplement pliées dans leur longueur; corps aplati, ovale ou orbiculaire; tête cachée sous la plaque du corselet; taille au-dessus de la grandeur moyenne. Antennes sétacées, longues, à articles nombreux, insérées dans une échancrure interne des yeux.

Les blattes ont des élytres coriaces ou demi-membraneuses, leur couvrant ordinairement la totalité de l'abdomen, et se croisant un peu à la suture; elles ont à l'anus deux appendices coniques et articulées.

Ces insectes sont nocturnes, très agiles, habitent pour la plupart les maisons, et se nourrissent de toutes sortes de comestibles. Dans nos colonies on les connaît sous le nom de *kakerlacs*, et on les redoute autant à cause des dégâts qu'ils font dans les maisons qu'à cause de la mauvaise odeur qu'ils exhalent.

Blatte kakerlac (*Blatta americana*, Fab.). Rousse; corselet jaunâtre, ayant deux taches et une bordure brunes; élytres plus longues que l'abdomen : celui-ci roux; antennes très longues. — D'Amérique, et naturalisée en Europe.

Blatte des cuisines (*B. orientalis*, Fab.). Longue de dix lignes; d'un brun marron roussâtre; des ailes plus courtes que l'abdomen, dans les mâles; de simples rudimens d'ailes dans les femelles. — D'Asie, d'où elle a été apportée en Europe.

Blatte de Laponie (*B. Laponica*, Fab.). D'un brun noirâtre; bords du corselet, ceux de l'abdomen, et élytres, d'un gris clair : ces dernières ponctuées de noir. — Europe.

Blatte pale (*B. pallida*, Oliv.). D'un jaune roussâtre pâle; des petites bandes noires ou des taches de la même couleur sur les côtés inférieurs de l'abdomen. — Europe.

Blatte d'Allemagne (*B. Germanica*, Fab.). Elle diffère de la précédente par deux lignes ou deux taches noirâtres qu'elle a sur le corselet. — Europe. On la trouve dans les bois ainsi que les deux précédentes.

Blatte marginée (*B. marginata*, Fab.). Noire; corselet fauve, bordé de blanc; limbe des élytres blanc. — Italie.

Blatte hémiptère (*B. hemiptera*, Fab.). Très noire; bords du corselet pâles, ainsi que les élytres qui sont courtes. — Allemagne.

Blatte tachetée (*B. maculata*, Fab.). Corselet noir, à bords pâles; élytres pâles, ayant une grande tache noire à l'extrémité. — Allemagne.

Blatte française (*B. gallica*, Fab.). Tachetée de gris et de jaunâtre; élytres livides; pieds jaunâtres. — Paris.

Blatte de Petiver (*Blatta petiveriana*, Fab.). Arrondie; noire, avec quatre taches jaunâtres sur les élytres. — Inde.

Blatte livide (*B. livida*, Fab.). Elle ressemble à la blatte de Laponie. Antennes rousses, plus longues que le corps : celui-ci livide, sans taches; élytres striées vers leurs angles qui sont aigus. — France.

Troisième genre. Les Mantes (*Mantis*).

Cinq articles à tous les tarses; ailes simplement pliées dans leur longueur; languette quadrifide; palpes courts, terminés en pointe; tête découverte, à front non prolongé en forme de corne; antennes simples dans les deux sexes.

Le corps de ces singuliers insectes est étroit et allongé; leur tête triangulaire, verticale, porte deux yeux à réseau et assez grands, et trois petits yeux lisses très distincts. Leur corselet est allongé, leurs élytres étroites, allongées, horizontales, couchées l'une sur l'autre au côté interne. Leurs pates antérieures sont très remarquables par leur forme et par la manière singulière dont ils s'en servent pour saisir les objets. Le vert herbacé est la couleur générale de leur corps.

Mante prie-dieu (*Mantis religiosa*, Fab.). Verte; corselet caréné, avec ses bords latéraux roussâtres, dentelés; élytres plus longues que les ailes; une tache d'un noir bleuâtre au côté interne des hanches. — Fontainebleau.

Mante prêcheuse (*M. oratoria*, Lin.). Verte; élytres plus courtes que l'abdomen; ailes de dessous d'un noir bleuâtre, avec une bande rougeâtre et des points transparens, à la côte. — France méridionale.

Mante de Spallanzani (*M. Spallanzania*, Ross.). Verte, lisse; élytres et ailes très courtes; ces dernières violettes au côté interne et rouges à la côte. — France méridionale.

Mante heureuse (*M. fausta*, Fab.). Corps linéaire, très allongé; élytres d'un brun cendré, sans taches. Les Hottentots l'adorent comme une divinité bienfaisante. — Du Cap.

Quatrième genre. Les Mantispes (*Mantispa*).

Ces mantes ne diffèrent des précédentes que par leurs ailes, qui, au lieu d'être horizontales, sont inclinées en toit.

Mantispe payenne (*Mantispa pagana.* — *Raphidia mantispa*, Lin.; *Manta pagana*, Fab.). D'un roux jaunâtre; antennes très courtes, filiformes, à articles grenus; élytres et ailes transparentes et claires; corselet très étroit, renflé à son extrémité antérieure. — France.

Cinquième genre. Les Ampuses (*Ampusa*).

Mêmes caractères que les deux genres précédens, mais front prolongé en forme de cornes, et antennes pectinées dans les mâles.

Ampuse appauvrie (*Ampusa pauperata.* — *Mantis pauperata*, Fab.). Corselet très étroit, linéaire, un peu épineux; les quatre cuisses postérieures lobées. — Midi de la France.

Ampuse mendiante (*A. mendica.* — *Mantis mendica*, Fab.). Tête jaunâtre, ainsi que les pieds; corselet dentelé et bordé; élytres variées de vert et de blanc, bordées de points blancs. — Barbarie.

Ampuse gongylode (*A. gongylodes.* — *Mantis gongylodes*, Fab.). Corselet dilaté au sommet; cuisses antérieures terminées par une épine, les quatre postérieures lobées; antennes simples. — Afrique.

Sixième genre. Les Phasmes (*Phasma*).

Pieds antérieurs semblables aux suivans; yeux lisses nuls ou très peu distincts; premier segment du tronc plus court ou au plus de la longueur du suivant; divisions inférieures de la languette plus courtes que les latérales; tête ovoïde et avancée, à mandibules épaisses et palpes comprimées; antennes insérées devant les yeux; corps filiforme ou linéaire, semblable à un petit bâton; pas d'ailes dans le plus grand nombre, ou élytres fort courtes.

Ces insectes ne se nourrissent que de végétaux et affectent assez ordinairement la couleur de ceux sur lesquels ils vivent habituellement. Confondus avec le genre suivant, ils forment celui des *spectres* de différens auteurs. Ils ressemblent assez bien à une petite branche de bois mort.

PHASME ROSSIEN (*Phasma rossii*, FAB.). Aptère; corps vert ou jaunâtre dans la jeunesse, plus ou moins grisâtre dans l'âge adulte; cuisses dentées; antennes très courtes, coniques, de treize articles grenus et distincts. — Orléans. France méridionale.

PHASME GÉANT (*P. gigas*, FAB.). Corps très long, quelquefois de près de dix pouces, vert, tuberculé sur le corselet; élytres très courtes; ailes d'un gris roussâtre, réticulé de brun; pates épineuses. — Inde.

PHASME BATON (*P. baculus*, LATR.). Aptère; cendré; tuberculé; pates anguleuses. — Antilles.

Septième genre. LES PHYLLIES (*Phyllium*).

Elles ne diffèrent des phasmes que par leur corps très aplati, membraneux, foliacé ainsi que leurs pieds.

De tous les insectes ce sont les phyllies qui offrent les formes les plus singulières. Leur corps ressemble tellement à une feuille, qu'il serait fort difficile de les distinguer dans le feuillage d'un arbre. Leurs pates sont très courtes, et leurs cuisses ont des appendices foliacées qui augmentent encore leur ressemblance avec un petit paquet de feuilles. Nous n'en avons point en Europe.

PHYLLIE FEUILLE SÈCHE (*Phyllium siccifolium*. — *Mantis siccifolia*, FAB.). D'un vert pâle ou jaunâtre; corselet court, dentelé sur les bords; des feuillets dentelés aux cuisses. Femelle à antennes très courtes et élytres de la longueur de l'abdomen, aptère. Mâle plus long et plus étroit, à antennes longues et sétacées, ayant les élytres courtes et les ailes aussi longues que l'abdomen. — Inde.

FAMILLE 29. LES SAUTEURS.

Analyse des genres.

1. { Labre entier; languette à quatre divisions, dont les deux mitoyennes très petites; antennes très courtes 2
Labre échancré; languette le plus souvent à deux divisions; antennes au moins aussi longues que la tête et le corselet. 5

2. { Tarses de trois articles; ailes horizontales 3
Tarses de quatre articles; ailes en toit. *G. Sauterelle.*

3. { Pieds antérieurs propres à fouir la terre. 4
Point de pieds propres à fouir la terre. *G. Grillon.*

4. { Antennes sétacées, longues, composées de plus de dix articles les deux pieds antérieurs en forme de mains . . . *Genre Courtilière.*
Antennes filiformes, très courtes, de dix articles; les deux pieds antérieurs non en forme de mains . . . . *Genre Tridactyle.*

5. { Bouche découverte; languette bifide; une pelote entre les crochets des tarses . . . 6
Bouche en partie couverte en dessous; languette quadrifide; tarses sans pelote . . . . *Genre Tetrix.*

6. { Antennes comprimées, prismatiques et ensiformes; tête élevée en pyramide. . . . . *Genre Truxale.*
Antennes filiformes ou terminées par un bouton; tête non élevée en pyramide. . 7

7. { Pieds postérieurs plus courts que le corps, peu propres à sauter; abdomen vésiculeux dans l'un des sexes . . . . . . *Genre Pneumore.*
Pieds postérieurs plus longs que le corps; abdomen non vésiculeux . . . . *Genre Criquet.*

CARACTÈRES. Pieds postérieurs propres à sauter, composés d'une très grande cuisse et d'une jambe très épineuse. Les mâles font entendre un bruit assez fort, pour appeler leur femelle : il résulte du frottement précipité de leurs cuisses postérieures contre les élytres et les ailes, ou d'un instrument que la nature leur a donné pour cet usage. Cet instrument singulier consiste en une portion intérieure de chaque élytre, qui est membraneuse, sèche, en forme de talc ou de miroir. Lorsqu'il le veut, l'insecte frotte ces deux parties l'une contre l'autre, et produit ce bruit que l'on nomme vulgairement *chant*. Les femelles déposent leurs œufs dans la terre.

Premier genre. Les Courtilières (*Grillo-talpa*).

Elytres et ailes horizontales, ces dernières formant, dans le repos, des espèces de lanières ou de filets qui se prolongent au-delà des élytres ; tarses de trois articles, ceux des deux pieds antérieurs, ainsi que la jambe, larges, plats, dentés, en forme de mains ou propres à fouir la terre ; les autres tarses sont de forme ordinaire, et terminés par deux crochets ; antennes allongées, sétacées, composées d'un grand nombre d'articles.

Les courtilières se creusent des habitations dans la terre, et font beaucoup de mal aux cultures, en coupant avec leurs mains en scie les racines des plantes qui se rencontrent sur leur passage. Pendant le jour elles restent cachées au fond de leur retraite ; mais dès le soir elles en sortent pour se promener et chercher leur nourriture, qui consiste tout entière en matières végétales.

Courtilière commune (*Grillo-talpa vulgaris*, Latr. ; *acheta grillo-talpa*, Fab.). Jambes antérieures quadridentées ; élytres de la longueur de la moitié de l'abdomen. — France.

Courtilière didactyle (*Grillo-talpa didactyla*, Latr.). Jambes antérieures bidentées ; élytres plus longues que la moitié de l'abdomen. — Cayenne.

Deuxième genre. Les Tridactyles (*Tridactylus*).

Ils diffèrent des courtilières par leurs pates postérieures, qui ont, à la place des tarses, trois appendices ou espèces de crochets mobiles, étroits, et en forme de doigts; leurs antennes sont très courtes, filiformes, de dix articles arrondis. Ces insectes ont, du reste, les mêmes habitudes et presque les mêmes formes que les précédens.

TRIDACTYLE PARADOXE (*Tridactylus paradoxus*, LATR.). Quatre lignes de longueur; blanchâtre, avec le corselet et les élytres d'un brun clair, ces dernières blanches vers leur base; pates avec des bandes brunes. — Du Levant.

TRIDACTYLE MÉLANGÉ (*T. variegatus.* — *Xya variegata*, ILLIG.). Petit, noir, avec un grand nombre de taches ou de points d'un blanc jaunâtre. Il saute avec beaucoup d'agilité. — Midi de la France.

Troisième genre. LES GRILLONS (*Gryllus*).

Leurs jambes antérieures ne sont ni élargies ni dentées, comme dans les genres précédens; les femelles portent une tarière au bout de l'abdomen : tels sont les caractères génériques qui les séparent des courtilières et des tridactyles. Leurs cuisses postérieures sont très renflées, et leurs jambes garnies d'un double rang d'épines dans presque toute leur longueur; leurs antennes sont allongées, sétacées, finissant en pointe.

Ils habitent les champs et les foyers de nos maisons, vivent de substances végétales, et font souvent entendre un bruit répété et fort monotone.

GRILLON DES CHAMPS (*Gryllus campestris*, LATR.; *acheta compestris*, FAB.). Noir; court et épais; tête grosse; corselet avec quelques impressions; cuisses postérieures ayant à leur base, en dessous, une tache rouge; tarière de la femelle plus longue que son abdomen. — France. Dans des trous qu'il se creuse en terre.

GRILLON DOMESTIQUE (*G. domesticus*, LATR.; *acheta domestica*, FAB.). Jaunâtre; tête avec des fascies transversales brunes; corselet varié de jaunâtre et de brun; extrémité des ailes se prolongeant en lanières au-delà des élytres; femelle portant une tarière aussi longue que son abdomen. — France. Dans les maisons, près des foyers.

GRILLON BORDELAIS (*Gryllus Burdigalensis*, LATR.). D'un brun noirâtre varié de jaunâtre ; une ligne enfoncée sur le milieu du corselet ; point d'ailes ; élytres de la femelle de la longueur de l'abdomen, ainsi que sa tarière. — Bordeaux.

GRILLON DES BOIS (*G. sylvestris*, LATR.). Petit ; d'un brun foncé, taché de brun jaunâtre ; pubescent ; élytres très courtes, à stries longitudinales dans les femelles, et ayant des stries semblables dans les mâles, mais seulement sur les côtés extérieurs ; tarière un peu plus longue que l'abdomen ; ailes nulles ou très petites. — Paris.

GRILLON D'ITALIE (*G. italicus*, LATR. ; *acheta italica* FAB.). Etroit, allongé, d'un jaune pâle ; élytres longues, un peu dépassées par les ailes. — Midi de la France.

GRILLON MONSTRUEUX (*G. monstruosus*, LATR. ; *acheta monstruosa*, FAB.). Jaunâtre ; élytres et ailes roulées en spirale à l'extrémité ; articles des tarses dilatés. — Des Indes.

GRILLON OMBRAGÉ (*G. umbraculatus*, LATR.). Noir ; très remarquable par une membrane qui commence sur le front, dans le mâle, et qui retombe sur le devant de la tête en forme de voile. — Portugal.

Quatrième genre. LES SAUTERELLES (*Locusta*).

Tarses de quatre articles ; élytres et ailes en toit ; antennes fort longues, sétacées ; mandibules moins dentées que dans les genres précédens ; galète plus large ; femelles ayant une tarière avancée, comprimée, en forme de sabre ou de coutelas.

Ces insectes sont herbivores. Ils sont ordinairement d'un beau vert, et la longueur de leurs pates postérieures leur donne une grande facilité pour sauter.

GRANDE SAUTERELLE (*Locusta viridissima*, LATR.). Elytres de la longueur de l'abdomen ; verte, sans tache ; tête portant une petite éminence arrondie, avec une ligne enfoncée sur le sommet ; corselet déprimé, ayant une très petite ligne élevée sur le bord postérieur qui est avancé et arrondi. Tarière droite, de la longueur du corps. — Paris : très commune.

SAUTERELLE TACHETÉE (*L. verrucivora*, LATR.).

Verte, avec des taches brunes ou noirâtres sur les élytres, qui sont de la longueur de l'abdomen; tête grosse; corselet équarri, ayant une carène en dessus, et son bord postérieur avancé et arrondi; tarière plus longue que l'abdomen, un peu arquée. — Paris.

SAUTERELLE GRISE (*Locusta grisea*, LATR.). Semblable à la précédente, mais moitié plus petite et d'un brun grisâtre; élytres de la longueur de l'abdomen, ayant des taches plus obscures; une carène seulement sur l'extrémité postérieure du corselet; tarière très arquée, d'un brun noirâtre, excepté à la base, de la longueur de l'abdomen. — France.

SAUTERELLE MÉLANGÉE (*L. varia*, LATR.). Longue d'un pouce; d'un vert pâle; élytres et ailes sans taches, guère plus longues que l'abdomen; antennes très longues, jaunâtres; sommet de la tête élevé et pointu; une bande jaunâtre sur le corselet; pates de cette dernière couleur; tarière un peu arquée, de la longueur du corps. — Paris. *

SAUTERELLE FRONT BLANC (*L. albifrons*, FAB.). Grande et brunâtre; élytres de la longueur de l'abdomen et des ailes, mélangées de noir et de cendré; tête obtuse, pâle; corselet arrondi postérieurement, à bords pâles; tarière noire, droite, dentelée en scie au bout. — Italie.

SAUTERELLE TUBERCULÉE (*L. tuberculata*, LATR.). D'un vert tendre; élytres longues; antennes, mandibules, tarses et extrémité de la tarière d'un brun roussâtre ou jaunâtre; tête presque pyramidale, à élévation du vertex obtuse; corselet plat et uni en dessus, ayant son bord postérieur avancé et arrondi au milieu, avec un sinus de chaque côté; tarière droite, presque aussi longue que le corps. — Midi de la France.

SAUTERELLE BRUNATRE (*L. fusca*, LATR.). Verte; tête marquée d'une ligne noire, et ayant le front avancé et obtus; élytres obscures, de la longueur des ailes, plus longues que l'abdomen; dessus du corselet bleuâtre; tarière testacée, de la longueur de l'abdomen. — Paris.

SAUTERELLE FEUILLE-DE-LIS (*L. lilifolia*, LATR.). D'un vert tendre; ailes dépassant les élytres de près d'un tiers, et ayant leur extrémité de la même couleur ; antennes rapprochées à leur base ; corselet équarri, quelquefois teint de roussâtre ou de brun, non caréné ; tarière très courte, large, en faucille, dentelée en scie en dessus. — France.

SAUTERELLE PORTE-SELLE (*Locusta ephippiger*, LAT.). Élytres très courtes, voûtées, épaisses et ridées sur les bords, croisées et arrondies ; corselet très allongé et voûté postérieurement, mêlé de brun clair et de gris verdâtre et jaunâtre, ayant les bords latéraux et antérieurs verdâtres ; antennes d'un brun clair ; tête d'un vert pâle en devant, d'un brun gris postérieurement ; abdomen jaunâtre en dessous, noirâtre en dessus, vert au bord postérieur des anneaux ; tarière presque droite, de la longueur de l'abdomen. — Paris. Rare.

SAUTERELLE TRÈS PONCTUÉE (*L. punctatissima*, LATR.). Élytres très courtes, en forme d'écailles, se croisant au côté interne ; corps arqué, d'un vert gai, avec la base des antennes, le corselet, le bord interne des élytres et des petits points, d'un brun roussâtre ; corselet court, arrondi, uni, plan ; abdomen souvent d'un brun roussâtre ; pates vertes ; tarière verte, large, en faucille, de la longueur de l'abdomen. — Paris.

SAUTERELLE PÉDESTRE (*L. pedestris*, LATR.). Élytres très courtes, brunâtres, avec l'extrémité blanche ; tête blanchâtre ; corselet bleuâtre, blanchâtre antérieurement, allongé et arrondi postérieurement ; pates grises et genoux postérieurs noirs. — Italie.

SAUTERELLE DORSALE (*L. dorsalis*, LATR.). Verte ; élytres un peu plus longues que la moitié de l'abdomen, dépassant un peu les ailes, arrondies au bout, brunes, ainsi que les antennes et le dessus du corselet ; sommet de la tête élevé ; abdomen brun, cerclé de vert ; tarière arquée, brune, presque de la longueur du corps. — Paris.

SAUTERELLE A DEMI-ÉLYTRES (*L. brachyptera*, LATR.). Élytres moitié plus courtes que l'abdomen ; corps d'un brun grisâtre ; deux raies blanches sur le corselet ; tarière en faucille, de la longueur de l'abdomen. — Suède.

SAUTERELLE DENTÉE (*Locusta serrata*, LATR.). Pas d'ailes; verte; à corselet jaunâtre sur les côtés; les cuisses, les jambes et les quatre pates antérieures, dentées en scie; tarière droite, plus courte que l'abdomen. — France méridionale.

SAUTERELLE ONOS (*L. onos*, LATR.). Sans ailes, grande, noire; corselet lisse, gris sur les côtés; tarière de la longueur de l'abdomen. — Russie.

SAUTERELLE APTÈRE (*L. aptera*, LATR.). Elytres très courtes, blanchâtres, voûtées; antennes noires; tête de la même couleur, mais mandibules, vertex et des points sur le front, fauves; corselet plan en dessus, testacé, à côtés noirs bordés de testacé; abdomen pâle, largement bordé de noir; pates noires. — Italie.

Cinquième genre. LES PNEUMORES (*Pneumora*).

Femelles sans tarières; antennes écartées, insérées très près du bord interne; des yeux cylindriques; trois petits yeux lisses rapprochés en triangle; abdomen renflé, vésiculeux et paraissant vide; pates menues, les postérieures plus courtes que le corps; élytres en toit ou inclinées; trois articles aux tarses.

Ces insectes, habitant la partie la plus chaude de l'Afrique, ont, comme dans les trois genres suivans, le labre échancré et les mandibules très dentelées. Ils vivent de matières végétales et sont très voraces.

PNEUMORE TACHETÉE (*Pneumora maculata*, LATR.; *gryllus variolosus*, FAB.). Verte, avec un grand nombre de taches cicatrisées blanches. — Du Cap.

PNEUMORE SANS TACHE (*P. immaculata*, LATR.; *gryllus papillosus*, FAB.). Verte; à élytres sans taches; écusson caréné, denté de chaque côté; abdomen bigarré. — Du Cap.

PNEUMORE SIX-MOUCHETÉE (*P. sex-guttata*, LATR.; *gryllus inanis*, FAB.). Elytres vertes, avec trois taches argentées. — Du Cap.

Sixième genre. LES TRUXALES (*Truxalis*).

Tête pyramidale portant à son extrémité, au-dessus des yeux, deux antennes prismatiques, comprimées et en forme d'épée; du reste, mêmes caractères que les précédens.

On ne trouve ces insectes que dans les pays chauds de l'ancien continent.

TRUXALE A GRAND NEZ (*Truxalis nasutus*, LATR.). Verte ou d'un gris brun; corselet ayant trois petites carènes, dont les deux latérales rougeâtres et se continuant en forme de lignes sur la tête et sur la base des élytres: celles-ci ayant chacune une ligne longitudinale et quelques traits obscurs dans les femelles, sans taches dans les mâles; ailes transparentes, d'un vert jaunâtre. — Midi de la France.

TRUXALE AILES ROUGES (*T. erythropterus*, LATR.). Elle diffère principalement de la précédente par ses ailes, ayant à leur base une teinte d'un rouge pâle. — Afrique.

TRUXALE GRYLLOÏDE (*T. grylloides*, LATR.). Port d'un criquet; corps cendré; trois lignes élevées sur le corselet; élytres un peu plus courtes que l'abdomen, ayant chacune une ligne blanchâtre. — Midi de la France.

TTUXALE DE HONGRIE (*T. Hungaricus*, FAB.). Taille moyenne; tête conique, d'un vert obscur; antennes et pieds testacés; trois lignes élevées sur le corselet; élytres vertes, avec une ligne ferrugineuse et noire, dépassant le milieu. — Hongrie.

TRUXALE BRÉVICORNE (*T. brevicornis*, FAB.). Verte; tête prominule; antennes comprimées, de la longueur du corselet. Ses couleurs varient beaucoup. — Amérique.

Septième genre. LES CRIQUETS (*Gryllus*).

Ils diffèrent des truxales par leur tête ovoïde et leurs antennes filiformes ou terminées en bouton; des pneumores par leurs pieds postérieurs, plus longs que le corps, et leur abdomen non vésiculeux.

Antennes insérées entre les yeux, rapprochées, souvent cylindriques; une pelote au bout des tarses; ailes souvent agréablement colorées de rouge ou de bleu; corselet quelquefois muni d'appendices ou de crêtes singulières. Quelques espèces de criquets, nommées par les voyageurs *sauterelles de passage*, et souvent mentionnées dans l'Ecriture comme un fléau de Dieu, se réunissent en troupes dont le nombre est au-dessus de tout calcul. Elles s'élèvent dans les airs en forme de nuage assez grand pour obscurcir les rayons du soleil; émigrent ainsi, et dévastent tous les lieux par où elles passent. Partout où elles s'arrêtent la plus riante campagne est changée en un instant en un désert affreux et stérile : il ne reste pas la moindre apparence de verdure, et l'effroyable quantité de leurs cadavres peut encore jeter dans l'air des germes de maladies pestilentielles. Leurs dévastations s'étendent quelquefois jusque dans le cœur de la France; mais c'est surtout en Russie, en Pologne et en Hongrie qu'elles se montrent le plus souvent. Les Arabes, les Tartares, les Egyptiens, et tous les peuples de la Barbarie, les mangent avec beaucoup de plaisir : aussi en trouve-t-on en tout temps sur leurs marchés. Les uns les font sécher, les réduisent en poudre et en pétrissent une espèce de pain; d'autres les mangent grillées, bouillies ou frites. Pour les conserver, ils les plongent dans de la saumure.

* *Antennes filiformes.*

Criquet tartare (*Acrydium tataricum*, Latr.). D'un brun roussâtre; carène du corselet un peu élevée, coupée par trois lignes transversales imprimées; une pointe conique pectorale entre les deux pates antérieures presque aussi longue que leurs hanches; jambes postérieures à épines rougeâtres, avec l'extrémité noire. — Barbarie.

Criquet linéole (*A. lineola*, Latr.). D'un brun roussâtre; carène du corselet peu élevée, coupée par trois lignes imprimées, transversales et roussâtres; une pointe conique pectorale entre les deux pates antérieures, presque aussi longue que leurs hanches; jambes postérieures tirant sur le violet, à épines blanches, noires à leur extrémité. — Midi de la France.

Criquet stridule (*A. stridulum*, Latr.). D'un brun noirâtre en dessus, noir en dessous; carène du corselet arquée et entière, ayant une impression forte de chaque côté; élytres ne dépassant pas l'abdomen dans les femelles; ailes rouges, entièrement noires à l'extrémité. — Bordeaux.

CRIQUET ÉMIGRANT (*Acrydium migratorium*, LATR.). Vert ou brun; jambes postérieures rousses; élytres brunes, tachetées de noir; une carène aiguë, noirâtre, coupée par une ligne, sur le corselet, celui-ci ayant de chaque côté, sous les yeux, une tache allongée, noirâtre; mandibules noirâtres extérieurement. — Paris.

CRIQUET GERMANIQUE (*A. germanicum*, LATR.). D'un brun varié de brun clair et de taches noirâtres; carène du corselet une fois coupée; ailes rouges, transparentes à l'extrémité, ayant une bande noire qui part de l'angle interne du bord postérieur, en suit un peu plus de la moitié, et monte ensuite vers le bord extérieur, d'où elle s'étend pour aller vers la base. — Paris. Très commun.

CRIQUET AZURÉ (*A. cærulans*, LATR.). D'un cendré testacé clair; quelques lignes imprimées sur le corselet, dont celles de la partie antérieure transversales, et une ligne peu élevée le long du dos; élytres ayant chacune deux bandes et quelques taches obscures peu marquées; ailes transparentes, d'un blanc léger vers le bas; tarses postérieurs bleuâtres. — Bordeaux. Rare.

CRIQUET MACULÉ (*A. maculatum*, LATR.; *gryllus fasciatus*, FAB.). D'un brun obscur; corselet caréné postérieurement, inégal devant; élytres claires à l'extrémité, ayant quelques traits obscurs et une tache grisâtre vers le milieu de la côte; ailes roses à leur base, transparentes dans une grande partie de leur surface, à nervures noirâtres, avec une tache noirâtre à l'angle du bout. — Midi de la France.

CRIQUET BLEUATRE (*A. cærulescens*, LATR.). Brun; corselet raboteux, à carène entaillée; jambes postérieures d'un bleu verdâtre, blanches à la base; élytres grises, transparentes à l'extrémité, ayant des taches et des bandes noirâtres; ailes bleuâtres, transparentes à l'extrémité, ayant une large bande noire au-delà du milieu. — France.

CRIQUET DU CISTE (*A. cisti*, LATR.; *gryllus cisti*,

FAB.). Obscur, mélangé de cendré; corselet garni de points élevés, ayant une carène derrière et une crête bifide devant; ailes rouges à leur base; cuisses postérieures ayant les côtés d'un rouge de sang, le dedans jaune et une tache noire à la base; jambes d'un rouge sanguin. — Espagne.

CRIQUET CENDRÉ (*Acrydium cinerescens*, LATR.). Front verdâtre; bouche ferrugineuse; corselet obscur, caréné; élytres obscures, pointillées de blanc, à bord intérieur vert, et extrémités cendrées; ailes jaunâtres à leur base, cendrées à l'extrémité; jambes postérieures rouges. — Italie.

CRIQUET BRUISSANT (*A. strepens*, LATR.). D'un brun jaunâtre; quelques petites lignes transversales enfoncées et une carène une fois incisée, sur le corselet; élytres brunes, ayant chacune deux taches transversales grisâtres; ailes transparentes, d'un bleu très léger à la base interne; cuisses et jambes des pates postérieures rousses, tachées de noir. — Bordeaux.

CRIQUET A ANTENNES COMPRIMÉES (*A. compressicornis*, LATR.). Vert; antennes d'un brun roussâtre; corselet peu caréné; élytres à extrémité apparente, ayant au milieu une ligne longitudinale obscure et coupée par quelques traits blancs; ailes transparentes, légèrement teintes de rose à la base, et ayant quelques nervures vertes au bord extérieur; abdomen d'un brun roussâtre; pates postérieures vertes. — Midi de la France.

CRIQUET ENSANGLANTÉ (*A. grossum*, LATR.). D'un brun verdâtre; corselet caréné, à bords latéraux d'un jaune verdâtre, ainsi que la côte des élytres jusqu'auprès de son extrémité; ailes d'un jaune verdâtre, claires à la base, avec des nervures obscures à l'extrémité; cuisses postérieures d'un rouge vif à leur base interne et dessous, avec les jambes jaunes, quelquefois mélangées de rouge. — Paris.

CRIQUET GLAUQUE (*A. thalassinum*, LATR.). Vert; corselet lisse, ayant de chaque côté, en devant, une grande tache obscure; élytres grises, à côte verte à sa base; ailes vert d'eau, vertes au bord interne, obscures à l'extrémité; cuisses postérieures tachetées de brun ; jambes d'un rouge sanguin. — Midi de la France.

Criquet italique (*Acrydium italicum*, Lat.). Brun ; corselet caréné, à bords latéraux et supérieurs relevés, clairs, testacés ; élytres guère plus longues que l'abdomen, avec des taches claires et d'autres obscures, ayant chacune une ligne d'un brun testacé à la suite de deux latérales du corselet, et se réunissant au bord interne ; ailes roses, à nervures obscures à l'extrémité et au bord antérieur ; cuisses postérieures avec des traits et des points noirs ; jambes d'un rouge sanguin ; mâles ayant à l'anus deux crochets très grands et très saillans. — Paris.

Criquet bande-noire (*A. nigro-fasciatum*, Latr.). Tête verte ou roussâtre, à l'exception de la bouche ; corselet et une partie des élytres de la même couleur ; une tache d'un brun foncé derrière et dessous l'œil, et une ligne de la même couleur sur le sommet de la tête ; corselet avec une carène brune, ayant une bande longitudinale, d'un brun foncé, de chaque côté, et sur chaque bande deux traits blancs et obliques formant un X ; élytres mélangées de gris et de brun ; ailes d'un jaune clair, ayant une bande transversale et des nervures à l'extrémité noirâtres ; cuisses postérieures vertes en dessus ; jambes rouges ; corps d'un brun jaunâtre en dessous. — Midi de la France.

Criquet bimoucheté (*A. biguttulum*, Latr.). D'un brun grisâtre, verdâtre ou jaunâtre ; dos vert ou d'un brun roussâtre ; une petite ligne longitudinale élevée sur le corselet, dont les côtés sont d'un brun noirâtre, avec une ligne blanche faisant un angle ; élytres noirâtres ou obscures sur les côtés, qui sont entrecoupés de quelques traits plus clairs, ayant une tache oblique et grisâtre au tiers de leur longueur ; ailes sans taches. — France.

Criquet verdelet (*A. viridulum*, Latr.). Il a beaucoup d'analogie avec le précédent ; vert ou brun ; antennes brunes, de la longueur de la tête et du corselet ; élytres et ailes plus courtes que l'abdomen dans les femelles, les premières bordées extérieurement de blanc ; abdomen gris. — France.

CRIQUET LONGICORNE (*Acrydium longicornis*, LATR.). Petit; jaunâtre ou brun clair; tête, corselet et dessus des cuisses, verts; antennes comprimées, plus longues que la moitié du corps; trois lignes longitudinales élevées sur le corselet, les latérales un peu arquées en dedans et souvent sur un espace brun; élytres d'un gris brun ou d'un jaunâtre pâle, guère plus longues que l'abdomen; cuisses postérieures ayant les genoux noirâtres. — Paris.

** *Antennes presque en massue, au moins dans les mâles.*

CRIQUET DE SIBÉRIE (*A. Sibericum*, LATR.). D'un brun obscur; corselet un peu caréné; jambes antérieures renflées, en boule. — Des Alpes.

CRIQUET FAUVE (*A. rufum*, LATR.). D'un brun grisâtre quelquefois mélangé de jaune; dessus du corselet gris, rayé de noir de chaque côté; antennes plus longues dans les mâles que dans les femelles, terminées par un bouton noir, avec l'extrémité blanche; dessus de la tête gris; aîles des femelles plus courtes que le corps, jambes et dessous des cuisses postérieures rouges; abdomen d'un jaune verdâtre en dessous. — France.

Huitième genre. LES TETRIX (*Tetrix*).

Elles diffèrent des criquets par leur avant-sternum, qui reçoit dans une cavité une partie du dessous de la tête; leur languette est quadrifide, et leurs tarses n'ont point de pelotes entre les crochets; antennes de treize à quatorze articles; corselet prolongé en arrière en forme de grand écusson, quelquefois plus long que le corps; élytres très petites.

Les tetrix ont à peu près les mêmes habitudes que les criquets : elles sont petites, se montrent dans les champs et les jardins.

TETRIX SUBULÉE (*Tetrix subulata*, LATR.; *acrydium subulatum*, FAB.). Corselet étendu en largeur, avec une ligne élevée, longitudinale dans son milieu, plus long que l'abdomen. — Europe.

TETRIX BIPONCTUÉE (*T. bipunctata*, LATR.; *acrydium bipunctatum*, FAB.). Corselet comprimé, en carène, de la longueur de l'abdomen. — Europe.

ORDRE SEPTIÈME.

LES HÉMIPTÈRES.

Ces insectes n'ont ni mandibules ni mâchoires; leur bouche se compose d'une espèce de bec formé par un tube articulé, conique ou cylindrique, courbé inférieurement ou se dirigeant le long de la poitrine. Ils n'ont pas de palpes, ou, si on en aperçoit un vestige, ce n'est que dans un seul genre. Leurs élytres sont coriaces ou crustacées, avec l'extrémité membraneuse, et leur formant comme une espèce d'appendice, ou simplement plus épaisses et plus grandes que les ailes, demi-membraneuses. Leurs ailes ont quelques plis longitudinaux. Leurs larves naissent semblables aux insectes parfaits, à cette différence que leurs ailes ne sont pas développées.

Cet ordre se divise en deux sections.

SECTION I. *Les Hétéroptères.*

Bec naissant du front; élytres membraneuses à leur extrémité; premier segment du tronc beaucoup plus grand que les autres, et formant à lui seul le corselet; élytres et ailes horizontales, ou légèrement inclinées.

FAMILLE 30. LES GÉOCORISES.

Analyse des genres.

1. { Gaîne du suçoir de quatre articles distincts et découverts; labre très long, strié en dessus; premier article des tarses égal au troisième, ou plus long. . 2
   Gaîne du suçoir de deux ou trois articles distincts; labre court, sans stries; premier article des tarses ordinairement fort court. 10

2. Antennes de cinq articles; corps ordinairement court, ovale ou arrondi...... 3
Antennes de quatre articles, corps oblong. 4

3. Écusson couvrant tout l'abdomen.. Genre *Scutellère.*
Écusson ne couvrant qu'une partie de l'abdomen.................. Genre *Pentatome.*

4. Antennes filiformes ou plus grosses à l'extrémité........................ 5
Antennes sétacées, plus minces à l'extrémité......................... 9

5. Tête rétrécie en arrière en forme de cou. .... Genre *Myodoque.*
Tête non rétrécie en forme de cou...... 6

6. Corps ovale............................ 7
Corps très étroit, allongé............ 8.

7. Dernier article des antennes beaucoup plus court que le précédent, de même forme, souvent renflé.......... Genre *Corée.*
Dernier article des antennes allongé, presque cylindrique, de la grosseur du précédent.................. Genre *Lygée.*

8. Antennes coudées et renflées à l'extrémité.......................... Genre *Beryte.*
Antennes non coudées et non renflées. .... Genre *Alyde.*

9. Corps étroit et allongé; antennes se terminant insensiblement en pointe. Genre *Miris.*
Corps ovoïde ou arrondi; les deux derniers articles des antennes brusquement plus petits.............. Genre *Capse.*

10. Pieds insérés au milieu de la poitrine, terminés par deux crochets distincts.. 11
Les quatre pieds postérieurs grêles et longs, insérés sur les côtés de la poitrine et très écartés à leur naissance; crochets des tarses peu distincts..... 20

11. Bec droit, engaîné à sa base ou dans sa longueur; tête non étranglée......... 12
Bec arqué, découvert, ou droit mais avec le labre saillant; tête étranglée brusquement, ou en forme de cou... 15

12. Pieds antérieurs en forme de pinces, comme celles des écrevisses.... *Genre Syrtis*.
Pieds antérieurs non en forme de pinces. 13

13. Antennes brusquement terminées en forme de soie.................... *Genre Punaise*.
Antennes cylindriques ou terminées en bouton....................... 14

14. Antennes terminées en bouton, à troisième article beaucoup plus long que les autres.................... *Genre Tingis*.
Antennes cylindriques, à troisième article pas plus long ou moins long que le second.................... *Genre Arade*.

15. Yeux ordinaires; un cou, mais sans étranglement....................... 16
Yeux très gros; pas de cou, mais un étranglement....................... 18

16. Corps ovale oblong; pieds de longueur moyenne.................. *Genre Réduve*.
Corps linéaire; pieds longs............ 17

17. Pieds tous semblables........... *Genre Zélus*.
Pieds antérieurs à hanches allongées, propres à saisir................ *Genre Ploière*.

18. Bec court, arqué; antennes sétacées. *Genre Leptope*.
Bec long, droit; antennes filiformes ou un peu renflées.................... 19

19. Corps ovale; antennes saillantes, longues comme la moitié du corps au moins. .... *Genre Acanthie*.
Corps arrondi; antennes repliées sous les yeux, courtes.............. *Genre Pélogone*.

20. { Antennes sétacées ; tête prolongée en un long museau................. *Genre Hydromètre.*
Antennes filiformes; tête non prolongée en museau....................... 21

21. { Gaîne du suçoir de trois articles.. *Genre Gerris.*
Gaîne du suçoir de deux articles.. *Genre Vélie.*

CARACTÈRES. Antennes découvertes, plus longues que la tête, insérées entre les yeux près de leur bord interne.

Ces punaises sont terrestres ; leurs élytres et leurs áiles sont toujours horizontales ou légèrement inclinées. Elles répandent pour la plupart une odeur fort désagréable. Elles sucent la sève des végétaux, et quelques unes le sang des animaux.

Premier genre. LES SCUTELLÈRES (*Scutellera*).

Gaîne du suçoir de quatre articles distincts et découverts ; labre très prolongé au-delà de la tête, en alêne, strié en dessus ; tarses de trois articles, dont le premier aussi long ou plus long que le troisième ; antennes filiformes, de cinq articles ; corps ordinairement court, ovale ou arrondi ; écusson couvrant l'abdomen.

Les scutellères vivent sur les plantes, dont elles sucent les sucs en enfonçant leur trompe dans les feuilles ; quelquefois aussi elles attaquent les insectes, et particulièrement les chenilles. Leurs larves ne diffèrent des insectes parfaits que parce qu'elles n'ont ni ailes ni élytres ; en état de nymphes elles en ont les rudimens.

* *Bord antérieur du corselet beaucoup plus étroit que le postérieur ; tête triangulaire, aussi longue ou plus longue que large.*

SCUTELLÈRE NOBLE (*Scutellera nobilis*, LATR. ; *tetyra nobilis*, LATR.). Second article des antennes plus court que le troisième ; corps ovale allongé, d'un doré bleu, taché de noir. — Asie.

SCUTELLÈRE MARQUÉE (*S. signata*, LATR.). Second

article des antennes plus court que le troisième ; corps ovale, allongé ; corselet et écusson d'un bleu doré, avec six taches très noires sur chaque. — Sénégal.

SCUTELLÈRE STOKÈRE (*Scutellera stokerus*, LATR.). Second article des antennes plus court que le troisième ; corps ovale, vert, avec des taches noires ; abdomen rouge. — Antilles.

SCUTELLÈRE SIAMOISE (*S. nigrolineata*, LATR.). Second article des antennes plus long que le troisième, ainsi que dans les onze espèces suivantes ; rouge ; corselet et écusson ayant des raies longitudinales noires. — Paris.

SCUTELLÈRE DEMI-PONCTUÉE (*S. semi-punctata*, LATR.). Rouge ; des points et des raies noirs sur le corselet. — France méridionale.

SCUTELLÈRE LINÉÉE (*S. grammica*, LATR.). Jaunâtre en dessus, avec des petites bandes longitudinales obscures ; extrémité du corps en pointe obtuse. — Italie.

SCUTELLÈRE RAYÉE DE BLANC (*S. albo-lineata*, LATR.). Grise et rayée de blanc ; corselet épineux. — Midi de la France

SCUTELLÈRE RAYÉE DE JAUNE (*S. flavo-lineata*, LATR.). Grise, rayée de jaune ; corselet non épineux. — France.

SCUTELLÈRE DE DESFONTAINES (*S. Desfontainii*, LATR.). Grise en dessus, blanchâtre en dessous ; corselet épineux. — Barbarie.

SCUTELLÈRE DE LA NIELLE (*S. nigellæ*, LATR.). Noirâtre ; pates, devant du corselet et bord de l'abdomen, blanchâtres. — Midi de la France.

SCUTELLÈRE DU CAILLE-LAIT (*S. galii*, LATR.). Grise ; renflée ; écusson et base de la tête testacés ; cuisses tuberculées et jambes denticulées. — Autriche.

SCUTELLÈRE PEINTE (*S. picta*, LATR.). D'un brun obscur ou rougeâtre ; deux points à sa base ; deux taches près du milieu, et une postérieure plus grande, longue, commençant par une ligne pâle ; abdomen taché de noirâtre sur les côtés. — France.

SCUTELLÈRE MAURE (*S. maura*, LATR.). D'un jaunâtre testacé ; un V formé par deux lignes imprimées sur le chaperon ; une carène et deux petits points plus pâles à la base de l'écusson. — France.

SCUTELLÈRE NOIRE (*Scutellera nigra*, LATR.). Noirâtre, à tarses jaunâtres ; une ligne longitudinale et élevée sur l'écusson. — France.

SCUTELLÈRE PIÉMONTAISE (*S. pedemontana*, LATR.). Renflée ; d'un brun noirâtre, ponctuée de blanc. — Midi de la France.

** *Bord antérieur du corselet guère plus étroit que le postérieur ; tête large, presque semi-circulaire.*

SCUTELLÈRE FULIGINEUSE (*S. fuliginosa*, LATR.). Corps ovale-arrondi ; second article des antennes plus long que le troisième ; velue ; noire ; corselet à bord postérieur d'un brun jaunâtre, ainsi que l'écusson ; celui-ci ayant une ligne blanchâtre et longitudinale au milieu. Les individus d'un brun jaunâtre en dessus ont quelques petites taches très noires. — France.

SCUTELLÈRE TUBERCULÉE (*S. tuberculata*, LATR.). Corps ovale-arrondi ; second article des antennes plus long que le troisième ; obscure ; surface de l'écusson rude, tuberculée près de son extrémité. — Italie.

SCUTELLÈRE ARMÉE (*S. inuncta*, LATR.). Corps ovale-arrondi ; second article des antennes plus long que le troisième ; grise ; une petite dent sous chaque antenne ; chaque angle antérieur du corselet ayant un petit avancement presque en forme de tête. — Paris : fort rare.

SCUTELLÈRE LAINEUSE (*S. lanata*, LATR.). Corps ovale-arrondi ; second article des antennes plus long que le troisième. D'un noir bronzé, avec des poils gris. — Sibérie.

SCUTELLÈRE SCARABÉOÏDE (*S. scarabeoides*, LATR.). Second article des antennes très petit ; ové-globuleuse, bronzée, sans tache ; écusson légèrement plus long que large ; antennes et tarses ferrugineux. — Europe.

SCUTELLÈRE GLOBULEUSE (*S. globus*, LATR.). Second article des antennes très petit, presque globuleux ; noire ; bords de l'abdomen ferrugineux ; écusson plus large que long. — Paris.

Scutellère de Wahl (*Scutellera Wahlii*, Latr.). Second article des antennes très petit ; corps presque globuleux. Très noire ; luisante ; deux petites raies sur la tête ; pates jaunes, ainsi que les bords du corselet et de l'écusson. — Du Levant.

Scutellère imprimée (*S. impressa*, Latr.). Second article des antennes très petit ; globuleuse ; très noire, avec des anneaux aux antennes et les pates jaunes. — Amérique.

Deuxième genre. Les Pentatomes (*Pentatoma*).

Ces insectes ne diffèrent des précédens que par leur écusson qui ne couvre qu'une partie de l'abdomen, et par les élytres entièrement découvertes.

Une espèce, observée par Degéer, offre une particularité fort curieuse. Il la trouva sur le bouleau, au mois de juillet. Plusieurs femelles étaient suivies par leurs petits au nombre de vingt à quarante, comme les jeunes poulets qui accompagnent leur mère. Elles en prenaient soin avec beaucoup de sollicitude et veillaient à leur conservation. Ces femelles appartenaient à l'espèce nommée par Linné *cimex griseus*.

* *Bord antérieur du corselet beaucoup plus étroit que le postérieur; tête plus ou moins triangulaire; corps ordinairement ovale.*

Pentatome acuminée (*Pentatoma acuminata*, Latr. ; *ælia acuminata*, Fab.). Tête en museau allongé, ainsi que dans les trois espèces suivantes ; second article des antennes n'étant pas plus long que le troisième ; base des antennes couverte ; tête déclive ; corps d'un jaune pâle, avec des raies longitudinales et noirâtres en dessus ; dernier article des antennes d'un rouge fauve. — Paris.

Pentatome histeroïde (*P. histeroides*, Latr. ; *ælia histeroides*, Fab.). Second article des antennes n'étant pas plus long que le troisième ; base des antennes découverte ; tête droite ; bec ne dépassant pas l'origine des pates postérieures ; corps obscur ; corselet avancé et épineux de chaque côté en devant ; écusson à bords blancs. — Surinam.

Pentatome dentée (*Pentatoma dentata*, Latr.; *halys dentata*, Fab.). Second article des antennes n'étant pas plus long que le troisième; bec dépassant l'origine des pates postérieures; corps mélangé de cendré et de noir; corselet épineux, dentelé en scie. — Inde.

Pentatome lancéolée (*P. lanceolata*, Latr.; *œlia lanceolata*, Fab.). Second article des antennes beaucoup plus long que le troisième; verte en dessus, blanchâtre en dessous; tête lancéolée. — Afrique.

Pentatome ventre fauve (*P. ferrugator*, Latr.; *cimex ferrugator*, Fab.). Angles postérieurs du corselet avancés en épines, ainsi que les douze espèces suivantes. Grise en dessus; tête et épines du corselet noires; abdomen fauve. — Suède.

Pentatome pates-blanches (*P. albipes*, Latr.; *cimex albipes*, Fab.). Noirâtre en dessus; corselet peu épineux, ayant ses bords blancs ainsi que le bout de l'écusson. — Italie.

Pentatome lunulée (*P. lunula*, Latr.; *cimex lunula*, Fab.). Fauve en dessus, avec des petites lignes sur le devant du corselet, qui est à pointe mousse; écusson ayant deux lunules et son extrémité, blanches. — Midi de la France.

Pentatome mélangée (*P. varia*, Latr.; *cimex varius*, Fab.). Dessus fauve; écusson noir, blanc à sa base et à son extrémité; épines du corselet mousses. Midi de la France.

Pentatome ponctuée (*P. punctata*, Latr.; *cimex punctatus*, Fab.). D'un vert bronzé; jambes blanchâtres, avec un anneau; corselet à épines mousses. — Europe.

Pentatome a pointes relevées (*P. reflexa*, Latr.; *cimex reflexus*, Fab.). Obscure; antennes et pates fauves; corselet dentelé en scie, ayant ses pointes relevées en massue. — Paris.

Pentatome nigricorne (*P. nigricornis*, Latr.; *cimex nigricornis*, Fab.). Presque fauve; épines du corselet mousses, noires ainsi que les antennes. — Saxe.

Pentatome gardienne (*P. custos*, Latr.; *cimex*

custos, FAB.). Grise; antennes noires, ayant deux anneaux noirs; épines du corselet mousses. — Suède.

PENTATOME LURIDE (*Pentatoma lurida*, LATR.; *cimex luridus*, FAB.). Elytres grises, ayant une tache noirâtre; corselet verdâtre, à épines mousses; chaperon échancré. — Angleterre.

PENTATOME RUFIPÈDE (*P. rufipes*, LATR.; *cimex rufipes*, FAB.). Brune; pates rouges, ainsi que le bout de l'écusson. — Europe.

PENTATOME PATES-ROUGES (*P. sanguinipes*, LATR.; *cimex bidens*, FAB.). Brune; écusson blanc à l'extrémité; abdomen tacheté sur les bords; corselet à épines mousses; pates fauves. — France.

PENTATOME A DEUX DENTS (*P. bidens*, LATR.; *cimex bidens*, FAB.). Grise; antennes roussâtres; épines du corselet droites et aiguës; cuisses et jambes des pates antérieures ayant une petite dent. — Europe.

PENTATOME HÉMORRHOÏDALE (*P. hæmorrhoidalis*, LATR.; *cimex hemorrhoidalis*, FAB.). Verte en dessus, jaunâtre en dessous; ponctuée, avec une ligne transverse en devant du corselet, les pointes latérales ayant leur extrémité, les élytres à leur base et à leur côté interne, d'un brun rougeâtre; dessus de l'abdomen rouge, tacheté de noir; en dessous, carène se prolongeant en pointe entre les quatre dernières pates: une saillie arrondie entre les premières. — Europe.

PENTATOME A BORDURE (*P. marginata*, LATR.; *edessa marginata*, FAB.). Angles postérieurs du corselet non avancés en épines, ainsi que dans les vingt-trois espèces suivantes. D'un brun gris en dessus; chaperon arrondi; côtés antérieurs du corselet arrondis, dilatés, minces, unidentés, gris, ponctués de noir; bout de l'écusson gris; abdomen tacheté sur ses bords. — France.

PENTATOME OMBRÉE (*P. umbrina*, LATR.; *cimex umbrinus*, PANZ.). D'un gris jaunâtre obscur; chaperon arrondi, grand; corselet arrondi sur les côtés antérieurs; écusson arrondi à sa pointe, grand, avec une ligne pâle; abdomen tacheté sur les bords. — France.

PENTATOME A COLLIER (*P. torquata*, LATR.; *cimex*

torquatus, Fab.). Verte; tête et devant du corselet jaunes. — Midi de la France.

Pentatome prasine (*Pentatoma prasina*, Latr.; *cimex prasinus*, Fab.). Verte; sans tache; antennes ayant leurs deux derniers articles fauves, le dernier noirâtre à l'extrémité; ailes blanches. — Europe.

Pentatome dissemblable (*P. dissimilis*, Latr.; *cimex dissimilis*, Fab.). Verte en dessus, ferrugineuse en dessous. — France.

Pentatome des genévriers (*P. juniperina*, Latr.; *cimex juniperinus*, Fab.). Verte, bordée de jaune; écusson jaune à l'extrémité. — Europe.

Pentatome des haies (*P. dumosa*, Latr.; *cimex dumosus*, Fab.). D'un brun obscur; corselet à bords latéraux et ligne dorsale d'un rouge de sang; un anneau aux jambes et deux points sur l'écusson, de la même couleur. Paris : très rare.

Pentatome a trois stries (*P. tristriata*, Latr.; *cimex tristriatus*, Fab.). Jaunâtre; élytres ayant un œil à l'extrémité; trois lignes blanches à l'abdomen. — Europe.

Pentatome agathine (*P. agathina*, Latr.; *cimex agathinus*, Fab.). Jaunâtre; ponctuée; écusson ayant une bande noire; abdomen noir en dessus; anus rouge. — France.

Pentatome collaire (*P. collaris*, Latr.; *cimex collaris*, Fab.). Verte; corselet ayant une bande jaune près de son extrémité; élytres fauves au bout. — Copenhague.

Pentatome rayée (*P. liturata*, Latr.; *cimex lituratus*, Fab.). Verte; marbrée de brun; corselet ayant une bande de rouge sanguin; une raie de la même couleur sur les élytres. — Italie.

Pentatome grise (*P. grisea*, Latr.; *cimex griseus*, Fab.). D'un gris jaunâtre, obscure, ponctuée de noirâtre; écusson à extrémité plus pâle, ayant une tache obscure de chaque côté; membrane des élytres blanche, ponctuée de noirâtre; jaunâtre en dessous; abdomen ayant une pointe à sa partie antérieure; côtés entrecoupés de noir et de jaunâtre. — Paris.

Pentatome entrecoupée (*P. interstincta*, Latr.;

cimex interstinctus, Fab.). Semblable à la précédente, mais dessus de l'abdomen rouge, et bords entrecoupés de taches rouges et grises. — Europe.

Pentatome des baies (*Pentatoma baccarum*, Latr.; *cimex baccarum*, Fab.). Pubescente; rougeâtre en dessus; extrémité de l'écusson jaunâtre; abdomen tacheté de noirâtre sur les bords; dessus du corps d'un jaune pâle; antennes annelées de noir et de blanc. — Paris.

Pentatome perlée (*P. perlata*, Latr.; *cydnus perlatus*, Fab.). Grise; tête noire; corselet ayant un point blanc de chaque côté. — France.

Pentatome linx (*P. linx*, Latr.; *cimex sphacelatus*, Fab.). Semblable à la précédente, mais plus petite, glabre, noirâtre; écusson ayant trois points pâles à la base. — France.

Pentatome mélanocéphale (*P. melanocephala*, Latr.; *cimex melanocephalus*, Latr.). D'un gris jaunâtre, ponctuée; tête et base de l'écusson d'un noir bronzé. — France.

Pentatome ornée (*P. ornata*, Latr.; *cimex ornatus*, Fab.). Rouge; tête noire; corselet ayant de chaque côté une grande tache noire, bifide postérieurement, ou deux taches réunies à une troisième et supérieure; écusson noir, avec des lignes rouges formant un Y; abdomen noir en dessous, rouge sur les côtés, ayant un rang de taches noires. — Paris.

Pentatome gaie (*P. festiva*, Latr.; *cimex festivus*, Fab.). Très ressemblante à la précédente. Bords de la tête rouges; six petites taches noires et distinctes sur le corselet; dessus de l'abdomen, excepté son milieu, rouge ou jaunâtre, ponctué de noir; poitrine noire ou jaunâtre; une tache blanche à l'origine des pates, quand celles-ci sont noires. — Paris: rare.

Pentatome biponctuée (*P. bipunctata*, Latr.; *cimex bipunctatus*, Fab.). D'un fauve obscur; écusson ayant son extrémité et deux points blancs; abdomen à bords ponctués de noir. — Italie.

Pentatome des potagers (*P. oleracea*, Latr.; *cimex oleraceus*, Fab.). Verdâtre tirant quelquefois sur le bleuâtre; bords du corselet et une ligne dans son milieu blancs ou rouges, ainsi que l'extrémité de l'écusson, les bords extérieurs des élytres, et un point près de l'extrémité de ces dernières. — France.

Pentatome bimouchetée (*Pentatoma biguttata*, Latr.; *cimex biguttatus*, Fab.). Noire, bordée de blanc; élytres ayant chacune un point blanc. — France.

Pentatome bleue (*P. cœrulea*; Latr.; *cimex cœruleus*, Fab.). D'un bleu verdâtre; pas de taches; parties membraneuses des élytres noires. — France.

Pentatome marge-blanche (*P. albo-marginella*, Latr.; *cimex albo-marginellus*, Fab.). Bleue; corselet à bords blancs, ainsi que ceux des élytres et l'extrémité de l'écusson. — Kiel.

** *Bord antérieur du corselet légèrement plus étroit que le postérieur; tête courte; antennes à articles conico-cylindriques; jambes épineuses.*

Pentatome bicolore (*P. bicolor*, Latr.; *cimex bicolor*, Fab.). Noire; côtés antérieurs du corselet blancs, un arc à la base extérieure des élytres, leur extrémité, des taches sur les bords de l'abdomen, de la même couleur. — France.

Pentatome bordée de blanc (*P. albo-marginata*, Latr.; *cimex albo-marginatus*, Fab.). Noire; élytres à bords extérieurs blancs ou jaunâtres. — France.

Pentatome flavicorne (*P. flavicornis*, Latr.; *cimex flavicornis*, Fab.). Noire; velue; bords latéraux du corselet, ceux du chaperon, les élytres, les antennes et les pates, d'un brun foncé; des cils au-dessus et près des bords du chaperon; élytres, écusson, et côtés du corselet ponctués. — France.

Pentatome morio (*P. morio*, Latr.; *cimex morio*, Fab.). Noire; ponctuée en dessus; corselet ayant un espace transversal lisse non élevé brusquement, et sans ligne imprimée postérieure; antennes à premier article brun. — Paris.

Pentatome triste (*P. tristis*, Latr.; *cimex tristis*, Fab.). Noire; ponctuée en dessus; corselet ayant un espace transversal lisse, élevé brusquement, arqué en devant, ayant une ligne imprimée postérieurement. — Europe.

Troisième genre. Les Corées (*Coreus*).

Antennes de quatre articles, filiformes ou plus grosses à leur extrémité, à dernier article de la même forme, beaucoup plus court que le précédent, et le plus souvent renflé. Gaîne du suçoir, labre et tarses comme les précédens; corps ovale.

Ces insectes ont les mêmes mœurs que les pentatomes, et vivent comme elles sur les végétaux.

* *Bord antérieur du corselet beaucoup plus étroit que le postérieur.*

† *Devant du corselet beaucoup plus bas que le derrière.*

Corée paradoxe (*Coreus paradoxus*, Latr.). Grise, teintée de brun rougeâtre sur quelques parties; épineuse; membraneuse; corselet ayant ses côtés relevés en lobes arrondis; abdomen à bords relevés et découpés en dix lobes bruns, dont celui du milieu arrondi au bout; antennes ayant leurs deuxième et troisième articles épineux à l'extrémité. — Paris : rare.

Corée spinigère (*C. spiniger*, Latr.). Tête, premier article des antennes et côtés postérieurs du corselet, épineux; côtés du corselet arrondis en oreillettes. — Midi de la France.

Corée bordée (*C. marginatus*, Latr.). D'un brun obscur; deux petits avancemens pointus entre les antennes : celles-ci ayant leur second et troisième articles fauves; côtés du corselet arrondis en oreillettes. Il exhale une forte odeur de pomme. — France.

Corée bateau (*C. scapha*, Fab.). Semblable à la précédente quant à la forme; noirâtre; à bords antérieurs du corselet blanchâtres et épineux; une petite dent à la base extérieure de chaque antenne; abdomen taché de blanc sur les bords, en dessus; antennes à second et troisième articles fauves. — France : rare.

Corée chasseur (*C. venator*, Latr.). Côtés du corselet prolongés en épines comme dans les sept espèces suivantes. D'un brun cannelle; très ponctuée en dessus; jaunâtre en dessous; antennes roussâtres, annelées, à troisième article cylindrique; bord postérieur du corselet sans chute brusque. — France: rare.

CORÉE A ANTENNES COMPRIMÉES (*Coreus compressicornis*, LATR.). Semblable à la précédente, mais variée de quelques teintes plus pâles et plus foncées en dessus, avec le bord extérieur des élytres jaunâtre vers la base, et le postérieur du corselet ayant une chute brusque; pates d'un jaune verdâtre; antennes ayant leurs trois premiers articles anguleux, et le troisième aminci à sa base. — Bordeaux.

†† *Corselet presque plan, ou très légèrement relevé en arrière.*

CORÉE CARRÉE (*C. quadratus*, LATR.). D'un gris jaunâtre ou brune en dessus, et ponctuée; antennes glabres, ayant les second et troisième articles d'un fauve clair, et le dernier noirâtre; bords du corselet finement denticulés, jaunâtres: les angles postérieurs pointus; abdomen rhomboïdal, un peu incisé, ayant un angle très marqué de chaque côté; pates sans dents. — France.

CORÉE HIRTICORNE (*C. hirticornis*, LATR.). Pubescente; d'un brun roussâtre en dessus, jaunâtre en dessous; une petite dent à la base extérieure des antennes qui sont velues; bords du corselet denticulés; cuisses postérieures ayant en dessous des épines inégales. — Paris.

** *Bord antérieur du corselet guère plus étroit que le postérieur.*

CORÉE CLAVICORNE (*C. clavicornis*, LATR.). D'un brun obscur; ailes blanches, ponctuées de noir; antennes en massue, noires à l'extrémité; pates fauves, avec des points bruns. — Paris.

CORÉE A TÊTE (*C. capitatus*, LATR.). Ferrugineuse ou jaunâtre, pubescente; écusson légèrement concave, à extrémité relevée; élytres transparentes sur la partie coriacée de leur disque; ventre noir en dessus, ayant des points noirs en dessous sur les côtés, et une ligne noire en dessus de l'anus; pates noirâtres. — Paris.

CORÉE CRASSICORNE (*Coreus crassicornis*, LATR.). D'un gris ponctué de noir; antennes en massue. — France.

CORÉE ERRANTE (*C. errans*, LATR.). D'un jaune obscur; corps jaunâtre en dessous, ainsi que l'extrémité de l'écusson. — Midi de la France.

Quatrième genre. LES LYGÉES (*Lygæus*).

Ces insectes ne diffèrent des précédens que par leurs antennes terminées par un article allongé, presque cylindrique, et de la grosseur du précédent. Corps oblong; tête enfoncée jusqu'aux yeux dans le corselet: celui-ci en trapèze dont la longueur et la largeur ne diffèrent souvent que peu. Mêmes mœurs que les précédens.

LYGÉE CHEVALIER (*Lygæus equestris*, FAB.). Rouge, tacheté de noir; corselet noir devant et derrière; deux points de la même couleur sur l'écusson; élytres traversées par une bande noire, ayant deux petites taches et un point blancs sur leur partie membraneuse; abdomen ayant quatre rangées de points. — Paris.

LYGÉE DAMIER (*L. saxatilis*, LATR.). Noir, varié de rouge; une tache rouge sur le dessus de la tête; corselet avec ses côtés et une ligne au milieu de la même couleur; une ligne semblable de chaque côté de l'écusson; chaque élytre ayant près du milieu une tache arquée, rouge, et une autre tache plus bas: leur portion membraneuse noire et sans tache. — Paris: rare.

LYGÉE DE LA JUSQUIAME (*L. hyoscyami*, LATR.). Rouge, tacheté de noir; écusson noir, à pointe rouge; devant du corselet, deux taches à son bord postérieur, une vers le milieu de chaque élytre, noirs; portion membraneuse des élytres sans tache. — Paris.

LYGÉE FAMILIER (*L. familiaris*, LATR.). Varié de noir et de rouge; la tête noire ainsi que l'écusson, deux grandes taches longitudinales sur le corselet, et une tache au milieu des élytres; portion membraneuse des élytres noire, à bord blanchâtre, et une petite tache de la même couleur à l'angle interne de la base. — Paris.

LYGÉE MILITAIRE (*Lygæus militaris*, LATR.). Il diffère du lygée chevalier par sa poitrine qui a de chaque côté trois points rouges; une tache noire au bord antérieur ou au milieu du corselet, se prolongeant de chaque côté jusqu'au bord postérieur, et renfermant une tache rouge, arrondie, surmontée d'un T de la même couleur. — Midi de la France.

LYGÉE POINT (*L. punctum*, LATR.). Varié de noir et rouge; corselet rouge ayant deux taches noires en lunule; élytres ayant un point noir au milieu : leur portion membraneuse avec un point, une petite tache à côté et une plus bas vers l'angle interne, blancs; abdomen noir en dessous avec trois anneaux rouges. — Paris.

LYGÉE PONCTUÉ-MOUCHETÉ (*L. punctato-guttatus*, LATR.). Tête sans tache, noire; corselet noir, fauve antérieurement; élytres d'un fauve clair, ayant un point noir au bord extérieur, et leur portion membraneuse noire avec deux points blancs. — Italie.

LYGÉE TÊTE-NOIRE (*L. melanocephalus*, LATR.). Tête noire; corps et pates mélangés de rouge et de noir; corselet rouge, ayant une bande transverse noire; disque des élytres rouge à la base. — France.

LYGÉE TRÈS NOIR (*L. aterrimus*, LATR.). Noir; antennes à dernier article cendré. — France.

LYGÉE APTÈRE (*L. apterus*, LATR.). Noir; bords du corselet rouges; élytres rouges, manquant le plus souvent de portion membraneuse, et ayant le bord interne à sa base, celui du bout, un petit point sur la base et un plus grand vers le bout, noirs. — Paris.

LYGÉE A SIX POINTS (*L. sex-punctatus*, LATR.). Tête et écusson noirs; corps brun, avec une ligne latérale rouge; corselet fauve; élytres fauves, ayant deux taches noires sur chacune, et leur portion membraneuse brune. — Espagne.

LYGÉE DE LA VIPÉRINE (*L. echii*, LATR.). Noir; cuisses antérieures épineuses et renflées; les quatre jambes postérieures ciliées. — France.

Lygée sylvatique (*Lygæus sylvaticus*, Latr.). Petit; entièrement noir; élytres noirâtres. — Suède.

Lygée du pin (*L. pini*, Latr.). Noir; corselet ayant sa moitié postérieure d'un gris brun obscur, pointillé de noir; élytres de même, avec une tache noire sur chacune, et leur portion membraneuse noire ayant un point blanchâtre au bout. — France.

Lygée sylvestre (*L. sylvestris*, Latr.). Corps et pates noirs; élytres brunes, ayant quelques points très noirs et postérieurs, et leur portion membraneuse noire, marquée d'un point blanc à la base, et d'un autre au bout. — Copenhague.

Lygée lynx (*L. lynceus*, Latr.). Noir; élytres grises; ailes blanches, ayant un point noir. — Angleterre.

Lygée de l'ortie (*L. urticæ*, Latr.). Noir; élytres grises; ailes blanches, ayant un point noir. — Angleterre.

Lygée louche (*L. luscus*, Latr.). Noir; écusson avec trois points blancs; élytres grises, ayant l'extrémité très noire, et une tache blanche. — France.

Lygée de Rolander (*L. Rolandri*, Latr.). Cuisses antérieures renflées, avec quelques petites épines; noir; portion membraneuse des élytres ayant une tache jaunâtre à la base. — Paris.

Lygée goutteux (*L. chiragra*, Latr.). Très noir; élytres variées de gris et de brun; cuisses antérieures renflées. — Copenhague.

Lygée podagre (*L. podagricus*, Latr.). Cuisses postérieures très épaisses, bidentées; élytres brunes, ayant la base et deux points blancs. — Angleterre.

Lygée carré (*L. quadratus*, Latr.). Noir; corselet cendré, ayant en devant une tache très noire; pates fauves, à cuisses noires; élytres cendrées, ayant une tache postérieure brune, et la portion membraneuse blanche, striée de noir. — Paris.

Lygée erratique (*L. erraticus*, Latr.). Noir; élytres brunes, pâles à la base, à portion membraneuse noire, et ayant un point blanc à la base. — Allemagne.

Lygée des sapins (*L. abietis*, Latr.; *miris abie-*

tis, FAB.). Aplati ; d'un brun roussâtre ; tête et moitié antérieure du corselet, noires ; cuisses antérieures très grosses et dentelées. — Europe.

LYGÉE A UNE RAIE (*Lygæus unistria*, LATR.; *salda atra*, FAB.). Très noir; une raie blanche dorsale ; élytres plus courtes que l'abdomen, manquant de portion membraneuse. — France.

LYGÉE ALBIPENNE (*L. albipennis*, LATR. ; *salda albipennis*, FAB.). Très noir, luisant ; élytres blanches. — Autriche.

LYGÉE GRYLLOÏDE (*L. grylloides*, LATR.; *salda grylloides*, FAB.). Il ressemble au lygée à une raie. Très noir ; bords des élytres et du corselet, blancs. — Allemagne.

LYGÉE A ANTENNES PALES (*L. pallicornis*, LATR. ; *salda pallicornis*, FAB.). Il a les formes du précédent. Très noir ; pates et antennes pâles. — Europe.

LYGÉE DES SABLES (*L. arenarius*, LATR.). Noir ; élytres cendrées et ailes blanches. — Europe septentrionale.

LYGÉE SALDE (*L. salda*. — *Salda sylvestris*, FAB. ; *lygæus sylvaticus*, LATR.). Très noir ; élytres blanches, ayant un arc noir à l'extrémité. — Europe.

LYGÉE DES PATURAGES (*L. pascuorum*, LATR.; *salda pratensis*, FAB.). Très noir ; élytres jaunâtres, plus obscures à l'extrémité ; ailes blanches, ayant une tache brune au bout. — Allemagne.

LYGÉE NÉMORALE (*L. nemoralis*, LATR.; *salda nemoralis*, FAB.). Très noir ; un point blanc sur les élytres ; élytres brunes, blanches à la base. — Zélande.

LYGÉE ARVICOLE (*L. arvicola*, LATR. ; *salda campestris*, FAB.). Très noir ; élytres blanches, avec l'extrémité brune et une tache blanche ; ailes sans taches. — Zélande.

LYGÉE PALLIPÈDE (*L. pallipes*, LATR. ; *salda campestris*, FAB.). Très noir ; élytres pâles, ayant une tache marginale et la base, très noires. — Danemarck.

LYGÉE DE LA SERRATULE (*L. serratulæ*, LATR. ;

alda serratulæ, Fab.). Noir; élytres pâles; ailes brunes à leur extrémité. — Angleterre.

Lygée a tunique (*Lygæus tunicatus*, Latr.). D'un brun ferrugineux en dessus; bords des élytres et corps jaunes. — Allemagne.

Cinquième genre. Les Alydes (*Alydus*).

Ils ont les mêmes caractères que les lygées, mais leur corps est étroit et allongé: du reste, leurs habitudes sont les mêmes.

Premier sous-genre. Les Alydes. *Corps étroit et allongé; pieds de longueur moyenne.*

Alyde éperonné (*Alydus calcaratus*, Fab.). D'un brun noirâtre en dessus; pates et dessous du corps d'un noir luisant bronzé; dos de l'abdomen rouges; cuisses postérieures ayant quatre épines crochues. — Europe.

Deuxième sous-genre. Les Gerris. *Corps étroit et linéaire; pieds très allongés; corps au moins six fois plus étroit que long.*

Alyde filiforme (*Alydus filiformis*. — *Gerris filiformis*, Fab.). D'un verdâtre pâle; antennes fauves. — Antilles.

Alyde étroit (*Alydus angustatus*. — *Gerris angustatus*, Fab.). Gris en dessus, jaunâtre en dessous; antennes et pates d'un roux jaunâtre. — De la Chine.

Alyde vagabond (*A. vagabundus*. — *Gerris vagabundus*, Fab.). Élytres et ailes brunes variées de blanc; pates très longues, de la même couleur, et annelées de cendré. — On le trouve en Europe, sous les mousses.

Septième genre. Les Berytes (*Berytus*).

Mêmes formes que les précédens, mais antennes coudées et renflées à leur extrémité, leur premier article fort long, le second et le troisième semblant se confondre en un seul, le dernier court et ovale; cuisses en massue; antennes et pates ordinairement longues et menues.

Ces insectes se trouvent sur les plantes et sur les arbres; leur marche est singulière, en ce qu'ils ne semblent avancer que par saccades.

BERYTE TIPULAIRE (*Berytus tipularius*, FAB.; *Neides tipularia*, LATR.). Blanchâtre; une espèce de corne entre les antennes; pates très longues; élytres ayant à l'extrémité une nervure ponctuée. — Paris.

BERYTE CLAVIPÈDE (*B. clavipes*, FAB.; *Neides clavipes*, LATR.). Cendrée; pates courtes. — Suède.

Huitième genre. LES MYODOQUES (*Myodocha*).

Ils ont les caractères des genres précédens, mais leur corps est ellipsoïdal et allongé, sans être linéaire; leur tête est très rétrécie en arrière en forme de cou.

MYODOQUE SERRIPÈDE (*Myodocha serripes*, LATR.). Corps long d'environ quatre lignes, noir; élytres d'un brun clair et bordées extérieurement de blanchâtre; pates pâles, avec l'extrémité antérieure des cuisses obscure. — Amérique du nord.

Neuvième genre. LES MIRIS (*Miris*).

Antennes plus grêles à l'extrémité ou sétacées; corps ordinairement assez étroit et allongé; second article des antennes très long et ne différant pas brusquement en grosseur des deux suivans. Ils présentent, quant au reste, les mêmes caractères que les lygées.

* *Corps oblong.*

MIRIS CHAMPÊTRE (*M. campestris*, LATR.; *Lygæus campestris*, FAB.). Jaunâtre; une tache ferrugineuse sur les élytres. — Paris.

MIRIS DES PRÉS (*M. pratensis*, LATR.; *Lygæus pratensis*, FAB.). Jaunâtre; élytres vertes. — Europe.

MIRIS DES FLEURS (*M. floralis*, LATR.; *Lygæus floralis*, FAB.). Cuisses postérieures allongées, noires; corps d'un gris obscur en dessus, avec un point rouge à l'extrémité. — Copenhague.

MIRIS QUADRIPONCTUÉ (*M. quadripunctatus*, LATR.;

Lygæus quadripunctatus, Fab.). Corps jaunâtre; corselet ayant quatre points noirs. — France.

Miris biponctué (*Miris bipunctatus*, Latr.; *Lygæus bipunctatus*, Fab.). Vert; deux points sur le corselet; élytres plus pâles, ayant un point jaune à l'extrémité. — Norwége.

Miris binoté (*M. binotatus*, Latr.; *Lygæus binotatus*, Fab.). Vert; deux points noirs au corselet; élytres ferrugineuses, marquées d'une petite bande noire. — Suède.

Miris du verbascum (*M. verbasci*, Latr.; *Lygæus verbasci*, Fab.). Gris; pates testacées; abdomen à bords variés de noir et de pâle. — Allemagne.

Miris du frêne (*M. fraxini*, Latr.; *Lygæus fraxini*, Fab.). Corselet vert, ayant une bande postérieure noire; élytres vertes, avec un point blanc à l'extrémité. — Kiell.

Miris rouillé (*M. ferrugatus*, Latr.; *Lygæus ferrugatus*, Fab.). Verdâtre; corselet marqué de deux petites taches ferrugineuses, et élytres ayant deux taches de la même couleur. — Kiell.

Miris petites raies (*M. striatellus*, Latr.; *Lygæus striatellus*, Fab.). Verdâtre; corselet ayant une raie postérieure et quatre points noirs; élytres rayées ayant un point blanc à l'extrémité. — France.

Miris animé (*M. vividus*, Latr.; *Lygæus vividus*, Fab.). Elytres d'un ferrugineux obscur, ayant deux points blancs à l'extrémité. — Danemarck.

Miris sali (*M. inquinatus*, Latr.). Jaunâtre; élytres mélangées de noir et de blanc. — Kiell.

Miris du tilleul (*M. tiliæ*, Latr.; *Lygæus tiliæ*, Fab.). Verdâtre; trois bandes brunes, dont celle du milieu anguleuse. — Kiell.

Miris deux fois trimoucheté (*M. bis-triguttatus*, Latr.; *Lygæus bitriguttatus*, Fab.). Noir, varié de blanc; élytres ayant trois taches sur les bords. — Allemagne.

Miris flavicorne (*M. flavicornis*, Latr.; *Lygæus nassatus*, Fab.). Vert; pates et antennes jaunâtres. — Copenhague.

Miris transversal (*M. transversalis*, Latr.; *Ly-*

gæus transversalis, FAB.). Vert; une petite ligne sur le corselet et une tache brune aux élytres. — Kiell.

MIRIS DU PEUPLIER (*Miris populi*, LATR.; *Lygæus populi*, FAB.). Nébuleux; varié de blanc et de brun. — France.

MIRIS DES ARBUSTES (*M. arbustorum*, LATR.; *Lygæus arbustorum*, FAB.) Olivâtre; tête noire, et jambes ponctuées de la même couleur. — Zélande.

MIRIS LEUCOCÉPHALE (*M. leucocephalus*, LATR.; *Lygæus leucocephalus*, FAB.). Noir; tête et pates fauves. — France.

MIRIS A SIX MOUCHETURES (*M. sex-guttatus*, LATR.; *Lygæus sex-guttatus*, FAB.). Noir; écusson jaune; des taches de la même couleur sur les élytres. — France.

MIRIS TRIPUSTULÉ (*M. tripustulatus*, LATR.; *Lygæus tripustulatus*, FAB.). Noir; écusson d'un rouge écarlate, ainsi que trois taches sur les élytres. — Copenhague.

MIRIS AUTRICHIEN (*M. austriacus*, LATR.; *Lygæus austriacus*, FAB.). Élytres à bases et à trois points blancs. — Autriche.

MIRIS MAURE (*M. maurus*, LATR.; *Lygæus maurus*, FAB.). D'un noir très foncé et luisant; les quatre jambes antérieures pâles. — Autriche.

MIRIS SANGUIN (*M. sanguineus*, LATR.; *Lygæus sanguineus*, FAB.). Ferrugineux; tête et bouts des ailes blancs; ailes noirâtres. — Allemagne.

MIRIS ROSE (*M. roseus*, LATR.; *Lygæus roseus*, FAB.). Jaunâtre, à élytres et corselet roses. — Hambourg.

MIRIS A TROIS MOUCHETURES (*M. terguttatus*, LATR.; *Lygæus terguttatus*, FAB.). Noir; élytres testacées, ayant trois points très blancs, dont l'interne plus petit. — Suède.

*** Corps allongé.*

MIRIS UNI (*M. dolabratus*, LATR.). Antennes noires; élytres ferrugineuses, à côtés blancs. — France.

MIRIS LISSE (*M. lævigatus*, LATR.). D'un vert pâle, plus obscur sur les élytres et vers le milieu du dos. — Europe.

Miris latéral (*Miris lateralis*, Latr.). Noir, avec les côtés blanchâtres. — France.

Miris de Holstein (*M. holsatus*, Latr.). Blanchâtre ; bords internes des élytres bruns ; deux lignes de la même couleur sur le corselet. — Kiell.

Miris des pacagès (*M. pabulinus*, Latr.). Vert, sans tache ; ailes transparentes. — Paris.

Miris marginelle (*M. marginellus*, Latr.). Corselet ayant trois lignes blanches ; bords des élytres de la même couleur, et leur extrémité marquée d'un point rouge écarlate. — Italie.

Miris strié (*M. striatus*, Latr.). Noir ; élytres rayées de jaune et de brun, ayant leur extrémité fauve ainsi que les pates. — Paris.

Miris décrépit (*M. decrepitus*, Latr.). Très noir; tête et pates brunes. — Danemarck.

Miris vagabond (*M. vagans*, Latr.). Gris; pates testacées ; une ligne noire sur la tête et le corselet. — Europe.

Miris de l'orme (*M. ulmi*, Latr.). D'un brun rougeâtre en dessus, avec deux raies d'un rouge de sang ; ailes postérieurement mélangées de blanc et de brun. — Europe.

Miris verdatre (*M. virens*, Latr.). Vert ; extrémité des antennes et tarses fauves. — Europe.

Miris sauvage (*M. ferus*, Latr.). Gris, sans taches. — Europe.

Miris pale (*M. pallens*, Latr.). Pâle ; tête et corps noirs. — Suède.

Dixième genre. Les Capses (*Capsus*).

Ils diffèrent des insectes précédens par les deux derniers articles des antennes, qui sont beaucoup plus menus que le précédent ; leur corps est plus court et plus large, ovoïde ou arrondi. Leurs habitudes sont les mêmes.

Capse très noir (*Capsus ater*, Latr.). Tout noir ; sans taches. — Paris.

Capse gothique (*C. gothicus*, Latr.). Noir ou d'un brun rougeâtre ; écusson d'un rouge de sang, ainsi que l'extrémité des élytres. — Paris.

Capse élevé (*Capsus elatus*, Latr.). Noir ; bord du corselet et écusson rouges ; deux bandes de cette couleur sur les élytres. — Europe.

Capse rufipède (*C. rufipes*, Latr.). Très noir ; antennes et pates fauves. — Allemagne.

Capse mélangé de jaune (*C. flavovarius*, Latr.) Noir ; écusson jaune ; élytres pâles, ayant à l'extrémité un point et une bande noire. — Copenhague.

Capse unifascié (*C. unifasciatus*, Latr.). Noir et pubescent ; bord postérieur du corselet et bout de l'écusson jaunes ; élytres jaunes, ayant une bande et un point noir à l'extrémité. — Copenhague.

Capse tyran (*C. tyrannus*, Latr.). Très noir ; bec et cuisses d'un rouge sanguin. — France.

Capse schach (*C. schach*, Latr.). Très noir ; tête et écusson d'un rouge écarlate ; élytres ayant deux taches de la même couleur. — France.

Capse bifascié (*C. bifasciatus*, Latr.). Très noir ; élytres testacées, marquées de deux raies blanches. — Leipsick.

Capse négligé (*C. neglectus*, Latr.). Noir ; élytres fauves, ayant leur suture et une grande tache marginale noires. — Italie.

Capse vert d'herbe (*C. gramineus*, Latr.). Vert ; tête et corselet noirs ; extrémité des élytres noire, et une bande de la même couleur. — Italie.

Capse séticorne (*C. seticornis*, Latr.). Très noir ; élytres brunes, à base pâle, ayant un point écarlate à l'extrémité. — Leipsick.

Capse olivatre (*C. olivaceus*, Latr.). Elytres d'un fauve brun, ayant leur extrémité d'un rouge écarlate. — Hambourg.

Capse trifascié (*C. trifasciatus*, Latr.). Noir ; trois bandes fauves sur les élytres. — Europe.

Capse flavicolle (*C. flavicollis*, Latr.). Noir ; tête, corselet et pates fauves. — Angleterre.

Capse ombratile (*C. umbratilis*, Latr.). Noir ; élytres rayées de jaune, ayant à l'extrémité une bande blanche. — Suède.

Capse agile (*C. agilis*, Latr.). Corselet très noir,

à bord postérieur jaune; élytres brunes, ayant les deux extrémités pâles. — Allemagne.

Capse écrit (*Capsus scriptus*, Latr.). Très noir; corselet marqué de trois petites lignes blanches; élytres rayées de blanc, à extrémité rouge. — France.

Capse mélangé (*C. varius*, Latr.). Jaunâtre; tête et bord de l'écusson très noirs. — Kiell.

Capse transparent (*C. hyalinatus*, Latr.). Très noir; élytres ayant leur base, une tache lunulée à l'extrémité, et une bande au milieu, d'un blanc transparent. — Italie.

Capse a taches jaunes (*C. flavo-maculatus*, Latr.). Noir; élytres ayant chacune deux taches jaunes dont la postérieure marquée d'un point noir. — Allemagne.

Capse danois (*C. danicus*, Latr.). Fauve; base du corselet, ventre et suture des élytres très noirs. — Danemarck.

Capse bordé de blanc (*C. albo-marginatus*, Latr.). Noir; bord des élytres et orbites des yeux, pâles. — Paris.

Capse grosses-cornes (*C. crassicornis*, Latr.). Noir; antennes à second article allongé, fauve et comprimé; élytres d'un cendré obscur. — Allemagne.

Capse cornes-épaisses (*C. spissicornis*, Latr.). Noir; antennes ayant deux articles épaissis, comprimés, fauves; pates jaunes. — France.

Capse du sapin (*C. abietis*, Latr.). D'un fauve obscur; tête et devant du corselet noirs. — Allemagne.

Capse scutellaire (*C. scutellaris*, Latr.). Très noir; écusson ferrugineux. — Kiell.

Capse tricolore (*C. tricolor*, Latr.). Très noir; élytres ayant une tache écarlate. — Danemarck.

Capse capillaire (*C. capillaris*, Latr.). Jaunâtre; extrémité des élytres écarlate. — Leipsick.

Onzième genre. Les Syrtis (*Syrtis*).

Gaîne du suçoir de deux ou trois articles apparens; labre court, sans stries; premier article des tarses et quelquefois le second très court dans le plus grand

nombre ; pieds insérés au milieu de la poitrine, terminés par deux crochets très distincts ; bec droit, engaîné à sa base ou dans sa longueur ; yeux de grandeur ordinaire ; tête non étranglée ; pieds antérieurs en forme de serre comme celle des crustacés, et servant à ces insectes à saisir leur proie.

Les syrtis ont les antennes terminées par un article plus gros, en massue ovale et se logeant dans un sillon latéral pratiqué à la tête et au corselet. Ils se nourrissent d'insectes qu'ils saisissent avec leurs pates antérieures, à la manière des mantes. On les trouve sur les plantes.

SYRTIS CRASSIPÈDE (*Syrtis crassipes*, FAB. ; *phymata crassipes*, LATR.). D'un brun roussâtre, plus pâle en dessous ; tête bifide en devant ; corselet dentelé sur les côtés, ayant deux lignes longitudinales élevées ; abdomen ayant les bords de ses premiers anneaux blanchâtres et demi-transparens. — France.

SYRTIS SCORPION (*S. erosa*, FAB. ; *phymata erosa*, LATR.). D'un brun roux ; tête bifide en devant ; corselet fortement échancré sur les côtés, ayant plusieurs côtes longitudinales ; abdomen marqué en dessus d'une bande brune transverse. — Amérique méridionale.

Douzième genre. LES TINGIS (*Tingis*).

Mêmes caractères que les syrtis, mais corps très plat, et antennes terminées en bouton avec le troisième article beaucoup plus long que les autres.

Ils vivent sur les végétaux auxquels ils occasionnent des galles par leur piqûre ; le teucrium chamædrys en offre très souvent des exemples. Les tingis ont les bords de la fente où est logé le bec relevés ; leur corps est membraneux, leur corselet prolongé en écusson, et les élytres réticulées.

TINGIS CLAVICORNE (*T. clavicornis*, LATR.). Noir ; antennes velues, terminées par un article plus gros, ovale, et inséré un peu obliquement ; corselet obscur, ayant trois arêtes longitudinales, et ses bords latéraux et antérieur d'un brun clair et réticulés ; élytres d'un brun clair, avec un réseau pâle et la côte entrecoupée de noir. — Paris.

Tingis ailé (*Tingis alata*, Latr.). Brun ; une forte épine en devant de chaque antenne ; corselet ayant quatre côtes élevées, et les bords membraneux et pâles ; élytres pâles, avec un ou deux petits traits bruns et une tache postérieure de la même couleur. — Suède.

Tingis du chardon (*T. cardui*, Latr.). Noir en dessous, avec un léger duvet cendré ; dessus d'un gris jaunâtre pâle, ayant des petites taches noirâtres sur les bords ; deux petites épines l'une sur l'autre, sur le dessus de la tête ; antennes brunes, obscures à l'extrémité ; corselet à trois arêtes, ayant ses bords relevés et membraneux. — France.

Tingis a côtes (*T. costata*, Latr.). Tête brune ; antennes noires ; pates fauves ; corselet d'un brun cendré, sans taches, à trois arêtes ; élytres d'un brun cendré, ayant le bord extérieur blanc, ponctué de noir. — Nord de l'Europe.

Tingis du chardon roland (*T. eryngii*, Latr.). Tête noire, ayant une petite pointe blanche sous les antennes et deux plus petites rapprochées sur le dessus ; antennes noires ; corselet d'un blanc jaunâtre, ponctué, rétréci en dessous, avec trois arêtes longitudinales et les bords, élevés ; élytres ponctuées, d'un blanc jaunâtre, les points de l'extrémité transparens ; pates et cuisses obscures ; jambes et tarses d'un brun clair ; dessous du corps d'un noir cendré, ayant une partie des côtés de la poitrine, les bords de la gaîne où est inséré le bec, d'un blanc jaunâtre. — Paris.

Tingis du houblon (*T. humuli*, Latr.). Corselet gris, ayant les bords très épais et obtus, et trois arêtes dont les latérales très courtes ; antennes fauves, à extrémités noires ; écusson gris, avec trois lignes élevées ; élytres variées de noir et de gris cendré, ayant à l'extrémité des taches en forme d'yeux ; pates fauves ; dessous du corps noir. — France.

Tingis du poirier (*T. pyri*, Latr.). Corselet blanc, réticulé, ayant ses bords relevés et son milieu renflé ; écusson foliacé ; élytres blanches, ayant deux bandes noires. — Paris.

Treizième genre. LES ARADES (*Aradus*).

Même forme de corps que les tingis, mais antennes cylindriques, à second article presque aussi long que le troisième, ou même plus long; bec simplement logé dans une rainure pectorale; corps très plat.

Ces insectes se trouvent sous les écorces de différentes espèces d'arbres, où ils se rassemblent en assez grand nombre pour passer l'hiver.

ARADE CORTICAL (*Aradus corticalis*, LATR.). D'un brun noirâtre; antennes non annelées, ayant chacune une dent derrière leur insertion; élytres beaucoup plus étroites que l'abdomen, à portion membraneuse plus claire et sans tache; corselet denticulé, ayant quatre petites arêtes et deux petites proéminences sans taches, transparentes au bord antérieur. — France.

ARADE PLAN (*A. planus*, LATR.). Semblable au précédent, mais élytres blanches, avec des taches noires, ainsi que leur portion membraneuse; tête garnie latéralement de dix épines. — Paris.

ARADE DU BOULEAU (*A. betulæ*, LATR.). D'un brun noirâtre; antennes blanches à l'extrémité, ayant une dent surmontée d'une autre plus petite derrière l'insertion de chacune d'elles; corselet à quatre arêtes, à côtés antérieurs blancs, transparens, avec un angle saillant; élytres et ailes variées de cendré et de brun noirâtre; deux nervures élevées formant un ovale sur chaque élytre; dessous de l'abdomen d'un brun rougeâtre. — Paris.

ARADE LISSE (*A. lævis*, LATR.). Tête et corselet noirs et sans taches; abdomen brun, à bords entiers; ailes plus pâles, étroites. — Angleterre.

ARADE A ANTENNES ANNELÉES (*A. anulicornis*, LATR.). Ressemblant à l'arade du bouleau, mais ayant la moitié apicale du troisième article des antennes blanche; abdomen plus brun; cuisses noirâtres; genoux, jambes et tarses, pâles. — Paris.

ARADE NIGRICORNE (*A. nigricornis*, LATR.). Très noir; devant du corselet verdâtre, ainsi que les élytres; ailes blanches. — Allemagne.

ARADE TRÈS NOIR (*A. aterrimus*. — *Acanthia ater-*

rima, DUMER.). Entièrement d'un brun noir mat; anus à cinq dents élevées, arrondies; toutes les cuisses en massue. — Paris.

ARADE BIGARRÉ (*Aradus varius*, LATR.). Brun; tête ayant une épine de chaque côté; corselet avec quatre arêtes fauves, et les bords pâles et dentelés; écusson ayant trois lignes fauves; élytres plus courtes que l'abdomen, étroites, brunes, avec un réseau pâle; abdomen varié de rose et de brun, ayant ses bords élevés en carène. — France.

ARADE FERRUGINEUX (*A. ferrugineus*. — *Acanthia ferruginea*, DUMER.). Entièrement ferrugineux; abdomen ayant deux rangs de points en relief sous chaque anneau, en dessous. — Lieu?

Quatorzième genre. LES PUNAISES (*Cimex*).

Elles ont, comme les précédens, le corps très plat, mais elles en diffèrent par leurs antennes, qui se terminent brusquement en forme de soie.

Nous n'entrerons dans aucun détail sur ces insectes malheureusement trop connus; nous nous bornerons à dire que le meilleur moyen d'en débarrasser les appartemens est d'entretenir constamment une scrupuleuse propreté.

PUNAISE DES LITS (*Cimex lectularius*, LATR.; *acanthia lectularia*, FAB.). Sans ailes; d'un roux foncé. — Europe. On prétend qu'elle était inconnue en Angleterre avant 1666, et qu'elle y fut apportée d'Amérique dans des cargaisons de bois.

Quinzième genre. LES RÉDUVES (*Reduvius*).

Bec découvert, court, très aigu, à labre saillant; tête rétrécie par derrière en forme de cou; antennes très déliées vers le bout ou en forme de soie.

Ces insectes vivent de proie. Ils ont été divisés en deux sous-genres.

Premier sous-genre. LES NABIS (*Nabis*). *Antennes insérées sur les côtés inférieurs de l'avancement de la tête ou du museau, dans la ligne qui va des yeux à la naissance du bec, ou au-dessous, mais jamais au-dessus; pas d'étranglement entre la tête et le corselet, ce dernier n'ayant pas d'impression transversale bien marquée.*

NABIS A AILES ROUGES (*Nabis subaptera*, LATR.; *reduvius apterus*, FAB.). Pubescent; d'un brun grisâtre en dessus, noirâtre en dessous; pates pâles, testacées d'obscur; cuisses antérieures renflées; antennes pâles, ayant l'extrémité du second article noirâtre; élytres courtes, à portion membraneuse noirâtre et ponctuée de blanc; bords de l'abdomen tachés de brun rougeâtre. — Paris.

NABIS GUTTULE (*N. guttula*, LATR.; *reduvius guttula*, FAB.). Noir; pates et élytres d'un rouge sanguin, ces dernières ayant leur portion membraneuse noire, avec un point blanc. — Paris.

Deuxième sous-genre. LES RÉDUVES (*Reduvius*). *Antennes sur le dessus du museau, ou insérées au-dessus de la ligne qui va des yeux à la naissance du bec; un étranglement entre la tête et le corselet: ce dernier ayant une impression transversale bien marquée.*

RÉDUVE VELU (*Reduvius villosus*, LATR.). Pubescent, entièrement noirâtre; écusson terminé en pointe relevée; pates d'un brun obscur, à jambes ayant près des extrémités un anneau pâle. — Barbarie.

RÉDUVE A MASQUE (*R. personatus*, LATR.). Il ne diffère du précédent que par son écusson terminé en pointe droite. — Paris.

RÉDUVE COLÈRE (*R. iracundus*, LATR.). Noir; pates variées de noir et de fauve; corselet et bord de l'abdomen tachetés de fauve; les élytres de cette dernière couleur. — France.

RÉDUVE ENSANGLANTÉ (*R. cruentus*, LATR.). D'un rouge de sang; corselet concave au bord postérieur, noir à sa partie antérieure; tête, antennes, poitrine, quatre rangs de taches sous l'abdomen, genoux, et d'autres petites taches, noirs. — France.

RÉDUVE ANNELÉ (*R. annulatus*, LATR.). Noir; pates rouges, annelées de noir; abdomen taché de rouge sur les bords. — Paris.

Réduve égyptien (*Reduvius ægyptius*, Latr.). Pubescent; d'un gris brun obscur; pates finement annelées de grisâtre, ou d'un brun clair et pâle; abdomen ayant les bords tachetés de blanchâtre, et en dessous une grande tache ovale d'un jaunâtre un peu roux. — France.

Réduve nain (*R. minutus*, Latr.). Noir; bout de l'écusson et la base des élytres, blancs. — France.

Réduve a pates blanches (*R. albipes*, Latr.). Brun; antennes annelées; jambes blanches; des points blancs sur les côtés de l'abdomen. — Europe.

Réduve stridule (*R. stridulus*, Latr.). Noir; abdomen rouge; élytres ayant le long des côtes internes des taches très noires, entrecoupées de noirâtre ou de brun clair; portion coriacée des élytres rouge, avec une grande tache carrée et très noire. — Paris.

Seizième genre. Les Zélus (*Zelus*).

Ils diffèrent des précédens par leur corps linéaire, leurs pates fort longues, très grêles, toutes semblables entre elles.

Les insectes de ce genre sont tous exotiques, et leurs mœurs sont peu connues.

Zélus longipède (*Zelus longipes*, Fab.; *cimex longipes*, Lin.). Rouge; élytres noires, ayant la base rouge et une bande de la même couleur au milieu; pates noires; des lignes blanches transverses sur les côtés de l'abdomen. — Antilles.

Dix-septième genre. Les Ploières (*Ploiaria*).

Corps linéaire et pieds longs et grêles comme dans les précédens, mais hanches des deux pieds antérieurs allongées et propres à saisir une proie comme dans les mantes.

Ces insectes ont la tête allongée, de petits yeux lisses, le corselet assez plat en dessus; leurs habitudes sont les mêmes que celles des réduves.

Ploière vagabonde (*Ploiaria vagabunda*, Latr.; *gerris vagabundus*, Fab.). Brune, entrecoupée de blanc; deux lignes de longueur ou environ. — Paris.

Dix-huitième genre. LES ACANTHIES (*Acanthia*).

Yeux très gros; pas de cou apparent, mais tête transverse et séparée du corselet par un étranglement; bec long, droit, saillant hors de sa gaîne; antennes filiformes ou un peu plus grosses vers le bout, de la longueur au moins de la moitié du corps et saillantes; corps ovale.

ACANTHIE DE LA ZOSTÈRE (*Acanthia zosteræ*, LATR.; *salda zosteræ*, FAB.). Noire; élytres plus longues que l'abdomen, coriacées, ayant des raies transparentes, ou couleur d'eau à l'extrémité. — France.

ACANTHIE LITTORALE (*A. littoralis*, LATR.; *salda littoralis*, FAB.). Noire ou d'un brun noirâtre; pates d'un brun clair; élytres tachées de brun clair ou de brun jaunâtre, ayant leurs plus grandes taches près de la portion membraneuse, qui est très petite. — Suède.

ACANTHIE STRIÉE (*A. striata*, LATR.; *salda striata*, FAB.). Brune; élytres d'un blanc transparent, avec des raies et des taches brunes. — France.

Dix-neuvième genre. LES PÉLOGONES (*Pelogonus*).

Ces insectes ne diffèrent des précédens que par leurs antennes beaucoup plus courtes et repliées sous les yeux; par leur corps plus court et plus arrondi, et par leur écusson assez grand.

PÉLOGONE BORDÉ (*Pelogonus marginatus. — Acanthia marginata*, LATR.). Corps presque rond, d'un noir brunâtre, teinté de cendré bleuâtre, ponctué en dessus; corselet ayant, sur les côtés antérieurs, une saillie membraneuse, arrondie en rebord, d'un brun jaunâtre et demi-transparente; une partie de son bord postérieur, les pates, quelques taches à l'extérieur des élytres, d'un brun jaunâtre. — Bordeaux.

Vingtième genre. LES LEPTOPES (*Leptopus*).

Mêmes caractères que les deux genres précédens, mais bec court et arqué, et antennes sétacées.

LEPTOPE MACULÉ (*Leptopus maculatus. — Lygæus saltatorius*, FAB.; *acanthia maculata*, LATR.). Noir;

corselet transversal, presque en trapèze; élytres tachetées de brun jaunâtre, à portion membraneuse assez grande, presque transparentes, ayant des nervures et des taches brunes; pates noires, tachetées de brun jaunâtre. — France.

Vingt-unième genre. LES HYDROMÈTRES (*Hydrometra*).

Les quatre pieds postérieurs très longs et très grêles, insérés sur les côtés de la poitrine, et très écartés entre eux à leur naissance; crochets des tarses très petits, peu distincts, placés dans une fissure de l'extrémité latérale; antennes sétacées; tête prolongée en un long museau, recevant le bec dans une gouttière inférieure.

Ces hémiptères habitent les lieux aquatiques, et se tiennent sur la surface des eaux, qu'ils parcourent avec beaucoup d'agilité en se servant de leurs longs pieds pour marcher. Ils ont le corps très étroit, menu et linéaire; leurs yeux gros et globuleux, sont situés vers le milieu des côtés du museau.

HYDROMÈTRE DES ÉTANGS (*Hydrometra stagnorum*, LATR.; *gerris stagnorum*, FAB.). D'un brun noirâtre et mat; pates d'un brun clair. — France.

Vingt-deuxième genre. LES GERRIS (*Gerris*).

On les distingue des précédens à leurs antennes filiformes, à la gaîne de leur suçoir, qui est de trois articles, aux pieds de la seconde paire très éloignés des deux premiers, et au moins une fois plus longs que le corps.

Les gerris ont les quatre tarses postérieurs longs, et sans crochets bien apparens au bout; leur corps est allongé, presque linéaire; leur tête est triangulaire, munie de deux yeux globuleux, mais dépourvue de petits yeux lisses; leurs pieds antérieurs font l'office de pince. Ils habitent la surface des eaux, comme les hydromètres, mais ils rament au lieu de marcher.

GERRIS DES LACS (*Gerris lacustris*, LATR.; *hydrometra lacustris*, FAB.). D'un brun noirâtre, verdâtre en dessus; mamelon terminal de l'anus saillant; pates brunes. — France.

GERRIS DES MARAIS (*G. paludum*, LATR.; *hydrome-

tra paludum, Fab.). Dessus d'un brun verdâtre ; divisions latérales de l'anus aussi longues que le mamelon du milieu et coniques ; pates noires. — France.

Gerris court (*Gerris abbreviata*, Latr.). Dessus très noir, dessous cendré ; abdomen très court. — Pyrénées.

Gerris des fossés (*G. fossarum*, Latr. ; *hydrometra fossarum*, Fab.). Brun noirâtre en dessus ; côtés du corselet rougeâtres, ainsi qu'une ligne dans son milieu. — Inde.

Vingt-troisième genre. Les Vélies (*Velia*).

Bouche et antennes à peu près comme dans les gerris, mais gaîne du suçoir de deux articles seulement ; pieds beaucoup plus courts, à des distances presque égales les uns des autres ; tarses courts, avec des crochets distincts.

Les vélies, comme les hydromètres, ne se servent de leurs pates que pour marcher sur la surface de l'eau, et non pour ramer.

Vélie vagabonde (*Velia currens*, Latr. ; *gerris currens*, Fab.). D'un brun noirâtre ; bords supérieurs de l'abdomen fauves et ponctués de noir. — Midi de la France.

Vélie des ruisseaux (*V. rivulorum*, Latr. ; *gerris rivulorum*, Fab.). Ailée ; noire ; ponctuée de blanc ; abdomen fauve. — Midi de la France.

Vélie des fossés (*V. fossularum*, Latr. ; *gerris fossularum*, Fab.). Ailée ; noire ; élytres courtes, ayant les bords blancs, ainsi que ceux du corselet. — Italie.

Vélie aptère (*V. aptera*, Latr. ; *gerris aptera*, Fab.). Pas d'ailes ; brune ; abdomen fauve, ponctué de blanc, ayant une tache très noire à la base.

FAMILLE 31. LES HYDROCORISES.

Analyse des genres.

1.	Pieds antérieurs en pinces, propres à saisir les objets entre la cuisse et la jambe.	2
	Pieds antérieurs semblables aux autres. .	6
2.	Antennes de trois articles. . . . . *Genre*	*Galgule.*
	Antennes de quatre articles.	3
3.	Tarses postérieurs de deux articles distincts.	4
	Tarses postérieurs d'un seul article distinct.	5
4.	Antennes en peigne; labre étroit et allongé, reçu dans la gaîne du suçoir. . . . . *Genre*	*Bélostome.*
	Antennes simples, sans dents; labre grand, triangulaire, recouvrant la base du bec. . . . . *Genre*	*Naucore.*
5.	Bec courbé en-dessous, corps allongé. *G.*	*Nèpe.*
	Bec dirigé en avant; corps étroit, linéaire. *Genre*	*Ranâtre.*
6.	Pas d'écusson; bec très court, triangulaire, strié transversalement; tarses d'un seul article. . . . . *Genre*	*Corise.*
	Un écusson; bec en cône allongé et articulé; tarses à deux articles. . . . . *Genre*	*Notonecte.*

Caractères. Antennes insérées et cachées sous les yeux, plus courtes que la tête ou à peine de sa longueur; pates servant toujours à nager, munies de tarses de deux articles au plus; yeux ordinairement grands.

Tous les insectes de cette famille sont aquatiques, et habitent les eaux des lacs, des étangs, des marais, et autres eaux dormantes. Les uns se traînent lentement dans le fond sur la vase; les autres nagent avec vitesse à la surface, et quelques uns ont la singulière habitude de se tenir et de courir constamment sur le dos. Ils plongent avec beaucoup de vivacité quand on veut les saisir, et ils piquent assez fortement. Ils sont très carnassiers, et se nourrissent de petits insectes auxquels ils font sans cesse la chasse.

Premier genre. Les Galgules (*Galgulus*).

Point de pates fortement natatoires, les antérieures ayant leurs cuisses grosses, leurs tarses simples, munis de deux crochets comme les autres : les tarses postérieurs seuls bi-articulés ; antennes ne paraissant avoir que trois articles, dont le dernier plus grand et ovoïde ; corps court, inégal ; yeux saillans ; un écusson.

Mœurs inconnues.

Galgule oculé (*Galgulus oculatus*, Latr.). D'un brun cendré et mat ; élytres ayant quelques taches plus claires ; corselet inégal ; pates d'un brun clair, entrecoupées de taches plus foncées. — De la Caroline.

Deuxième genre. Les Bélostomes (*Belostoma*).

Les deux tarses antérieurs formant un grand onglet ; labre étroit et allongé, reçu dans la gaîne du suçoir ; antennes en peigne ; les quatre tarses postérieurs à deux articles distincts.

Bélostome grande (*Belostoma grandis.* — *Nepa grandis*, Fab.). Longue de deux pouces et demi ; grise, tachetée de brun ; pates tachetées ; corselet lisse. — Surinam.

Troisième genre. Les Nèpes (*Nepa*).

Tarses antérieurs et labre comme dans le genre précédent ; les quatre tarses postérieurs à un seul article distinct ; antennes paraissant fourchues ; bec courbé en dessous ; les deux pieds antérieurs à hanches courtes, et cuisses beaucoup plus larges que les autres parties.

Ces insectes ont le corps plus étroit et plus allongé

que dans les genres précédens : il est presque elliptique. Leur abdomen est terminé par deux soies.

Nèpe cendrée (*Nepa cinerea*, Latr.). Allongée, ovoïde, tronquée antérieurement, cendrée; corselet raboteux ; filets de la queue plus courts que le corps. — Paris.

Quatrième genre. Les Ranatres (*Ranatra*).

Mêmes caractères que les nèpes, mais corps linéaire, cylindrique ; bec dirigé en avant; jambes et cuisses des deux pieds antérieurs allongés et grêles.

Ces hémiptères sont peu nageurs : le plus ordinairement ils se tiennent au fond de l'eau, où ils rampent sur la vase. Le soir ils sortent de l'eau, et volent très bien. Ils sont carnassiers, et se nourrissent d'insectes.

Ranatre linéaire (*Ranatra linearis*, Latr.). D'un brun uniforme, jaunâtre et verdâtre; filets de la queue aussi longs que le corps. — France. Paris.

Cinquième genre. Les Naucores (*Naucoris*).

Les deux pieds antérieurs comme les précédens ; labre grand, triangulaire, recouvrant la base du bec; corps ovale, déprimé ; tête arrondie; yeux très plats ; les quatre derniers pieds très ciliés ; tarses à deux articles ; antennes simples, sans saillie en forme de dent.

Les naucores nagent avec beaucoup de vitesse ; elles volent fort bien ; elles sont très voraces, et piquent très fort.

Naucore tachetée (*Naucoris maculata*, Latr.). Verdâtre ; tête tachetée ; quatre bandes brunes longitudinales sur le corselet ; écusson brun, entremêlé de verdâtre, ainsi que les élytres, qui sont brusquement rétrécies au côté extérieur, à quelque distance de la base. — Paris.

Naucore estivale (*N. æstivalis*, Latr.). Plus petite que la précédente ; tête sans tache, d'un blanc jaunâtre, ainsi que le corselet. — Paris.

Naucore cimicoïde (*N. cimicoides*, Latr.). D'un vert jaunâtre luisant; tête et corselet teintés de brun et pointillés; yeux noirâtres ; élytres et écusson d'un brun vert foncé ; abdomen ayant ses bords fortement dentés en scie et très velus. — Europe.

Sixième genre. LES CORISES (*Corixa*).

Pieds antérieurs courts, simplement courbés en dessous, à cuisses de grandeur ordinaire, et tarse allant en pointe et très cilié, d'un seul article, sans crochets bien apparens au bout ; les autres pieds allongés, et les deux du milieu terminés par deux crochets fort longs ; pas d'écusson ; bec très court, triangulaire, avec des stries transversales ; élytres horizontales.

Ces insectes ont une forme allongée, un peu aplatie et presque de la même largeur partout ; leur tête est verticale et leurs yeux triangulaires. Ils volent et nagent bien ; mais ils marchent mal. On les voit ordinairement se tenant suspendus à la surface de l'eau par le derrière, et se précipitant avec vitesse dans le fond à la moindre apparence de danger.

CORISE STRIÉE (*Corixa striata*, LATR. ; *sigara striata*, FAB.). Tête jaunâtre ainsi que le dessous du corps ; le dessus d'un brun verdâtre, avec des raies transverses jaunâtres, très coupées ou ne formant que de petits traits. — Paris.

CORISE RAYÉE (*C. strigata*, LATR.). Moitié plus petite que la précédente ; corselet marqué de sept à huit raies jaunâtres et d'autant de brunes ; élytres brunes, à bord extérieur jaunâtre, ayant un grand nombre de traits de la même couleur. — Paris.

CORISE NAINE (*C. minuta*, LATR. ; *sigara minuta*, FAB.). Courte ; jaunâtre, ponctuée ; une ligne brune sur le front. — Paris.

CORISE COLÉOPTÉRIFORME (*C. coleoptrata*, LATR. ; *sigara coleoptrata*, FAB.). Elytres entièrement coriacées, brunes, ayant leur bord extérieur jaune. — Paris.

Septième genre. LES NOTONECTES (*Notonecta*).

Pieds antérieurs comme les corises ; un écusson distinct ; bec en cône allongé et articulé ; élytres en toit ; tous les tarses à deux articles ; les quatre pieds antérieurs coudés, à tarses cylindriques, simples, terminés par deux crochets.

Ils ont le corps oblong, très convexe; les yeux allongés, peu saillans. Ils nagent presque toujours sur le dos, le ventre en l'air, d'où leur est venu leur nom. Ils sont très carnassiers, et quelquefois se dévorent entre eux.

Notonecte glauque (*Notonecta glauca*, Latr.). D'un noir verdâtre en dessous; devant de la tête d'un vert clair; dessus et devant du corselet blanchâtres, la moitié postérieure obscure; élytres d'un gris jaunâtre un peu brun, ayant la côte en partie tachetée de brun; écusson noir. — Paris. On en trouve une variété ayant une grande tache brune fourchue en devant, occupant transversalement le milieu des élytres. — Une autre a les élytres presque brunes, variées de roussâtre. Cette dernière est le *notonecta maculata* de Fabricius.

Notonecte fourchue (*N. furcata*, Latr.). Elytres noirâtres, à bord extérieur blanchâtre: une tache humérale d'un gris jaunâtre et bifide postérieurement, ou formée de deux réunies, sur chaque élytre, aux épaules. — Midi de la France.

Notonecte pygmée (*N. minutissima*, Latr.). Grise; tête brune; élytres tronquées. — Europe.

SECTION 2. *Les Homoptères.*

Quelquefois leurs élytres sont presque semblables aux ailes qu'elles couvrent. Bec naissant près de la poitrine, ou entre les pieds antérieurs; élytres demi membraneuses et partout de la même consistance; premier segment du tronc souvent plus court que le second, s'unissant avec lui pour former le corselet; élytres et ailes ordinairement inclinées en toit.

FAMILLE 32. LES CICADAIRES.

Analyse des genres.

1. { Antennes de six articles; trois petits yeux lisses.................. *Genre Cigale.*
Antennes de trois articles; deux petits yeux lisses........................ 2

2. { Antennes insérées sous les yeux; corselet à deux segmens apparens........ 3
Antennes insérées près du bord interne des yeux, ou dans la ligne transversale qui les sépare; corselet à un seul segment....................... 8

3. { Élytres n'étant pas à la fois larges, dilatées à leur base, comme tronquées ou droites au bord postérieur, ni en toit à vive arête, ni très inclinées; antennes ayant ordinairement le dernier article globuleux et granulé........ 4
Élytres larges, dilatées à leur base, comme tronquées, ou droites au bord postérieur, en toit à vive arête ou très inclinées; antennes à dernier article cylindrique................ *Genre Pœciloptère.*

4. { Élytres n'étant point dilatées à leur base et rétrécies à la pointe; les deux segmens du corselet ne formant point deux triangles isocèles opposés à leur base, ou une espèce de rhombe coupé transversalement dans le milieu.... 5
Élytres dilatées à leur pointe; les deux segmens du corselet formant deux triangles isocèles opposés à leur base, ou une espèce de rhombe coupé transversalement dans le milieu.... *Genre Issus.*

5. Front élevé brusquement de chaque côté; yeux saillans; antennes à découvert, et dont le dernier article globuleux 6
Front plan; yeux et antennes enfoncés; dernier article des antennes ovale cylindrique.................. Genre *Tétigomètre*.

6. Premier segment du corselet à bord postérieur droit, le second triangulaire. 7
Premier segment du corselet très court, en forme de rebord arqué, le second deltoïde...................... Genre *Cixie*.

7. Tête avancée en museau........ Genre *Fulgore*.
Tête transverse, sans avancement en forme de museau............ Genre *Lystre*.

8. Antennes naissant d'une échancrure des yeux, ordinairement plus longues que la tête.................... Genre *Asiraque*.
Antennes ne naissant point d'une échancrure des yeux, plus courtes que la tête.......................... 9

9. Un écusson distinct................ 10
Point d'écusson séparé, mais simplement un prolongement du corselet... 12

10. Bord postérieur du corselet droit. Genre *Tettigone*.
Bord postérieur du corselet anguleux, échancré dans son milieu au-dessus de l'écusson...................... 11

11. Corselet n'ayant pas les côtés dilatés. G. *Cercopis*.
Corselet ayant ses côtés dilatés.. Genre *Lèdre*.

12. Corselet dilaté dans le sens de la hauteur; corps comprimé....... Genre *Membrace*.
Corselet dilaté horizontalement....... 13

13. Corselet couvrant tout le dessus du corps.................. Genre *Darnis*.
Corselet ne couvrant qu'une partie du corps.................. Genre *Centrote*.

Caractères. Trois articles aux tarses; antennes ordinairement très petites, coniques ou en forme d'alène, de trois à six pièces, avec une soie très fine au bout de la dernière. Leurs élytres sont de même consistance, et en toit; leur bec né de la partie inférieure de la tête, près de l'origine des pates de devant.

On les divise en deux sections, savoir :

1°. LES CIGALES.

Elles sont propres principalement aux climats chauds, et ont été remarquées de tout temps à cause de la monotonie de leur chant. Les mâles seuls sont pourvus de l'organe singulier du chant; il est placé en dessous du corselet, à l'origine de l'abdomen. Ces insectes fournissaient aux Grecs un mets délicieux; avant l'accouplement ils préféraient les mâles; mais lorsque les femelles avaient été fécondées et qu'elles avaient le ventre rempli d'œufs, ils leur donnaient la préférence.

Cette première section se reconnaît à ses antennes de six articles, et à ses trois petits yeux lisses.

Premier genre. Les Cigales (*Cicada*).

Elles ne sautent point. Tête transversale; yeux gros; premier segment du corselet transversal, à bord postérieur droit, bordé : le second grand, ayant à son bord postérieur une sorte d'X en relief; élytres presque toujours vitrées; une pièce grande, écailleuse, arrondie, ou un opercule, couvrant une cavité de chaque côté de l'abdomen dans les mâles.

Les cigales se trouvent sur les arbres, dont elles sucent la sève. La femelle, au moyen d'une tarière qu'elle porte au bout de l'abdomen, perce les petites branches mortes, jusqu'à la moelle, et y dépose ses œufs. Lorsque les larves sont écloses, elles quittent ce berceau pour s'enfoncer dans la terre, y grandir et s'y métamorphoser.

Cigale commune (*Cicada plebeia*, Latr.). Noire, tachetée de jaunâtre ou de roussâtre; l'X de l'écusson de cette dernière couleur; dessus de l'abdomen presque sans taches ; élytres ayant sur leur moitié inférieure des nervures testacées, et sur l'autre moitié des nervures noirâtres : deux traits obliques, noirâtres près de la côte et vers son extrémité. — Midi de la France.

Cigale de l'orne (*Cicada orni*, Latr. ; *tettigonia fraxini*, Fab.). Noire, variée de gris jaunâtre et de verdâtre ; élytres ayant chacune, près de leur bord interne, six points noirs et parallèles au bord, et quatre taches noires, au milieu, parallèles aux points. — Midi de la France.

Cigale hématode (*C. hæmatodes*, Latr. ; *tettigonia sanguinea*, Fab.). Noire ; devant du corselet et pates tachés ; nervures des élytres rouges, ainsi que les bords des anneaux de l'abdomen. — Midi de la France. Très rare autour de Paris.

Cigale peinte (*C. picta*, Latr. ; *tettigonia picta*, Fab.). Longue d'un pouce ; noire, couverte d'un duvet cendré, luisant et soyeux ; corselet tacheté ; pates, dessous du corps et dessus du bord des anneaux de l'abdomen, testacés ; élytres ayant le bord extérieur noir, les nervures inférieures verdâtres et les autres noirâtres. — Midi de la France.

Cigale atre (*C. atra*, Latr.). Longue de huit à neuf lignes ; noire ; bord postérieur du corselet rougeâtre, et au milieu, une ligne longitudinale de la même couleur ; dessous du corps testacé ; pates variées de noir et de testacé ; élytres ayant chacune un point épais et noirâtre près de la côte, et un trait en zigzag, de la même couleur, près du bout. — Midi de la France.

Cigale argentée (*C. argentata*, Latr.). Petite ; noire, ayant dans quelques endroits des plaques d'un duvet soyeux et argenté ; pates variées de noir et de pâle ; cuisses antérieures munies de trois épines ; élytres à côtes et nervures d'un vert obscur ; dessus de l'abdomen et opercules rougeâtres. — Midi de la France.

Cigale tibiale (*C. tibialis*, Latr. ; *tettigonia hæmatodes*, Fab.). Petite ; noire ; corselet sans tache ; anus et pates testacés ; élytres ayant la moitié de la côte d'un rouge de sang ; bords des anneaux de l'abdomen de la même couleur. — Autriche.

Cigale pygmée (*Cicada pygmæa*, Latr.). Petite ; noire ; dessus presque sans taches ; écusson brun ; une ligne de la même couleur sur le dos ; pates pâles, tachetées de noir ; abdomen à côtés rougeâtres en dessous ; élytres à bord extérieur jaunâtre, et nervures obscures. — Midi de la France.

Cigale violette (*C. violacea*, Lin. ; *tettigonia violacea*, Fab.). De la grandeur d'un taon ordinaire ; noirâtre en dessus, avec un reflet violet ; élytres pâles, ayant la base brune et l'extrémité ferrugineuse obscure ; ailes, pates, avec les nervures postérieures élargies, d'un fauve noirâtre. — Midi de l'Europe.

2°. LES CICADELLES.

Cette section se distingue de la précédente, à ses antennes n'ayant que trois articles distincts, et à ses deux petits yeux lisses, écartés et souvent peu distincts.

Deuxième genre. Les Fulgores (*Fulgora*).

Antennes insérées sous les yeux ; corselet à deux segmens apparens, dont le premier a le bord postérieur droit, et le second ou postérieur est triangulaire ; front prolongé en forme de museau de figure variable.

Ces insectes sont de grande taille, et assez ordinairement ornés de couleurs agréables. Leur tête est fort singulière par les appendices dont elle est chargée : tantôt ces appendices imitent la figure d'une scie, tantôt celle d'une trompe d'éléphant, d'autres fois celle du mufle de certains mammifères. Ils vivent sur les grands arbres, et c'est à peu près tout ce que l'on sait de leur histoire.

Fulgore européenne (*Fulgora europæa*, Latr.). Verte ; front avancé en cône, avec trois lignes élevées en dessus et cinq en dessous ; élytres et ailes transparentes, à nervures vertes ; trois lignes élevées sur le corselet. — Environs de Lyon.

Fulgore porte-lanterne (*Fulgora laternaria*, Latr.). Museau droit, bossu, arrondi au bout; élytres variées; un grand œil sur les ailes inférieures. On a dit que sa tête répandait une assez vive lumière pendant la nuit, mais ce fait a besoin d'être confirmé. — Amérique méridionale.

Fulgore porte-chandelle (*F. candelaria*, Latr.). Museau relevé et cylindrique; élytres vertes, tachées de jaune; ailes jaunes, ayant l'extrémité noire. — Chine.

Troisième genre. Les Lystres (*Lystra*).

Antennes et corselet des fulgores, mais tête transverse, sans avancement en forme de museau. Elles ont les mêmes mœurs que les précédentes.

Lystre laineuse (*Lystra lanata*, Latr.). Front d'un rouge de sang sur les côtés; élytres noires, ponctuées de bleu; une matière très blanche, cotonneuse, au bout de l'abdomen des femelles. — Cayenne.

Lystre épineuse (*L. spinosa*, Latr.). Front jaune, tronqué; yeux épineux; élytres vertes, ayant trois bandes blanchâtres. — Ile de France.

Quatrième genre. Les Cixies (*Cixius*). (1)

Antennes insérées sous les yeux; corselet de deux segmens, dont le premier très court, en forme de rebord arqué, et le postérieur deltoïde; élytres et ailes transparentes; extrémité de l'abdomen souvent garnie d'une matière cotonneuse et très blanche. Du reste, mêmes caractères que les précédens.

Ces cicadaires volent très bien et se trouvent sur les plantes.

---

(1) Ce genre, ainsi que celui des Pœciloptères, remplace le genre Flates (*Flater*) de mon *Manuel d'Histoire naturelle.* S'il m'arrivait de faire quelques nouveaux changemens, une note avertirait de même le lecteur, afin de lui laisser la facilité de saisir toujours l'harmonie qui doit régner entre ces deux ouvrages comme entre tous ceux de la même collection.

Cixie velue (*Cixius pilosus*, Latr.; *fulgora pilosa*, Oliv.). Variée de jaune et de noir; front jaune; élytres obscures, velues en dessus, à nervures ponctuées de noir. — Paris.

Cixie de Denys (*C. Dionysii*, Latr.; *flata cynosbatis*, Fab.). Corselet très noir; élytres blanchâtres, à nervures ponctuées de noir, ayant une rangée de points au bord extérieur, et une bande obscure peu marquée à l'extrémité. — Allemagne.

Cixie nerveuse (*C. nervosus*, Latr.; *flata nervosa*, Fab.). D'un brun grisâtre; ailes tachetées de brun, à nervures ponctuées de blanc et de brun. — France.

Cixie de la serratule (*C. serratulæ*, Latr.; *flata serratulæ*, Fab.). Jaune; élytres blanches, marquées d'un point et de deux bandes noires. — Angleterre.

Cixie mélangée (*C. varius*, Latr.; *flata varia*, Fab.). Très noire, mélangée de vert; élytres marquées de trois points à la côte. — Allemagne.

Cixie léporine (*C. leporinus*. — *Cicada leporina*, Panz.). Elytres blanchâtres, ayant des veines pâles en devant, au-dessus d'une ligne noirâtre. — Europe.

Cinquième genre. Les Tétigomètres (*Tetigometra*).

Comme les précédens, ils ont les antennes insérées dans les yeux, et le corselet à deux segmens apparens; mais leur front, au lieu d'être élevé brusquement de chaque côté, est plan; leurs yeux sont enfoncés, ainsi que leurs antennes, dont le dernier article est ovale-cylindrique; leurs élytres sont courtes et colorées.

Tétigomètre dorsale (*Tetigometra dorsalis*, Latr.). Verte; une tache commune sur la suture et sous l'écusson, roussâtre et cordiforme; les quatre pates antérieures d'un jaune roussâtre. — Paris: très rare.

Tétigomètre oblique (*T. obliqua*, Latr.). Noire; pates incarnates, ponctuées de noir; élytres couleur de chair, ayant trois bandes roussâtres et obliques. — Autriche.

TÉTIGOMÈTRE VERDATRE (*Tetigometra virescens*, LATR.). Verdâtre, plus verte sur les élytres; pates roussâtres; une tache noire au-dessus de la naissance du bec. — France méridionale.

Sixième genre. LES ISSUS (*Issus*).

Antennes insérées sous les yeux; corselet à deux segmens formant deux triangles isocèles opposés à leur base, ou une espèce de rhombe coupé transversalement par le milieu; élytres dilatées et arquées à leur base, ensuite rétrécies; corps court.

ISSUS BOSSU (*Issus gibbosus*, LATR.; *issus coleoptratus*, FAB.). D'un jaune pâle verdâtre; élytres brusquement rétrécies, ayant des nervures noirâtres, et un point de la même couleur au-delà de leur milieu. — France.

ISSUS GRYLLOÏDE (*Issus grylloides*, FAB.). Jaunâtre; élytres striées. — Italie.

ISSUS JAUNATRE (*I. flavescens*, LATR.). D'un jaune un peu grisâtre; abdomen ayant de chaque côté sur le dessus une grande tache noire; élytres grises, sans taches. — Midi de la France.

ISSUS PÉDESTRE (*I. pedestris*, FAB.). Elytres courtes, cendrées; anus soyeux. — Piémont.

ISSUS CENDRÉ (*I. cinereus*, LATR.). Elytres cendrées; corps d'un gris jaunâtre, sans taches. — Midi de la France.

ISSUS APTÈRE (*I. apterus*, FAB.). Obscur, sans taches; élytres striées. — Italie.

ISSUS DILATÉ (*I. dilatatus*, LATR.). Élytres moins rétrécies et moins en pointe que dans l'issus bossu; élytres nébuleuses, ayant des parties plus obscures et noirâtres, avec une espèce de bande plus claire près du bord extérieur. — Paris.

Septième genre. LES POECILOPTÈRES (*Pœciloptera*).

Même insertion d'antennes, et corselet à deux segmens; élytres larges, dilatées à leur base, comme tronquées, ou droites au bord postérieur, en toit à vive arête, ou très inclinées; antennes à dernier article cylindrique.

Les élytres et les ailes très larges et pendantes de ces insectes, leur donnent la physionomie de petites phalènes ou de pyrales. Tous sont des deux Indes.

POECILOPTÈRE PHALÉNOÏDE (*Pœciloptera phalænoides*, LATR.). D'un jaune pâle; élytres penchées, pointillées depuis la base jusqu'un peu au-delà du milieu; ailes blanches, sans taches. — Surinam.

Huitième genre. LES ASIRAQUES (*Asiraca*). (1)

Antennes naissant d'une échancrure des yeux, ordinairement plus longues que la tête, de deux articles allongés et d'une soie terminale, insérées près du bord interne des yeux, ou dans la ligne transversale qui les sépare; corselet à un seul segment distinct. Ces insectes vivent sur les plantes.

ASIRAQUE CLAVICORNE (*Asiraca clavicornis*, LATR.; *delphax clavicornis*, FAB.). Brune; antennes comprimées, à arêtes, de la longueur du corselet, la première pièce fort grande; élytres transparentes, ponctuées de brun, ayant chacune une petite bande ou un trait oblique brun, à l'extrémité. — Paris.

ASIRAQUE STRIÉ (*A. striata*, LATR.; *delphax striata*, FAB.). Jaunâtre; tête striée de noir; élytres d'un jaunâtre transparent, sans tache. — Paris.

ASIRAQUE NAINE (*A. minuta*, LATR.; *delphax minuta*, FAB.). Tête et corselet jaunâtres; élytres blanches; une ligne dorsale de la même couleur. — Paris.

ASIRAQUE BORDÉE (*A. marginata*, LATR.; *delphax marginata*, FAB.). Noire; tête striée; pates jaunâtres, ainsi que les bords antérieurs du corselet; élytres d'un jaune transparent. — Paris.

ASIRAQUE GRISE (*A. limbata*, LATR.; *delphax limbata*, FAB.). Brune; élytres ayant deux taches brunes sur le disque, plusieurs de la même couleur au bord, et des points sur les nervures. — Saxe.

ASIRAQUE GRISE (*A. grisea*, LATR.; *cicada dubia*,

---

(1) Les Delphax de mon *Manuel d'Histoire naturelle* et de Fabricius.

PANZ.). D'un gris uniforme; élytres courtes, arrondies au bout. — Saxe.

ASIRAQUE CRASSICORNE (*Asiraca crassicornis*, LATR.; *delphax crassicornis*, FAB.). Testacée; antennes bordées, comprimées; élytres d'un blanc transparent, ayant chacune une bande angulaire et longitudinale noire. — Allemagne.

Neuvième genre. LES TETTIGONES (*Tettigonia*).

Antennes insérées comme dans les précédens, mais plus courtes que la tête, et ne naissant point dans une échancrure des yeux; un écusson distinct; corselet transversal, avec le bord postérieur droit.

Premier sous-genre. LES TETTIGONES proprement dites. *Lèvre supérieure subulée, de la moitié de la longueur du bec : ce dernier sensiblement plus long que la tête; premier article des antennes plus épais que les autres. Les* CICADA *de* Fabricius.

TETTIGONE COU-JAUNE (*Tettigonia flavicollis*). Noire; bord postérieur de la tête et corselet jaunes. — Europe.

TETTIGONE A BANDELETTES (*T. vittata*). Jaune, avec deux raies d'un rouge cerise, flexueuses et longitudinales. — Europe.

TETTIGONE QUADRINOTÉE (*T. quadrinotata*). Verdâtre; tête jaune, marquée de quatre points noirs; élytres blanchâtres. — Paris.

TETTIGONE ARGENTÉE (*T. argentata*). Tête jaune, ayant une raie transversale noire; corselet et élytres d'un blanc jaunâtre luisant, rayés de brun. — Paris.

TETTIGONE DE L'ORTIE (*T. urticæ*). Tête et corselet jaunes, ponctués de noir; élytres pâles, ayant une petite bande et trois points noirs. — Danemarck.

TETTIGONE PRASINE (*T. prasina*). Verte; élytres d'un blanc transparent à l'extrémité. — Italie.

TETTIGONE PEINTE (*T. picta*). Tête et corselet jaunâtres, avec des taches noires; élytres pâles, ayant deux points noirs et une petite bande brune. — Allemagne.

TETTIGONE ACUMINÉE (*T. acuminata*). Noire; élytres brunes, avec des bandes et des stries blanches. — Allemagne.

Tettigone striée (*Tettigonia striata*). Jaunâtre, luisante, rayée de blanc en dessus. — Paris.

Tettigone interrompue (*T. interrupta*). Jaune; une bande noire de chaque côté, partant de la tête, se prolongeant jusque près du bout de chaque élytre, au côté interne; une autre petite bande courte, noire, sur chaque élytre, à l'extrémité extérieure de la précédente. — Europe.

Tettigone verte (*T. viridis*). Tête jaune, avec des points noirs; élytres vertes. — Europe.

Tettigone ponctuée (*T. punctata*). Elytres jaunâtres, ponctuées de brun. — Europe.

Tettigone vitrée (*T. vitrea*). Jaune, rayée de brun; élytres d'un blanc transparent, ayant une bande brune au milieu. — Autriche.

Tettigone verdatre (*T. virescens*). Verdâtre; élytres blanches, sans taches. — Allemagne.

Tettigone du chêne (*T. quercûs*). Jaune; élytres tachetées de rouge, ayant leur extrémité noirâtre. — Kiell.

Tettigone riche (*T. splendidula*). Elytres dorées, pâles, ponctuées de noir et de blanc. — Saxe.

Tettigone nitidule (*T. nitidula*). Jaune; élytres d'un blanc transparent, ayant deux bandes noires. — Paris.

Tettigone exaltée (*T. exaltata*). Tête jaunâtre, avec des points bruns; élytres obscures, à nervures très noires, ayant la base et un point commun blancs. — Autriche.

Tettigone cuspidée (*T. cuspidata*). Grise; tête plane, déprimée, avec l'extrémité obscure. — France.

Tettigone dorée (*T. aurata*). Elytres jaunes, avec des teintes fauves; quatre taches noires et l'extrémité dorée. — Europe.

Deuxième sous-genre. Les Jassus. *Lèvre supérieure presque nulle; bec à peine plus long que la tête; antennes très menues, à article de la base à peine plus épais.*

Jassus boucher (*Jassus lanio*. — *Cicada lanio*,

Fab.). Vert; tête d'un rouge incarnat, pâle, ainsi que le corselet. — Europe.

Jassus bipustulé (*Jassus bipustulatus*, Fab.). Jaune; deux points rouges sur le front; élytres d'un testacé transparent. — Allemagne.

Jassus a deux mouchetures (*J. biguttatus*, Fab.). Pâle; élytres d'un doré fauve, avec quatre points sur le dos. — Allemagne.

Jassus tacheté (*J. maculatus*, Fab.). Gris; élytres ayant des points et l'extrémité bruns; ailes blanches, brunes au bout. — Europe.

Jassus brun (*J. brunneus*, Fab.). Jaune; à corselet gris; élytres testacées, sans taches. — Allemagne.

Jassus des rosiers (*J. rosæ*, Fab.). Jaune; élytres blanches, avec l'extrémité membraneuse. — Paris.

Jassus rayé (*J. lineatus*, Fab.). Pâle; tête et corselet ponctués de noir; élytres rayées. — Saxe.

Jassus diadême (*J. diadema*, Fab.). Tête jaune, avec deux bandes très courtes et très noires; élytres d'un brun transparent. — Allemagne.

Jassus mélangé (*J. mixtus*, Fab.). Varié de jaune et de noir; ailes noires. — Paris.

Jassus éclatant (*J. fulgidus*, Fab.). Jaune; élytres d'un brun doré. — Angleterre.

Jassus gai (*J. festivus*, Fab.). Jaune; deux points noirs sur la tête et le corselet, et trois taches de la même couleur sur les élytres. — Allemagne.

Jassus a quatre marques (*J. quadriverrucatus*, Fab.). Jaune; tête marquée de quatre points très noirs; élytres à reflet doré. — Italie.

Jassus triangulaire (*J. triangularis*, Fab.). Testacé, avec des bandes jaunes; bases des élytres blanches. — Danemarck.

Jassus sutural (*J. suturalis*. — *Tettigonia suturalis*, Latr.). Noir; deux raies jaunes et transverses sur le front; corselet jaune, avec deux taches noires postérieures; élytres ayant une bande obscure et maculaire, verdâtres à leur base, à suture verte, avec un point jaunâtre près de l'extrémité, au bord interne. — Midi de la France.

Jassus atre (*Jassus ater.* — *Cercopis atra*, Fab.). Très noir, luisant; ailes blanches. — Paris.

Jassus trifascié (*J. trifasciatus.* — *Cercopis trifasciata*, Fab.). Noir; une bande blanche sur le corselet, et deux de la même couleur sur les élytres. — France.

Jassus sanguinicolle (*J. sanguinicollis.* — *Cercopis sanguinicollis*, Fab.). Noir; corselet fauve; élytres brunes. — Allemagne.

Jassus à taches rouges (*J. hæmorrhoa.* — *Cercopis hæmorrhoa*, Fab.). Très noir, luisant; corselet ayant deux taches rondes, d'un rouge sanguin. — Midi de la France.

Dixième genre. Les Cercopis (*Cercopis*).

Antennes et écusson comme dans les précédens, mais bord postérieur du corselet anguleux, échancré dans son milieu au-dessus de l'écusson; ses côtés ne sont pas dilatés. Le second article des antennes est une fois au moins plus long que le premier.

La larve d'une espèce, la cercopis écumeuse, vit sur les plantes, et, pour se garantir de l'action desséchante du soleil, elle se couvre le corps d'une liqueur écumeuse et blanche, que des auteurs ont nommée *écume printanière*, *crachat de grenouilles*.

Cercopis écumeuse (*Cercopis spumaria*, Fab.). Dessus d'un cendré noirâtre; élytres ayant chacune deux taches blanches formant un angle près du bord extérieur. — Paris.

Cercopis sanguinolente (*C. sanguinolenta*, Fab.). Noire; élytres ayant chacune deux taches et une bande d'un rouge sanguin. — Paris.

Cercopis grise (*C. grisea*, Fab.). Grise, sans tache; élytres planes. — Italie.

Cercopis marginelle (*C. marginella*, Fab.). Noire; tête blanche, ainsi que le corselet et le bord des élytres. — France.

Cercopis rayée (*C. lineata*, Fab.). Jaunâtre; élytres rayées de noir. — Allemagne.

Cercopis yeux-blancs (*C. leucophthalma*, Fab.). Noire; yeux bancs. — Nord de l'Europe.

Cercopis transversale (*C. transversa*, Fab.). Tête

et corselet noirs, avec une bande jaune; élytres pâles, sans taches. — Kiell.

Cercopis tête-blanche (*Cercopio leucocephala*, Fab.). Noire; tête et base du corselet jaunâtres. — Europe.

Cercopis striée (*C. striata*, Fab.). Noire; tête et corselet ayant une bande jaune; élytres striées. — Kiell.

Cercopis rustique (*C. rustica*, Fab.). Grise, sans tache; ailes blanches. — Europe.

Cercopis albipenne (*C. albipennis*, Fab.). Pâle; corselet brun; élytres blanches, ayant à la base une tache et une petite raie brunes. — France.

Cercopis unifasciée (*C. unifasciata*, Fab.). Cendrée; élytres ayant une bande brune et oblique. — Italie.

Cercopis striatelle (*C. striatella*, Fab.). Brune; une bande verdâtre sur la tête et le corselet, et plusieurs raies de la même couleur sur les élytres. — Italie.

Cercopis anguleuse (*C. angulata*, Fab.). Noire, pâle en dessus; élytres ayant une petite ligne brune à la base, et deux raies convergentes de la même couleur au bord extérieur. — France.

Cercopis bifasciée (*C. bifasciata*, Fab.). Jaunâtre; élytres brunes, avec deux bandes blanchâtres. — Suède.

Cercopis atome (*C. atomaria*, Fab.). Dorée; des points blancs peu marqués sur les élytres. — Italie.

Cercopis fasciée (*C. fasciata*, Fab.). Jaunâtre; élytres obscures, avec une bande et deux taches opposées, blanches. — Kiell.

Cercopis raccourcie (*C. abbreviata*, Fab.). Jaunâtre; élytres cendrées, avec une bande noire et courte. — Copenhague.

Cercopis ruficolle (*C. ruficollis*, Fab.). Très noire; corselet fauve; élytres variées de fauve et de brun. — Italie.

Cercopis latérale (*C. lateralis*, Fab.). Noire; élytres bordées de blanc. — France.

Cercopis a deux mouchetures (*C. biguttata*, Fab.). Noire, tachetée de jaune; élytres brunes, ayant un point blanc et marginal. — Allemagne.

Cercopis rubanée (*Cercopio vittata*, Fab.). Cendrée en dessus, avec une bande longitudinale noire. — France.

Cercopis renflée (*C. gibba*, Fab.). Noire; élytres tachetées de blanc. — Allemagne.

Cercopis arlequine (*C. histrionica*, Fab.). Très noire; tête et corselet mélangés de jaune; élytres striées, pâles, ayant une petite raie postérieure brune. — Italie.

Cercopis abdominale (*C. abdominalis*, Fab.). Dessus jaune; dessous très noir; extrémité et bords des élytres bruns. — Danemarck.

Cercopis réticulée (*C. reticulata*, Fab.). Variée de pâle et de fauve; élytres pâles, ayant un réseau noir sur leur disque. — Europe.

Cercopis du peuplier (*C. populi*, Fab.). Nébuleuse; deux points noirs sur le vertex; base de l'abdomen très noire. — Europe.

Onzième genre. Les Lèdres (*Ledra*).

Elles ne diffèrent du genre précédent que par leur corselet, qui a ses côtés seulement dilatés; les deux premiers articles des antennes sont presque de longueur égale.

Lèdre grand diable (*Ledra aurita*, Fab.). Grise ou d'un brun verdâtre, pointillée de noir; tête plate, large, avec trois élévations; côtés du corselet dilatés en espèces d'ailes larges, obliques et terminées par une crête arrondie. — France. Rare.

Douzième genre. Les Membraces (*Membracis*).

Antennes ne naissant pas dans une échancrure des yeux, plus courtes que la tête, ayant les deux premiers articles de même longueur; écusson non séparé, mais formé par le prolongement postérieur du corselet: ce dernier dilaté dans le sens de la hauteur; corps comprimé.

Membrace en feuille (*Membracis foliata*, Fab.). Corselet jaune, arrondi, foliacé, ayant une bande et et une tache noires. — Amérique méridionale.

Membrace lancéolée (*M. lanceolata*, Fab.). Noire;

deux taches dorsales blanches ; corselet prolongé sur la tête en forme de corne courbée. — Cayenne.

MEMBRACE CROISSANT (*Membracis lunata*, FAB.). Corselet très noir, foliacé, arrondi, ayant trois taches blanches en croissant. — Cayenne.

Treizième genre. LES DARNIS (*Darnis*). (1)

Ils ne diffèrent des précédens que par leur corselet dilaté horizontalement et couvrant tout le dessus du corps.

DARNIS PUNAISE (*Darnis cimicoides*, FAB.). Corselet testacé, ponctué de noir, prolongé postérieurement, à deux oreillettes. — Amérique méridionale.

DARNIS LATÉRAL (*D. lateralis*, FAB.). Corselet très noir, jaune sur les côtés, sans oreillettes, prolongé postérieurement. — Amérique méridionale.

Quatorzième genre. LES CENTROTES (*Centrotus*).

Semblable aux membraces, mais corselet dilaté horizontalement, et ne couvrant qu'une partie du corps.

CENTROTE DU GENÊT (*Centrotus genistæ*, FAB.). Brun obscur ; corselet sans cornes, terminé postérieurement en une pointe aiguë, droite, longue comme la moitié de l'abdômen. — France.

CENTROTE CORNU (*C. cornutus*, FAB.). Brun noirâtre ; corselet à deux cornes, terminé postérieurement en une pointe sinuée de la longueur de l'abdomen. — France.

CENTROTE EN MASSUE (*C. clavatus*, FAB.). Corselet à quatre cornes, dont les antérieures plus longues, arquées ; son extrémité supérieure prolongée, à trois divisions, les latérales renflées près de leur extrémité. — Cayenne.

---

(1) Ce genre et le suivant n'ont été considérés par moi, dans mon *Manuel d'Histoire naturelle*, que comme sous-genre des Membraces ; et en effet leurs caractères génériques sont peut-être insuffisans.

FAMILLE 33. LES APHIDIENS.

Analyse des genres.

1. { Antennes de dix ou onze articles, terminées par deux soies.................. 2
   { Antennes de six à huit articles, non terminées par deux soies.................. 3

2. { Antennes filiformes ou pas plus grosses inférieurement qu'à l'extrémité...... *Genre Psylle.*
   { Antennes beaucoup plus grosses inférieurement qu'à l'extrémité.......... *Genre Livie.*

3. { Antennes de huit articles; bec très petit ou peu distinct; ailes linéaires...... *Genre Thrips.*
   { Antennes de six à sept articles; bec très distinct; ailes ovales ou triangulaires... 4

4. { Antennes plus longues que le corselet, de sept articles, dont le troisième allongé; yeux entiers.................. *Genre Puceron.*
   { Antennes courtes, de six articles; yeux échancrés...................... *Genre Aleyrode.*

CARACTÈRES. Tarses de deux articles; antennes filiformes ou sétacées, plus longues que la tête; de six à onze articles; toujours deux élytres et deux ailes dans les individus ailés, mais élytres guère plus consistantes que les ailes; beaucoup d'individus aptères.

Ces insectes sont très petits, mous, et vivent du suc des végétaux, qu'ils pompent avec leur bec. Ils pullulent beaucoup, et souvent un seul accouplement suffit pour féconder plusieurs générations.

Premier genre. LES PSYLLES (*Psylla*).

Antennes de dix ou onze articles, terminées par deux soies, filiformes et également épaisses; tête courte et large, ayant deux avancemens coniques; premier segment du corselet linéaire, transversal et arqué.

Les psylles ont le corps court, la tête large et bifide

en devant, avec deux yeux saillans et trois petits yeux lisses; leur bec, court, paraît naître de la poitrine; les élytres et les ailes sont transparentes et en toit; leur abdomen est pourvu d'une tarière à l'extrémité inférieure. Quelques espèces, en piquant les végétaux pour en sucer la sève, occasionnent des monstruosités connues sous le nom de *galle*.

Psylle du figuier (*Psylla ficus*, Latr.; *chermes ficus*, Fab.). Antennes brunes, grosses, velues; corps brun en dessus, verdâtre en dessous; élytres et ailes grandes, en toit aigu, transparentes et à nervures brunes; pates jaunâtres. — France.

Psylle du buis (*P. buxi*, Latr.; *chermes buxi*, Fab.). Verte; yeux bruns; corselet ayant quelques taches; ailes et élytres d'un roux clair, en toit aigu. — Paris.

Psylle de l'aune (*P. alni*, Latr.; *chermes alni*, Fab.). Elle diffère de la précédente par les taches du corselet, qui sont moins marquées; ses ailes et ses élytres sont plus transparentes et ont leurs nervures vertes. — France.

Psylle du sapin (*P. abietis*, Latr.; *chermes abietis*, Fab.). D'un jaunâtre pâle; yeux noirs; ailes plombées, paraissant blanchâtres quand on les regarde dans un certain jour. — France.

Psylle du frêne (*P. fraxini*, Latr.; *chermes fraxini*, Fab.). Variée de jaune et de brun noirâtre; élytres ayant leur bord extérieur et quelques taches brunes. — Paris.

Psylle du poirier (*P. pyri*, Latr.; *chermes pyri*, Fab.). D'un brun verdâtre, taché et rayé d'obscur; ailes tachetées de brun clair. — France.

Psylle du genêt (*P. genistæ*, Latr.). Jaunâtre, variée de noirâtre; élytres blanches, ayant une bande longitudinale noirâtre, et des taches de la même couleur le long du bord interne. — Paris.

Psylle rouge (*P. rubra*, Latr.). Rouge, rayée de rouge plus vif. — France.

Deuxième genre. Les Livies (*Livia*).

Antennes de dix ou onze articles, terminées par

deux soies, beaucoup plus grosses inférieurement qu'à l'extrémité : elles sont presque coniques à leur base, et prennent ensuite une forme cylindrique; tête carrée et allongée; premier segment du corselet très distinct.

LIVIE DES JONCS (*Livia juncorum*, LATR.). Corps court, très finement chagriné antérieurement; les trois premiers articles des antennes d'un rouge vif; les suivans blancs, et les deux derniers noirs; tête rouge; corselet rougeâtre; élytres d'un brun châtain; ailes d'un blanc bleuâtre. — Paris.

Troisième genre. LES THRIPS (*Thrips*).

Antennes de huit articles grenus, le dernier non terminé par deux soies; élytres et ailes linéaires, frangées de poils; couchées horizontalement sur le corps, qui est cylindrique; bec très petit ou peu distinct; tarses terminés par un article vésiculeux, sans crochets.

Ces aphidiens sont très petits, et vivent sur les fleurs ou les écorces d'arbre; leur corps est étroit, allongé, terminé en queue; leur tête carrée et allongée. Le premier segment de leur corselet est très visible.

THRIPS NOIR (*Thrips physapus*, LATR.). Long d'une ligne; noir; ailes blanches, transparentes, avec une frange de poils. — France.

THRIPS DE L'ORTIE (*T. urticæ*, LATR.). Jaune; élytres blanches. — France.

THRIPS DE L'ORME (*T. ulmi*, LATR.). Noir; ailes ciliées, livides; anus allant en pointe. — France.

THRIPS DU GENÉVRIER (*T. juniperina*, LATR.). D'un brun grisâtre, avec les ailes blanches. — France.

THRIPS NAIN (*T. minutissima*, LATR.). Corps et élytres glauques; yeux bruns. — France.

THRIPS A BANDES (*T. fasciata*, LATR.). Brun; à bandes noires et blanches. — France.

Quatrième genre. LES PUCERONS (*Aphis*).

Antennes plus longues que le corselet, de sept articles, dont le troisième allongé, et le dernier non terminé par deux soies; yeux entiers; élytres et ailes ovales ou triangulaires, inclinées en forme de toit; bec très distinct, fort allongé dans quelques espèces; tarses terminés par deux crochets; deux cornes ou deux mamelons à l'extrémité de l'abdomen.

Ces petits insectes vivent en société nombreuse sur les végétaux, dont ils pompent les sucs; ils ne sautent point, et marchent très lentement; souvent les femelles sont aptères. Au printemps, les femelles font, sans accouplement préalable, des petits vivans, qui sortent de leur ventre à reculons. Elles font ainsi plusieurs générations : en automne les mâles paraissent, fécondent les femelles de la dernière génération, et celles-ci font des œufs qu'elles déposent sur les branches d'arbre pour y passer l'hiver. Les pucerons étant extrêmement nombreux en espèces, et portant presque tous le nom de la plante sur laquelle ils vivent habituellement, nous nous bornerons à décrire les espèces les plus remarquables.

Puceron de l'écorce du chêne (*Aphis quercûs*, Latr.). Petit; d'un brun roux, sans cornes; trompe trois fois plus longue que le corps.

Puceron du chêne (*A. roboris*, Latr.). Assez gros; d'un brun noirâtre; cornes de l'abdomen très courtes; pates longues, les antérieures d'un brun jaunâtre.

Puceron de l'orme (*A. ulmi*, Latr.). Cylindrique; brun; farineux; antennes grosses; élytres très longues, tachées de brun au milieu du bord extérieur; cornes de l'abdomen courtes.

Puceron du peuplier (*A. populi*, Latr.). Vert, ayant un duvet cotonneux, assez long.

Puceron du sureau (*A. sambuci*, Latr.). D'un bleu noirâtre.

Puceron du hêtre (*A. fagi*, Latr.). Vert, avec un duvet blanc, cotonneux.

Puceron du laitron (*A. sonchi*, Latr.). D'un vert mat ou bronzé; une queue recourbée entre les deux cornes de l'abdomen.

Cinquième genre. Les Aleyrodes (*Aleyrodes*).

Ils diffèrent des pucerons par leurs antennes courtes, cylindriques, de six articles, dont le troisième et le quatrième presque égaux, par leurs yeux échancrés, et par leur bec court et distinct.

Leurs élytres et leurs ailes sont en toit écrasé, farineuses comme leur corps, ce qui les avait fait prendre, avant Latreille, pour de petites phalènes.

ALEYRODE DE L'ÉCLAIRE (*Aleyrodes proletella*, LATR.). Semblable à une petite phalène; blanche, avec une tache et un point noirâtre sur chaque élytre. — France. Sur la chélidoine, le chou, etc.

FAMILLE 34. LES GALLINSECTES.

Analyse des genres.

1.	Antennes de huit articles dans les femelles; une houppe de filets blancs à l'extrémité de l'abdomen du mâle........	*Genre Dorthésie.*
	Antennes de onze articles..............	2
2.	Antennes grosses à la base........	*Genre Kermès.*
	Antennes filiformes............	*Genre Cochenille.*

CARACTÈRES. Un seul article aux tarses, n'ayant qu'un crochet au bout; mâles sans bec, ne portant que deux ailes qui se recouvrent horizontalement sur le corps, et ayant l'abdomen terminé par deux soies; femelles aptères, mais ayant un bec; antennes filiformes ou sétacées, ordinairement composées de onze articles.

Les gallinsectes ont le corps ovale ou arrondi, en forme de bouclier, et ils se tiennent ordinairement appliqués contre les végétaux, dont ils sucent la sève au moyen de leur trompe. Leur multiplication est fort singulière, et nous répéterons ici la citation extraite du savant Latreille, et déjà donnée dans notre *Manuel d'Histoire naturelle.* « Si on observe les femelles au printemps, on voit que leur corps acquiert peu à peu un grand volume, et qu'il finit par ressembler à une galle, tantôt sphérique, tantôt en forme de rein, de bateau, etc. La peau des unes est unie et très lisse, celle des autres offre des incisions ou des vestiges de segmens : c'est dans cet état que les femelles s'accouplent, et qu'elles pondent bientôt après leurs œufs, dont le nombre est très considérable. Elles les font passer entre la peau du ventre et un duvet cotonneux qui revêt intérieurement la place qu'elles occupent. Leur corps se dessèche ensuite et devient une coque solide qui recouvre ces œufs. D'autres femelles les enveloppent d'une matière cotonneuse et très abondante, qui les garantit. Celles qui sont sphériques, leur forment, de leur corps, une sorte de boîte. » Plusieurs espèces de cochenilles fournissent une couleur rouge fort estimée en teinture.

Premier genre. Les Dorthésies (*Dorthezia*).

Femelle n'ayant que huit articles aux antennes; mâle ayant l'extrémité postérieure de l'abdomen garni d'une houppe de filets blancs.

Ces insectes paraissent se rapprocher des pucerons; la femelle continue à vivre après la ponte.

Dorthésia du characias (*Dorthesia characias*, Bosc. *coccus characias*, Oliv.). Femelle d'un brun roussâtre, couverte d'une matière blanchâtre, formant des appendices latéralement et des lames sur le dos. Mâle d'un gris plombé, avec une houppe de filets blancs au bout du corps. — Sur les euphorbes *characias* et *pilosa*.

Deuxième genre. Les Cochenilles (*Coccus*).

Femelles conservant toujours, après la ponte, des apparences d'anneaux; antennes filiformes.

Cochenille des serres (*Coccus adonidum*, Latr.). Femelle ovale-allongée, couverte d'une poussière farineuse, ayant des appendices sur les côtés; les deux derniers anneaux en forme de queue. Mâle petit, à antennes longues, à pates et corps roses, farineux, ayant les ailes et les filets de la queue d'un beau blanc. — Du Sénégal. Naturalisée dans nos serres chaudes.

Cochenille du figuier (*C. ficus caricæ*, Latr.). Femelle ovale, convexe, cendrée, ayant une ligne circulaire à sa partie supérieure, jetant des rayons à sa circonférence. — Midi de la France.

Cochenille de l'olivier (*C. oleæ*, Latr.). Femelle ovale, d'un brun rouge, avec des nervures élevées et irrégulières. — Midi de la France.

Cochenille du nopal (*Coccus cacti*, Latr.). Femelle d'un brun foncé, couverte de poussière blanche, plate en dessous, convexe en dessus, bordée, ayant les segmens des anneaux assez prononcés ; pâtes courtes. Mâle d'un rouge foncé, terminé par deux soies assez longues, ayant les ailes grandes et blanches. — Du Mexique. C'est de cette espèce que l'on tire la plus belle teinture : aussi est-elle la plus cultivée.

Cochenille farineuse (*C. farinosus*, Latr.). Femelle cotonneuse, ovale, d'un brun clair, entièrement couverte d'une poussière blanche. — France : sur l'aune.

Cochenille du chiendent (*C. phalaridis*, Latr.). Femelle ressemblant beaucoup à celle des serres, blanchâtre, couleur de chair. — France : sur le phalaris.

Troisième genre. Les Kermès (*Kermes*).

Femelle n'ayant pas d'apparence d'anneaux dans son état de galle ; antennes sétacées.

Kermès polonais (*Kermes polonicus*. — *Coccus polonicus*, Latr.). D'un brun rougeâtre, en forme de grain. — Paris : sur les racines du *scleranthus perennis*. Elle est très commune en Pologne, où elle formait une branche considérable de commerce avant l'introduction de la cochenille du nopal. La couleur qu'elle fournit est presque aussi belle et donne les mêmes teintes.

Kermès panaché (*K. variegatus*. — *Coccus variegatus*, Latr.). Femelle d'un blanc jaunâtre, ayant trois raies transverses et noires. — France : sur le chêne.

Kermès du chêne vert (*K. ilicis*. — *Coccus ilicis*, Latr.). Femelle sphérique, d'un rouge luisant, un peu couverte de poussière blanche. — France méridionale.

Kermès des orangers (*K. hesperidum*. — *Coccus hesperidum*, Latr.). Femelle ovale-allongée, brune, vernissée, échancrée postérieurement. — Commun sur les orangers, soit dans le midi de la France, soit au nord, dans les serres.

KERMÈS DU PÊCHER (*Kermes persicæ.* — *Coccus percicæ*, LATR.). Femelle brune, oblongue; mâle d'un rouge incarnat, à ailes d'un blanc gris, bordées de rouge; quatre filets à la queue. — Paris.

KERMÈS DE LA VIGNE (*K. vitis.* — *Coccus vitis*, LATR.). Femelle ovale-allongée, d'un brun cannelle, avec du duvet blanc en dessous et sur les côtés; six filets blancs à la queue. — Paris.

KERMÈS DE L'ORME (*K. ulmi.*—*Coccus ulmi*, LATR.). Femelle brune, sphérique, de la grosseur d'un grain de genièvre. — Paris.

KERMÈS DE L'ÉRABLE (*K. aceris.* — *Coccus aceris*, LATR.). Femelle aplatie, ovale, d'un brun clair, ayant au milieu une bande d'un brun foncé, et sur les côtés d'autres d'un blanc cendré. — France.

KERMÈS LINÉAIRE (*K. linearis.* — *Coccus linearis*, LATR.). Femelle étroite, longue, ayant la forme d'une écaille de moule. — Paris : sur différens arbres.

KERMÈS RÉNIFORME (*K. reniformis.* — *Coccus reniformis*, LATR.). Femelle brune, en forme de rein. — Paris : sur le chêne.

KERMÈS DU SAPIN (*K. abietis.* — *Coccus abietis*, LATR.). Femelle sphérique, d'un brun marron. — France.

ORDRE HUITIÈME.

LES NÉVROPTÈRES.

Leurs ailes supérieures sont membraneuses, ordinairement nues, transparentes, absolument de même nature que les inférieures. Leur bouche est pourvue de mandibules et de mâchoires; presque toujours l'abdomen est dépourvu d'aiguillon et de tarière; leurs antennes, le plus souvent sétacées, sont composées d'un grand nombre d'articles; ils ont, outre les yeux ordinaires, deux ou trois petits yeux lisses. Quelques uns ne subissent qu'une demi-métamorphose avant de parvenir à l'état parfait.

Ils forment trois familles : celle des *subulicornes*; *planipennes* et *plicipennes*.

FAMILLE 35. LES SUBULICORNES.

Analyse des genres.

1. { Mâchoires et mandibules très fortes et cornées; trois articles aux tarses; ailes égales.......................... 2
   Mâchoires et mandibules peu distinctes; quatre articles aux tarses; ailes inférieures très petites, quelquefois nulles. .... *Genre Éphémère.* }

2. { Ailes étendues horizontalement dans le repos........................... 3
   Ailes élevées perpendiculairement dans le repos........................ *Genre Agrion.* }

3. { Abdomen en forme d'épée ou aplati. *Genre Libellule.*
   Abdomen étroit, allongé et cylindrique. .... *Genre Æshne.* }

Caractères. Antennes de sept articles au plus, guère plus longues que la tête, terminées par un article en forme de soie ; ailes très réticulées, tantôt élevées verticalement, tantôt horizontales ; les inférieures manquant quelquefois, ou très petites ; yeux gros et saillans ; mandibules et mâchoires entièrement couvertes par le labre et la lèvre, ou par un avancement antérieur de la tête.

Ces insectes ont deux ou trois petits yeux lisses placés entre les autres. Leurs larves vivent dans l'eau et n'en sortent que pour passer à l'état de nymphe. Les libellules, ou demoiselles, sont des insectes remarquables par l'éclat de leurs couleurs et l'élégance de leur port.

Premier genre. Les Libellules (*Libellula*).

Ailes étendues horizontalement dans le repos ; tête presque globuleuse ; yeux très grands, très rapprochés ou même continus ; division mitoyenne de la lèvre beaucoup plus petite que les latérales, qui se joignent en dessus par une suture longitudinale, et ferment exactement la bouche ; abdomen en forme d'épée ou aplati.

Les larves de ces insectes habitent les eaux et sont très carnassières ; elles y passent à l'état de nymphe, mais elles en sortent pour leur dernière métamorphose et devenir insectes parfaits. Dans ce dernier état elles voltigent continuellement, avec beaucoup de grâce, sur le bord des eaux où elles poursuivent les insectes dont elles se nourrissent.

Libellule très commune, la Justine, de Geoff. (*Libellula vulgatissima*, Latr.). Côtés du corselet et de l'abdomen jaunes ; ailes blanches, point jaunâtres ; dos brun longitudinalement ; taches marginales des ailes d'un ferrugineux brun. — Paris.

Libellule a quatre taches, la Française, Geoff. (*L. quadrimaculata*, Latr.). D'un brun jaunâtre ; côté des quatre ailes à moitié jaunâtre, une tache brune vers leur milieu, et une autre tache de la même couleur à la naissance des ailes inférieures. — Paris : rare.

Libellule aplatie, l'Eléonore, Geoff. (*L. de-*

pressa, Latr.). D'un brun un peu jaunâtre ; base des ailes noirâtre ; deux lignes jaunes au corselet ; abdomen en forme de lame d'épée, tantôt brun, tantôt couleur d'ardoise, avec les côtés jaunâtres. — Paris. La philinthe de Geoffroy est une variété de la femelle, dont l'abdomen est d'un cendré bleuâtre en dessus. — La libellule rougeâtre, *L. rubicunda*, de Fabricius, ne paraît aussi être qu'une variété du mâle ; sa couleur est testacée et la naissance de ses ailes postérieures est noirâtre.

Libellule vulgaire (*Libellula vulgata*, Latr.). Corps d'un gris rougeâtre ou jaunâtre ; ailes transparentes, sans couleur. — Europe.

Libellule a treillis (*L. cancellata*, Latr.). Devant de la tête et corselet d'un vert jaunâtre ; la suture de ce dernier noirâtre, ainsi qu'une petite ligne de chaque côté aux épaules ; ailes transparentes, sans couleur ; taches marginales cendrées ; abdomen à anneaux d'un brun jaunâtre, coupé en dessus par deux lignes longitudinales noirâtres ; bords latéraux noirâtres. — Paris.

Libellule jaunatre (*L. flaveola*, Latr.). Corps d'un brun olivâtre ; côtés inférieurs du corselet jaunes ; ailes supérieures teintées de jaunâtre à leur naissance seulement, les inférieures teintées plus loin, une tache de la même couleur vers le milieu, à la côte, sur les supérieures ; abdomen ayant une ligne noirâtre de chaque côté. — Paris · très commune.

Libellule bronzée, l'Aminthe de Geoff. (*L. ænea*, Latr.). D'un vert doré ; lèvre inférieure jaune ; extrémité de l'abdomen renflé en massue ; quatre pointes à la queue dans les mâles ; pates noires ; ailes transparentes. — France.

Libellule sinuée (*L. sinuata*, Fab.). Petite ; corps bleuâtre ; une tache longitudinale, sinuée et noire, sur le milieu des ailes vers la côte. — Lieu ?

Libellule piémontaise (*L. pedemontana*, Fab.). Petite ; corps d'un jaunâtre obscur ; ailes planes, d'un brun cendré, avec une tache rousse au sommet. — Piémont.

Deuxième genre. LES ÆSHNES (*Æshna*).

Elles ressemblent aux libellules par la manière dont elles portent leurs ailes et par la forme de leur tête; mais labre intermédiaire de la lèvre plus grand, et les deux autres écartés, armés d'une dent très forte et d'une appendice en forme d'épine; abdomen étroit, allongé et cylindrique.

Les trois petits yeux lisses de ces insectes sont très apparens, rapprochés sur un espace irrégulier, sans élévation vésiculeuse au milieu d'eux. Généralement les æshnes sont de plus grande taille que les libellules : du reste elles ont les mêmes mœurs.

ÆSHNE ANNELÉE (*Æshna annulata*, LATR.). Longue de près de trois pouces; noire; trois bandes jaunes de chaque côté du corselet, et une ligne semblable entre la seconde et la troisième bande; abdomen ayant un grand nombre d'anneaux jaunes, rétrécis ou interrompus au milieu en dessus; ailes à taches marginales allongées. — Midi de la France.

ÆSHNE GRANDE, la Julie, GEOFF. (*Æ. grandis*, LATR.). D'un brun fauve; devant de la tête jaune et sans taches; ailes roussâtres; corselet avec deux lignes jaunes de chaque côté; abdomen tacheté de vert ou de jaunâtre sur les côtés. — France.

ÆSHNE TRÈS TACHETÉE (*Æ. maculatissima*, LATR.). Rougeâtre ou brune; devant de la tête jaune en bas, noir en haut; corselet ayant de chaque côté trois bandes verdâtres, et une ligne semblable entre la seconde et la troisième bandes; ailes faiblement teintées de jaunâtre; abdomen très tacheté, ayant sur le bord postérieur de chaque anneau, en dessus, deux taches accolées d'un vert bleuâtre. — Paris.

ÆSHNE MÉLANGÉE (*Æ. mixta*, LATR.). Devant de la tête jaune en bas, taché de noir en haut; corselet d'un brun verdâtre, ayant deux petites taches d'un jaune verdâtre en devant, et deux bandes de la même couleur sur chaque côte; ailes sans couleur; abdomen varié de taches brunes et jaunâtres coupées par du noir. — Paris.

ÆSHNE A TENAILLES, la Caroline, GEOFF. (*Æ. for-*

cipata, LATR.). Devant de la tête jaune, transversalement rayé de noir; corselet d'un jaune verdâtre ayant six lignes noires rapprochées par paire, une paire en devant et les deux autres scapulaires; ailes à base quelquefois un peu jaunâtre, à taches marginales d'un brun clair; abdomen noir, avec une bande d'un jaune verdâtre, interrompue sur le dos. — Paris.

Troisième genre. LES AGRIONS (*Agrion*).

Ailes élevées perpendiculairement dans le repos; tête transversale; yeux écartés, n'occupant que les côtés de la tête; lèvre analogue à celle des æshnes, mais à lobe du milieu divisé en deux jusqu'à sa base, et l'appendice mobile des latéraux non terminé en pointe cornée; abdomen très menu, ou même filiforme, quelquefois très long, celui des femelles ayant des lames en scie à son extrémité postérieure.

Ces subulicornes, soit à l'état de nymphe, soit à l'état parfait, ont les mêmes mœurs que les subulicornes.

AGRION VIERGE (*Agrion virgo*, LATR.). On en connaît plusieurs variétés qui sont:

1°. La Louise, GEOFF. D'un bleu verdâtre luisant; ailes sans taches, bleuâtres au milieu.

2°. L'Ulrique, GEOFF. D'un vert soyeux; ailes bleuâtres, avec un point marginal blanc.

3°. La Félicie. D'un brun soyeux; ailes d'un brun doré, avec une tache noire.

4°. L'Hélène. D'un vert soyeux luisant; ailes d'un bleu verdâtre, obscures à l'extrémité, sans taches sur les bords. — Paris.

AGRION JOUVENCELLE (*A. puella*, LATR.). Comme la précédente, elle offre des variétés; mais toutes ont les ailes transparentes et sans couleur.

1°. L'Amélie, GEOFF. Un point noir aux ailes; corps alternativement bleu et cendré.

2°. La Dorothée, GEOFF. Brune en dessus, d'un vert bleuâtre en dessous; des bandes alternativement brunes et bleuâtres sur le corselet; un point marginal noir sur les ailes.

3°. La Sophie, GEOFF. D'un vert incarnat pâle;

corselet ayant trois bandes longitudinales noires ; ailes avec un point marginal noir. — Paris.

Quatrième genre. LES EPHÉMÈRES (*Ephemeres*).

Bouche entièrement membraneuse ou très molle, à parties peu distinctes ; quatre articles aux tarses ; ailes inférieures beaucoup plus petites que les supérieures, ou nulles ; abdomen terminé par deux ou trois soies.

Ces insectes, dont la vie, à l'état parfait, ne dure qu'un jour, ont le corps long, effilé et très mou. Leurs antennes sont très petites, et composées de trois articles, dont le dernier très long, en forme de filet conique. Leurs pieds sont très grêles, et leurs jambes fort courtes, se confondant avec les tarses, dont elles paraissent former le premier article. Leurs pieds antérieurs sont longs, insérés sous la tête et dirigés en avant ; ils volent en troupes extrêmement nombreuses, au coucher du soleil, pendant l'été, sur le bord des eaux. Leurs larves habitent l'eau, et vivent deux ou trois ans : ils ont cela de fort particulier, qu'après leur dernière métamorphose, ces insectes doivent encore changer de peau avant d'être propres à multiplier leur espèce.

EPHÉMÈRE COMMUNE (*Ephemera vulgata*, LATR.). Abdomen terminé par trois filets ; pates pâles, à taches obscures ; ailes et corps mélangés de jaune et d'obscur. — Europe.

EPHÉMÈRE VESPERTINE (*E. vespertina*, LATR.). Abdomen terminé par trois filets longs ; noire ; très petite ; ailes transparentes, légèrement réticulées. — Europe.

EPHÉMÈRE MARGINÉE (*E. marginata*, LATR.). Abdomen terminé par trois filets ; corps obscur ; ailes réticulées, obscures au bord extérieur. — Europe.

EPHÉMÈRE JAUNE (*E. lutea*, LATR.). Abdomen terminé par trois filets ; jaune, avec un peu de noir à l'extrémité des anneaux de l'abdomen ; yeux noirs ; ailes transparentes, blanches, avec les nervures peu obscures. — Europe.

EPHÉMÈRE A CEINTURE (*E. halterata*, LATR.). Abdomen blanc, à extrémité obscure, terminé par trois filets deux fois plus longs que le corps; tête et corselet obscurs; ailes supérieures grandes, transparentes, à bord extérieur noir; pates antérieures blanches. — Europe.

EPHÉMÈRE A QUEUE COURTE (*Ephemera brevicauda*, LATR.). Abdomen pâle, terminé par trois filets deux fois plus courts que le corps; corps brun; ailes cendrées, ayant le bord extérieur noir. — Europe.

EPHÉMÈRE A QUEUE LONGUE (*E. longicauda*, LATR.). Abdomen noir en dessus, terminé par deux filets deux fois plus longs que le corps; corps jaune et pates jaunes; les jambes et les tarses d'un jaune obscur; tête noire; ailes obscures. — Sur les bords de la Meuse.

EPHÉMÈRE SWAMMERDAM (*E. Swamerdamia*, LATR.). Abdomen obscur en dessus, terminé par deux filets deux ou trois fois plus longs que le corps; corps d'un jaune roussâtre; ailes blanchâtres, à nervures saillantes et jaunâtres; yeux et front noirs. — Hollande.

EPHÉMÈRE BIOCULÉE (*E. bioculata*, LATR.). Abdomen transparent depuis la base jusqu'à l'extrémité, terminé par deux filets; corps jaunâtre; deux grands tubercules jaunes sur la tête; ailes transparentes, réticulées; pates blanchâtres. — Europe.

EPHÉMÈRE BRUNATRE (*E. fuscata*, LATR.). Abdomen à bande blanchâtre près de la base, terminé par deux filets blancs et plus courts que le corps; corps obscur; yeux lisses, grands et jaunes; antennes blanches ainsi que les pates; ailes blanches, avec les inférieures très petites. — Europe.

EPHÉMÈRE VEINÉE (*E. venosa*, LATR.). Abdomen terminé par deux filets; corps obscur; ailes blanches, réticulées. — Danemarck.

EPHÉMÈRE SPÉCIEUSE (*E. speciosa*, LATR.). Abdomen terminé par deux filets deux fois plus longs que le corps; celui-ci obscur; ailes transparentes, réticulées; pates antérieures longues et bleuâtres. — Europe.

EPHÉMÈRE STRIÉE (*E. striata*, LATR.). Abdomen presque transparent dans les mâles, terminé par deux filets obscurs, de la longueur du corps ; celui-ci brun ; ailes transparentes, un peu rembrunies, veinées non en réseau, mais longitudinalement ; deux petits tubercules au-dessus des yeux. — Europe.

Ephémère culiciforme (*Ephemera culiciformis*, Latr.). Abdomen plus clair que le corselet, terminé par deux filets blanchâtres, plus longs que le corps ; celui-ci brun ; deux tubercules jaunes et très grands, au-dessus des yeux ; ailes transparentes. — Europe.

Ephémère albipenne (*E. albipennis*, Latr.). Abdomen pâle, à extrémité brune, terminé par deux filets noirs ; tête et corselet noirs ; ailes blanches, sans taches ; pates pâles, ayant les articulations noires. — Paris.

Ephémère horaire (*E. horaria*, Latr.). Abdomen terminé par deux filets blancs, ponctués de noir ; corps brun ; deux gros tubercules au-dessus des yeux ; ailes blanches, transparentes, ayant le bord extérieur plus épais et noirâtre ; pates blanches. — Europe.

Ephémère noire (*E. nigra*, Latr.). Abdomen terminé par deux filets ; petite ; noire ; ailes noirâtres, ciliées au bord interne, les inférieures très courtes. Europe.

Ephémère vierge (*E. virgo*, Latr.). Abdomen terminé par deux filets plus longs que le corps ; celui-ci blanc ; ailes sans taches ; yeux noirs ; pates antérieures peu avancées, un peu obscures vers le milieu. — Paris.

Ephémère diptère (*E. diptera*, Latr.). Corps et abdomen d'un gris obscur, ce dernier avec quelques traits d'un rouge foncé, terminé par deux filets ponctués de noir ; pates un peu verdâtres ; ailes transparentes, à bord extérieur taché de cendré, les inférieures très petites ou nulles. — Paris.

FAMILLE 36. LES PLANIPENNES.

Analyse des genres.

1. { Tarses de cinq articles................ 2
   Tarses de trois ou quatre articles........ 4

2. { Tête prolongée antérieurement en bec ou en trompe. *Sect.* 1. Les Panorpates.. 5
   Tête non prolongée en bec ou en trompe. 3

3. { Antennes en massue ou en bouton; six palpes. *Sect.* 2. Les Fourmilions.... 8
   Antennes filiformes; quatre palpes. *Sect.* 3. Les Hémérobins................ 9

4. { Tarses souvent de quatre articles, ou plus; mandibules grosses et cornées; ailes inférieures sans plis au côté intérieur. *Sect.* 4. Les Termitines........... 12
   Tarses de trois articles; mandibules petites, en partie membraneuses; ailes inférieures formant un pli au côté interne. *Sect.* 5. Les Perlides........ 14

Section 1. Les Panorpates.

5. { Ailes non rétrécies en alêne à l'extrémité, plus longues que l'abdomen; premier segment du tronc plus long que le second.......................... 6
   Ailes rétrécies en alêne à l'extrémité, plus courtes que l'abdomen; premier segment du tronc plus court que le second................... *Genre Borée.*

6. { Ailes supérieures écartées, les inférieures linéaires et fort longues; pas d'yeux lisses................... *Genre Némoptère.*
   Les quatre ailes égales et couchées horizontalement; des yeux lisses 7

7. { Pieds très longs, à tarses sans pelotes et terminés par un seul crochet... *Genre Bittaque.*
   Pieds moyens, à tarses munis d'une pelote et de deux crochets....... *Genre Panorpe.*

Section 2. Les Fourmilions.

8. Antennes en fuseau, crochets au bout; abdomen très long et linéaire... *Genre Fourmilion.*
Antennes terminées en bouton; abdomen court, ovale-oblong........... *Genre Ascalaphe.*

Section 3. Les Hémérobins.

9. Premier segment du tronc très petit; ailes en toit; dernier article des palpes épais, ovoïde et pointu............ *Genre Hémérobe.*
Premier segment grand; ailes couchées horizontalement; palpes filiformes, à dernier article conique ou cylindrique. 10

10. Mandibules fort grandes, en forme de corne dans les mâles.......... *Genre Corydale.*
Maudibules moyennes................ 11

11. Antennes pectinées.............. *Genre Chauliode.*
Antennes simples............... *Genre Sialis.*

Section 4. Les Termitines.

12. Premier segment du tronc grand, en forme de corselet; quatre palpes; quatre articles aux tarses; ailes égales......... 13
Premier segment très petit; palpes labiaux peu distincts; deux ou trois articles aux tarses; ailes inférieures plus petites................. *Genre Psoque.*

13. Ailes en toit; tête allongée et rétrécie en arrière; corselet long, étroit, presque cylindrique................. *Genre Raphidie.*
Ailes horizontales, très longues; tête arrondie; corselet un peu carré ou en demi-cercle................ *Genre Termite.*

Section 5. Les Perlides.

14. Labre peu apparent; mandibules membraneuses; abdomen terminé par deux soies articulées................. *Genre Perle.*
Labre très apparent; mandibules cornées; abdomen presque sans soies.... *Genre Nemoure.*

CARACTÈRES. Antennes toujours composées d'un grand nombre d'articles, notablement plus grandes que la tête, n'ayant jamais la forme d'une alêne ou d'un stylet; mandibules très distinctes; ailes inférieures presque égales aux supérieures, étendues ou repliées simplement en dessous à leur bord intérieur : presque toujours elles sont réticulées et nues. Ordinairement les palpes maxillaires sont filiformes, ou un peu plus gros à leur extrémité, plus courts que la tête, et composés de quatre ou cinq articles.

SECTION I. LES PANORPATES.

Ces insectes ont les antennes sétacées, insérées entre les yeux; un chaperon corné se prolonge en forme de voûte pour leur couvrir la bouche; leurs mandibules, leurs mâchoires et leurs lèvres sont étroites, presque linéaires; ils ont de quatre à six palpes filiformes et courts; leur corps est allongé, leur tête verticale, et le premier segment de leur corselet est fort petit, en forme de collier. On connaît peu leurs mœurs, et leurs métamorphoses sont entièrement ignorées.

Premier genre. LES NÉMOPTÈRES (*Nemoptera*).

Partie nue ou découverte du corselet formée de deux segmens dont le premier plus petit; des ailes dans les deux sexes, les supérieures écartées, presque ovales, très finement réticulées, les inférieures très longues et linéaires.

NEMOPTÈRE COA (*nemoptera coa*, LATR.; *panorpa coa*, FAB.). Corselet d'un jaune pâle; ailes supérieures de la même couleur, avec des taches et des points d'un brun noirâtre; les inférieures ayant deux bandes transverses de cette dernière couleur. — Europe méridionale.

Deuxième genre. LES BITTAQUES (*Bittacus*).

Corselet comme dans les précédens; les quatre ailes égales et couchées horizontalement sur le corps; des yeux lisses; pieds très longs, à tarses terminés par un seul crochet et sans pelote; abdomen presque semblable dans les deux sexes ; palpes maxillaires à articles cylindriques, dont le dernier menu et allongé.

Bittaque tipulaire (*bittacus tipularius*, Latr.; *panorpa tipularia*, Fab.). D'un jaunâtre fauve ; pates très longues; abdomen arqué; ailes sans taches. — Midi de la France.

Bittaque scorpion (*B. scorpio*, Latr.; *panorpa scorpio*, Fab.). Ailes noires, tachetées de blanc. — Amérique septentrionale.

Troisième genre. Les Panorpes (*Panorpa*).

Corselet, ailes et yeux lisses des précédens ; abdomen des mâles terminé par une queue articulée, presque à la manière de celle des scorpions, avec une pince au bout; pieds de longueur moyenne, avec deux crochets et une pelote au bout des tarses. Palpes comprimés, filiformes.

Panorpe commune (*panorpa communis*, Latr.). Ailes tachetées de noir, ou presque sans taches et simplement noirâtres à l'extrémité, dans la variété. — France.

Quatrième genre. Les Borées (*Boreus*).

Premier segment du tronc grand, en forme de corselet, les deux suivans couverts par les ailes dans les mâles; ailes subulées, recourbées au bout, plus courtes que l'abdomen, et manquant aux femelles : celles-ci ayant l'abdomen terminé par une tarière en forme de sabre.

Borée hiémale (*boreus hiemalis*. — *Panorpa hiemalis*, Fab.; *bittacus hiemalis*, Latr.; *gryllus proboscideus*, Panz.). Mâles ailés ; ailes ciliées. — Dans la Thuringe.

Section 2. LES FOURMILIONS.

Ils ont cinq articles aux tarses ; leur tête est verticale, transverse, sans yeux lisses, ne se prolongeant pas en forme de bec ou de museau ; leurs antennes se terminent en massue ou en bouton. Leurs yeux sont ronds et saillans; ils ont six palpes dont les labiaux sont plus longs et renflés au bout; ailes en toit, allongées, égales; pieds courts; abdomen ordinairement long et cylindrique.

Les larves des fourmilions sont carnassières et emploient les piéges les plus adroits, les embûches les plus insidieuses pour arrêter et saisir leur proie. Écoutons le savant M. Latreille parler de celle du fourmilion ordinaire (*myrmeleon formicarius*). « Son abdomen, dit-il, est très volumineux, proportionnellement au reste du corps; sa tête est très petite, aplatie, armée de deux longues mandibules en forme de cornes, dentelées au côté intérieur, pointues au bout, et qui lui servent à la fois de pinces et de suçoirs. Son corps est grisâtre ou de la couleur du sable où elle vit. Quoique pourvue de six pates, elle marche lentement et presque toujours à reculons. Ne pouvant ainsi saisir sa proie à la course, elle lui tend un piége en forme d'entonnoir, qu'elle creuse dans le sable le plus fin, au pied des arbres, des vieux murs dégradés, au bas des terrains coupés et exposés au midi. Elle arrive au lieu où elle veut s'établir en pratiquant un fossé, et trace l'enceinte de l'entonnoir, dont la grandeur est relative à sa croissance. Puis, allant toujours à reculons, décrivant par sa marche des tours de spire dont le diamètre diminue progressivement, chargeant sa tête de sable avec une de ses pates antérieures, le jetant ensuite au loin, elle vient à bout, quelquefois dans l'espace d'une demi-heure, d'enlever un cône de sable renversé, dont la base a un diamètre égal à celui de l'enceinte, et dont la hauteur égale à peu près les trois quarts de ce diamètre. Cachée et tranquille au fond de sa retraite, ne laissant paraître que ses mandibules, elle attend patiemment qu'un insecte tombe dans le précipice; s'il cherche à s'échapper, ou s'il est à une distance qui ne lui permet pas de s'en saisir, elle fait pleuvoir sur lui, avec sa tête et ses mandibules, une si grande quantité de grains de sable, qu'elle l'étourdit et le fait rouler au fond du trou. Elle l'entraîne ensuite, le suce, et rejette loin d'elle son cadavre. »

Cinquième genre. LES FOURMILIONS (*Myrmeleon.*)

Antennes beaucoup plus courtes que le corps, grossissant insensiblement; presqu'en forme de fuseau, crochues au bout; abdomen très long et linéaire.

FOURMILION ORDINAIRE (*myrmeleon formicarius*, LATR.). D'un cendré noirâtre; corselet taché de gris roussâtre; bord postérieur des anneaux de l'abdomen de la même couleur; ailes ayant les nervures et quelques taches d'un brun noirâtre. — Paris.

FOURMILION LIBELLULOÏDE (*M. libelluloides*, LATR.). Antennes noirâtres; tête jaune; corselet de la même couleur, ayant en dessus, au milieu, une ligne longitudinale noire se prolongeant sur l'abdomen; ailes transparentes, ponctuées et tachées de brun noirâtre, le milieu des inférieures plus nu, avec quelques grandes taches. — Midi de la France.

FOURMILION DE PISE (*M. pisanus*, LATR.). Velu; noir; corselet d'un rouge cendré, ayant deux lignes longitudinales noires; ailes sans taches, grises, à nervures ponctuées de noir; pates d'un rouge cendré. — Midi de la France.

FOURMILION PANTHÉRIN (*M. pantherinus*, LATR.). Jaune; abdomen bigarré de noir; ailes blanches, tachetées de noir. — Autriche.

FOURMILION FLAVICORNE (*M. flavicornis*, ROSS.). Tête jaune; corselet jaune, mélangé de noir postérieurement; antennes brunes, annelées de jaune; abdomen brun en dessous, ayant en dessus des taches carrées et alternes, noires et blanches; ailes incolores, à nervures noires ponctuées de blanc, ayant une petite tache blanche, marginale, à l'extrémité, et celles de devant une autre tache brune au côté interne. — Midi de la France.

Sixième genre. LES ASCALAPHES (*Ascalaphus*).

Antennes longues, terminées brusquement en bouton, avec l'abdomen ovale-oblong et guère plus long que le corselet; abdomen ovale ou oblong; ailes proportionnellement plus larges et moins longues que dans le genre précédent.

ASCALAPHE ITALIQUE (*ascalaphus italicus*, LATR.). Ailes réticulées de brun, les supérieures jaunes à la base, qui est partagée par une nervure brune : base des inférieures largement noirâtre sur un espace jaune et non transparent. — Midi de la France.

ASCALAPHE LONGICORNE (*A. longicornis*, LATR.; *ascalaphus barbarus*, FAB.). Ailes d'un jaunâtre clair, transparentes, à nervures et réseau jaunes en grande partie, les supérieures ayant à leur base une tache brune formée par la réunion de plusieurs mailles très rapprochées ; les inférieures ayant à la base une grande tache d'un brun noirâtre, et un arc de la même couleur à l'extrémité. — Montpellier.

ASCALAPHE MACULÉ (*A. maculatus*, LATR.). Noir, avec des poils cendrés ; ailes inférieures ayant plusieurs taches brunes. — Avignon.

SECTION 3. LES HÉMÉROBINS.

Ils ont les formes générales des précédens, mais leurs antennes sont filiformes, et ils n'ont que quatre palpes. Ces insectes sont très petits, ordinairement verts, très jolis ; leurs ailes sont gazées, leurs yeux d'un beau rouge métallique et luisant ; leurs œufs ont souvent été pris par les naturalistes pour des plantes parasites : ils ont la forme d'une petite boule blanche un peu allongée, et sont placés au bout d'une petite tige blanche, de la grosseur d'un cheveu, longue d'un pouce, et dont la base est attachée à la surface d'une feuille.

Septième genre. LES HÉMÉROBES (*Hemerobius*).

Premier segment du tronc fort petit ; ailes grandes, en toit ; le dernier article des palpes plus épais, ovoïde et pointu. Corps mou.

Premier sous-genre. LES HÉMÉROBES (*Hemerobius*). *Antennes à articles cylindriques ; trois petits yeux lisses.*

HÉMÉROBE PERLE (*Hemerobius perla*, LATR.). D'un jaune vert ; yeux dorés ; ailes transparentes, à nervures entièrement vertes. — Paris.

Hémérobe doré (*Hemerobius chrysops*, Latr.). D'un vert bleuâtre tacheté de noir; ailes à nervures, les unes noires, les autres poilues. — Paris.

Hémérobe du houblon (*H. humuli*, Latr.). Antennes annelées de blanc et de noir; ailes blanches, avec des points bruns et épars. — France.

Hémérobe jaunatre (*H. lutescens*, Latr.). Jaunâtre; ailes blanches, rayées et ponctuées de brun. — Suède.

Hémérobe nitidule (*H. nitidulus*, Latr.). Testacé; pates pâles; ailes luisantes, cendrées, striées, à nervures plus obscures. — Allemagne.

Hémérobe bruni (*H. fuscatus*, Latr.). Noir; pates testacées; ailes très luisantes, brunes, striées. — Paris.

Hémérobe hérissé (*H. hirtus*, Latr.). Jaunâtre; ailes blanches, réticulées de brun, les postérieures ayant une bande terminale. — Paris.

Deuxième sous-genre. Les Osmyles (*Osmylus*). *Antennes à articles grenus; pas de petits yeux lisses.*

Osmyle phalénoïde (*osmylus phalenoides*, Latr.; *hemerobius phalænoides*, Fab.). D'un brun roussâtre; tête très courbée; ailes grandes, striées, découpées au bord postérieur, ayant sur chacune deux raies transverses plus foncées. — France : rare.

Osmyle tacheté (*O. maculatus*, Latr.; *hemerobius maculatus*, Fab.). Noirâtre; tête testacée; ailes blanches, avec des taches noires éparses sur les supérieures, vers la côte dans les inférieures. — France.

Huitième genre. Les Chauliodes (*Chauliodes*).

Premier segment du tronc grand, en forme de corselet; ailes couchées horizontalement sur le corps; palpes filiformes, à dernier article conique ou presque cylindrique; mandibules moyennes; antennes pectinées.

Chauliode pectinicorne (*chauliodes pectinicornis*. — *Hemerobius pectinicornis*, Lin.). Brun; antennes noires, barbues; pates fauves; ailes d'un brun grisâtre, à nervures ponctuées de noir. — Amérique septentrionale.

Neuvième genre. LES CORYDALES (*Corydalis*).

Ils ne diffèrent des précédens que par leurs antennes grenues, et leurs mandibules avancées en forme de corne dans les mâles.

CORYDALE CORNU (*corydalis cornutus.* — *Raphidia cornuta*, LIN.). Mandibules très grandes, en forme de cornes. — Amérique septentrionale.

Dixième genre. LES SIALIS (*Sialis*).

Mêmes caractères que les chauliodes, mais antennes simples. Leurs mandibules sont moyennes; leurs ailes fortement inclinées en toit, et le pénultième article de leur palpe est bifide.

SIALIS NOIR (*sialis niger*, LATR.; *semblis lutaria*, FAB.; *hemerobius lutarius*, LIN.). D'un noir mat; ailes teintées d'obscur, à nervures noires. — Paris.

SECTION 4. LES TERMITINES.

Tarses de quatre articles au plus; mandibules fortes et cornées; ailes inférieures de la grandeur des supérieures ou plus petites, sans plis au côté intérieur. Les termites, ou fourmis blanches, offrent des mœurs fort singulières. Voici quelques fragmens de leur histoire, extraits par M. Latreille du Voyage de Sparmann au cap de Bonne-Espérance.

« Les termites ont effectivement beaucoup de rapport avec les fourmis; comme elles ils vivent en société formée de trois ordres d'individus; ils bâtissent des nids, la plupart à la surface de la terre, d'où ils sortent par des galeries couvertes, lorsqu'ils y sont forcés, et de là vont faire des courses dévastatrices dans les campagnes; comme les fourmis, ils sont omnivores; comme elles, à une certaine époque de leur vie, ils ont quatre ailes, font alors des émigrations, et forment des colonies. Ils ressemblent encore aux fourmis dans leur activité laborieuse; mais ils les surpassent, elles, les abeilles, les guêpes, les castors, dans l'art de bâtir.

« Chaque nid renferme, selon Sparmann, un mâle, une femelle et des ouvriers. Il distingue ces derniers par le nom de travailleurs et de soldats, parce qu'il a vu les uns travailler et les autres combattre pour défendre leur propriété, etc.

« Les nids des termès belliqueux, selon notre auteur, renferment cent travailleurs pour un soldat. Les premiers ont à peine trois lignes de longueur, et vingt-cinq pèsent environ un gros. Leurs mandibules paraissent conformées pour manger et retenir les corps ; au lieu que les seconds, qui sont beaucoup plus gros, ont des mandibules très pointues, en forme d'alêne, et ne servant qu'à percer et à blesser.

« La figure extérieure de l'édifice du termès belliqueux est celle d'un petit mont, plus ou moins conique, approchant de celle d'un pain de sucre, dont la hauteur perpendiculaire est de dix à douze pieds au-dessus de la surface de la terre. Chacun de ces édifices est composé de deux parties, l'extérieur et l'intérieur. La première est une large calotte de la forme d'un dôme, assez vaste et assez forte pour protéger l'intérieur contre les intempéries de l'air, et les habitans contre les attaques de leurs ennemis ; chacun de ces édifices est divisé en un grand nombre de pièces, qui servent à loger le mâle et la femelle, leur nombreuse postérité, et le reste sert de magasin. Ces derniers sont toujours remplis de provisions, qui consistent en gomme ou jus épaissi des plantes. Les pièces qui sont occupées par les œufs et par les petits, sont entièrement composées de parcelles de bois, qui paraissent être unies ensemble par des gommes. Ces édifices sont extrêmement serrés, et divisés en plusieurs petites chambres, dont la plus spacieuse n'a pas un demi-pouce de grandeur ; elles sont placées près de celles de la mère. Celle-ci se trouve à peu près de niveau avec la surface de la terre, à une distance égale de tous les côtés du corps de logis, et directement sous le sommet du dôme ; ces pièces sont séparées par plusieurs galeries qui se communiquent et se prolongent jusqu'à la calotte supérieure qui couvre le tout. Ces galeries, qui sont pratiquées dans les pièces les plus basses de l'édifice, sont plus larges que le calibre d'un gros canon : elles descendent sous terre jusqu'à la profondeur de trois à quatre pieds : c'est là que les travailleurs vont prendre le gravier fin avec lequel ils construisent tout l'édifice, à l'exception des chambres occupées par les œufs et les petits.

« Les termès voyageurs sont beaucoup plus rares et plus gros que les termès belliqueux. Smeathman a eu occasion de les observer dans leur marche : il les a vus, dans une épaisse forêt, et les a entendus s'annoncer par un sifflement qui lui fit craindre l'approche d'un serpent. Le bruit lui fit diriger ses pas à quelque distance du sentier où il se trouvait; là il vit avec surprise une troupe de termès sortir de terre les uns après les autres avec vitesse, par un trou qui n'avait pas plus de quatre à cinq pouces de diamètre. A moins de trois pieds de cet endroit, ils se divisèrent en deux corps, composés des ouvriers, qui marchèrent douze à quinze de front, sur une ligne droite. Quelques soldats étaient mêlés parmi eux, et il y en avait de répandus de côté et d'autre de la ligne, à un ou deux pieds de distance, qui semblaient protéger la marche. D'autres soldats étaient montés sur les plantes, placés sur la pointe des feuilles, à douze ou quinze pouces au dessus du sol, et de temps en temps, en frappant sur les feuilles avec leurs pates, faisaient un bruit auquel l'armée entière répondait par un sifflement et hâtait le pas. Les deux colonnes de la troupe se rejoignirent à environ douze ou quinze pas de l'endroit où elles s'étaient séparées, et descendirent dans la terre par deux ou trois trous. »

Les soldats sont des individus neutres, comme les ouvriers, mais qui en diffèrent par leur tête beaucoup plus forte, plus allongée, ainsi que leurs mandibules. Tant que la société n'est pas inquiétée, leurs fonctions se bornent à faire travailler les ouvriers; mais à la moindre apparence de danger, ils se présentent à l'entrée de l'habitation, qu'ils défendent avec fureur quand le cas l'exige. S'ils peuvent atteindre quelque partie du corps de l'observateur imprudent, ils s'y accrochent fortement par leurs mâchoires, et se laissent plutôt arracher par pièces que de lâcher prise. Les femelles ne sortent de l'habitation que pour être fécondées, après quoi leurs ailes tombent, et elles sont ramenées et renfermées dans des cellules par les soldats, qui ne leur permettent plus de sortir, mais qui les nourrissent avec soin.

Onzième genre. LES RAPHIDIES (*Raphidia*).

Premier segment du tronc grand, en forme de corselet : celui-ci long, étroit, presque cylindrique; tête allongée, rétrécie en arrière; quatre palpes distincts; ailes égales, en toit; quatre articles aux tarses.

Les raphidies se trouvent sur les arbres; elles sont carnassières dans tous les états.

RAPHIDIE COMMUNE (*Raphidia ophiopsis*, LATR.). Longue de six lignes, noire, rayée de jaunâtre sur l'abdomen; ailes transparentes, tachées de noir vers l'extrémité. — France.

Douzième genre. LES TERMITES (*Termes*).

Mêmes caractères, mais corselet presque carré ou en demi-cercle; tête arrondie; ailes couchées horizontalement sur le corps. Leurs antennes sont courtes, filiformes, d'environ dix-sept articles grenus ou distincts.

TERMITE LUCIFUGE (*Termes lucifugum*, LATR.). Corps pubescent, noirâtre; devant de la tête, jambes et tarses, d'un brun jaunâtre; ailes transparentes, teintées de cendré obscur; yeux lisses peu visibles. — Midi de la France.

TERMITE FLAVICOLLE (*T. flavicolle*, LATR.). Noire; antennes d'un roux jaunâtre, ainsi que le devant de la tête, le corselet et les pates; yeux gris; ailes d'un cendré obscur, à côte noire; yeux lisses apparens. — Provence.

TERMITE DU CAP (*T. capensis*, LATR.). D'un brun foncé en dessus, roussâtre en dessous; les antennes, le nez, la lèvre supérieure et les palpes, de cette dernière couleur; corselet plus clair; yeux lisses apparens; front ayant une petite tache déprimée, roussâtre; ailes un peu grisâtres, demi-transparentes, à côte d'un brun noirâtre. — Sénégal.

Treizième genre. LES PSOQUES (*Psocus*).

Premier segment du tronc très petit; palpes labiaux peu distincts; ailes inférieures plus petites que les supérieures; deux ou trois articles aux tarses.

Les antennes sont longues, sétacées, à articles cylindriques et peu distincts; trois petits yeux lisses, formant le triangle. Corps très mou, court, souvent renflé; tête grande; palpes maxillaires saillans; ailes en toit, peu réticulées ou simplement veinées. Ces insectes rongent les matières animales et végétales; ils ne vivent point en société, et se trouvent communément sous les vieilles écorces, dans le bois, le vieux chaume, etc.

PSOQUE PÉDICULAIRE (*Psocus pedicularis*, LATR.; *psocus abdominalis*, FAB.). Brun; abdomen pâle; ailes peu ou point tachées. — Paris.

PSOQUE PULSATEUR (*P. pulsatorius*, LATR.; *termes pulsatorium*, LIN.). Ordinairement sans ailes; d'un blanc jaunâtre, avec les yeux roux et quelques taches de la même couleur sur l'abdomen. — Paris.

PSOQUE A AILES BRUNES (*P. fuscopterus*, LATR.). Brun; ailes antérieures brunes, à taches transparentes; pates pâles. — Paris.

PSOQUE BIGARRÉ (*P. variegatus*, LATR.). Dessus du corselet, front et abdomen, d'un jaune pâle; ailes antérieures noires, ponctuées de blanc. — Paris.

PSOQUE RAYÉ (*P. lineatus*, LATR.). D'un jaune pâle taché de brun; des lignes d'un brun rougeâtre sur la tête; des bandes noires à la base des ailes antérieures. — Paris.

PSOQUE A QUATRE POINTS (*P. quadripunctatus*, LATR.). Ailes blanches, ayant à la base quatre points noirs, et des stries brunes en rayons, près de l'extrémité. — France.

PSOQUE A QUATRE TACHES (*P. quadrimaculatus*,

Latr.). Mélangé de jaune pâle et de noir ; quatre taches brunes sur les ailes antérieures. — Paris.

Psoque a six points (*Psocus sexpunctatus*, Latr.). Ailes transparentes, avec des taches brunes, et, près de l'extrémité, six points noirâtres disposés en demi-cercle. — Europe.

Psoque morio (*P. morio*, Latr.). Noir ; ailes antérieures moins foncées vers leur moitié inférieure. — Paris.

Psoque pilicorne (*P. pilicornis*, Latr.). Antennes hérissées de poils ; ailes antérieures tachées et ponctuées de noirâtre. — Paris.

Psoque bifascié (*P. bifasciatus*, Latr.). Varié de jaune et de noir ; deux bandes transversales et un point plus épais, noirs, sur les ailes antérieures. — Paris.

Psoque biponctué (*P. bipunctatus*, Latr.). Pâle, mélangé de brun et de jaune ; deux points noirs sur les ailes supérieures. — Europe.

Trois articles aux tarses ; mandibules petites et en partie membraneuses ; ailes inférieures plus larges que les supérieures, et doublées sur elles-mêmes au côté interne.

Ces insectes ont les antennes sétacées et composées d'un grand nombre d'articles ; leurs palpes sont plus menus à l'extrémité ; leur corps est allongé, avec le corselet plan ; la tête est déprimée en tout ou en partie ; l'abdomen est terminé par deux filets. La larve de plusieurs vit dans l'eau, et s'enveloppe d'un fourreau construit à la manière de celui des teignes.

Quatorzième genre. Les Perles (*Perla*).

Lèvre supérieure très petite ou presque nulle ; premiers articles des tarses courts comparativement au dernier ; mandibules en partie membraneuses ; abdomen terminé par des filets très apparens.

Perle brune (*Perla bicaudata*, Latr.). Brune ; corselet et tête marqués d'une ligne longitudinale jaune, sur le milieu ; nervures des ailes brunes ; filets de l'abdomen presque aussi longs que le corps. — Paris.

Perle jaune (*Perla lutea*, Latr.; *semblis viridis*, Fab.). Petite; d'un jaune verdâtre; yeux noirs, ainsi que l'extrémité des antennes; ailes blanches. — Paris.

Perle a pates jaunes (*P. flavipes*, Latr.). Brune; pates jaunes, ainsi que les côtés de l'abdomen; nervures des ailes brunes. — Paris.

Quinzième genre. Les Nemoures (*Nemoura*).

Elles diffèrent des perles par leur lèvre supérieure (ou labre), très apparente, par les articles égaux de leurs tarses, et par les filets du bout de l'abdomen, qui sont peu visibles. Du reste, leurs habitudes sont les mêmes.

Nemoure nébuleuse (*Nemoura nebulosa*, Latr.; *semblis nebulosa*, Fab.). D'un brun noirâtre; ailes cendrées, à nervures brunes. — Europe.

FAMILLE 37. LES PLICIPENNES.

Un seul genre, celui des.................. *Friganes.*

Caractères. Pas de mandibules; ailes inférieures plus larges que les supérieures, et plissées dans leur longueur. Un corps hérissé de poils, formant avec les ailes un triangle allongé, des ailes ordinairement colorées, très peu transparentes, soyeuses ou velues, feraient prendre, au premier coup d'œil, ces insectes pour de petites phalènes. Leur tête est petite, munie d'antennes sétacées et ordinairement fort longues et avancées; leurs yeux sont arrondis et saillans, et ils ont en outre deux petits yeux lisses sur le front. Lèvre supérieure conique et courbée; quatre palpes, dont les maxillaires ordinairement très longs, filiformes ou presque sétacés, de cinq articles, et les labiaux de trois, dont le dernier un peu plus gros. Pieds allongés, garnis de petites épines, avec cinq articles à tous les tarses.

Ces insectes volent principalement le soir et pendant la nuit. Leurs larves vivent dans l'eau, et s'enveloppent dans des fourreaux qu'elles forment avec de la soie et de petits corps étrangers.

Genre unique, LES FRIGANES (*Phryganea*).

Antennes sétacées, ordinairement fort longues et avancées, à articles très nombreux; palpes longs; yeux arrondis; deux petits yeux lisses sur le front; quatre ailes en toit, les inférieures plissées; point de soies ou de filets au bout de l'abdomen.

FRIGANE POILUE (*Phryganea pilosa*, LATR.). Tête et corselet velus; pates pâles; ailes testacées, sans taches. — Paris.

FRIGANE VEINÉE (*P. venosa*, LATR.). Noire; pates blanches; ailes d'un gris pâle, nervées de brun. — Paris.

FRIGANE NOIRCIE (*P. atrata*, LATR.). Noire; velue; sans taches; antennes courtes; jambes un peu testacées. — Paris.

FRIGANE MACULÉE (*P. maculata*, LATR.). Brune; ailes variées de gris clair et obscur; antennes longues comme le corps; pates jaunâtres. — Paris.

FRIGANE OBSCURE (*P. fusca*, LATR.). Noire; tête et corselet couverts de poils roussâtres; ailes inférieures transparentes, les supérieures d'un gris ardoisé, avec les nervures saillantes; pates d'un gris fauve. — Paris.

FRIGANE VERTE (*P. viridis*, LATR.). Verte, du jaune en dessus et aux côtés du corselet; yeux noirs; ailes blanches; pates d'un blanc soyeux. — Paris.

FRIGANE VULGAIRE (*P. vulgata*, LATR.). Noire; pates fauves; ailes d'un fauve testacé et uniforme; antennes noires, de la longueur du corps. — Paris.

FRIGANE LONGICORNE (*P. longicornis*, LATR.). Ailes inférieures d'un gris uniforme, les supérieures variées de gris et de noirâtre; antennes deux ou trois fois plus longues que le corps, blanchâtres; pates de cette dernière couleur. — Paris.

FRIGANE A QUATRE BANDES (*P. quadrifasciata*, LATR.). Noire, ainsi que les cuisses postérieures; antennes très longues; pates pâles; quatre larges bandes noires sur les ailes, qui sont d'un testacé obscur. — Paris.

FRIGANE SÉTACÉE (*Phryganea filosa*, LATR.). Antennes trois fois plus longues que le corps; pates blanches; ailes arrondies, d'un noirâtre uniforme. — Paris.

FRIGANE PONCTUÉE (*P. punctata*, LATR.). Abdomen vert; pates blanchâtres; ailes ciliées, d'un jaune pâle ponctué de blanc. — Paris.

FRIGANE PUSILLE (*P. pusilla*, LATR.). Antennes annelées de noir et de blanchâtre; ailes d'un brun testacé. — Paris.

FRIGANE MUSCIFORME (*P. musciformis*, LATR.). D'un brun noirâtre; antennes courtes; pates pâles; ailes blanches, avec des veines longitudinales brunes. — Paris.

FRIGANE EN DEUIL (*P. funerea*, LATR.). D'un noir obscur et foncé; antennes courtes; ailes plus courtes que l'abdomen, à bords frangés. — Paris.

FRIGANE BLANCHE (*P. nivea*, LATR.). Blanche; abdomen obscur en dessus; ailes ciliées. — Paris.

FRIGANE RÉTICULÉE (*P. reticulata*, LATR.). Noire; ailes un peu ferrugineuses, les supérieures avec des veines noires réticulées et une tache noirâtre à l'angle postérieur, une bande et des taches noirâtres sur les inférieures. — Europe.

FRIGANE SPÉCIEUSE (*P. speciosa*, LATR.). Noire; ailes supérieures d'un blanc pâle, avec des taches noires dont la plupart confluentes : les inférieures blanches au milieu, avec quatre taches noires sur le bord extérieur, et une suite de taches de la même couleur sur le bord postérieur. — Italie.

FRIGANE STRIÉE (*P. striata*, LATR.). Roussâtre; yeux noirs; pates longues et épineuses; antennes presque aussi longues que le corps; ailes avec des nervures d'un roux foncé. — Europe.

FRIGANE PONCTUÉE (*P. punctata*, LATR.). Abdomen d'un jaune d'ocre; pates d'un jaune pâle; ailes inférieures transparentes et grisâtres, les supérieures d'un brun jaunâtre mêlé de gris, avec deux nervures longitudinales vers le bord interne. — Europe.

FRIGANE PALLIPÈDE (*P. pallipes*, LATR.). Noire;

ailes de la même couleur; pates pâles. — France méridionale.

Frigane grande (*Phryganea grandis*, Latr.). Obscure; pates pâles; jambes épineuses; ailes inférieures obscures, uniformes : les supérieures grisâtres, avec des points oblongs et blanchâtres. — Europe.

Frigane flavicorne (*P. flavicornis*, Latr.). Tête et corselet couverts de poils roussâtres; antennes et pates d'un jaune pâle; abdomen verdâtre; ailes grisâtres. — Midi de la France.

Frigane rhombière (*P. rhombica*, Latr.). Ailes d'un gris roussâtre, ayant au bord extérieur une tache blanchâtre, oblique et rhomboïdale, et une autre un peu moins marquée derrière celle-ci; pates testacées. — Europe.

Frigane grise (*P. grisea*, Latr.). Abdomen d'un brun noirâtre, verdâtre sur les côtés; ailes inférieures transparentes, les supérieures grises, avec des points et des taches noirâtres. — Europe.

Frigane bimaculée (*P. bimaculata*, Latr.). Antennes deux ou trois fois plus longues que le corps, annelées de blanc et de noir; abdomen noir; pates d'un brun clair; ailes noirâtres, les inférieures sans taches, les supérieures ayant une tache jaunâtre à leur bord interne. — Europe.

Frigane noire (*P. nigra*, Latr.). Antennes une fois plus longues que le corps; antennules antérieures plus longues et velues; ailes supérieures d'un noir violet. — Europe.

Frigane azurée (*P. azurea*, Latr.). Petite; ailes noires, à parties postérieures violettes. — Europe.

Frigane bigarrée (*P. variegata*, Latr.). Antennes au plus de la longueur du corps; pates jaunâtres; ailes obscures, avec des points et des taches testacés. — Allemagne.

Frigane bilinéée (*P. bilineata*, Latr.). Ailes obscures, ayant à chaque bord deux petites lignes blanches transparentes. — Europe.

Frigane nerveuse (*P. nervosa*, Latr.). Noire; pates d'un brun grisâtre, tachées d'obscur; ailes inférieures obscures et transparentes, les supérieures grises et nervées de noir. — Suède.

Frigane bordée (*Phryganea flavilatera*, Latr.). Corselet noir, à bords antérieur et postérieur jaunes; antennes une fois plus longues que le corps; abdomen noir; ailes un peu cendrées, nervées d'obscur. — Europe.

Frigane jaune (*P. flava*, Latr.). Jaune; antennes de la longueur du corps; ailes réticulées de jaune. — Europe.

ORDRE NEUVIÈME.

LES HYMÉNOPTÈRES.

Quatre ailes nues et membraneuses, dont les supérieures, plus grandes, ne sont que veinées. Outre les yeux ordinaires, on leur trouve trois petits yeux lisses. Leurs mâchoires et leur lèvre supérieure sont généralement allongées, et même réunies en forme de trompe, dans quelques uns. Ils ont quatre palpes, deux portés sur les mâchoires, et les deux autres par les lèvres. Leur corselet se compose de trois segmens réunis en une seule masse; leurs ailes, horizontales, sont croisées sur le corps, et, pour l'ordinaire, leur abdomen ne tient au corselet que par un pédicule fort mince. Tous ont les tarses composés de cinq articles entiers. Les femelles portent à l'extrémité de l'abdomen une tarière ou un aiguillon dont la piqûre est douloureuse. Le plus grand nombre construit un nid avec beaucoup d'art, et d'autres vivent en société. Ordinairement ils se nourrissent du pollen des fleurs; cependant plusieurs espèces sont carnassières.

Cet ordre se divise en deux sections.

SECTION I. *Les Térébrans.*

Femelles portant toujours une tarière à l'extrémité de l'abdomen.

FAMILLE 38. LES PORTE-SCIE.

Analyse des genres.

1. { Mandibules allongées et comprimées; languette trifide et digitée. *Première tribu.* LES TENTHRÉDINES. 2
   Mandibules courtes et épaisses; languette entière. *Deuxième tribu.* LES UROCÈRES. 9

Première tribu. LES TENTHRÉDINES.

2. { Labre saillant, très apparent; tête plus large que longue, transverse.......... 3
Labre caché ou peu saillant; tête presque carrée ou ronde.................... 6

3. { Antennes de trois à sept articles......... 4
Antennes de neuf articles et au-delà..... 5

4. { Antennes de cinq à six articles, terminées en massue ou en bouton........ *Genre Cimbex.*
Antennes de trois articles, en massue grêle ou en fourche dans les mâles.... *Genre Hylotome.*

5. { Antennes de neuf à onze articles, simples, légèrement en massue vers le bout, ou filiformes, sétacées........... *Genre Tenthrède.*
Antennes de neuf à vingt-quatre articles, en peigne, en panache ou en scie. *Genre Lophyre.*

6. { Mandibules allongées et étroites; cou non allongé; tarière non saillante......... 7
Mandibules guère plus longues que larges; cou allongé; tarière saillante.......... 8

7. { Antennes en scie ou en peigne,.. *Genre Mégalodonte.*
Antennes simples................. *Genre Pamphilie.*

8. { Antennes insérées près du front, plus grosses vers l'extrémité........ *Genre Céphus.*
Antennes insérées près de la bouche, plus grêles vers l'extrémité.......... *Genre Xiphydrie.*

Deuxième tribu. LES UROCÈRES.

9. { Antennes près de la bouche, de dix à onze articles; mandibules sans dents.. *Genre Orysse.*
Antennes près du front, de treize à vingt-cinq articles; mandibules dentelées. *G. Sirex.*

CARACTÈRES. Abdomen sessile, uni au corselet dans toute son épaisseur. Femelles ayant une tarière le plus souvent en forme de scie, leur servant également de véritable tarière et d'oviducte.

PREMIÈRE TRIBU. LES TENTHRÉDINES.

Les mandibules sont allongées et comprimées, la languette trifide et digitée, la tarière composée de deux lames pointues, dentées en scie, réunies et logées dans une coulisse, sous l'anus.

Les ailes de ces insectes paraissent comme chiffonnées; ils ont deux petits corps arrondis, ordinairement colorés, en forme de grains, derrière l'écusson; leur port est lourd; leurs palpes sont filiformes ou presque sétacés, de six articles; languette droite, arrondie, divisée en trois parties doublées, dont l'intermédiaire plus étroite; sa gaîne est ordinairement courte; ses palpes, plus courts que les maxillaires, ont quatre articles, dont le dernier ovalaire. Les tenthrédines se servent de leur tarière pour entailler les branches des végétaux, et y déposer leurs œufs.

Premier genre. LES CIMBEX (*Cimbex*).

Labre saillant et très apparent; tête, vue en dessus, paraissant plus large que longue, ou transverse; antennes de cinq à sept articles, terminées en bouton ou en massue épaisse et presque ovoïde.

CIMBEX A GROSSES CUISSES (*Cimbex femorata*, LATR.; *tenthredo femorata*, FAB.). Noir; antennes jaunes; tarses jaunâtres; une tache demi-circulaire à la base de l'abdomen; côte et bord postérieur des ailes bruns; cuisses postérieures renflées. — Europe.

CIMBEX OBSCUR (*C. obscurus*, LATR.; *tenthredo obscura*, FAB.). Noir; glabre; ailes d'un blanc sale; antennes courtes, terminées par une massue arrondie. — Suède.

CIMBEX DU SAULE (*C. amerinæ*, LATR.; *tenthredo amerinæ*, FAB.). Noir, ayant un duvet cendré; front blanc; ailes teintées d'obscur; abdomen roussâtre au bout et en dessous. — Europe.

CIMBEX LUISANT (*C. sericeus*, LATR.; *tenthredo sericea*, FAB.). Antennes des femelles noires : celles des mâles jaunâtres, ainsi que les jambes et les tarses; corselet noir; abdomen d'un vert bronzé et luisant. — Europe.

CIMBEX JAUNE (*Cimbex lutea*, LATR.; *tenthredo lutea*, FAB.). Antennes jaunes; abdomen ayant ses anneaux presque entièrement de la même couleur. — Europe.

CIMBEX MARGINÉ (*C. marginatus*, LATR.; *tenthredo marginata*, FAB.). Noir; massue des antennes jaunâtre, ainsi que les tarses et les jambes; abdomen ayant le bord postérieur de ses anneaux d'un blanc jaunâtre. — Europe.

CIMBEX LATÉRAL (*C. læta*, LATR.; *tenthredo læta*, FAB.). Noir; antennes de la même couleur; bord latéral et un peu antérieur des anneaux de l'abdomen, jaune. — Allemagne.

CIMBEX DES FORÊTS (*C. sylvarum*, LATR.; *tenthredo sylvarum*, FAB.). Noir; antennes et tarses jaunes; abdomen ayant une large bande d'un jaune ferrugineux, le premier et les deux derniers anneaux noirs; ailes blanchâtres, ayant le bord postérieur brunâtre, ainsi qu'une large tache marginale. — Allemagne.

CIMBEX DES MONTAGNES (*C. montanus*, LATR.; *tenthredo montana*, FAB.). Antennes jaunes; pates brunes; corselet d'un brun luisant; abdomen d'un jaune doré, bronzé à sa base; ailes jaunâtres, avec la côte obscure. — Europe.

CIMBEX RAYÉ (*C. segmentarius*, LATR.; *cryptus segmentarius*, PANZ.). Noir; front pubescent; antennules pâles; jambes et tarses blancs; anneaux de l'abdomen ayant leur bord postérieur un peu marginé de jaune pâle; une tache brune vers l'extrémité du bord externe des ailes. — Allemagne.

CIMBEX A ÉPAULETTE (*C. axillaris*, LATR.; *tenthredo axillaris*, PANZ.). Pubescent; antennes et tarses jaunes; pates brunes; cuisses renflées; corselet noir, ayant une tache triangulaire jaune de chaque côté de son angle antérieur; abdomen ayant sa moitié postérieure jaune, et l'autre moitié noire, avec une bande jaune interrompue. — Europe.

Deuxième genre. LES HYLOTOMES (*Hylotoma*).

Ils ont le labre et la tête des précédens, mais leurs antennes sont de trois articles, dont le dernier beau-

[c]oup plus long, en massue grêle et prismatique ou en [f]ourche dans les mâles.

HYLOTOME DU ROSIER (*Hylotoma rosæ*, LATR.; *tenthredo rosæ*, FAB.). D'un jaune foncé; antennes et tête noires, ainsi que le dessus du corselet, la poitrine et le bord extérieur des ailes supérieures; pates jaunâtres, à tarses annelés de noir. — Europe.

HYLOTOME SANS NOEUDS (*H. enodis*, LATR.; *tenthredo enodis*, FAB.). Bleu foncé et luisant; ailes d'un bleu noirâtre, moins colorées vers leur extrémité. — Europe.

HYLOTOME BRULÉ (*H. ustulata*, LATR.; *tenthredo ustulata*, FAB.). Bleu foncé et luisant; jambes pâles; ailes d'un brun clair vers leur extrémité. — Europe.

HYLOTOME DE L'ANGÉLIQUE (*H. angelicæ*, LATR.; *tenthredo angelicæ*, PANZ.). Jaune roussâtre; tête et antennes noires, ainsi que la côte des ailes; palpes et pates jaunâtres. — Allemagne.

HYLOTOME TÊTE-NOIRE (*H. melanocephala*, LATR.; *tenthredo melanocephala*, FAB.). Jaune; tête noire. — Allemagne.

HYLOTOME BLEUATRE (*H. cærulescens*, LATR.; *tenthredo cærulescens*, FAB.). Bleu noirâtre; abdomen jaune; anus violet; pates noires, les postérieures jaunes, avec les tarses et les articulations noirs; une tache brune, en forme de bande, vers le milieu des ailes supérieures. — Europe.

HYLOTOME FOURCHU (*H. furcata*, LATR.; *tenthredo furcata*, FAB.). Noir; palpes, pates et abdomen d'un jaune roussâtre; ailes supérieures un peu obscures; mâles ayant les antennes fourchues. — France.

HYLOTOME VILLAGEOIS (*H. pagana*, LATR.; *tenthredo pagana*, PANZ.). Noir violet, ainsi que le bord antérieur des ailes; celles-ci brunâtres; abdomen jaune; tarses bruns. — Allemagne.

Troisième genre. LES TENTHRÈDES (*Tenthredo*).

Labre et tête comme les précédens; antennes de neuf ou onze articles, tantôt légèrement plus grosses vers le bout ou filiformes, tantôt sétacées, simples dans les deux sexes.

TENTHRÈDE DE LA SCROPHULAIRE (*Tenthredo scrophulariæ*, LATR.). Noire; jambes et tarses fauves; anneaux de l'abdomen, le second et le troisième exceptés, bordés postérieurement de jaune. — Europe.

TENTHRÈDE VERTE (*T. viridis*, LATR.). Verte; une tache noire sur le corselet, et une bande de la même couleur le long du milieu du dos. — Europe.

TENTHRÈDE RUSTIQUE (*T. rustica*, LATR.; *tenthredo notata*, PANZ.). Noire; pates jaunes, avec la cuisse et l'articulation de la cuisse noires; front jaune, ainsi que l'écusson, et une tache de chaque côté sur le devant du corselet; abdomen ayant trois bandes jaunes, dont les deux postérieures interrompues. — Europe.

TENTHRÈDE POINT (*T. punctum*, LATR.). Noire; corselet ayant en devant une tache jaune de chaque côté; cuisses postérieures rouges; abdomen blanc sur les côtés. — Allemagne.

TENTHRÈDE ANTENNES-JAUNES (*T. luteicornis*, LATR.). Noire; antennes jaunes, ainsi que la bouche, les jambes et la base de l'abdomen; ailes blanches, obscures à l'extrémité. — Kiell.

TENTHRÈDE GENOUILLÉE (*T. gonagra*, LATR.). D'un noir luisant; cuisses d'un jaune testacé, ainsi que les articulations des jambes. — Allemagne.

TENTHRÈDE A TROIS CEINTURES (*T. tricincta*, LATR.). Noire; trois bandes jaunes séparées sur l'abdomen, dont l'extrémité est jaune en dessus; base des antennes fauve, ainsi que les pates; ailes supérieures à côte obscure. — Paris.

TENTHRÈDE PARÉE (*T. togata*, LATR.). Noire; tarses jaunes; jambes avec un anneau blanc; abdomen ayant deux bandes blanches, ainsi que l'extrémité. — Allemagne.

TENTHRÈDE A CUISSES ROUGES (*T. hæmatopus*, LATR.). Noire; pates postérieures d'un rouge sanguin; tarses noirs; les quatre pates antérieures jaunes dans les mâles, rougeâtres dans les femelles; sixième et septième anneau de l'abdomen ayant une tache blanche de chaque côté. — Allemagne.

TENTHRÈDE VERTE-FAUVE (*T. nassata*, LATR.). Fauve; pates de la même couleur; écusson blanc, ainsi qu'un point à la marge des ailes. — Allemagne.

TENTHRÈDE GERMANIQUE (*Tenthredo germanica*, LATR.). Noire; abdomen fauve, ainsi que le devant du corselet. — Europe.

TENTHRÈDE DU SAPIN (*T. abietis*, LATR.). Noire; pates fauves, ainsi que les quatre anneaux de la partie moyenne de l'abdomen. — Europe.

TENTHRÈDE FLAVICORNE (*T. flavicornis*, LATR.). Jaune pâle; tête et partie postérieure de l'abdomen noires. — Europe.

TENTHRÈDE TIBIALE (*T. tibialis*, LATR.). Noire; les quatre cuisses postérieures jaunes; jambes blanches; tarses noirs; antennes blanches vers le bout. — Suisse.

TENTHRÈDE AGRÉABLE (*T. blanda*, LATR.). Noire; abdomen ayant une large bande fauve à sa partie moyenne; cuisses postérieures avec une tache blanche. — Europe.

TENTHRÈDE A VENTRE ROUX (*T. rufiventris*, LATR.). Noire; antennes blanches près de leur extrémité; abdomen et pates rousses. — Europe.

TENTHRÈDE TRÈS NOIRE (*T. atra*, LATR.). Entièrement noire; pates rouges. — Europe.

TENTHRÈDE DE VIENNE (*T. Viennensis*, LATR.). Noire; antennes et pieds fauves; abdomen ayant cinq bandes jaunes. — Europe.

TENTHRÈDE ÉPAISSE (*T. crassa*, LATR.). Noire; pates roussâtres; deux points de la même couleur sous l'écusson. — Europe.

TENTHRÈDE DU HÊTRE (*T. fagi*, LATR.). Noire; écusson blanc, ainsi que la bouche, une tache sur les cuisses postérieures, et un point de chaque côté à la base de l'abdomen; antennes blanches au bout; ailes d'un brun obscur, noirâtres sur la côte. — Allemagne.

TENTHRÈDE DEMI-CEINTURÉE (*T. semi-cincta*, LATR.). Noire; abdomen ayant une ceinture jaune interrompue postérieurement; pates et dessous du ventre jaunes. — Allemagne.

TENTHRÈDE DU GROSEILLER (*T. ribes*, LATR.). Noire; jambes et extrémité des cuisses postérieures blanches au côté externe. — Allemagne.

Tenthrède noire (*Tenthredo nigra*, Latr.). D'un noir uniforme. — Europe.

Tenthrède a douze points (*T. duodecim-punctata*, Latr.). Noire, avec douze points blancs. — Europe.

Tenthrède opaque (*T. opaca*, Latr.). Noire; corselet ayant en devant, de chaque côté, une tache rougeâtre. — Europe.

Tenthrède livide (*T. livida*, Latr.). Noire; pates ferrugineuses, ainsi que le bout de l'abdomen; antennes blanches vers leur extrémité. — Europe.

Tenthrède du tilleul (*T. tiliæ*, Latr.; *atlantus tiliæ*, Panz.). Fauve; corselet à deux taches; tarses postérieurs noirs, ainsi que le premier anneau de l'abdomen; une série longitudinale de taches noires sur l'abdomen. — Allemagne.

Tenthrède de la ronce (*T. rubi*, Latr.; *atlantus rubi*, Panz.). D'un jaune ferrugineux; dessus du corselet, occiput et premier anneau de l'abdomen, noirs. — Allemagne.

Tenthrède obscure (*T. obscura*, Latr.; *atlantus obscurus*, Panz.). Noire; pates rousses, avec les jambes postérieures noires vers leur extrémité; dessus de l'abdomen d'un fauve obscur; antennes blanches vers le bout. — Allemagne.

Tenthrède du sureau (*T. sambuci*, Latr.; *atlantus sambuci*, Panz.). Noire; cuisses postérieures rougeâtres; les quatre pates de devant et les tarses postérieurs, blanchâtres. — Allemagne.

Tenthrède a quatre taches (*T. quadrimaculata*, Latr.; *atlantus quadrimaculatus*, Panz.). Noire; pates postérieures rougeâtres; les troisième, quatrième, cinquième et sixième anneaux de l'abdomen ayant une petite ligne blanche et marginale de chaque côté, au bord postérieur. — Allemagne.

Tenthrède sauvage (*T. fera*, Latr.; *atlantus ferus*, Panz.). Noire; jambes jaunes en dessus, ainsi que l'anus; corselet taché; quatrième, cinquième et sixième anneau de l'abdomen ayant une tache jaune de chaque côté. — Europe.

Tenthrède de rossi (*T. rossii*, Latr.; *atlantus rossii*, Panz.). Noire; jambes jaunes; deux lignes transversales de la même couleur sur le troisième et le quatrième anneau de l'abdomen; la ligne postérieure interrompue vers le milieu. — Allemagne.

TENTHRÈDE ROUSSE (*Tenthredo rufa*, LATR.). Rousse; base de l'abdomen noire, ainsi que les tarses et l'extrémité des quatre jambes postérieures. — Allemagne.

TENTHRÈDE ABDOMINALE (*T. abdominalis*, LATR.). Noire; pates fauves, ainsi que l'abdomen, à l'exception du premier anneau. — Europe.

TENTHRÈDE VENTRALE (*T. ventralis*, LATR.). Noire, luisante; abdomen d'un fauve rougeâtre, noir à sa base; ailes et tarses noirs; pates fauves. — Allemagne.

TENTHRÈDE CORSELET-ROUGE (*T. ephippium*, LATR.). Noire; corselet rougeâtre; pates pâles. — Allemagne.

TENTHRÈDE OVOÏDE (*T. ovata*, LATR.). Noire; corselet rouge. — Europe.

TENTHRÈDE FAUVE (*T. lutea*, LATR.; *nematus luteus*, PANZ.). Fauve; base des ailes jaunâtre; poitrine ayant deux taches noires luisantes. — Allemagne.

TENTHRÈDE DU SAULE MARCEAU (*T. capreæ*, LATR.). Jaune; tête noire, ainsi que le dessus du corselet et de l'abdomen; un point jaune aux ailes. — Europe.

TENTHRÈDE DE L'ÉGLANTIER (*T. centifoliæ*, LATR.). Jaune; tête noire, ainsi que le dessus du corselet et la côte des ailes supérieures. — Europe.

TENTHRÈDE MORIO (*T. morio*, LATR.). Entièrement noire; pates pâles. — Allemagne.

TENTHRÈDE MINEUSE (*T. intercus*, LATR.; *nematus intercus*, PANZ.). Noire; mandibules et lèvres jaunes; pates d'un jaune pâle; cuisses noirâtres à la base. — Europe.

Quatrième genre. LES LOPHYRES (*Lophyrus*).

Labre et tête des précédentes, mais antennes des mâles en peigne ou en panache, de neuf ou vingt-quatre articles; celles des femelles en scie, et de neuf ou seize articles. Les mandibules sont bidentées au côté interne..

LOPHYRE DU PIN (*Lophyrus pini*, LATR.; *tenthredo pini*, FAB.). Noire; jambes et tarses d'un jaune sale tirant sur le brun; antennes très barbues dans les mâles. — Europe.

Lophyre dorsale (*Lophyrus dorsatus*, Latr.; *tenthredo dorsata*, Fab.). Blanchâtre; antennes très brièvement pectinées; tête noirâtre, ainsi que le dessus du corselet et de l'abdomen. — Allemagne.

Lophyre difforme (*L. difformis*, Latr.; *tenthredo difformis*, Panz.). Noire; jambes, tarses et cuisses antérieures, blancs; antennes en peigne d'un seul côté; ailes à côte jaune et marquée d'une tache brune. — Suisse.

Lophyre du genévrier (*L. juniperi*, Latr.; *tenthredo juniperi*, Fab.). Corps noir; abdomen roussâtre; pates jaunâtres, ainsi que les antennes, qui sont pectinées. — Europe.

Cinquième genre. Les Mégalodontes (*Megalodontes*).

Labre caché ou peu saillant; tête paraissant presque carrée ou ronde quand on la voit en dessus; antennes de douze articles ou au-delà, en scie ou en peigne; cou non allongé; tarière ne faisant pas de saillie au-delà de l'anus; mandibules allongées et étroites.

Mégalodonte céphalote (*Megalodontes cephalotes*, Latr.; *tenthredo cephalotes*, Fab.). D'un noir luisant; quatre bandes transversales jaunes sur l'abdomen, l'antérieure plus large; pates ferrugineuses; une raie jaune transversale et interrompue, sur le corselet. — Allemagne.

Sixième genre. Les Pamphilies (*Pamphilius*).

Mêmes caractères que les précédens, mais antennes simples dans les deux sexes; abdomen déprimé.

Pamphilie déprimée (*Pamphilius erytrocephalus*, Latr.; *tenthredo erytrocephala*, Fab.). D'un bleu verdâtre et luisant; tête d'un jaune d'ocre. — Nord de l'Europe.

Pamphilie de l'églantier (*P. cynosbati*, Latr.; *tenthredo cynosbati*, Fab.). Noire; les quatre premières pates fauves: les postérieures annelées de blanc et de noir. — France.

Pamphilie des forêts (*P. sylvaticus*, Latr.; *ten-*

[ten]*thredo sylvatica*, Fab.). Noire ; pates d'un jaune fauve ; antennes jaunes et quelques taches de la même couleur sur la tête et le corselet. — France.

Pamphilie déprimée (*Pamphilius depressus*, Latr. ; *tenthredo depressa*, Panz.). Tête et corselet noirs, tachés de jaune ; pates et abdomen ferrugineux. — Lyon.

Pamphilie des arbustes (*P. arbustorum*, Latr. ; *tenthredo arbustorum*, Fab.). Noire ; pates fauves ; bouche jaunâtre ; écusson blanc, ainsi qu'une petite ligne devant les ailes ; abdomen ayant son troisième, son quatrième et son cinquième anneau, rouges. — Angleterre.

Pamphilie longicorne (*P. longicornis*, Latr.). Noire ; mâchoires et écusson jaunes ; pates jaunes ou mélangées de noir et de fauve ; antennes longues comme les deux tiers du corps ; anneaux de l'abdomen bordés de jaune citron. — France.

Pamphilie du bouleau (*P. betulæ*, Latr. ; *tenthredo betulæ*, Fab.). D'un jaune roussâtre ; yeux noirs, ainsi que le corselet et l'extrémité de l'abdomen ; une grande tache brune sur les ailes. — Nord de l'Europe.

Septième genre. Les Cephus (*Cephus*).

Tête et labre comme les précédentes ; mandibules guère plus longues que larges ; cou allongé ; tarière saillante ; antennes insérées près du front, et plus grosses vers le bout.

Cephus troglodyte (*Cephus troglodyta*, Latr. ; *sirex troglodyta*, Fab. ; *astatus troglodyta*, Panz.). Noir ; abdomen long, ayant ses second, troisième et cinquième anneaux jaunes, ainsi que la majeure partie des pates ; ailes avec la côte et les nervures roussâtres. — France : rare.

Cephus pygmée (*C. pygmæus*, Latr. ; *sirex pygmæus*, Fab.). Noir ; troisième et cinquième anneau de l'abdomen, ainsi que les côtés du bord postérieur du second et une partie de celui du sixième, jaunes ; jambes et tarses antérieurs, jambes intermédiaires, et palpes, de la même couleur ; ailes ayant la côte noirâtre. — Europe. Il a plusieurs variétés.

Cephus comprimé (*C. compressus*, Latr. ; *sirex com-

pressus, Fab.). Noir; abdomen ferrugineux; le premier et le dernier anneau noirs; ailes noires. — Bordeaux.

Cephus maigre (*Cephus tabidus*, Latr.; *sirex tabidus*, Fab.). Noir; un rang de taches d'un jaune roussâtre sur les côtés de l'abdomen; bout des cuisses, fauce antérieure, et premier article des pates antérieures, jaunes. — Paris.

Huitième genre. Les Xiphydries (*Xiphydria*).

Mêmes caractères que les précédens, mais antennes plus grêles vers le bout, et insérées près de la bouche.

Xiphydrie chameau (*Xiphydria camelus*, Latr.; *sirex camelus*, Fab.). D'un noir mat; une rangée de taches blanches de chaque côté de l'abdomen; pates fauves, avec le bout des tarses noir; ailes presque blanches. — Bordeaux.

Xiphydrie dromadaire (*X. dromedarius*, Latr.; *sirex dromedarius*, Fab). Noire; pates fauves, avec la base des jambes blanche; abdomen fauve au milieu, ponctué de blanc sur les côtés. — Bordeaux.

Xiphydrie longicolle (*X. longicollis*, Latr.). Noire; abdomen et derrière de la tête luisans; une ligne jaune autour de l'œil, et une rangée de taches de la même couleur de chaque côté de l'abdomen; pates noires; une tache jaune à la base des jambes et sur le premier article des tarses; ailes obscures. — Paris.

Deuxième tribu. LES UROCÈRES.

Leurs mandibules sont courtes et épaisses; la languette entière. Tarière des femelles tantôt très saillante et formée par trois filets, tantôt roulée en spirale dans l'intérieur de l'abdomen et sous une forme capillaire. Leur abdomen est sessile.

Les antennes de ces insectes sont vibratiles, filiformes ou sétacées, de dix à vingt-cinq articles. Leur tête est presque globuleuse, et leur labre très petit; leurs palpes maxillaires sont filiformes, de deux à cinq articles; les labiaux de trois, dont le dernier renflé. Corps à peu près cylindrique, et tarière des femelles logée dans une coulisse formée par deux valves.

Neuvième genre. LES ORYSSES (*Oryssus*).

Antennes insérées près de la bouche, de dix à onze articles; mandibules sans dents; palpes maxillaires longs et de cinq articles; tarière roulée en spirale dans l'intérieur de l'abdomen, qui est un peu arrondi ou faiblement prolongé.

Les oryssés sont pleins d'agilité et aiment à se poser principalement sur les vieux arbres exposés au soleil.

ORYSSE COURONNÉ (*Oryssus coronatus*, LATR.; *oryssus coronatus*, le mâle, FAB.; *oryssus vespertilio*, la femelle, FAB.). Noir; vertex couronné de tubercules; une bande blanche aux antennes, et une ligne de la même couleur au bord interne de chaque œil; genoux et bas des jambes blancs; abdomen rouge, noir à sa base; ailes supérieures ayant près de l'extrémité une grande tache noirâtre renfermant un trait blanc. — Midi de la France.

Dixième genre. LES SIREX OU UROCÈRES (*Sirex*).

Ils diffèrent des orysses par leurs antennes insérées près du front, de treize à vingt-cinq articles. Leurs mandibules sont dentelées au côté interne. Palpes maxillaires très petits, presque coniques, de deux articles, avec l'extrémité du dernier segment de l'abdomen prolongé en forme de queue ou de corne, et la tarière saillante, de trois filets.

UROCÈRE GÉANT (*Sirex gigas*. — *Urocerus gigas*, LATR.; *sirex mariscus*, la femelle, FAB.). Femelle: noire; une tache jaune derrière les yeux; abdomen de la même couleur, avec les troisième, quatrième, cinquième et sixième anneaux de l'abdomen, noirs; jambes et tarses jaunâtres. Mâle: pas de tarière; abdomen d'un jaune rougeâtre, à extrémité avancée et noire. — France.

UROCÈRE SPECTRE (*Sirex spectrum*, FAB.; *urocerus spectrum*, LATR.). Noir; une tache testacée derrière chaque œil, avec une raie de la même couleur ou jaunâtre à chaque épaule; pates jaunâtres dans les femelles, celles des mâles coupées de noir et de brun. — Midi de la France.

Urocère corne-brune (*Sirex fuscicornis*, Fab.; *urocerus fuscicornis*, Latr.). Tête et corselet bruns, légèrement tachés de jaune; abdomen de cette dernière couleur, entrecoupé de cercles noirs. — Midi de la France.

Urocère magicien (*S. magus*, Fab.; *urocerus magus*, Latr.). Bleu; extrémité des antennes blanches; pates avec des taches blanches. — Allemagne.

Urocère bleu (*S. juvencus*, Fab.; *urocerus juvencus*, Latr.). Bleu; milieu de l'abdomen rouge dans le mâle; pates testacées. — Du Jura.

Urocère fantôme (*S. fantoma*, Fab.; *urocerus fantoma*, Latr.). Tête noire devant, jaune derrière; corselet brun-noir, avec quelques parties plus claires et roussâtres; abdomen jaune, ayant ses sixième et septième anneaux à bord postérieur noir en dessus. — Midi de l'Allemagne.

FAMILLE 39. LES PUPIVORES.

Analyse des genres.

1. { Les quatre ailes veinées. *Première tribu.* Les Ichneumonides 5
   Les deux ailes supérieures seulement veinées 2

2. { Pas d'aiguillon terminant la tarière 3
   Un aiguillon terminant la tarière. *Cinquième tribu.* Les Chrysides 21

3. { Tarière filiforme; palpes très courts ou nuls 4
   Tarière tubulaire; palpes maxillaires longs et pendans. *Quatrième tribu.* Les Oxyures 20

4. Antennes droites ou sans coudes, filiformes ou à peine plus grosses au bout. *Deuxième tribu.* LES GALLICOLES...... 15
Antennes brisées et formant, à partir du coude, une massue allongée ou en fuseau. *Troisième tribu.* LES CHALCIDITES. 19

Première tribu. LES ICHNEUMONIDES.

5. Antennes de treize à quatorze articles... 6
Antennes de vingt articles au moins..... 8

6. Abdomen filiforme et très long, inséré à la partie inférieure du corselet... *Genre Pélécine.*
Abdomen ovoïde, triangulaire ou en massue, brusquement pédiculé, inséré à la partie supérieure du corselet......... 7

7. Abdomen très petit, comprimé, triangulaire ou ovoïde; antennes coudées. *Genre Évanie.*
Abdomen allongé, en massue; antennes droites, filiformes............ *Genre Fœne.*

8. Mandibules carrées, écartées, à trois dentelures.................... *Genre Alysie.*
Mandibules échancrées............... 9

9. Parties de la bouche avancées en forme de museau................. *Genre Agathis.*
Parties de la bouche non avancées en museau........................ 10

10. Tarière cachée ou intérieure, ou à peine extérieure.................... 11
Tarière saillante.................... 13

11. Abdomen déprimé, composé au moins de cinq articles apparens, presque cylindrique ou ovale............ *Genre Ichneumon.*
Abdomen non déprimé, paraissant le plus souvent de trois articles............ 12

12. Abdomen très comprimé, en faucille, pointu au bout.............. *Genre Banchus.*
Abdomen élargi et arrondi à son extrémité postérieure............... *Genre Sigalphe.*

13. Abdomen non tronqué au bout, petit, à très court pédicule............ *Genre Microgastre.*
Abdomen tronqué au bout, assez grand. 14

14. Abdomen cylindrique, plus épais, tronqué obliquement; tarière longue.... *Genre Pimple.*
Abdomen très comprimé, plus ou moins arqué en faucille, tronqué; tarière courte........................ *Genre Ophion.*

Deuxième tribu. LES GALLICOLES.

15. Abdomen porté sur un pédicule très court. 16
Abdomen porté sur un long pédicule. *G. Eucharis.*

16. Abdomen comprimé dans toute sa hauteur, en forme de lame de couteau.... *Genre Ibalie.*
Abdomen peu ou point comprimé...... 17

17. Antennes grenues, un peu plus grosses vers le bout................. *Genre Figite.*
Antennes non grenues, filiformes.. *Genre Cynips.*

Troisième tribu. LES CHALCIDITES.

18. Ailes étendues; tarière droite, intérieure ou extérieure; abdomen ovoïde, allant en pointe................... *Genre Chalcide.*
Ailes supérieures doublées; tarière se recourbant sur le dos; abdomen comprimé dans toute sa hauteur, arrondi postérieurement................ *Genre Leucospis.*

Quatrième tribu. LES OXYURES.

19. Corselet divisé en deux nœuds; tarses munis de deux longs crochets, dont l'un rétractile; tarière rétractile..... *Genre Dryine.*
Corselet non divisé en deux nœuds; pas de crochet rétractile aux tarses; tarière longue, arquée, non rétractile.. *Genre Béthyle.*

Cinquième tribu. LES CHRYSIDES.

20. Palpes de deux articles.......... *Genre Parnopès.*
Palpes de cinq articles................ 21

21. Corselet non rétréci antérieurement; abdomen de trois segmens.............. 22
Corselet rétréci en devant; abdomen de quatre ou cinq segmens.......... *Genre Clepte.*

22. Palpes dépassant l'extrémité de la lèvre inférieure; celle-ci arrondie et entière. .... *Genre Chrysis.*
Palpes ne dépassant pas l'extrémité de la lèvre inférieure; celle-ci allongée et échancrée...................... *Genre Hédychre.*

Caractères. Abdomen attaché au corselet par une simple portion de son diamètre transversal, et même le plus souvent par un très petit filet ou pédicule; femelles munies d'une tarière servant d'oviducte.

PREMIÈRE TRIBU. LES ICHNEUMONIDES.

Les quatre ailes veinées; antennes ordinairement filiformes ou sétacées, vibratiles, formées par un grand nombre d'articles; palpes maxillaires ordinairement fort longs, toujours apparens, filiformes ou sétacés, le plus souvent de cinq articles, rarement de six. Tarrière des femelles composée de trois filets.

Ces insectes déposent leurs œufs dans le corps des chenilles, et les y enfoncent au moyen de leur tarière : quelquefois ils les déposent dans des chrysalides ou des larves d'abeilles maçonnes. Les œufs éclosent, et les larves se nourrissent de la substance de l'insecte, qui ne périt pas pour cela. Mais écoutons le célèbre Latreille rendre compte de ce phénomène des plus singuliers. « Quand on voit un si grand nombre de larves, dit-il, sortir du corps d'une chenille, on a peine à concevoir comment elles ont pu y vivre si long-temps sans la faire mourir. Non seulement elle ne meurt point, mais elle croît pendant que des ennemis terribles la dévorent intérieurement, parce que ces larves n'attaquent point les parties nécessaires à sa conservation, elles ne rongent que le corps graisseux dont le volume est considérable, et qui est bien plus utile à la chrysalide qu'à la chenille. Quelques espèces font périr la chenille assez promptement, c'est qu'elles ont pris leur accroissement beaucoup plus tôt que la chenille ne prend le sien, et en lui déchirant la peau pour sortir, elles la tuent. »

Premier genre. LES PÉLÉCINES (*Pelecinus*).

Antennes composées de treize à quatorze articles; abdomen filiforme, très-long, inséré à l'extrémité postérieure et inférieure du corselet.

PÉLÉCINE D'AMÉRIQUE (*Pelecinus polycerator.* — *Ichneumon polycerator*, FAB.). Entièrement noire; ailes obscures. — Amérique.

Deuxième genre. LES EVANIES (*Evania*).

Antennes brisées, de treize à quatorze articles; abdomen très court, comprimé, triangulaire ou ovoïde, brusquement pédiculé, inséré à l'extrémité postérieure et supérieure du corselet.

EVANIE APPENDIGASTRE (*Evania appendigaster*, LATR.; *sphex appendigaster*, LIN.). Noire et ponctuée; antennes brunes, à premier article plus foncé; pates postérieures beaucoup plus grandes que les autres; abdomen triangulaire et uni, à pédicule un peu rugueux. — Midi de l'Europe.

EVANIE NAINE (*E. minuta*, LATR.). Deux fois plus petite que la précédente, et pates presque d'égale grandeur. — Paris.

Troisième genre. LES FOENES (*Fœnus*). (1)

Antennes droites, filiformes, de treize à quatorze

(1) On doit réunir à ce genre les Aulaques de mon *Manuel d'Histoire naturelle.* J'ai entièrement refondu cette famille, dont les genres très nombreux, souvent composés d'insectes fort petits, sont d'une étude difficile. J'ai cru devoir y ajouter quelques genres de Latreille, dont les coupes m'ont paru aisées à saisir, et en retrancher plusieurs de Jurine, Fabricius, etc., parce qu'il m'eût été fort difficile d'y rapporter avec exactitude les espèces qui doivent leur appartenir, ces auteurs eux-mêmes ayant fait un grand nombre d'erreurs.

articles; tête portée sur un cou; abdomen inséré comme dans les précédens, mais allongé et insensiblement rétréci à sa base; tarière des femelles semblables à celles des ichneumons.

Foene sectateur (*Fœnus assectator*, Latr.). Noir; jambes postérieures ferrugineuses; abdomen marqué de trois taches rousses sur les côtés; tarière courte. — Europe.

Foene jaculateur (*F. jaculator*, Latr.; *ichneumon jaculator*, Lin.). Abdomen fauve au milieu; base et extrémité des jambes postérieures blanchâtres; tarière des femelles longue. — Europe.

Quatrième genre. Les Ichneumons (*Ichneumon*).

Antennes composées de vingt articles ou davantage; abdomen ayant au moins cinq ou six anneaux apparens ou allongés; palpes maxillaires de cinq articles, et les labiaux de quatre.

A. *Tarière saillante; abdomen tronqué obliquement.*

a. *Palpes maxillaires à articles allongés, sétacés.*

† *Mandibules sans dents.*

* *Corselet aminci en devant; abdomen brusquement aminci à la base.*

Ichneumon couronné (*Ichneumon coronatus*, Latr.; *stephanus coronatus*, Juri.; *ichneumon serrator*, Fab.). Tête et corselet noirs; abdomen pédiculé, fauve, à extrémité noire; cuisses postérieures munies de trois épines. — Suisse.

** *Corselet peu aminci en devant; abdomen insensiblement aminci à la base.*

Ichneumon prédicateur (*I. præcatorius*, Latr.). Antennes ayant un anneau blanc; corselet taché; abdomen ayant le bord de ses anneaux blanchâtre; pates ferrugineuses; tarière courte. — Allemagne.

†† *Mandibules bifides à l'extrémité.*

§ *Abdomen presque sessile, droit.*

1. *Abdomen presque cylindrico-trigone.*

Ichneumon nouvelliste (*I. nunciator*, Latr.).

Noir, ainsi que les jambes postérieures; pâtes rousses; abdomen comprimé; tarière de longueur moyenne. — Allemagne.

2. *Abdomen ovale, trigone et tronqué.*

ICHNEUMON OVALE (*Ichneumon ovator*, LATR.). Noir, ainsi que les cuisses postérieures; corselet sans taches; pates fauves, ainsi que le second et le troisième anneau de l'abdomen. — Italie.

§§ *Abdomen avec un pédicule arqué.*

* *Pates postérieures grandes; antennes courtes ou moyennes.*

ICHNEUMON DOUTEUX (*I. dubitator*, LATR.). Noir, ainsi que les tarses postérieures; second et troisième anneau de l'abdomen fauves, ainsi que l'extrémité du premier : les autres ayant une bordure postérieure blanche. — Allemagne.

** *Pates postérieures de grandeur ordinaire; antennes très longues et menues.*

ICHNEUMON JAUNISSANT (*I. flavator*, LATR.). Ailes noires, sans taches; abdomen jaune; tarière aussi longue que l'abdomen. — Barbarie.

ICHNEUMON SUSPENSEUR (*I. pendulator*, LATR.). Fauve pâle; premier anneau de l'abdomen noir, strié; antennes noirâtres; abdomen pédiculé, elliptique. — Europe.

ICHNEUMON EXTENSEUR (*I. extensor*, LATR.). Petit, d'un noir uniforme; pates roussâtres; cuisses légèrement renflées; abdomen diminuant insensiblement vers la base; tarière aussi longue que le corps. — Europe.

b. *Palpes maxillaires ayant quelques articles très gros; abdomen non comprimé, plus large que haut.*

ICHNEUMON PIQUEUR (*I. compunctor*, LATR.). Noir; bouche ferrugineuse, ainsi que les pates; abdomen pédiculé, plus long que la tarière. — France.

ICHNEUMON ÉMIGRANT (*I. emigrator*, LATR.). Noir, ainsi que l'extrémité de l'abdomen qui est fauve; antennes annelées de blanc. — Europe.

ICHNEUMON PÉDICULAIRE (*I. pedicularis*, LATR.).

Pas d'ailes dans les femelles; fauve; derrière du corselet, tête et extrémité de l'abdomen noirs. — Europe.

B. *Tarière non saillante; abdomen terminé en pointe.*

1. *Abdomen cylindrique, sessile.*

ICHNEUMON VESPOÏDE (*Ichneumon vespoides*, LATR.). Noir; abdomen à base jaune, ayant sur tous ses anneaux, excepté sur le second, une bande marginale de la même couleur. — Midi de la France.

ICHNEUMON AMICTEUR (*I. amictorius*, PANZ.). Noir; écusson jaune, ainsi qu'une ligne au-dessous, une tache dorsale sur les deux premiers anneaux de l'abdomen, et le bord postérieur du cinquième et du sixième. — Allemagne.

2. *Abdomen n'étant pas fixé au corselet dans toute son épaisseur.*

ICHNEUMON JOYEUX (*I. lætatorius*, LATR.). Noir; corselet taché; écusson blanc; abdomen fauve, ayant la base et l'extrémité noires; un anneau blanc aux jambes postérieures. — Europe.

ICHNEUMON ALLONGEUR (*I. elongator*, LATR.). Noir, ainsi que les cuisses postérieures; pates, second et troisième anneau de l'abdomen, fauves. — France.

3. *Abdomen pédiculé; mandibules pointues et faiblement bidentées.*

ICHNEUMON COMPAGNON (*I. comitator*, LATR.). D'un noir uniforme; antennes avec un anneau blanc. — Europe.

ICHNEUMON ENTREPRENEUR (*I. molitorius*, LATR.). Antennes ayant un anneau blanc; corselet sans taches; écusson blanc; base des jambes blanche, ainsi que l'extrémité de l'abdomen. — Europe.

ICHNEUMON VOYAGEUR (*I. viator*, LATR.). Noir; un anneau blanc aux antennes et un autre de la même couleur aux jambes postérieures; pates rousses. — Europe.

ICHNEUMON LUTTEUR (*I. lutatorius*, LATR.). Antennes noires; corselet taché; écusson blanc; abdomen ayant ses second et troisième anneaux jaunâtres. — Europe.

ICHNEUMON BROYEUR (*Ichneumon pisorius*, LATR.). Pates testacées, à cuisses noires; écusson blanc; corselet rayé; abdomen testacé, ayant son pédicule noir. — Europe.

ICHNEUMON VAGINATEUR (*I. vaginatorius*, LATR.). Corselet taché; écusson blanc; abdomen noir, marqué de cinq bandes blanches dont la troisième interrompue. — Europe.

ICHNEUMON ÉTENDU (*I. extensorius*, LATR.). Corselet sans taches; écusson d'un jaune pâle; abdomen ayant son second et son troisième anneau ferrugineux, les derniers blancs à leur extrémité. — Europe.

ICHNEUMON DÉLIRANT (*I. deliratorius*, LATR.). Corselet taché, ayant trois petits points blanchâtres de chaque côté; écusson jaunâtre; jambes blanches; abdomen noir et sans taches. — Europe.

ICHNEUMON SATURÉ (*I. saturatorius*, LATR.). Corselet sans taches; écusson blanc; abdomen noir, ayant l'extrémité blanche. — Europe.

ICHNEUMON MEURTRIER (*I. sugillatorius*, LATR.). Corselet sans taches; écusson jaune; abdomen noir, ayant ses deux premiers anneaux marqués d'un point blanc de chaque côté. — France.

ICHNEUMON FOSSOYEUR (*I. fossorius*, LATR.). Corselet sans taches; pates fauves; écusson jaunâtre; abdomen d'un noir uniforme. — Paris.

ICHNEUMON RAVISSEUR (*I. raptorius*, LATR.). Corselet sans taches; écusson blanc; second, troisième et quatrième anneau de l'abdomen roux. — Europe.

ICHNEUMON MOQUEUR (*I. delusor*, LATR.). Noir; abdomen ferrugineux, à base et extrémité noires; cuisses postérieures ferrugineuses. — Europe.

ICHNEUMON CHATOUILLEUX (*I. titillator*, LATR.). Noir; corselet sans taches; pates fauves, les deux postérieures noires, avec les tarses blancs; abdomen fauve, à extrémité noire. — Europe.

Cinquième genre. LES PIMPLES (*Pimplus*).

Ils diffèrent des précédens par leur abdomen cylindrique, plus épais, tronqué obliquement, et terminé par une longue tarière dans les femelles. Leurs palpes maxillaires ont quelques articles beaucoup plus gros que les autres; l'abdomen, une fois plus long que le tronc, est plus large que haut, et tient au corselet par presque toute sa largeur.

PIMPLE PERSUASIF (*Pimplus persuasorius.—Ichneumon persuasorius*, LATR.). Antennes noires; corselet taché; écusson blanc; anneaux de l'abdomen ayant deux points blancs de chaque côté; pieds rouges. — France.

PIMPLE MANIFESTATEUR (*P. manifestator.—Ichneumon manifestator*, LATR.). Entièrement noir; pates fauves. — Europe.

Sixième genre. LES MICROGASTRES (*Microgaster*).

Mêmes caractères que les ichneumons, mais abdomen petit, très aplati, presque triangulaire, attaché au corselet par un très court pédicule; palpes maxillaires de cinq articles, les labiaux de trois.

MICROGASTRE GLOBULEUX (*Microgaster globatus*, LATR.). Petit; noir; abdomen sessile; pates ferrugineuses. — Europe.

MICROGASTRE DÉPRIMÉ (*M. deprimator*, LATR.). Noir; pates fauves; cuisses et jambes postérieures ayant leur extrémité noire; abdomen plan et déprimé. — Europe.

MICROGASTRE SESSILE (*M. sessilis*, LATR.; *evania sessilis*, FAB.). D'un noir luisant et uniforme; pates ferrugineuses et cuisses noires; abdomen court, obtus et cylindrique. — Europe.

Septième genre. LES OPHIONS (*Ophion*).

Mêmes caractères, mais abdomen très comprimé, plus ou moins arqué en faucille, tronqué au bout, avec la tarière courte, mais saillante; les trois derniers articles des palpes maxillaires cylindriques allongés.

OPHION JAUNE (*Ophion luteus*, FAB.). D'un jaune fauve; yeux verts; corselet rayé. — Europe.

OPHION GLAUCOPTÈRE (*O. glaucopterus*, FAB.).

D'un jaune ferrugineux ; les trois derniers anneaux de l'abdomen noirs, ainsi que le dessous du corselet. — Europe.

Huitième genre. LES BANCHUS (*Banchus*).

Ils diffèrent des ophions par leur abdomen qui est de même très comprimé et en faucille, mais pointu au bout et à tarière cachée ; avant-dernier article des palpes maxillaires comprimé, dilaté, triangulaire.

BANCHUS CHASSEUR (*Banchus venator*, FAB.). Noir ; pates fauves ; abdomen arqué, d'un rouge de sang sous sa base. — Europe.

BANCHUS PEINT (*B. pictus*, FAB.). Noir, mélangé de jaune ; écusson avancé en pointe. — Paris.

Neuvième genre. LES SIGALPHES (*Sigalphus*).

Mêmes caractères que les ichneumons, mais abdomen élargi et arrondi à son extrémité postérieure et creusé en voûte inférieurement, ne paraissant que d'un ou trois articles ; palpes maxillaires de six articles, les labiaux de quatre.

Premier sous-genre. LES CHÉLONES. *Abdomen paraissant d'un seul article*. JURINE.

CHÉLONE OCULÉ (*Chelone oculator.* — *Ichneumon oculator*, FAB. ; *sigalphus oculator*, LATR.). Noir ; corselet bidenté postérieurement ; pates fauves ; corps chagriné ; base de l'abdomen ayant de chaque côté une tache ovale d'un jaune transparent. — Paris.

Deuxième sous-genre. LES SIGALPHES proprement dits. *Dessus de l'abdomen paraissant de trois anneaux*.

SIGALPHE ARROSEUR (*Sigalphus irrorator*, LATR. ; *ichneumon irrorator*, FAB.). Abdomen en massue, noir ; extrémité des ailes antérieures de la même couleur ; des poils courts, dorés et luisans, à l'extrémité de l'abdomen ; pates noires ; une partie des jambes postérieures d'un jaune testacé. — Europe.

Dixième genre. LES AGATHIS (*Agathis*).

Caractères des ichneumons, mais extrémité antérieure de la tête formant une espèce de museau par l'avancement des parties de la bouche.

Premier sous-genre. LES AGATHIS. *Museau droit ; palpes labiaux de quatre articles.*

AGATHIS DES MALVACÉES (*Agathis malvacearum*, LATR.). Noir ; tarses noirâtres ; pates rougeâtres, ainsi qu'une bande près de la base de l'abdomen ; tarière aussi longue que le corps. — Paris.

Deuxième sous-genre. LES VIPIONES. *Museau très incliné ou rapproché de la poitrine ; palpes labiaux de trois articles.*

VIPIONE NOMINATEUR (*Vipio nominator*, LATR. ; *ichneumon nominator*, FAB.). Taille et couleur des ailes très variables ; d'un jaune rougeâtre taché de noir ; ailes brunes ou noires, ayant un trait arqué transparent ; tarière beaucoup plus longue que le corps. — Paris.

VIPIONE DÉNIGRATEUR (*V. denigrator*, LATR. ; *ichneumon denigrator*, FAB.). Noir ; abdomen rouge ; ailes noires, traversées par une ligne transparente et arquée. — Europe.

VIPIONE URINATEUR (*V. urinator*, LATR. ; *ichneumon urinator*, FAB.). Noir ; dessus du corselet rougeâtre en devant ; abdomen de cette couleur, avec des taches noires sur le dos ; ailes brunes ; tarière à peine plus longue que le corps. — Allemagne.

VIPIONE DÉSERTEUR (*V. desertor*, LATR. ; *ichneumon desertor* et *purgator*, FAB.). D'un fauve jaunâtre et uniforme ; ailes avec deux bandes transversales noirâtres ; tarière de la longueur de l'abdomen seulement. — Paris.

Onzième genre. LES ALYSIES (*Alysia*).

Mêmes caractères, mais mandibules grandes, larges et tridentées à leur extrémité, écartées, en carré régulier ; palpes maxillaires de six articles, les labiaux de quatre.

ALYSIE STERCORAIRE (*Alysia stercoraria*, LATR. ; *ichneumon manducator*, PANZ.). Noire ; abdomen luisant, excepté le premier anneau qui est chagriné et porte une petite arête saillante dans le milieu; mandibules fauves, ainsi que les pates; antennes velues; tarses noirs. — Paris.

DEUXIÈME TRIBU. LES GALLICOLES.

Ils n'ont pas d'ailes inférieures veinées, ni d'aiguillon au bout de la tarière; cette dernière est filiforme et prend naissance à la partie inférieure de l'abdomen; palpes très courts, quelquefois nuls; antennes droites, filiformes ou légèrement plus grosses vers le bout, le plus souvent composées de treize à quinze articles.

Leur tête est petite, leur corselet gros et élevé, ce qui les fait paraître comme bossus; leur abdomen comprimé renferme une tarière composée d'une seule pièce capillaire, roulée en spirale, creusée en gouttière à son extrémité, avec des dents latérales en forme de fer de flèche. L'animal s'en sert pour piquer et entailler les végétaux afin d'y placer ses œufs, ce qui occasionne des excroissances qui prennent différens noms, comme, par exemple, les *bédéguars du rosier*, *noix de galle*, etc., selon leur forme. C'est par le moyen d'une espèce de cynips, que les Grecs fécondent un figuier dioïque, commun dans l'Orient. Ils prennent les fruits du figuier mâle au moment de la floraison, les enfilent en longues chaînes qu'ils suspendent aux branches des figuiers femelles. Les cynips que ces fruits recélaient en sortent, emportent sur eux du pollen fécondateur, qu'ils insinuent avec eux dans les figues femelles. Cette fécondation artificielle se nomme *caprification*.

Douzième genre. LES IBALIES (*Ibalia*).

Corps allongé; partie supérieure du corselet de niveau avec le sommet de la tête; pédicule de l'abdomen très court: ce dernier comprimé en forme de lame de couteau, guère plus large sur le dos qu'au bord inférieur; antennes de treize à quinze articles; des palpes, des mâchoires, et une lèvre très distincts.

Ibalie cultellateur (*Ibalia cultellator.* — *Ophion cultellator*, Fab.). Noire ; chagrinée sur le corselet ; écusson un peu élevé ; ailes obscures ; pates noires ; abdomen d'un brun ferrugineux. — Midi de la France.

Treizième genre. Les Figites (*Figites*).

Ils diffèrent des précédens par leurs antennes moniliformes, de treize articles dans les femelles ; par leur abdomen ovale, allant en pointe dans les femelles.

Figite scutellaire (*Figites scutellaris*, Latr.). Long de deux lignes ; noir, luisant ; jambes et tarses d'un rouge brun ; corselet gros, avancé, chagriné, avec deux gros points enfoncés ; ailes blanches ; corselet ayant deux lignes longitudinales imprimées. — France.

Quatorzième genre. Les Cynips (*Cynips*).

Mêmes caractères que les ibalies, mais corselet globuleux, plus élevé que la tête ; abdomen ovale, comprimé, ayant le dos épais ; antennes à articles cylindriques.

Cynips de la galle a teinture (*Cynips gallæ tinctoriæ.* — *Diplolepis gallæ tinctoriæ*, Oliv.). Fauve pâle, à duvet soyeux et blanchâtre ; yeux noirs ; une tache d'un brun noirâtre et luisant sur l'abdomen. — Du Levant.

Cynips du rosier (*C. rosæ*). Noir ; pates ferrugineuses, ainsi que l'abdomen, en en exceptant son extrémité ; ailes transparentes. — Dans le bédéguar du rosier sauvage.

Cynips des feuilles de chêne (*C. quercûs folii*). D'un brun foncé et soyeux ; quelques taches rougeâtres aux pates, sur le corselet et autour des yeux ; antennes et pates poilues ; abdomen d'un brun foncé, luisant, ayant une petite touffe de poils à sa partie inférieure. — France.

Cynips du lierre terrestre (*C. glechomæ*). Très noir, luisant et glabre ; abdomen très lisse ; ailes grandes, transparentes ; pates et antennes rougeâtres ; deux lignes enfoncées sur le dos du corselet. — France.

CYNIPS DU CHÊNE TAUZIN (*Cynips quercûs tojæ*). D'un fauve un peu soyeux ; antennes, jambes et tarses noirâtres, et une tache de la même couleur sur l'abdomen ; ailes supérieures à nervures noirâtres. — France.

CYNIPS DU FIGUIER COMMUN (*C. ficûs caricæ*). D'un noir luisant ; antennes de onze articles, longues, noires ; tête jaunâtre ; pates d'un brun noir ; ailes transparentes, sans taches. — France.

CYNIPS DES RACINES DU CHÊNE (*C. quercûs radicis*). D'un rouge marron très luisant ; tête soyeuse, ainsi que le corselet qui est varié de noir et de rougeâtre ; dessus de l'abdomen marqué d'une petite tache noire et transversale. — France.

CYNIPS INFÉRIEUR DU CHÊNE (*C. quercûs inferus*). Très noir ; pates et antennes d'un jaune pâle.—France.

CYNIPS LENTICULAIRE (*C. lenticularis*). D'un noir luisant ; pates brunes ou jaunâtres ; ailes supérieures transparentes, ayant un point obscur et marginal. — France.

CYNIPS APTÈRE (*C. aptera*). Ferrugineux ; abdomen ayant en dessus une large bande noire ; point d'ailes. — Paris.

CYNIPS DES FLEURS DE CHÊNE (*C. quercûs pedunculi*). Gris ; une croix linéaire sur les ailes. — France.

Quinzième genre. EUCHARIS (*Eucharis*).

Abdomen porté sur un long pédicule, presque triangulaire ou conique ; antennes droites, moniliformes, de douze articles ; bouche n'ayant d'autres parties distinctes que les mandibules.

EUCHARIS ASCENDANT (*Eucharis adscendens*, LATR.). Bronzée ; pates d'un jaune pâle. — Allemagne.

TROISIÈME TRIBU. LES CHALCIDITES.

Leurs antennes sont brisées, et, à partir du coude, elles forment une massue allongée ou en fuseau ; elles n'ont pas au-delà de douze articles. Leurs palpes maxillaires sont courts, de quatre articles au plus, dont le dernier plus gros ; le segment antérieur du corselet a son bord postérieur droit.

Ces insectes, à l'état de larves, sont pour la plupart parasites et vivent dans le corps d'autres insectes, à la manière des ichneumons ; plusieurs ont la faculté de sauter au moyen de leurs pieds postérieurs. Ils sont fort petits et parés des couleurs métalliques les plus brillantes.

Seizième genre. Les Chalcides (*Chalcis*).

Jambes postérieures très arquées et terminées en pointe ; cuisses très grandes ; abdomen pédiculé, ovoïde ou conique, allant en pointe ; tarière droite, intérieure ; ailes supérieures étendues, non dentées.

Chalcis sispès (*Chalcis sispes*, Latr. ; *sphex sispes*, Lin.). Noir ; une partie des cuisses postérieures jaune, ainsi que le pédicule de l'abdomen. — Paris : très rare.

Chalcis clavipède (*C. clavipes*, Latr.). Noir, ainsi que les jambes postérieures dont les cuisses sont d'un fauve rougeâtre ; pates roussâtres, mêlées d'un peu de noir ; abdomen pédiculé. — Paris.

Chalcis flavipède (*C. flavipes*, Latr.). Noir ; pates jaunes, noires à la base ; moitié de l'abdomen pubescent et ponctué. — France.

Chalcis nain (*C. minuta*, Latr.). Noir ; genoux jaunes ; abdomen lisse. — France.

Chalcis rufipède (*C. rufipes*, Latr.). D'un noir luisant et sans taches ; ailes postérieures noires, ainsi que les pates postérieures dont les tarses et l'extrémité des jambes sont d'un brun fauve. — France.

Chalcis dargelas (*C. dargelasii*, Latr.). Noir ; cuisses postérieures rouges ; pates noires ; abdomen sessile. — Bordeaux.

Dixseptième genre. Leucospis (*Leucospis*).

Leurs pieds postérieurs sont semblables à ceux des précédens, mais l'abdomen paraît sessile ; il est comprimé dans toute sa hauteur, arrondi postérieurement, avec la tarière recourbée sur le dos ; ailes supérieures doublées.

Leucospis dorsigère (*Leucospis dorsigera*, Latr.). Noir ; trois bandes et deux taches jaunes sur l'abdomen, une ligne transversale de la même couleur sur l'écusson et deux autres en devant du corselet. — France.

LEUCOSPIS GÉANT (*Leucospis gigas*, LATR.). Noir; quatre bandes jaunes sur l'abdomen; deux points sur le corselet, une tache échancrée sur l'écusson, et une petite tache près de l'insertion des ailes, de la même couleur; une bande transversale et noire sur le devant du corselet. — Midi de la France.

Sous-genre. LES EULOPHES (*Eulophus*).

Leurs pieds postérieurs n'ont ni les cuisses à la fois très renflées et lenticulaires, ni les jambes très arquées; elles sont droites, obtuses et terminées par des petites épines ou éperons.

Ils sont d'une extrême petitesse : leur robe a le plus vif éclat.

A. *Antennes de dix articles, en massue épaisse.*

EULOPHE CHRYSIS (*Eulophus chrysis*. — *Ichneumon chrysis*, FAB.). D'un bronzé vert et luisant; abdomen doré. — Midi de la France.

EULOPHE VIOLET (*E. violaceus*. — *Chalcis violacea*, PANZ.). Tête d'un violet foncé, ainsi que le corselet et l'abdomen; pates jaunes; cuisses et jambes postérieures violettes. — Allemagne.

B. *Antennes de dix articles, en massue menue et allongée.*

EULOPHE QUADRILLE (*E. quadrum*. — *Ichneumon quadrum*, FAB.). D'un vert bronzé; deux taches noirâtres sur les ailes supérieures; pates, antennes et base de l'abdomen, d'un fauve pâle. — Paris.

EULOPHE DES LARVES (*E. larvarum*. — *Ichneumon larvarum*, FAB.). Tête et corselet verts; pates jaunes; une tache testacée sur l'abdomen qui est noir. — France.

EULOPHE ATTÉNUÉ (*E. attenuatus*). Corps long, d'un brun ferrugineux et luisant; antennes noirâtres, ainsi que le dessus de l'abdomen et deux petites taches à la côte des ailes supérieures. — Midi de la France.

C. *Antennes de six à sept articles.*

EULOPHE RAMICORNE (*E. ramicornis*. — *Ichneumon*

ramicornis, Fab.). Antennes branchues; corps d'un vert doré; pates jaunes. — France.

D. *Antennes de huit articles distincts et velus.*

Eulophe de l'aurone (*Eulophus abrotoni*. — *Ichneumon verticillatus*, Fab.). D'un noir mat et ponctué; jambes antérieures et tarses bruns; antennes velues, à articles épais et comme séparés par de profondes échancrures. — Paris.

E. *Antennes de neuf à dix articles; abdomen sans pédicule.*

Eulophe abbréviateur (*E. abbreviator*. — *Ophion abbreviator*, Panz.). Tarière logée presque tout entière le long de la carène inférieure de l'abdomen; corps très noir; ailes blanches; jambes et tarses d'un brun foncé; écusson élevé; très luisant, comprimé. — France.

Eulophe du bédéguar (*E. bedeguaris*. — *Ichneumon bedeguaris*, Fab.). Tarière saillante, partant près de l'anus; tête et corselet d'un vert doré; antennes noires; pates jaunes; abdomen d'un pourpre doré. — Sur le rosier sauvage.

quatrième tribu. LES OXYÛRES (*Proctotrupii*).

Ailes inférieures sans nervures, comme dans les précédens; abdomen des femelles terminé par une tarière tubulaire, conique ou en forme de queue, d'une, deux ou trois pièces réunies longitudinalement; palpes maxillaires longs et pendans. On connaît peu leurs habitudes.

Dix-huitième genre. Les Béthyles (*Bethylus*).

Antennes insérées près du bord antérieur de la tête, brisées, mais filiformes et de douze articles; tête déprimée; segment antérieur du corselet allongé, rétréci en devant; abdomen ovoïde; ailes courtes. Tels sont les caractères du

Premier sous-genre. Les Béthyles propres.

Béthyle ponctuée (*Bethylus punctata*, Latr.). D'un noir luisant, ponctué sur la tête et le corselet;

second article des antennes et quelques suivans bruns ; bout des tarses et jambes de la même couleur ; ailes supérieures obscures ; ayant à l'extrémité une nervure fine, trifide et blanche. — Paris.

Béthyle cénoptère (*Bethylus cenoptera*, Latr. ; *tiphia cenoptera*, Panz.). Noire ; ailes obscures ; antennes d'un brun clair, ainsi que les jambes et les tarses. — Paris.

Deuxième sous-genre. Les Scélions. *Antennes insérées près du bord antérieur et supérieur de la tête, brisées, grossissant vers leur extrémité ; palpes petits ; tête globuleuse ; premier segment du corselet court et transversal ; abdomen rétréci à sa base, déprimé, rond ou elliptique.* Latreille.

Scélion rugosule (*Scelio rugosulus*, Latr.). D'un noir très ponctué ; abdomen elliptique, très-finement strié ; pates d'un brun pâle, à cuisses d'un brun foncé ; ailes supérieures un peu obscures, ayant un point noir sur le bord et une ligne blanche longitudinale au milieu. — Paris.

Scélion clavicorne (*S. clavicornis*, Latr.). Noir ; antennes courtes, en grosse massue ; abdomen strié à la base, presque rond. — Paris.

Scélion ruficorne (*S. ruficornis*, Latr.). Noir ; antennes longues, en massue grossissant insensiblement ; d'un fauve pâle ; abdomen elliptique, à base rétrécie en un long pédoncule. — Paris.

Troisième sous-genre. Les Spalangies. *Antennes insérées au bord antérieur de la tête, fortement brisées, grossissant insensiblement vers leur extrémité, comme dans les Scélions, mais segment antérieur de leur corselet allongé et rétréci en devant ; tête déprimée ou plus large que haute ; abdomen ovale.*

Spalangie noire (*Spalangia nigra*, Latr.). Pubescente ; d'un noir ponctué ; ailes blanches ; tarses bruns ; abdomen luisant. — Paris.

Quatrième sous-genre. Les Sparasions. *Antennes insérées près du bord antérieur de la tête, brisées, filiformes, de douze articles ; tête verticale, épaisse ; corselet ovale, à segment antérieur fort court ; abdomen allongé, déprimé.*

Sparasion frontale (*Sparasion frontalis*, Latr.).

D'un noir très ponctué, chagriné sur la tête dont le devant tombe brusquement, et le bord supérieur de ce plan un peu avancé et arqué. — Paris.

Cinquième sous-genre. LES HÉLORES. *Antennes insérées au milieu du front, droites, à articles serrés et peu distincts ; mandibules dentées ; corselet presque globuleux ; abdomen un peu allongé et ovoïde, après le pédicule.*

HÉLORE ANOMALIPÈDE (*Helorus anomalipes*, LATR.). D'un noir luisant ; abdomen à pédicule strié ; pates antérieures, jambes et tarses des intermédiaires et tarses des postérieures, testacés. — Paris.

Sixième sous-genre. LES DIAPRIES. *Antennes insérées au milieu du front ou au-dessus, moniliformes ; tête globuleuse ; corselet allongé, aminci en devant ; abdomen allongé, ovoïde-conique, après le pédicule.*

DIAPRIE CORNUE (*Diapria cornuta*, LATR. ; *psilus cornutus*, JURIN.). Noire ; tête prolongée inférieurement en museau, ayant des tubercules sur le vertex. — Midi de la France.

DIAPRIE VERTICILLÉE (*D. verticillata*, LATR.). Noire ; antennes plus longues que le corps, à articles en massue, à extrémité obscure et garnie de poils verticillés. — Paris : rare.

DIAPRIE CONIQUE (*D. conica*, LATR.). Noire ; premier segment du corselet pubescent ; antennes plus courtes que le corps, à dernier article plus gros, arrondi, sans poils verticillés. — Europe.

Septième sous-genre. LES PROCTOTRUPES. *Antennes insérées au milieu du front, droites ; mandibules arquées, sans dentelures ; corselet allongé, aminci aux deux bouts ; abdomen terminé par une pointe dure, simple, en forme de queue, servant d'oviducte à la femelle.*

PROCTOTRUPE BRÉVIPENNE (*Proctotrupes brevipennis*, LATR.). Trois lignes de longueur ; noir ; antennes d'un brun noirâtre ; mandibules brunes ; partie postérieure du corselet chagrinée ; pates et abdomen d'un brun fauve ; ailes obscures, les supérieures ayant un point noirâtre sur le bord ; tarière un peu plus longue que l'abdomen. — Paris.

Dixneuvième genre. LES DRYINES (*Dryinus*).

Antennes insérées près du bord antérieur de la tête, droites, filiformes, de dix articles dont les inférieurs beaucoup plus longs; corselet divisé en deux nœuds, dont le premier fort allongé; tarses ayant au bout de longs crochets, dont l'un se replie et fait l'office de griffe.

DRYINE FORMICAIRE (*Dryinus formicarius*, LATR.). Rougeâtre; extrémité postérieure du corselet noirâtre, ainsi que l'abdomen et deux bandes aux ailes supérieures. — Midi de la France.

CINQUIÈME TRIBU. LES CHRYSIDES.

Les ailes inférieures ne sont pas veinées; tarière formée par les derniers anneaux de l'abdomen s'emboîtant les uns dans les autres, et terminée par un petit aiguillon; abdomen voûté ou plat en dessous, ayant la faculté de se replier sur la poitrine, et ne paraissant composé, dans les femelles, que de trois à quatre anneaux.

Ces insectes offrent des couleurs très brillantes. Leurs mœurs sont inconnues.

Vingtième genre. LES PARNOPÈS (*Parnopes*).

Mâchoires et lèvres très longues, formant une fausse trompe fléchie en dessous; palpes très petits, de deux articles; abdomen paraissant de quatre segmens dans les mâles, de trois dans les femelles; cellule terminale des ailes supérieures située près de la côte, sous le point épais.

PARNOPÈS INCARNAT (*Parnopes carneus*. — *Chrysis carnea*, FAB.). Vert; abdomen couleur de chair, ayant son premier anneau vert. — Midi de l'Europe.

Vingt-unième genre. LES CHRYSIS (*Chrysis*).

Point de fausse trompe; palpes maxillaires de grandeur moyenne, ou allongés, de cinq articles, les labiaux de trois; second segment de l'abdomen plus grand que le premier : le troisième, en apparence le dernier, a une ligne imprimée et transverse de points enfoncés; anus dentelé; cellule terminale des ailes supérieures bien formée et située sous le point épais de la côte.

Chrysis brulant (*Chrysis calens*, Latr.). Tête et corselet d'un vert mélangé de bleu; un creux à l'écusson; corselet ayant ses deux premiers segmens d'un doré cuivreux, le dernier bleu, quadridenté. — Europe.

Chrysis éclatant (*C. fulgida*, Latr.). Tête bleue, ainsi que le corselet et le premier segment de l'abdomen; ce dernier d'un rouge cuivreux; anus quadridenté. — Europe.

Chrysis bleu (*C. cyanea*, Latr.). Bleu; anus tridenté. — Europe.

Chrysis mi-parti (*C. dimidiata*, Latr.). Vert; dessus du corselet d'un rouge cuivreux, ainsi que les deux premiers anneaux de l'abdomen; anus tronqué. — Paris.

Chrysis enflammé (*C. ignita*, Latr.). Bleu varié de vert; abdomen d'un rouge doré, à extrémité quadridentée. — Paris.

Chrysis pourpre (*C. purpurata*, Latr.). D'un vert doré, avec des lignes sur le corselet; abdomen ayant son extrémité d'un rouge pourpre, et en dessus une bande transverse de la même couleur; anus très dentelé. — Paris.

Chrysis bandé (*C. fasciata*, Latr.). D'un vert bleuâtre; base de l'abdomen d'un bleu indigo, ainsi que le devant du second et du troisième anneau; anus à six dentelures. — Paris.

Vingt-deuxième genre. Les Hédychres (*Hedychrum*).

Lèvre inférieure allongée, échancrée, non dépassée par les palpes; abdomen ovale, tronqué, court, assez large, arrondi à son extrémité; cellule terminale des ailes supérieures située sur le point épais de la côte, et en partie oblitérée.

Hédychre lucidule (*Hedychrum lucidulum*, Latr.; *chrysis lucidula*, Fab.). Vert ou bleu; abdomen d'un rouge cuivreux, ainsi que le corselet, jusqu'aux ailes. — Europe.

Hédychre doré (*H. auratum*, Latr.; *chrysis aurita*,

Fab.). Tête et corselet d'un vert varié de bleu; abdomen d'un cramoisi doré; ailes supérieures obscures. — Paris.

Hédychre ardent (*Hedychrus fervidum*, Latr.; *chrysis fervida*, Fab.). D'un rouge cuivreux en dessus; extrémité postérieure du corselet bleue. — France.

Vingt-troisième genre. Les Cleptes (*Cleptes*).

On les distingue aisément des précédens à leur abdomen ovale, déprimé, point en voûte en dessous; à leurs mandibules courtes, dentées et tronquées; à leur languette entière, et enfin à leur corselet rétréci en devant. L'abdomen a quatre segmens dans les femelles et cinq dans les mâles.

Clepte demi-dorée (*Cleptes semi-aurata*, Latr.; *ichneumon semi-auratus*, Fab.). Tête d'un vert doré ou bleu, ainsi que le corselet; abdomen fauve, noir à l'extrémité. — France.

Clepte nitidule (*C. nitidulus*, Latr.; *ichneumon nitidulus*, Fab.). Tête noire; corselet bleu, à segment antérieur fauve, ainsi que les pates et l'abdomen : ce dernier ayant l'extrémité noire. — Paris.

SECTION 2. *Les Porte-Aiguillon.*

Pas de tarière; un aiguillon de trois pièces, caché et rétractile, la remplace ordinairement dans les femelles et dans les neutres des espèces qui vivent en société; quelquefois, comme dans les fourmis, cet aiguillon n'existe pas. Leurs antennes sont simples, composées de treize articles dans les mâles et de douze dans les femelles; leurs palpes sont ordinairement filiformes, les maxillaires de six articles et les labiaux de quatre; mandibules petites; ailes veinées; abdomen de sept articles dans les mâles, de six dans les femelles, uni au corselet par un pédicule plus ou moins grêle.

FAMILLE 40. LES HÉTÉROGYNES.

Analyse des genres.

1. Insectes vivant en société; des mâles et des femelles ailés, des neutres aptères; femelles et neutres à antennes grossissant vers l'extrémité. *Sect.* 1 2
Insectes vivant solitaires; des mâles et des femelles seulement; les femelles aptères; antennes sétacées ou filiformes. *Sect.* 2 7

SECTION PREMIÈRE.

2. Pas d'aiguillon 3
Un aiguillon 4

3. Antennes insérées près du front; mandibules triangulaires, dentelées et incisives .... *Genre Fourmi.*
Antennes insérées près de la bouche; mandibules étroites, arquées ou très crochues .... *Genre Polyergue.*

4. Pédicule de l'abdomen d'une seule écaille ou d'un seul nœud .... *Genre Ponère.*
Pédicule de l'abdomen de deux nœuds... 5

5. Antennes découvertes 6
Antennes logées dans une rainure de chaque côté de la tête .... *Genre Cryptocère.*

6. Palpes maxillaires longs, de six articles distincts .... *Genre Myrmice.*
Palpes très courts, les maxillaires de moins de six articles .... *Genre Atte.*

SECTION DEUXIÈME.

7. Antennes insérées près de la bouche; tête petite; abdomen long, un peu cylindrique .... *Genre Doryle.*
Antennes insérées près du milieu de la face de la tête; celle-ci plus grosse; abdomen conique, ou ovoïde, ou elliptique 8

8. { Corselet sans nœuds. 9
Dessus du corselet noueux, comme articulé. .... *Genre Méthoque.*

9. { Corselet sans apparence de segmens. *Genre Mutille.*
Corselet à segmens apparens..... *Genre Myrmose.*

CARACTÈRES. Antennes coudées; languette petite, arrondie et voûtée, en cuiller. Les uns vivent solitaires, et les autres en société, ce qui les a fait diviser en deux sections très naturelles.

SECTION PREMIÈRE.

Insectes vivant en société; des mâles et des femelles ailés; des neutres aptères; femelles et neutres ayant des antennes qui vont en grossissant, dont le premier article égale au moins le tiers de la longueur totale, et dont le second, presque de la même longueur que le troisième, est obconique; labre des neutres grand, corné, tombant perpendiculairement sur les mandibules.

Tout le monde connaît assez le dégât que font les fourmis dans les maisons, partout où elles trouvent des choses sucrées, et principalement dans les jardins. Les mâles et les femelles seuls naissent avec des ailes, dont ils se servent, aussitôt qu'ils sont sortis de l'état de nymphe, pour se promener dans les airs, et s'y accoupler. Après la fécondation, les femelles quittent leurs ailes, qu'elles détachent avec leurs pates : les unes rentrent dans la fourmilière qui les a vu naître, pour y pondre et augmenter la population; les autres vont fonder de nouvelles colonies. Si par hasard des neutres rencontrent une femelle fécondée, ils la saisissent, lui arrachent les ailes, l'entraînent dans leur habitation, où ils la retiennent prisonnière jusqu'à ce qu'elle ait pondu; après quoi ils la chassent. Les neutres s'occupent seuls de l'éducation des larves et de la construction de l'habitation; ce sont eux encore qui se chargent d'aller au-dehors chercher les provisions alimentaires, et de défendre la société contre les invasions des autres fourmis. « La plupart des fourmilières, dit M. de Latreille, sont uniquement composées d'individus de la même espèce; mais la nature s'est écartée de ce plan à l'égard de la fourmi *roussâtre* ou *amazone*, et de celle que j'ai nommée *sanguine*. Leurs neutres se procurent par la violence des auxiliaires de leur caste, mais d'espèce différente, et que j'ai désignée sous le nom de *noire cendrée* et *mineuse*. Lorsque la chaleur du jour commence à décliner, et régulièrement à la même heure, du moins pendant quelques jours, les fourmis amazones ou légionnaires quittent leur nid, s'avancent sur une colonne serrée, plus ou moins nombreuse, suivant l'étendue de la population, et se dirigent en corps d'armée jusqu'à la fourmilière qu'elles veulent spolier. Elles y pénètrent malgré l'opposition et la défense des propriétaires, saisissent avec leurs mandibules les larves et les nymphes des fourmis neutres, propres à ces sociétés, et les transportent, en suivant le même ordre, dans leur habitation. D'autres fourmis neutres de leur espèce, mais en état parfait, qui y ont pris naissance, ou qui ont été arrachées de leur foyer de la même manière, en prennent soin, ainsi que de la postérité de leur vainqueur. »

Il arrive quelquefois que les neutres rencontrent dans leurs courses des femelles de mineuses; ils s'en emparent, et les entraînent dans leur fourmilière, où ils les forcent à pondre. Quoique l'on ait beaucoup vanté la prévoyance des fourmis, cette qualité se borne chez elles à consolider leur habitation, car elles s'engourdissent l'hiver et n'ont pas besoin de nourriture.

Premier genre. LES FOURMIS (*Formica*).

Pas d'aiguillon; antennes insérées près du front; mandibules triangulaires, dentelées et incisives; pédicule de l'abdomen formé d'une écaille ou d'un seul nœud. On doit rapporter au genre polyergue les fourmis *amazones*.

** Dos du corselet continu.*

FOURMI RONGE-BOIS (*Formica ligniperda*, LATR.). Mulet : noir; corselet d'un rouge sanguin foncé, ainsi que les cuisses. — France.

FOURMI PUBESCENTE (*Formica pubescens*, LATR.). Mulet : noir ; abdomen pubescent et plus obscur. — France.

*** Dos du corselet interrompu ; écaille en coin.*

FOURMI QUADRIPONCTUÉE (*F. quadripunctata*, LATR.). Mulet : corselet rouge, un peu cylindrique ; quatre points d'un blanc jaunâtre sur l'abdomen. — France.

**** Dos du corselet interrompu ; écaille lenticulaire.*

FOURMI FAUVE (*F. rufa*, LATR.). Mulet : une grande partie de la tête fauve, ainsi que le corselet et l'écaille ; trois petits yeux lisses. — France. Le *formica dorsata* de Panzer est la femelle.

FOURMI NOIR-CENDRÉE (*F. fusca*, LATR.). Mulet : d'un noir cendré et luisant ; base des antennes rougeâtre, ainsi que les pates ; écaille grande, presque triangulaire ; trois petits yeux lisses. — France.

FOURMI NOIRE (*F. nigra*, LATR.). Mulet : d'un brun noirâtre ; mandibules et articles des antennes plus clairs ; cuisses et jambes brunes, ayant leurs articulations plus claires ; tarses d'un rougeâtre pâle ; écaille échancrée. — France.

FOURMI JAUNE (*F. flava*, LATR.). Mulet ; d'un roux jaunâtre, luisant ; écaille entière, presque carrée. — France.

FOURMI ÉCHANCRÉE (*F. emarginata*, LATR.). Mulet : d'un brun marron ; pates plus claires, ainsi que la bouche et la première pièce des antennes ; corselet rougeâtre ; écaille un peu échancrée, ovale. — France.

FOURMI BIÉPINEUSE (*F. bispinosa*, LATR.). Mulet ; noir ; deux épines en avant du corselet ; écaille terminée en une pointe longue et aiguë. — Cayenne.

FOURMI SANGUINE (*F. sanguinea*, LATR.). Mulet : semblable à celui de la fourmi fauve, mais d'un rouge sanguin, avec l'abdomen d'un noir cendré. — France.

FOURMI MINEUSE (*F. cunicularia*, LATR.). Mulet : tête noire, ainsi que l'abdomen ; corselet d'un fauve pâle, ainsi que les environs de la bouche, le dessous de la tête, la première pièce des antennes et les pates. — France.

Deuxième genre. LES POLYERGUES (*Polyergus*).

Pas d'aiguillon; antennes insérées près de la bouche; mandibules étroites, arquées ou très crochues.

POLYERGUE ROUSSATRE (*Polyergus rufescens*, LATR.). Mulet: d'un roux pâle; trois petits yeux lisses; corselet élevé postérieurement. — France.

Troisième genre. LES PONÈRES (*Ponera*).

Les femelles et les mulets sont armés d'un aiguillon, et le pédicule de l'abdomen n'est formé que d'un seul nœud ou d'une seule écaille.

Premier sous-genre. LES PONÈRES. *Mandibules des mulets triangulaires.*

PONÈRE RESSERRÉE (*Ponera contracta*, LATR.). Mulet: très petit, allongé, presque cylindrique, d'un brun foncé; pas d'yeux apparens; antennes d'un brun jaunâtre, ainsi que les pates; mandibules courtes. — France.

Deuxième sous-genre. LES ODONTOMAQUES. *Mandibules des mulets très étroites, allongées, presque linéaires.*

ODONTOMAQUE HÉMATODE (*Odontomachus hæmatodes*, LATR.). Allongée, noire; pieds jaunâtres; mandibules avancées, parallèles, rouges.—Amérique méridionale.

Quatrième genre. LES MYRMICES (*Myrmica*).

Un aiguillon; pédicule de l'abdomen formé de deux nœuds; antennes découvertes; palpes maxillaires longs, à six articles distincts.

MYRMICE ROUGE (*Myrmica rubra*, LATR.; *formica rubra*, FAB.). Mulet: rougeâtre, finement chagriné, ayant l'abdomen lisse et luisant, avec une petite épine sous le premier nœud de son pédicule. — France.

MYRMICE TUBÉREUSE (*M. tuberosa*, LATR.; *formica tuberum*, FAB.). Mulet: d'un fauve clair; tête large, concave au bord postérieur, noirâtre; deux dents au corselet; abdomen marqué d'une bande noire. — France.

Myrmice des gazons (*Myrmica cœspitum*, Latr.; *formica cœspitum*, Fab.). Mulet : d'un brun noirâtre; tarses plus clairs; antennes d'un brun rouge, ainsi que les mandibules; tête et corselet striés; ce dernier muni de deux épines postérieurement. — France.

Cinquième genre. Les Attes (*Atta*).

Semblables aux précédens, mais palpes très courts, les maxillaires de six articles; tête des mulets ordinairement très grosse.

Atte céphalote (*Atta cephalotes*, Fab.). Mulet : d'un brun marron, pubescent; tête luisante, très grande, échancrée et bi-épineuse postérieurement; quatre tubercules aigus en devant sur le corselet, et deux épines postérieures. — Cayenne. Elle y est connue sous le nom de *fourmi de visite*.

Sixième genre. Les Cryptocères (*Cryptocerus*).

Un aiguillon; pédicule formé de deux nœuds; tête très grande, aplatie, ayant de chaque côté une rainure pour loger une partie des antennes.

Cryptocère très noire (*Cryptocerus atratus*, Latr.; *formica atrata*, Fab.). Mulet : noir; tête armée de deux épines à chaque angle postérieur, quatre au corselet qui a en outre deux tubercules au milieu de son bord antérieur. — Amérique méridionale.

SECTION DEUXIÈME.

Insectes vivant solitaires, et parmi lesquels on ne trouve que deux sortes d'individus : des mâles ailés, et des femelles aptères armées d'un fort aiguillon. Leurs antennes vibratiles sont sétacées ou filiformes, à premier et troisième article allongés, le premier n'égalant jamais la longueur totale de l'antenne. Leurs mœurs sont peu ou point connues.

Septième genre. Les Doryles (*Dorylus*).

Antennes insérées près de la bouche; tête petite; abdomen long et presque cylindrique.

Doryle roussatre (*Dorylus helvolus*, Latr.; *mutilla helvola*, Lin.). D'un fauve clair; légèrement pubescente ou veloutée ; yeux noirâtres ; ailes avec des veines d'un brun ferrugineux ; premier anneau de l'abdomen séparé du second par un étranglement. — Afrique.

Huitième genre. LES MUTILLES (*Mutilla*).

Antennes insérées près du milieu de la face de la tête, qui est plus grosse que dans les doryles ; abdomen tantôt conique, tantôt ovoïde ou elliptique ; corselet des individus aptères sans étranglement ; second article des antennes découvert.

MUTILLE TRICOLORE (*Mutilla europæa*, LATR.). Femelle : velue, noire ; dos d'un rouge fauve ; abdomen ayant les bords postérieurs de ses trois premiers anneaux garnis d'une bande de poils blancs jaunâtres celles des deuxième et troisième réunies et quelquefois interrompues. — Paris : fort rare.

MUTILLE RUFIPÈDE (*M. rufipes*, LATR.). Femelle : noire ; moitié inférieure des antennes fauve, ainsi que les pates et le corselet ; des poils blancs formant un point sur le premier anneau de l'abdomen, et une bande à la partie postérieure de cet anneau et du suivant. Mâle : noir ; corselet fauve antérieurement en dessus ; ailes obscures. — Paris.

MUTILLE TÊTE-ROUGE (*M. erytrocephala*, LATR.). Femelle : tête rouge, ainsi que le corselet et les pates ; abdomen noir, ayant les bords postérieurs de ses trois premiers anneaux garnis de poils gris. Mâle : noir ; corselet entièrement fauve. — Midi de la France.

MUTILLE MAURE (*M. maura*, LATR.). Femelle : corselet rouge ; abdomen ayant une croix formée par quatre taches d'un poil gris jaunâtre. — France.

MUTILLE CHAUVE (*M. calva*, LATR.). Femelle : noire ; corselet fauve, ainsi qu'une tache sur le vertex et les pates ; abdomen ayant ses anneaux garnis de poils d'un gris jaunâtre, sur leur bord postérieur. — Midi de la France.

MUTILLE PIÉMONTAISE (*M. pedemontana*, LATR.). Mâle : noir ; ailes de même couleur ; devant du corselet couvert de poils gris ; abdomen avec deux bandes de poils gris, et ayant son second anneau rouge. — Bordeaux.

Neuvième genre. LES MYRMOSES (*Myrmosa*).

Corselet égal en dessus, partagé en deux segmens distincts; abdomen des femelles conique; celui des mâles elliptique et déprimé; deuxième et troisième articles des antennes égaux en longueur; yeux des mâles entiers.

MYRMOSE MÉLANOCÉPHALE (*Myrmosa melanocephala*, LATR.). Femelle: fauve; tête noire, ainsi que la moitié postérieure de l'abdomen. Mâle : entièrement noir. — France.

Dixième genre. LES MÉTHOQUES (*Methoca*).

Corselet des individus aptères noueux ou paraissant articulé; antennes semblables à celles des tiphies.

MÉTHOQUE FORMICAIRE (*Methoca formicaria*, LATR.). Une ligne et demie de longueur; rouge; abdomen noir. — Midi de la France.

MÉTHOQUE ICHNEUMONIDE (*M. ichneumonides*, LATR.). Longue de trois lignes et demie; noire; corselet rouge. — Midi de la France.

FAMILLE 41. LES FOUISSEURS.

Analyse des genres.

1.	Premier segment du corselet en forme d'arc, et prolongé latéralement jusqu'aux ailes, ou en carré transversal, ou noueux, ou articulé...............	2
	Premier segment du corselet n'ayant qu'un simple rebord linéaire et transversal, ou étant très court, linéaire et transversal..........................	4
2.	Pieds courts et gros	3
	Pieds postérieurs au moins une fois aussi longs que la tête et le tronc. *Sect.* 3..	9
3.	Pieds très épineux ou très ciliés; antennes des femelles plus courtes que la tête et le corselet. *Sect.* 1	6
	Pieds ni épineux ni très ciliés; antennes des femelles au moins aussi longues que la tête. *Sect.* 2....................	8

4. Tête paraissant transverse quand on la regarde en dessus, et ayant les yeux étendus jusqu'au bord postérieur; abdomen en demi-cône allongé........ 5
Tête très grosse, paraissant presque carrée vue en dessus; yeux très grands, mais n'atteignant pas le bord postérieur; abdomen ovale ou elliptique. *Sect.* 6.................... 18

5. Labre saillant, souvent en fausse trompe. *Sect.* 4.................... 12
Labre caché en grande partie ou en totalité; antennes souvent filiformes. *Sect.* 5. 14

SECTION PREMIÈRE.

6. Premier article des antennes presque conique; palpes maxillaires longs, à articles inégaux.............. *Genre Tiphie.*
Premier article des antennes allongé et presque cylindrique; palpes maxillaires courts, à articles presque égaux..... 7

7. Premier article des antennes recevant et cachant le suivant............ *Genre Myzine.*
Second article des antennes découvert. .... *Genre Scolie.*

SECTION DEUXIÈME.

8. Antennes filiformes ou sétacées... *Genre Thynne.*
Antennes plus grosses vers l'extrémité. .... *Genre Sapyge.*

SECTION TROISIÈME.

9. Pédicule de l'abdomen très court; premier segment du corselet carré..... *Genre Pompile.*
Pédicule de l'abdomen très long; premier segment du corselet rétréci en avant.. 10

10. Mandibules dentées.............. 11
Mandibules sans dentelures...... *Genre Pélopée.*

11. Mâchoire et lèvre fort longues, fléchies en dessous; premier segment du corselet en forme d'article ou de nœud. *Genre Sphex*.
Mâchoire et lèvre peu allongées, fléchies tout au plus à l'extrémité; premier segment du corselet presque conique.. *G. Chlorion.*

SECTION QUATRIÈME.

12. Palpes très courts, les maxillaires de quatre articles et les labiaux de deux.. *G. Bembex.*
Palpes maxillaires assez longs, de six articles, les labiaux de quatre.......... 13

13. Une fausse trompe.............. *Genre Monédule.*
Pas de fausse trompe.......... *Genre Stize.*

SECTION CINQUIÈME.

14. Échancrure profonde au côté inférieur des mandibules.................. *Genre Larre.*
Point d'échancrure au côté inférieur des mandibules.................... 15

15. Yeux entiers, arrondis ou allongés..... 16
Yeux échancrés................ *Genre Trypoxylon.*

16. Antennes filiformes.............. *Genre Astate.*
Antennes un peu plus grosses vers le bout. 17

17. Antennes très courtes, coudées; écusson épineux................... *Genre Oxybèle.*
Antennes plus longues que la tête, presque droites; écusson non épineux.. *G. Goryte.*

SECTION SIXIÈME.

18. Antennes insérées près de la bouche, filiformes........................ 19
Antennes insérées au milieu de la face, en massue.................. *Genre Philanthe.*

19. Antennes peu ou point coudées; palpes maxillaires beaucoup plus longs que les labiaux; languette trifide..... *Genre Melline.*
Antennes très brisées; palpes courts, presque égaux; languette presque entière.................. *Genre Crabron.*

Caractères. Un aiguillon ; tous les individus ailés, de deux sortes, vivant solitairement ; pieds exclusivement propres à marcher, et à fouir dans quelques uns ; ailes toujours étendues.

Les femelles se creusent ordinairement une petite habitation dans la terre ou dans le bois, pour y déposer leurs œufs, à côté desquels elles entassent des provisions, afin que les larves trouvent, en naissant, de la nourriture à leur portée. Ces provisions consistent en insectes, larves, araignées, etc. Dans leur état parfait, ces insectes vivent ordinairement sur les fleurs. Leur piqûre est très douloureuse.

SECTION PREMIÈRE.

Premier segment du corselet en forme d'arc et prolongé latéralement jusqu'aux ailes, ou en carré transversal, ou noueux, ou articulé ; pieds courts et gros, très épineux ou très ciliés, avec les cuisses arquées près des genoux ; antennes des femelles plus courtes que la tête et le corselet.

Premier genre. Les Tiphies (*Tiphia*).

Palpes maxillaires longs, composés d'articles sensiblement inégaux ; premier article des antennes presque conique.

Tiphie a grosses cuisses (*Tiphia femorata*, Latr.). Noire ; couverte de poils gris ; les quatre pates postérieures rouges, à l'exception des tarses ; ailes obscures. — France.

Tiphie velue (*T. villosa*, Latr.). Semblable à la précédente, mais toutes les pates noires. — Allemagne.

Tiphie triponctuée (*T. tripunctata*, Latr.). Noire ; abdomen rouge, ainsi que le devant du corselet ; trois points blancs sur chaque côté de l'abdomen. — Italie.

Deuxième genre. Les Myzines (*Myzine*).

Palpes maxillaires courts, composés d'articles presque semblables ; premier article des antennes allongé et presque cylindrique, recevant et cachant le suivant.

MYZINE À SIX TACHES (*Myzine sex-fasciatum.* — *Scolia sex-fasciata*, Ross.). Mâle : noir, avec des poils gris; bouche d'un jaune pâle, ainsi que le bord antérieur du premier segment du corselet, son bord postérieur et celui des anneaux de l'abdomen, et la plus grande partie des pates; une épine forte et recourbée à l'anus. — France méridionale.

Troisième genre. LES SCOLIES (*Scolia*).

Elles se distinguent des précédens par le second article de leurs antennes, qui est découvert. Leurs mandibules sont arquées, sans dentelures; leur corps velu; leur corselet arrondi en devant. Jambes garnies de petites épines; abdomen du mâle ayant trois pointes dures à son extrémité.

SCOLIE À QUATRE POINTS (*Scolia quadripunctata*, LATR.). Noire; ailes d'un violet noirâtre, roussâtres à la base; tête sans taches; deux à trois paires de taches transverses, d'un jaune pâle, sur l'abdomen, et quelquefois deux points de la même couleur sur deux de ses anneaux. — Paris.

SCOLIE FRONT-JAUNE (*S. flavifrons*, LATR.). Noire; ailes d'un violet noirâtre, roussâtres à la base; abdomen ayant deux bandes transverses jaunes, entières dans les mâles, divisées en deux dans les femelles; tête d'un jaune roussâtre postérieurement et sur les côtés, avec une tache brune au milieu du front; mâle ayant le devant du corselet et l'anus couvert d'un duvet rougeâtre. — France méridionale.

SCOLIE À SIX TACHES (*S. sex-maculata*, LATR.). Noire; tête tachetée; ailes un peu roussâtres, ayant l'extrémité d'un violet noirâtre; abdomen avec trois bandes jaunes, transverses, interrompues et divisées chacune en deux taches, ou deux bandes interrompues et deux entières. — Midi de la France.

SCOLIE INSUBRIENNE (*S. insubrica*, LATR.). Noire; une tache jaune derrière chaque œil dans les femelles, une à chaque épaule dans les mâles; ailes d'un violet noirâtre, roussâtres à la base; abdomen ayant deux taches quelquefois réunies, et deux bandes transversales, jaunes. — Midi de la France.

Scolie marquée (*Scolia signata*, Latr.). Noire; ailes presque totalement d'un violet noirâtre; abdomen ayant sur les deuxième et troisième anneaux deux grandes bandes transverses jaunes, la première avec un point noir marginal de chaque côté. — Midi de la France.

SECTION DEUXIÈME.

Premier segment du corselet comme dans la section précédente; pieds courts, grêles, non épineux et à peine ciliés; antennes de la longueur de la tête et du corselet, au moins dans les deux sexes; corps ordinairement ras ou faiblement duveteux.

Quatrième genre. Les Thynnes (*Thynnus*).

Yeux entiers; bord antérieur de la tête anguleux, avancé et tronqué au milieu; abdomen presque conique.

Thynne denté (*Thynnus dentatus*, Fab.). Abdomen noir, à second, troisième et quatrième anneaux ayant chacun deux points blancs. — Nouvelle-Hollande.

Thynne échancré (*T. emarginatus*, Fab.). Abdomen noir; écusson échancré; anneaux de l'abdomen ayant chacun une tache jaune interrompue. — Nouvelle-Hollande.

Cinquième genre. Les Sapyges (*Sapyga*).

Antennes plus grosses vers leur extrémité ou même en massue dans quelques mâles; mandibules triangulaires, fortement dentées; corselet tronqué en devant.

Sapyge ponctué (*Sapyga punctata*, Latr.). Femelle : noire; abdomen à second et troisième anneau rouges, les quatrième et cinquième avec une tache ou un point d'un blanc jaunâtre de chaque côté, et souvent un autre point à l'anus. Mâle : une tache d'un blanc jaunâtre au-dessus de la lèvre supérieure, et quatre ou six petits traits de la même couleur sur l'abdomen qui est noir. — Paris.

Sapyge prisme (*S. prisma*, Latr.; *apis clavicornis*,

Lin.; *scolia prisma*, Fab.). Noire; deux ou trois bandes jaunes, quelquefois coupées en deux, sur l'abdomen; mâle ayant les antennes très longues et en massue obtuse. — France.

SECTION TROISIÈME.

Premier segment du corselet comme dans les deux sections précédentes; pieds postérieurs au moins une fois aussi longs que la tête et le tronc; antennes ordinairement grêles, à articles allongés, peu serrés, lâches, très arqués ou contournés, du moins dans les femelles.

Sixième genre. Les Pompiles (*Pompilus*).

Premier segment du corselet carré, transversal ou longitudinal; abdomen attaché au corselet par un pédicule très court; jambes postérieures ayant ordinairement une brosse de poils au côté interne; femelles ayant leurs antennes articulées lâchement, ce qui leur donne la facilité de se rouler plus ou moins sur elles-mêmes; lèvre supérieure très peu saillante.

Pompile des chemins (*Pompilus viaticus*, Latr.; *sphex viatica*, Lin.). Très noir; abdomen rouge, entrecoupé de cercles noirs. — Paris.

Pompile bigarré (*P. variegatus*, Latr.). Très noir, avec des taches blanches; extrémité des ailes noire; corselet fauve sous l'écusson. — France.

Pompile brun (*P. fuscus*, Latr.). Noir; abdomen ayant ses premiers anneaux rouges et bordés de noir. Europe.

Pompile bifascié (*P. bifasciatus*, Latr.). Noir; deux bandes noirâtres sur les ailes supérieures. — Europe.

Pompile renflé (*P. gibbus*, Latr.). Noir; abdomen ayant ses trois premiers anneaux rouges; ailes supérieures obscures, avec l'extrémité un peu noirâtre. — Europe.

Pompile a points blancs (*P. exaltatus*, Latr.). Noir; abdomen ayant sa moitié inférieure rouge;

extrémité des ailes supérieures ayant un point blanc sur un fond noir. — Europe.

Pompile quadriponctué (*Pompilus quadripunctatus*, Latr.). Noir ; antennes jaunes, ainsi que le tour des yeux, le bord postérieur du premier segment du corselet, l'écusson et quatre à huit points sur l'abdomen ; ailes d'un jaune ferrugineux, les supérieures ayant l'extrémité noire. — Bordeaux.

Pompile biponctué (*P. bipunctatus*, Latr.). Noir ; abdomen ayant deux points blancs et une bande de la même couleur ; ailes supérieures ayant l'extrémité noirâtre. — Europe.

Pompile annelé (*P. annulatus*, Latr. ; *sphex annulatus*, Fab.). Antennes et dessus du corps d'un fauve jaunâtre, ainsi que les ailes, excepté l'extrémité des supérieures, et une grande partie des pates ; dessous du corps et côtés du corselet noirs ; abdomen ayant son premier anneau noirâtre, les autres jaunes, bordés de noirâtre postérieurement. — Midi de la France.

Septième genre. Les Céropalès (*Ceropales*).

Ils diffèrent des pompiles par leur labre entièrement découvert, ne paraissant être qu'une continuité du bord antérieur de la tête, et par leurs antennes presque droites dans les deux sexes, à articles serrés ; leurs pates sont longues, et leur abdomen assez petit.

Céropalès arlequin (*Ceropales histrio*, Latr. ; *evania histrio*, Fab.). Noir, varié de blanc ; abdomen ayant le bord de ses anneaux jaune. — Paris.

Céropalès bigarré (*C. variegata*, Latr. ; *evania variegata*, Fab.). Noir, bigarré de blanc jaunâtre ; abdomen fauve, ayant trois taches d'un blanc jaunâtre. — France.

Céropalès tacheté (*C. maculata*, Latr. ; *evania maculata*, Fab.). Noir ; pates fauves ; écusson blanc, ainsi que le bord du premier segment du corselet ; deux lignes entre les yeux ; deux points et une tache à l'anus. — France.

Huitième genre. LES SPHEX (*Sphex*).

Premier segment du corselet rétréci en devant, en forme d'article ou de nœud; premier anneau de l'abdomen, et une partie du second, rétréci en pédicule allongé; mâchoires et lèvres longues, fléchies en dessous.

SPHEX DES SABLES (*Sphex sabulosa*, LATR.). Noir; abdomen à premier anneau noir, le second, la base exceptée, et le troisième, fauves; les autres d'un noir bleuâtre; devant de la tête couvert d'un duvet soyeux et argenté, dans les mâles, qui ont en outre une ligne noire le long des second et troisième anneaux de l'abdomen. — France.

SPHEX A AILES JAUNATRES (*S. flavipennis*, LATR.). Noir; pédicule de l'abdomen formé seulement du premier anneau; les deuxième, troisième et quatrième d'un rouge fauve, ainsi que les tarses et les deux ou quatre jambes antérieures; ailes jaunâtres, ayant l'extrémité plus obscure. — Midi de la France.

Neuvième genre. LES CHLORIONS (*Chlorion*).

Semblables aux sphex, mais mâchoires et lèvres beaucoup plus courtes et tout au plus fléchies à leur extrémité; mandibules saillantes, unidentées; corselet aminci en devant, à premier segment presque conique.

CHLORION COMPRIMÉ (*C. compressus*, LATR.; *sphex compressa*, FAB.). Vert; les quatre cuisses postérieures rouges. — Ile-de-France.

CHLORION LOBÉ (*C. lobatus*, LATR.; *sphex lobata*, FAB.). Entièrement d'un vert doré. — Du Bengale.

Dixième genre. LES PÉLOPÉES (*Pelopœus*).

Mandibules n'ayant pas de dentelures et ne faisant pas saillie en devant, striées sur le dos; premier segment du corselet linéaire et transversal; pédicule de l'abdomen ordinairement long.

PÉLOPÉE SPIRAILLER (*Pelopœus spirifex*, LATR.; *sphex spirifex*, FAB.). Noir; pédicule jaune; pas de taches sur le corselet. — Midi de la France.

PÉLOPÉE A CROISSANT (*P. lunata*, LATR.; *sphex lu-

nata, Fab.). Noir, avec des taches jaunes, ainsi qu'un croissant sur le premier anneau de l'abdomen. — Amérique.

SECTION QUATRIÈME.

Premier segment du corselet n'ayant qu'un simple rebord linéaire et transversal, et dont les deux extrémités latérales sont éloignées de l'origine des ailes supérieures; pieds courts ou moyens; tête paraissant transverse quand on la voit en dessus, et ayant les yeux étendus jusqu'au bord postérieur; abdomen en demi-cône allongé, arrondi sur les côtés de sa base.

Onzième genre. Les Bembex (*Bembex*).

Palpes très courts, les maxillaires de quatre articles et les labiaux de deux; labre en triangle allongé; une fausse trompe fléchie en dessous.

Ces insectes volent en bourdonnant de fleur en fleur, et quelques espèces, quand on les touche, répandent une agréable odeur de rose. Tel est le

Bembex a bec (*bembex rostrata*, Latr.). Noir; des bandes transverses d'un jaune verdâtre sur l'abdomen, celle du premier anneau interrompue. Il varie beaucoup. — France.

Bembex oculé (*B. oculata*, Latr.). Noir; abdomen ayant des bandes jaunes, dont la première interrompue et la deuxième renfermant deux points noirs. — Suisse.

Douzième genre. Les Monédules (*Monedula*).

Elles diffèrent des bembex par leurs palpes labiaux de quatre articles, et les maxillaires de six, ces derniers assez allongés.

Monédule de la Caroline (*Monedula Carolina.* — *Bembex Carolina*, Fab.). Abdomen noir, les premiers anneaux avec une tache jaune interrompue, les autres ponctués de la même couleur. — De la Caroline.

Treizième genre. Les Stizes (*Stizus*).

Pas de fausse trompe; labre court et arrondi; l'anus des mâles ayant trois pointes.

Stize ruficorne (*stizus ruficornis*, Latr.; *bembex ruficornis*, Fab.). Noir, taché de jaune; antennes roussâtres; abdomen ayant des bandes transverses, droites, jaunes, interrompues dans leur milieu. — Midi de la France.

Stize sinué (*S. sinuatus*, Latr.). Noir; abdomen ayant une bande jaune et ondée sur le bord postérieur de ses anneaux. — Paris : rare.

Stize a deux bandes (*S. bifasciatus*, Latr.; *bembex tridentata*, Fab.). Noir, ainsi que les ailes; abdomen avec deux bandes d'un jaune un peu orangé. — Midi de la France.

Stize corne-épaisse (*S. crassicornis*, Fab.). Noir; antennes un peu épaissies au sommet, noires, à premier article roussâtre; tête et corselet noirs, ce dernier avec un point velu et ferrugineux devant les ailes, qui sont bleuâtres; les trois premiers anneaux de l'abdomen ayant une large tache ferrugineuse. — Espagne.

SECTION CINQUIÈME.

Semblables à la section précédente, mais labre caché en grande partie ou en totalité; antennes souvent filiformes.

Quatorzième genre. Les Larres (*Larra*).

Une profonde échancrure au côté inférieur des mandibules.

Larre noir (*larra nigra*, Latr.; *sphex niger*, Lin.). Noir; abdomen ayant le bord de ses anneaux d'un gris luisant. — Europe.

Larre ichneumoniforme (*L. ichneumoniformis*, Latr.). D'un noir obscur; abdomen luisant, ayant ses deux premiers anneaux fauves, avec leurs bords postérieurs, ainsi que les suivans, d'un gris plus ou moins luisant; ailes obscures; pates noires. — Midi de la France.

Larre tricolore (*L. tricolor*. — *Pompilus tricolor*, Fab.). Tête et corselet noirs, sans tache; une tache en croissant, soyeuse et argentée, de chaque côté des anneaux de l'abdomen; les trois premiers anneaux roux, et les autres noirs; ailes blanchâtres; pieds roussâtres et cuisses noires. — Paris : très rare.

Larre peint (*Larra picta*. — *Crabro pictus*, Fab.). D'un noir lisse; corselet taché; abdomen ferrugineux, avec trois taches jaunâtres; anus noirâtre; antennes noires et flexueuses. — Allemagne.

Quinzième genre. Les Astates (*Astata*).

Point d'échancrure au côté inférieur des mandibules; antennes filiformes; yeux très allongés; abdomen court, à peine aussi long que le corselet; second article des palpes labiaux dilaté.

Astate abdominal (*astata abdominalis*, Latr.). Noir, avec un léger duvet gris; abdomen ayant ses trois premiers anneaux d'un rouge un peu marron, avec une légère dépression transversale et postérieure qui les fait paraître rebordés; yeux grands, contigus dans les mâles; ailes obscures. — France.

Seizième genre. Les Oxybèles (*Oxybelus*).

Mêmes caractères que les astates, mais antennes plus grosses vers le bout, coudées, contournées et très courtes; jambes épineuses; une à trois pointes en forme de dents, à l'écusson. Abdomen de la longueur du corselet au plus.

Oxybèle rayé (*oxybelus lineatus*, Latr.; *nemada lineata*, Fab.). Rayé de jaune et de noir; écusson à deux dents, ayant une pointe creusée en gouttière et avancée en dessous; pates fauves. — France : rare.

Oxybèle mucroné (*O. mucronatus*, Latr.; *crabro mucronatus*, Fab.). Noir; un rang de taches jaunes de chaque côté de l'abdomen. — Europe.

Oxybèle uniglume (*O. uniglumis*, Latr.; *crabro uniglumis*, Fab.). Noir; les quatre premiers anneaux de l'abdomen ayant de chaque côté une tache blanche, allongée, les deux du premier anneau ovales; pates ferrugineuses; cuisses noires. — Europe.

Dix-septième genre. LES GORYTES (*Gorytes*).

Antennes plus grosses vers le bout, notablement plus longues que la tête, presque droites; écusson sans dents. Du reste mêmes caractères que les astates.

Premier sous-genre. LES PSENS. *Antennes droites, grossissant peu à peu à partir du troisième article, insérées au milieu de la face antérieure de la tête; abdomen rétréci à sa base en pédicule très distinct, et formé brusquement.*

PSEN TRÈS NOIR (*Psen ater*, LATR.; *sphex atra*, FAB.). Noir, ainsi que les pates; abdomen très luisant; ailes obscures; nez ayant un duvet soyeux et argenté. — Allemagne.

Deuxième sous-genre. LES NYSSONS. *Abdomen sans pédicule sensible, ovoïde-conique; antennes insérées dans la ligne qui passe transversalement par la base des mandibules; mandibules sans dents; palpes courts; jambes postérieures non épineuses.*

NYSSON TACHETÉ (*nysson maculatus*, LATR.; *pompilus maculatus*, FAB.). Noir; pates fauves; abdomen ayant son premier anneau rouge, avec un petit trait jaune à son bord postérieur, de chaque côté, ainsi qu'au bord postérieur des autres anneaux. — Midi de la France.

NYSSON INTERROMPU (*N. interruptus*, LATR.). Noir; pates fauves; abdomen ayant une bande jaune sur le bord postérieur de chaque anneau, celle des deux premiers interrompue au milieu. — Midi de la France.

NYSSON TRIMACULÉ (*N. trimaculatus*, LATR.). Noir; abdomen ayant de chaque côté trois petites raies transverses et jaunes. — Midi de la France.

NYSSON ÉPINEUX (*N. spinosus*, LATR.; *crabro spinosus*, FAB.). Noir; abdomen ayant en dessus trois bandes jaunes transverses. — France.

NYSSON TACHÉ (*N. guttatus*. — *Pompilus guttatus*, FAB.). Noir, sans poils; corselet taché de blanc; les trois premiers anneaux de l'abdomen roussâtres, le second avec deux taches transverses blanches, le quatrième, le cinquième et le sixième noirs, le quatrième et le sixième ayant une tache blanche de chaque côté. — Italie.

Troisième sous-genre. LES GORYTES. *Abdomen sans pédicule apparent, ovale ou ellipsoïde ; antennes insérées au-dessus de la ligne qui passe transversalement par la base des mandibules : celles-ci unidentées ; palpes maxillaires allongés.*

GORYTE A CINQ BANDES (*gorytes cinctus*, LATR. ; *mellinus 5-cinctus*, FAB.). Noir ; nez jaune, ainsi qu'une partie du bord interne des yeux, le dessous des antennes, le bord antérieur du corselet, une ligne à l'écusson, et cinq bandes transverses à l'abdomen ; partie des cuisses noire.

GORYTE RUFICORNE (*G. ruficornis*, LATR.). Noir ; antennes d'un jaune roussâtre ; pates roussâtres, avec le bas des quatre cuisses antérieures noir ; ailes d'un jaunâtre clair ; bord antérieur du corselet jaune, ainsi que le nez, une ligne à l'écusson, un point à chaque angle postérieur du corselet, et cinq bandes à l'abdomen. — France.

GORYTE MYSTACÉ (*G. mystaceus*. — *Mellinus mystaceus*, FAB.). Noir ; écusson jaune ; abdomen avec trois taches jaunes, la première interrompue. — Europe méridionale.

Dix-huitième genre. LES TRYPOXYLONS (*Trypoxylon*).

Yeux échancrés ; antennes insérées au-dessous du milieu de la face antérieure de la tête ; mandibules sans dents ni échancrure à la pointe ; abdomen aminci peu à peu en pédicule.

TRYPOXYLON POTIER (*trypoxylon figulus*, LATR. ; *sphex figulus*, FAB.). Noir ; abdomen ayant le bord postérieur de ses anneaux, ou au moins leurs côtés, d'un gris luisant ; ailes à extrémité noirâtre. — Europe.

SECTION SIXIÈME.

Premier segment du corselet très court, linéaire et transversal ; pieds courts ou moyens ; tête très grosse, paraissant presque carrée en dessus ; yeux très grands, mais n'atteignant pas le bord postérieur de la tête; abdomen ovale ou elliptique.

Dix-neuvième genre. LES MELLINES (*Mellinus*).

Antennes insérées près de la bouche, filiformes, peu ou point coudées; mandibules tridentées dans les femelles; palpes maxillaires beaucoup plus longs que les labiaux; languette trifide; pédicule de l'abdomen très long.

Premier sous-genre. LES MELLINES. *Antennes droites.*

MELLINE ENSANGLANTÉ (*mellinus cruentatus*, LATR.; *pompilus cruentatus*, FAB.). Premier anneau de l'abdomen n'étant pas beaucoup plus resserré que le suivant, ni en forme de nœud ou de poire; corps noir; corselet rouge; abdomen ayant deux bandes blanches, dont la première remonte latéralement. — Paris.

MELLINE ÉPINEUX (*M. spinosus*, LATR.; *pompilus spinosus*, PANZ). Premier anneau de l'abdomen comme dans le précédent; corps noir; abdomen rouge à la base avec deux points blancs; cuisses postérieures ayant une dent près de la pointe. — Paris.

MELLINE BRUNATRE (*M. fuscatus.* — *Pompilus fuscatus*, FAB.). Premier anneau de l'abdomen comme dans le précédent; corps noir; abdomen ayant un point transverse blanc, de chaque côté; partie inférieure des cuisses roussâtre; ailes roussâtres au sommet. — Allemagne.

MELLINE LUNICORNE (*M. lunicornis.* — *Pompilus lunicornis*, FAB.). Premier anneau de l'abdomen comme dans le précédent; corps noir; second et troisième anneau de l'abdomen roussâtres; dernier article des antennes lunulé. — France.

MELLINE DES CHAMPS (*M. arvensis*, LATR.). Premier anneau de l'abdomen beaucoup plus étroit que le suivant, en forme de nœud ou de poire, ainsi que dans les deux espèces qui suivent. Corps noir; pates jaunes, noires à leur origine; abdomen ayant une bande jaune sur le second et le troisième anneau, la première interrompue; un point de la même couleur de chaque côté sur le quatrième, et une petite bande sur le sixième. — Paris.

Melline ruficorne (*Mellinus ruficornis*, Fab.). Noir; pates et antennes fauves; abdomen ayant quatre taches ou deux bandes interrompues, avec une ligne postérieure, d'un blanc jaunâtre. — Paris.

Melline biponctué (*M. bipunctatus*, Latr.). Noir; pates jaunes, avec les cuisses noires; premier anneau de l'abdomen ayant un point jaune de chaque côté; les deuxième, troisième, et dernier, jaunes; le second ayant en devant deux points noirs ainsi que son bord postérieur; bord postérieur du troisième, noir; une bande interrompue ou deux taches jaunes sur le quatrième. — France.

Deuxième sous-genre. Pemphredon. *Antennes brisées.*

Pemphredon unicolore (*pemphredon unicolor.* — *Crabro lugubris*, Fab.). Noir, luisant; des poils gris à la tête et au corselet, et d'autres, paraissant argentés, vers le nez; vertex grand et carré; ailes un peu obscures, les supérieures ayant, à la côte, un point épais noir. — Paris.

Vingtième genre. Les Crabrons (*Crabro*).

Antennes près de la bouche, filiformes ou en fuseau, très brisées; mandibules simplement bifides ou échancrées; palpes courts, presque égaux; languette presque entière; chaperon souvent très brillant, doré ou argenté; yeux occupant presque toute la face antérieure de la tête, et ne laissant de place que pour l'insertion des antennes.

* *Premier anneau de l'abdomen n'étant ni pyriforme, ni beaucoup plus étroit que le suivant.*

Crabron porte-crible (*crabro cribrarius*, Latr.). Une palette à l'extrémité des jambes; corps noir; corselet taché de jaune; antennes en fuseau comprimé, dans les mâles; abdomen ayant des bandes jaunes, dont celle du milieu interrompue. — Allemagne.

Crabron pelté (*C. peltatus*, Fab.). Il ressemble au précédent, mais corselet sans taches et écusson noir;

abdomen avec des bandes jaunes, celle du milieu interrompue; pieds jaunes; cuisses noires, la paire du milieu épaissie. — Europe.

CRABRON A BOUCLIER (*Crabro clypeatus*, LATR.; *crabro vexillatus*, PANZ). Premier article des tarses antérieurs dilaté en palette; corps noir; tête rétrécie postérieurement; abdomen ayant des bandes jaunes, dont les premières interrompues. — Europe.

CRABRON SOUTERRAIN (*C. subterraneus*, LATR.). Noir; un duvet soyeux et argenté sur le nez; corselet avec des petites taches jaunes; pates ferrugineuses; cinq taches jaunes sur chaque côté de l'abdomen, et une tache anale de la même couleur. — Europe.

CRABRON DES MURS (*C. murorum*, LATR.). Noir, petit; nez argenté; bord extérieur du corselet et écusson, jaunes, ainsi que deux points sur les premier et quatrième anneaux de l'abdomen; une bande interrompue sur le deuxième et le troisième, et une à l'anus. — Paris.

CRABRON VAGANT (*C. vagus*, LATR.). Noir; jambes jaunes; abdomen ayant trois bandes jaunes, dont les deux premières interrompues.

CRABRON MÉDIAT (*C. mediatus*, FAB.). Noir; corselet taché; abdomen noir, avec cinq bandes jaunes dont les quatre premières interrompues; antennes noires, à premier article jaune en dessous; pieds jaunes et cuisses noires. — Europe.

CRABRON A TROIS DENTS (*C. tridens*, FAB.). Écusson noir, sans taches, ayant deux dents et une pointe canaliculée; anneaux de l'abdomen ayant une tache jaune, transverse, de chaque côté. — Allemagne.

CRABRON CORNE-VARIÉ (*C. varicornis*, FAB.). Plus petit que les précédens; antennes noirs, roussâtres au milieu; tête et corselet noirs, sans taches; abdomen noir, luisant; pieds roux. — Allemagne.

** *Premier anneau de l'abdomen pyriforme, beaucoup plus étroit que le suivant.*

CRABRON CRASSIPÈDE (*C. crassipes*, FAB.). Tête noire et lèvre argentée; antennes noires, à premier article entièrement jaune; corselet noir, avec un point caleux et jaune à la base des ailes; second anneau de l'abdomen à bord jaune; pieds roux. — Allemagne.

CRABRON TIBIALE (*Crabro tibialis*, FAB.). Noir; mandibules jaunes au sommet; antennes noires, à premier article jaune en dessous; corselet sans taches; abdomen luisant, à premier anneau aminci à la base et noueux au sommet; jambes jaunâtres, les postérieures ferrugineuses, et cuisses noires vers le milieu; anus jaunâtre. — Allemagne.

Vingt-unième genre. LES PHILANTHES (*Philanthus*).

Ils se distinguent des précédens par leurs antennes droites insérées au milieu de la face de la tête, à une distance sensible de la bouche, terminées en massue ou plus grosses vers le bout.

Leur tête est épaisse et paraît presque carrée, vue en dessus; le diamètre longitudinal du vertex surpassant la moitié du diamètre transversal.

Premier sous-genre. LES PHILANTHES. *Antennes renflées brusquement à leur extrémité; mandibules sans dents.*

PHILANTHE COURONNÉ (*Philanthus coronatus*, LATR.). Noir; pates roussâtres; abdomen luisant, ayant deux taches jaunes sur les deux premiers anneaux, et une bande semblable sur les quatre suivans. — Paris.

PHILANTHE APIVORE (*P. apivorus*, LATR.). Noir; corselet tacheté; bouche jaune, ainsi qu'une tache divisée sur le front; abdomen jaune, ayant une bande noire et triangulaire en dessus, sur le bord antérieur des premiers anneaux. — Paris.

Deuxième sous-genre. LES CERCÉRIS. *Antennes insensiblement renflées à l'extrémité; mandibules ayant une dent au côté interne.*

CERCÉRIS ORNÉ (*Cerceris ornatus*, LATR.; *philanthus ornatus*, PANZ.). Noir; deux pointes à l'anus; premier anneau de l'abdomen ayant une petite bande jaune à sa partie antérieure; le troisième avec une bande de la même couleur, échancrée en devant; le cinquième avec une bande semblable mais postérieure au lieu d'être au milieu. — Variété avec deux points jaunes sur le quatrième anneau. — Mâle, ayant la troisième bande sur le sixième anneau.

Cercéris a oreilles (*Cerceris aurita*, Latr.; *philanthus lætus*, Fab.). Grand, noir; pates jaunes, entremêlées de roussâtre, avec une bande noire sur les cuisses postérieures; trois taches jaunes entre les yeux, ainsi qu'une carène entre les antennes; une tache derrière chacun des yeux, deux au bord antérieur du corselet, une ligne à l'écusson, deux taches latérales au-dessous, deux sur le premier anneau de l'abdomen, une bande échancrée à chaque bord postérieur des quatre suivans. — France.

Cercéris a quatre ceintures (*C. quadricincta*, Latr.). Semblable au précédent, mais de moitié plus petit, et premier anneau de l'abdomen manquant des deux taches jaunes ou les ayant très petites. — Paris.

FAMILLE 42. LES DIPLOPTÈRES.

Analyse des genres.

1. Antennes de douze à treize articles distincts, terminées en pointe.......... 2
   Antennes de huit à dix articles, en bouton ou en massue obtuse............. 6

2. Mandibules plus longues que larges, rapprochées en avant en forme de bec... 3
   Mandibules guère plus longues que larges, obliquement et largement tronquées.. 5

3. Languette divisée en quatre filets longs et plumeux, non glanduleux...... *Genre Synagre.*
   Languette divisée en trois pièces glanduleuses à l'extrémité............. 4

4. Abdomen ovoïde ou conique, plus épais à sa base..................... *Genre Odynère.*
   Abdomen à premier anneau étroit et allongé, pyriforme, le second en cloche. .... *Genre Eumène.*

5 { Chaperon presque tronqué........ Genre *Guêpe.*
Devant du chaperon s'avançant en pointe. .... Genre *Poliste.* }

6. { Antennes à peine plus longues que la tête, terminées par un bouton globuleux formé par le huitième et le dernier article.......................... Genre *Célonite.*
Antennes plus longues, terminées en massue composée du huitième et dernier article; abdomen plus allongé.. Genre *Masaris.* }

Caractères. Ailes supérieures doublées longitudinalement; antennes plus épaisses à l'extrémité, coudées au second article; yeux échancrés; chaperon grand, souvent de couleurs différentes dans les deux sexes; lèvre et mâchoires allongées; femelles et neutres armés d'un aiguillon très fort et venimeux; corps glabre, ordinairement noir et jaune ou fauve.

Plusieurs espèces vivent en société, et se construisent des habitations dans le genre de celles des abeilles.

Premier genre. Les Synagres (*Synagris*).

Antennes de douze à treize articles distincts, terminées en pointe; mandibules beaucoup plus longues que larges, rapprochées en devant, en forme de bec, celles des mâles souvent très grandes et en forme de cornes; chaperon presque en forme de cœur, ou ovale, avec la pointe en avant et plus ou moins tronquée; languette divisée en quatre filets plumeux, allongés, sans points glanduleux à leur extrémité.

Synagre cornu (*Synagris cornutus. — Vespa cornutus*, Lin.). Grand, d'un fauve roussâtre; abdomen et ailes noirs; mandibules plus longues que la tête, énormément grandes dans le mâle, et avec un rameau en forme de corne. — Afrique.

Deuxième genre. Les Eumènes (*Eumenes*).

Mêmes caractères que les synagres, mais languette divisée en trois pièces, glanduleuses à leur extrémité, celle du milieu plus grande, évasée au bout, en forme de cœur, échancrée ou bifide; abdomen ayant son premier anneau étroit et allongé, en forme de poire, et le second en cloche.

EUMÈNE ÉTRANGLÉE (*Eumenes coarctata*, LATR.; *vespa coarctata*, FAB.). Noire, longue de cinq lignes, pubescente; des taches et le bord postérieur des anneaux de l'abdomen, jaunes, le premier en poire allongée, avec deux petits points de la même couleur; une bande oblique, jaune, de chaque côté du second; ailes noirâtres. — France.

EUMÈNE POMIFORME (*E. pomiformis*. — *Vespa pomiformis*, FAB.). Noire, variée de jaune; moins pubescente; abdomen ayant deux points jaunes sur son pédicule; son second anneau avec une bande interrompue, et tous bordés de jaune; pieds jaunâtres. — Italie. Elle ressemble à la précédente, mais elle est d'un noir moins foncé, et les deux points du corselet de la première sont changés dans celle-ci en des taches assez grandes.

EUMÈNE A AILES BLEUES (*E. cyanipennis*, LATR.; *vespa cyanipennis*, FAB.). Mandibules obtuses, courtes; nez presque carré; corps noir; pédicule de l'abdomen en massue, testacé à sa base; le second anneau grand et en cloche; ailes d'un bleu foncé. — Cayenne.

Troisième genre. LES ODYNÈRES (*Odynerus*).

Ils se distinguent des eumènes par leur abdomen ové-conique, arrondi et plus épais à sa base; palpes sétacés; mandibules avancées en pointe, réunies en une sorte de bec; corselet ovoïde, tronqué postérieurement et subitement.

ODYNÈRE DES MURS (*Odynerus murarius*. — *Vespa muraria*, LIN.). Très noire; jambes et tarses jaunes; une petite tache entre les antennes, le bord antérieur du corselet, le bord supérieur et postérieur des cinq premiers anneaux de l'abdomen, de la même couleur; second anneau grand; ailes obscures. — Paris.

ODYNÈRE DES CHEMINS (*O. parietum*. — *Vespa parietum*, FAB.). Noire; corselet avec deux points jaunes ; écusson biponctué, et abdomen avec cinq bandes de la même couleur, la première très écartée. — France.

Odynère pariétine (*Odynerus parietinus*. — *Vespa parietina*, Fab.). Noire ; lèvre et corselet tachés ; abdomen ayant cinq bandes jaunes en dessus, et deux en dessous. — Amérique.

Quatrième genre. Les Guêpes (*Vespa*).

Mandibules guère plus longues que larges, ayant une troncature large et oblique à leur extrémité ; languette courte ou peu allongée ; milieu du bord antérieur du chaperon largement tronqué, avec une dent de chaque côté ; corselet court, arrondi en devant, tronqué postérieurement ; abdomen ovoïde-conique, tronqué à sa base, sans pédicule prolongé.

Elles vivent en société nombreuse, composée de *mâles*, de *femelles* et de *neutres* ou *mulets*. Avec leurs mandibules elles détachent des parcelles de vieux bois qu'elles pétrissent et réduisent en pâte pour en composer une espèce de papier dont elles construisent leur habitation ; elles en forment des gâteaux et des cellules analogues par leurs formes à ceux des abeilles. Les unes construisent à l'air libre, les autres dans des troncs d'arbre, des trous en terre, etc. Lorsque l'hiver arrive, tout périt, à l'exception de quelques femelles. Celles-ci, dès que le beau temps revient, se mettent à l'ouvrage pour commencer seules une nouvelle habitation ; lorsqu'il y a quelques cellules de faites, elles y pondent des œufs d'où il sort des mulets qui les aident à construire et agrandir le guêpier, ainsi qu'à nourrir les larves nouvelles. Si quelques unes de ces dernières paraissent ne pas pouvoir subir leur dernière métamorphose avant la mauvaise saison, les autres les arrachent de leurs cellules et les tuent. En été paraissent les mâles et les jeunes femelles ; l'accouplement a lieu, et les femelles sont fécondées pour le printemps suivant.

Les guêpes sont très voraces à l'état parfait ; elles se nourrissent d'insectes, de fruits, et même de viande. On les attire avec le sucre, qu'elles aiment beaucoup.

GUÊPE COMMUNE (*Vespa vulgaris*, LATR.). Noire; pates jaunes, ainsi que le nez, qui a un point noir au milieu; une tache jaune à chaque bord interne des yeux, une autre au-dessus, une raie à chaque épaule, quatre à l'écusson, et deux plus allongées en dessous; abdomen jaune, avec une bande noire tridentée postérieurement, occupant le dessus du bord antérieur des anneaux, ces bandes plus grandes aux deux premiers. — Paris.

GUÊPE MOYENNE (*Vespa media*, LATR.). Noire; pates jaunes et cuisses noires; nez jaune, avec une raie noire; abdomen ayant le bord postérieur de ses trois premiers anneaux jaune et ondé; les autres anneaux jaunes, avec une bande noire, transverse et tridentée, à leur bord antérieur. — Paris.

GUÊPE FRELON (*Vespa crabro*, LATR.). Corps varié de ferrugineux et de noir; devant de la tête et abdomen en grande partie jaunes; abdomen ayant son premier anneau roussâtre en devant, d'un brun noirâtre au milieu, jaune au bord postérieur: le second d'un brun noirâtre au bord antérieur, et deux points de la même couleur appuyés sur chacune de ces bandes, un de chaque côté. — Paris.

GUÊPE FAUVE (*Vespa rufa*, LATR.). Noire; nez jaune, avec une raie noire; deux raies scapulaires jaunes, ainsi que quatre petites taches à l'écusson et deux points au-dessous; abdomen ayant ses deux premiers anneaux roussâtres, avec le bord postérieur jaune; un point noir ou obscur au milieu du premier anneau, et une bande noire avançant en angle, au bord antérieur du second: les autres anneaux noirs, avec le bord postérieur jaune. — Paris: rare.

GUÊPE DE HOLSTEIN (*Vespa halsatica*, LATR.). Noire; une ligne jaune à chaque épaule, et deux taches semblables à l'écusson; abdomen jaune, avec une bande noire et transverse à la base des anneaux; des points noirs contigus au bord postérieur des premières bandes. — Paris.

Cinquième genre. Les Polistes (*Polistes*).

Semblables aux guêpes, mais portion du bord interne des mandibules qui est au-delà de l'angle et qui les termine, plus courte que celle qui précède cet angle; milieu du devant du chaperon avancé en pointe.

Premier sous-genre. Les Polistes (*Polistes*). *Corselet ovoïde, un peu rétréci des ailes au bord antérieur, et finissant postérieurement en un plan incliné; abdomen ovale ou ellipsoïde, à premier anneau en massue ou en toupie.*

Poliste français (*Polistes gallicus*, Latr.; *vespa gallica*, Fab.). Un peu plus petit que la guêpe commune; noir; chaperon, deux points sur le dos du corselet, six lignes à l'écusson, deux taches sur le premier et le second anneau de l'abdomen, leur bord supérieur ainsi que celui des autres, jaunes; abdomen ovalaire, courtement pédiculé. — Paris.

Poliste diadème (*P. diadema*, Latr.). Il ne diffère du précédent que par deux lignes jaunes situées sous les antennes, et parce qu'il n'a pas les deux points sur le dos du corselet. — France.

Poliste ferrugineux (*P. cinereus*. — *Vespa cinerea*, Fab.). Ferrugineux; corselet sans taches; abdomen attaché par un long pédicule recourbé, ferrugineux, un peu jaunâtre sur les bords; second anneau très grand, campanulé, ferrugineux, à large bord jaune; pieds ferrugineux, ainsi que les ailes, qui ont au sommet une tache brune. — Inde.

Deuxième sous-genre. Les Épipones. *Corselet plus court, cylindracé, tombant brusquement à son extrémité postérieure; abdomen ovoïde-conique et sessile, ou en cœur et pédiculé.*

Epipone cartonnière (*Epipone charturia*. — *Vespa nidulans*, Fab.). Petite, d'un noir soyeux, avec des taches et le bord postérieur des anneaux de l'abdomen jaunes. — Cayenne.

Epipone tatua (*E. morio*. — *Polistes morio*, Fab.;

vespa tatua, Cuv.). D'un noir luisant; abdomen cordiforme, pédiculé. — Cayenne.

Sixième genre. LES MASARIS (*Masaris*).

Antennes en massue comprimée, formée par le huitième et dernier article; languette composée de deux filets très longs, avec la base molle, en forme de tube cylindrique, les recevant dans la contraction et retirée alors dans la gaîne du menton; palpes très courts, les maxillaires de trois à quatre articles, et les labiaux de trois; abdomen assez allongé.

MASARIS VESPIFORME (*Masaris vespiformis*, FAB.). Antennes noires, plus longues que le corselet; abdomen noir, avec six bandes jaunes. — Barbarie.

Septième genre. LES CÉLONITES (*Celonites*).

Mêmes caractères que le genre précédent, mais antennes à peine plus longues que la tête, le huitième article formant avec les derniers un bouton globuleux; lèvre supérieure très distincte.

CÉLONITE APIFORME (*Celonites apiformis*, LATR.). Noir, tacheté de jaune; antennes roussâtres, obscures en dessus; abdomen jaune en dessous, ainsi que les bords postérieur et supérieur de ses anneaux; corps ayant la faculté de se mettre en boule. — Midi de la France.

FAMILLE 43. LES MELLIFÈRES.

Analyse des genres.

1. { Division intermédiaire de la languette cordiforme ou en fer de lance, plus courte que sa gaîne, droite ou pliée en dessus. *Première division.* LES ANDRÈNÈTES 2
Division intermédiaire de la languette filiforme ou sétacée, au moins aussi longue que sa gaîne tubulaire. *Deuxième division.* LES APIAIRES .... 8 }

Première division. LES ANDRÈNÈTES.

2. Division intermédiaire de la languette évasée, un peu cordiforme, doublée dans le repos 3
Division intermédiaire de la languette en fer de lance 4

3. Second et troisième article des antennes plus longs que le premier; corps glabre. .... *Genre Hylée.*
Troisième article des antennes plus long que le second; corps velu ...... *Genre Collète.*

4. Languette se repliant sur le côté supérieur de sa gaine........................ 5
Languette droite, ou un peu courbée en dessous 6

5. Femelles ayant le premier article des tarses postérieurs très long, hérissé de longs poils, en forme de plumasseau.. *Genre Dasypode.*
Femelles ayant le premier article des tarses postérieurs semblable aux autres. *Genre Andrène.*

6. Division de la languette presque également longue; antennes des mâles noueuses. *G. Sphécode.*
Division intermédiaire de la languette beaucoup plus longue que les latérales. 7

7. Une fente longitudinale à l'extrémité postérieure de l'abdomen des femelles. *G. Halicte.*
Pas de fente à l'abdomen; cuisses et jambes renflées et dilatées dans les mâles. *Genre Nomie.*

Deuxième division. LES APIAIRES.

8. Vie solitaire; pas de brosse ni de corbeille au premier article des pieds postérieurs, ni d'enfoncement particulier au côté extérieur de leurs jambes 9
Insectes vivant en société; neutres ayant à la face externe de leurs jambes postérieures un enfoncement lisse nommé *corbeille*, et un faisceau de duvet soyeux nommé *brosse*, à la face interne du premier article des tarses postérieurs 16

9. Second article des tarses postérieurs des femelles inséré au milieu de l'extrémité du précédent, et angle extérieur et terminal du premier article n'étant pas dilaté ou plus avancé que l'intérieur... 10
Second article des tarses postérieurs des femelles inséré plus près de l'angle de l'article précédent, et angle extérieur et terminal du premier article étant dilaté ou plus avancé que l'intérieur..... 15

10. Mandibules étroites, arquées, crochues, avec une dentelure, au plus, située sous la pointe........................ 11
Mandibules fortes, souvent sillonnées, triangulaires, très dentées ou incisives, ou avancées en pointe............. 13

11. Palpes maxillaires de six articles 12
Palpes maxillaires d'un article.... *Genre Épéole.*

12. Abdomen ové-conique; petits yeux lisses presque en ligne droite; des plaques de poils en forme de taches dans plusieurs. .... *Genre Mélecte.*
Abdomen ovale ou elliptique; petits yeux lisses disposés en triangle; corps glabre...................... *Genre Nomade.*

13. Labre en quadrilatère ou parallélogramme, crustacé au plus, tombant perpendiculairement entre les mandibules....... 14
Labre transversal, échancré ou cilié en devant, corné ou écailleux.... *Genre Xylocope.*

14. Labre fort allongé, ou en carré long; palpes maxillaires de quatre articles au plus..................... *Genre Mégachile.*
Labre carré, presque aussi long que large; palpes maxillaires de six articles. *Genre Cératine.*

15. Divisions latérales de la languette aussi longues que les palpes labiaux, sétacées......................... *Genre Eucère.*
Divisions latérales de la languette beaucoup plus courtes que les palpes labiaux..................... *Genre Anthophore*

16. Jambes postérieures terminées par deux épines.......................... 17
Point d'épines à l'extrémité des jambes postérieures.......................... 18

17. Labre carré; fausse trompe de la longueur du corps; palpes labiaux terminés en une pointe formée par les deux derniers articles.................. *Genre Euglosse.*
Labre transversal; fausse trompe beaucoup plus courte que le corps; second article des palpes labiaux se terminant en pointe, et portant les deux derniers sur son côté extérieur........ *Genre Bourdon.*

18. Neutres ayant le premier article des tarses postérieurs en carré long, garni à sa face externe d'un duvet soyeux, divisé en bandes transversales, ou strié. *Genre Abeille.*
Neutres ayant le premier article des tarses postérieurs plus étroit à sa base, ou en triangle renversé, et sans strie sur la brosse soyeuse de sa face interne. *Genre Mélipone.*

Caractères. Un organe particulier aux pieds postérieurs, servant à ramasser le pollen des fleurs pour en composer du miel et de la cire; mâchoires et lèvre fort longues, formant une espèce de trompe; languette soyeuse ou velue à l'extrémité, ayant ordinairement la figure d'un fer de lance ou d'un filet très long.

Tous ces hyménoptères, soit à l'état parfait, soit à celui de larve, ne se nourrissent que du miel qu'ils savent extraire des fleurs. Quelques mellifères vivent solitaires, et pour cela n'en sont pas moins intéressans sous le rapport des mœurs. Les uns font un trou dans la terre, lui donnent une forme déterminée et toujours ingénieuse, y déposent leurs œufs et du miel pour nourrir les larves; les autres construisent un nid avec un mortier de terre très fine, et l'appliquent contre un mur, une pièce de bois, etc. Il en est qui donnent à leur nid la forme d'un dé à coudre, et qui le tapissent avec des morceaux de feuille qu'ils coupent et appliquent avec beaucoup d'adresse. Un d'eux tapisse le sien avec les pétales du coquelicot. Quelques espèces vivent en société, mais moins nombreuses que celles des abeilles domestiques, et assez ordinairement elles construisent avec beaucoup moins d'art un nid souterrain. Cette famille nombreuse se partage en deux divisions.

PREMIÈRE DIVISION. LES ANDRENÈTES.

Division intermédiaire de la languette cordiforme ou en fer de lance, plus courte que sa gaîne, droite ou pliée en dessus, ou presque droite. Tarses postérieurs ayant l'article de la base beaucoup plus large que le suivant, dilaté, souvent pollinifère.

Il n'y a que des mâles et des femelles, et ils vivent solitaires. Leurs mandibules sont simples ou terminées au plus par deux dentelures; palpes maxillaires de six articles; languette divisée en trois pièces, dont les deux latérales très courtes, en forme d'oreillette.

Premier genre. LES HYLÉES (*Hylæus*).

Division moyenne de la languette évasée à son extrémité, presque en forme de cœur, et doublée dans le repos; corps glabre; second et troisième article des antennes presque de la même longueur.

Ces insectes se trouvent sur les fleurs, particulièrement sur celles de réséda et d'ognon. On ne connaît pas leur manière de vivre, mais il paraît qu'ils déposent leurs œufs dans le nid des autres hyménoptères. Leur lèvre inférieure est festonnée à son bord antérieur; leurs antennes sont rapprochées, et leurs pates postérieures n'ont point de brosses ou de poils propres à ramasser le pollen des fleurs.

HYLÉE ANNELÉ (*Hylæus annulatus*, LATR.). Noir; antennes à premier article presque conique; devant de la tête dans les mâles, deux taches sur cette partie dans les femelles, blancs ou d'un blanc jaunâtre, ainsi que le haut des jambes et du premier article des tarses des pieds antérieurs. — France. On en trouve une variété, avec les tarses de toutes les pates et le bas des jambes ayant une grande tache blanchâtre ou jaunâtre.

Hylée maculé (*Hylæus maculatus*). Une fois plus grand que le précédent et lui ressemblant, mais taches des pates légèrement marquées aux quatre pieds antérieurs; premier anneau de l'abdomen ayant le bord postérieur et latéral taché par des petits poils blanchâtres. — France.

Hylée a jambes blanches (*H. albipes*, Latr.). Noir; abdomen rougeâtre; jambes ayant une tache blanche. — Midi de la France.

Hylée dilaté (*H. dilatatus*, Latr.). Grand comme l'hylée maculé; noir; premier article des antennes épais, ovoïde; jambes et tarses annelés de jaune; mâles jaunâtres en dessous. — France.

Deuxième genre. Les Collètes (*Colletes*).

Elles diffèrent des précédens par leur corps velu, par le troisième article des antennes, qui est plus long que le second. Leur lèvre inférieure est terminée par une partie membraneuse ayant presque la forme d'un cœur; leurs antennes sont écartées à leur base, et les pates postérieures des femelles sont propres à ramasser du pollen.

La femelle de la collète ceinturée fait son nid dans la terre, et le tapisse d'une soie luisante et très fine, dont elle construit aussi plusieurs cellules bout à bout. Elle dépose un œuf dans chacune, et une espèce de cire détrempée pour nourrir la larve qui en naîtra.

Collète glutineuse (*Colletes succinta*, Latr.; *apis succinta*, Lin.). Petite, noire, avec des poils blanchâtres, ceux du corselet roussâtres; abdomen ovoïde, ayant un duvet blanc sur le bord postérieur de ses anneaux; mâle ayant les antennes plus grandes. — Europe.

Troisième genre. Les Andrènes (*Andrena*).

Languette en forme de fer de lance, repliée sur le côté supérieur de sa gaîne; troisième article des antennes long et aminci à la base; mâchoires ayant un tubercule velu, en forme de petit palpe, vers leur base en dessus.

Les pates postérieures des femelles sont pollinigères; leur corps est plus ou moins velu. Ces insectes font leur nid dans la terre, sur le bord des chemins, des fossés, etc. Ils déposent au fond un miel grossier, noirâtre, légèrement sucré, d'une odeur narcotique, pondent un œuf auprès, et rebouchent exactement le trou pour empêcher les fourmis d'y pénétrer.

ANDRÈNE VÊTUE (*Andrena vestita*, LATR.; *apis vestita*, FAB.). Noire; corselet et abdomen couverts d'un duvet roux. — France.

ANDRÈNE CENDRÉE (*A. cineraria*, LATR.; *apis cineraria*, FAB.). Noire; du poil blanchâtre sur la tête et le corselet, ce dernier ayant une bande noire et transverse, au milieu, dans la femelle; abdomen presque glabre, luisant, un peu bleuâtre; ailes ayant l'extrémité noirâtre. — Europe.

ANDRÈNE TRÈS NOIRE (*A. aterrima*, LATR.). Très noire; bout des ailes noirâtre; pates postérieures ayant les cuisses et les jambes couvertes de poils gris ou d'un brun roussâtre. — France.

ANDRÈNE DES MURS (*A. muraria*, LATR.). Noire; jambes postérieures, tête, corselet et principalement son extrémité postérieure et ses côtés, bords latéraux des derniers anneaux de l'abdomen, garnis de poils blancs; abdomen d'un noir bleuâtre et luisant; ailes noires, teintées de violet. — France.

ANDRÈNE LABIÉE (*A. labiata*, LATR.). Velue, noire; lèvre d'un blanc jaunâtre; second et troisième anneau de l'abdomen roussâtres. — Italie.

ANDRÈNE DES FLEURS (*A. florea*, FAB.). Tête noire, un peu pubescente; corselet pubescent, légèrement ferrugineux; abdomen ovale, ayant ses deux premiers anneaux roux, le premier noir au bord postérieur; les autres noirs, roussâtres au bord antérieur; ailes blanches; pieds noirs. — Amérique.

ANDRÈNE MARGINÉE (*A. marginata*, FAB.). Tête et corselet noirs, couverts de poils laineux et cendrés; abdomen ayant son premier anneau noirâtre, les autres ferrugineux, à bords cendrés. — Allemagne.

Andrène nomade (*Andrena hattorfiana*. — *Nomada hattorfiana*, Fab.). Tête et corselet noirâtres, luisans, sans taches; premier anneau de l'abdomen noir, luisant, à bord ferrugineux; le second ferrugineux, marqué de trois taches noires, dont celle du milieu carrée et plus grande; le troisième et le quatrième noirs, bordés de blanc; le cinquième noir, et roussâtre vers l'anus; pieds noirs, la dernière paire couverte de poils blancs et laineux. — Allemagne.

Quatrième genre. Dasypode (*Dasypoda*).

Mêmes caractères que les andrènes, mais premier article des tarses postérieurs, dans les femelles, fort long, hérissé de longs poils, en forme de plumasseau. Leurs palpes labiaux sont aussi longs ou plus longs que les maxillaires; articles inférieurs allongés, cylindriques; abdomen déprimé, ovale ou elliptique; ailes supérieures ayant deux cellules sous-marginales.

Dasypode hirtipède (*Dasypoda hirtipes*, Latr.). Noire; couverte de poils d'un gris jaunâtre, ceux du corselet, des jambes, et du premier article des tarses des pates postérieures, roussâtres; abdomen moins poilu, ayant les bords postérieurs des deuxième, troisième, quatrième et cinquième anneaux garnis de poils blanchâtres, couchés, courts, formant autant de bandes. Mâle hérissé de poils d'un gris roussâtre, à abdomen ovoïde. — Paris.

Dasypode oursine (*D. ursina*, Latr.). Noire, luisante, un peu velue; jambes et tarses des pates postérieures couverts de poils longs et d'un brun roussâtre; troisième article des antennes peu différent en longueur du second; mandibules sans dents; tête épaisse. — Midi de la France.

Cinquième genre. Les Sphécodes (*Sphecodes*).

Languette droite, ou très peu recourbée en dessous à son extrémité, à divisions presque également longues; antennes noueuses dans les mâles. Du reste, mêmes caractères que les andrènes.

Les pates postérieures des femelles ne sont pas pollinigères; la lèvre supérieure est semi-circulaire, échancrée; leur corps est glabre ou légèrement pubescent.

SPHÉCODE RENFLÉ (*Sphecodes gibbus*, LATR.; *nomada gibba*, FAB.). Noir; abdomen d'un brun rouge et luisant, ayant ses deux derniers anneaux noirs; ailes noirâtres. — Paris.

SPHÉCODE MÉLITTOÏDE (*S. melittoides*). Semblable au précédent, mais base de l'abdomen noire. — Angleterre.

SPHÉCODE PARISIEN (*S. lutetianus*). Long de six lignes, noir; abdomen d'un rouge fauve. — Paris.

Sixième genre. LES HALICTES (*Halictus*).

Semblables aux précédens, mais division du milieu de la languette beaucoup plus longue que les latérales; extrémité postérieure de l'abdomen ayant une fente longitudinale dans les femelles.

Le troisième article de leurs antennes diffère peu en longueur des suivans; les mâchoires et la lèvre inférieure sont une fois plus longues que la tête.

HALICTE A QUATRE RAIES (*Halictus quadristrigatus*, LATR.). Femelle : sept lignes de longueur; noire; tête couverte d'un léger duvet d'un gris obscur, ayant des cils roussâtres à la barbe supérieure; un léger duvet d'un gris obscur, sur le corselet; abdomen luisant, ovale, avec des poils gris à sa base; bords postérieurs de ses quatre premiers anneaux ayant des bandes blanches formées par des poils courts et couchés; des poils roussâtres à l'anus, ainsi qu'aux jambes et aux tarses des pates postérieures; ailes supérieures à nervures roussâtres et à bord postérieur noirâtre. Mâle : étroit et allongé; antennes d'un brun roussâtre en dessous, un peu plus longues que la moitié du corps; lèvre supérieure, jambes et tarses, d'un jaune pâle un peu roussâtre; une tache noire aux quatre jambes postérieures. — Paris.

HALICTE FOUISSEUR (*H. fodiens*, LATR.). Femelle :

noire ; des poils roux sur la tête ; le corselet, les pates, la base et le dessous de l'abdomen, jambes postérieures et tarses intermédiaires, roux ; abdomen très luisant, ayant aux bords antérieur et supérieur de ses deuxième, troisième et quatrième anneaux, une bande de duvet blanc ; stigmate des ailes roussâtre. — Paris.

HALICTE A SIX CEINTURES (*Halictus sexcinctus*, LATR.; *hylœus sexcinctus*, FAB.). Femelle : noire; des points roussâtres sur la tête, le corselet, la base et le dessous de l'abdomen, la majeure partie des pates, les jambes et les tarses; les quatre premiers anneaux de l'abdomen ayant sur leurs bords supérieur et postérieur une bande de duvet d'un roussâtre d'ocre, une raie semblable sur le bord antérieur des second et troisième ; nervures et stigmate des ailes roussâtres. Mâle : étroit, allongé ; antennes d'un roux jaunâtre, noires à l'extrémité ; nez jaunâtre ; pates d'un jaune roussâtre ou couleur de cire ; six bandes blanchâtres sur l'abdomen. — Paris.

HALICTE CÉLADON (*H. celadonius*, LATR.; *apis celadonia*, FAB.). Femelle : bronzée ; bord postérieur des anneaux de l'abdomen ayant des bandes duveteuses et roussâtres. Mâle : nez, jambes et tarses d'un jaune citron pâle. — Paris.

HALICTE FLAVIPÈDE (*H. flavipes*. — *Hylœus flavipes*, FAB.). D'un noir cuivreux et luisant ; lèvre jaune ; corselet sans taches ; abdomen cylindrique ; tous les pieds jaunes. — Amérique.

Septième genre. LES NOMIES (*Nomia*).

Mâchoires fléchies en dessous vers la moitié de leur longueur ; partie membraneuse et saillante de la lèvre inférieure terminée par un prolongement long, en forme de filet ; longueur de la saillie de cette lèvre égalant la moitié ou plus de celle de sa gaîne. Palpes labiaux plus courts que les maxillaires, leurs articles courts, cylindrico-coniques ; abdomen convexe, conico-ovoïde ; jambes postérieures des femelles n'étant pas en plumasseau ; pates postérieures des mâles dilatées; ailes supérieures à trois cellules sous-marginales.

NOMIE CURVIPÈDE (*Nomia curvipes.* — *Andrena curvipes*, FAB.). Tête brunâtre, à bouche jaune; antennes couleur de poix, obscures; corselet brun, avec des poils cendrés; pieds testacés; anneaux de l'abdomen largement bordés de jaune; cuisses postérieures concaves en dessous, unidentées. — Du Tranquebar.

DEUXIÈME DIVISION. LES APIAIRES.

Division moyenne de la languette au moins aussi longue que le menton ou sa gaîne tubulaire, filiforme ou sétacée; mâchoires et lèvres très allongées, formant une sorte de trompe coudée et repliée en dessous dans le repos; palpes labiaux ayant ordinairement leurs deux premiers articles comprimés, en forme de soie écailleuse, embrassant les côtés de la languette.

Huitième genre. LES MÉLECTES (*Melecta*).

Vie solitaire; pas de brosse ni de corbeille au premier article des pieds postérieurs, ni d'enfoncement particulier au côté extérieur des jambes; second article des tarses postérieurs des femelles inséré au milieu de l'extrémité du précédent, et angle extérieur et terminal du premier article n'étant pas dilaté ou plus avancé que l'intérieur; mandibules étroites, arquées, crochues, avec une dentelure, au plus, située sous la pointe; abdomen ové-conique; petits yeux lisses presque en ligne droite; des plaques de poils en forme de taches dans plusieurs.

MÉLECTE HISTRION (*Melecta histrio.* — *Nomada histrio*, FAB.). Antennes noires, ainsi que la tête, dont le front est blanc et velu; corselet bossu, noirâtre, avec onze points blancs en dessus et deux de chaque côté sous les ailes; écusson grand, échancré au sommet, avec un point blanc; abdomen noirâtre, avec un anneau ayant un grand point blanc de chaque côté; pieds noirs, tachés de blanc. — Inde.

MÉLECTE SCUTELLAIRE (*M. scutellaris.* — *Nomada scutellaris*, FAB.). Tête noire, à front blanc et pubescent; corselet noir, avec des poils cendrés en devant; écusson allongé postérieurement, échancré et à deux dents; abdomen noir, à premier anneau glabre, avec deux points blancs de chaque côté, les autres n'en ayant qu'un; pieds noirs, à jambes ayant une grande tache blanche; ailes supérieures brunes, avec une ligne marginale blanche. — Sibérie.

Mélecte ponctuée (*Melecta punctata*, Latr.; *apis punctata*, Fab.). Noire; un duvet d'un gris cendré sur la tête et sur le corselet; deux épines très petites à l'écusson; un petit faisceau de poils grisâtres de chaque côté sur les deux premiers anneaux de l'abdomen; un point semblable, de chaque côté, sur les suivans, en en exceptant le dernier; jambes annelées de poils cendrés. — France.

Neuvième genre. Les Nomades (*Nomada*).

Mêmes caractères que les mélectes, mais abdomen ovale ou elliptique; petits yeux lisses disposés en triangle; corps glabre, ou simplement pubescent. Divisions latérales de la languette plus courtes que les palpes; labre court, presque en demi-ovale.

Nomade ruficorne (*Nomada ruficornis*, Latr.). D'un rouge brun, plus vif dans quelques parties; antennes rouges, ainsi que les pates, des raies sur le corselet, et quatre points à l'écusson; abdomen varié de jaune et de rouge. — Paris.

Nomade fabricienne (*N. fabriciana*, Fab.). Partie antérieure de la tête blanche; corselet noir, avec des lignes blanches; abdomen ferrugineux, ayant deux taches jaunes; ailes blanchâtres, avec deux taches lunulées vers le bord postérieur. — Suède.

Nomade bossue (*N. gibba*, Fab.). Entièrement noire, à l'exception de l'extrémité de l'abdomen, qui est rousse, ce dernier glabre et luisant. Quelquefois son abdomen est entièrement roux. — Paris.

Nomade de la jacobée (*N. jacobeæ*, Latr.). Noire; antennes et pates d'un fauve pâle; deux points jaunes à l'écusson; abdomen ayant trois taches transverses de chaque côté, deux bandes et son extrémité de la même couleur. — Paris.

Dixième genre. LES ÉPÉOLES (*Epeolus*).

Ils ne diffèrent des précédens que par leurs palpes maxillaires, qui sont presque obsolètes, et d'un seul article, tandis qu'ils en ont six dans les autres.

ÉPÉOLE VARIÉ (*Epeolus variegatus*, LATR.; *nomada variegata*, FAB.). Noir, avec des taches et des bandes blanches; pates fauves ou ferrugineuses. Il varie, à écusson blanc ou ferrugineux. — Europe.

ÉPÉOLE KYRBIEN (*E. kirbienus*, LATR.). Noir; les trois premiers anneaux de l'abdomen d'un brun rouge en dessus, ayant une tache d'un gris blanchâtre de chaque côté; les autres noirâtres, bordés de gris blanchâtre. — Paris.

Onzième genre. LES MÉGACHILES (*Megachile*).

Mandibules fortes, souvent sillonnées, triangulaires, très dentées ou incisives, ou avancées et en pinces; labre crustacé au plus, tombant perpendiculairement entre les mandibules, fort allongé ou en carré long; palpes maxillaires de deux à quatre articles.

a. *Corps long, cylindrique, étroit; mandibules des femelles arquées, bidentées à leur extrémité; palpes maxillaires de deux articles; femelles ayant l'abdomen soyeux en dessous.* LES CHÉLOSTOMES.

MÉGACHILE GRANDE-DENT (*Megachile maxillosa*, LATR.; *hylæus maxillosus*, la femelle, FAB.; *hylæus flarisomnis*, le mâle, FAB.). Noire; pubescente; une barbe roussâtre au côté interne des mandibules; une saillie sur le nez; anneaux de l'abdomen ayant sur leurs bords supérieur et postérieur des poils blanchâtres formant des raies souvent interrompues; le second ayant, dans les mâles, une protubérance tronquée. — France.

b. *Corps cylindrique; femelles ayant leurs mandibules presque trigones, triangulaires à la face supérieure, bidentées à leur extrémité; palpes maxillaires de deux articles; abdomen des femelles soyeux en dessous.* LES HÉRIADES.

MÉGACHILE DES CAMPANULES (*M. campanularum*,

Latr.). Noire; mandibules larges, ayant deux sillons et deux lignes élevées à l'extrémité; bord antérieur de la tête cilié de roussâtre; troncature du premier anneau de l'abdomen arrondie en dessus; second anneau ayant en dessous, dans les mâles, une protubérance, le dernier avec un enfoncement et terminé par une ligne courbe formant trois apparences de dents. — Paris.

Mégachile des troncs (*Megachile truncorum*, Latr.; *hylæus truncorum*, Fab.). Noire; mandibules ayant une seule ligne élevée; troncature du premier anneau de l'abdomen un peu rebordée et aiguë; un duvet inférieur roussâtre; abdomen des mâles sans protubérance. — Paris.

c. *Mandibules presque trigones, tridentées; abdomen conique, glabre; palpes maxillaires de deux articles.* Les Cœlioxydes.

Mégachile conique (*M. conica*, Latr.; *apis quadridentata*, le mâle, Fab.; *apis conica*, la femelle, Fab.). Noire; ponctuée; tête soyeuse et d'un gris jaunâtre en devant; écusson ayant de chaque côté un petit avancement pointu en forme d'épine; un petit tubercule sous la naissance des ailes; abdomen ayant quatre à cinq bandes transverses, blanchâtres, dont la première remonte latéralement; son dernier anneau conique, à deux pointes, dont l'intérieure unidentée; huit petites épines ou pointes à l'extrémité, dans les mâles. — Paris.

d. *Mandibules presque trigones, à trois ou quatre dents; abdomen ovale, tronqué à sa base, soyeux en dessous; palpes maxillaires de deux articles.*

Mégachile très ponctuée (*M. punctatissima*, Latr.). Noire; écusson ayant deux petites pointes; abdomen luisant, ayant les bords supérieur et postérieur de ses anneaux d'un gris brunâtre ou décoloré; ailes supérieures noirâtres, à cellule terminale et extérieure plus foncée. — Paris.

Mégachile phæoptère (*M. phæoptera*, Latr.). D'un noir luisant et très ponctué, avec des poils gris;

abdomen un peu étranglé dans l'intervalle de ses anneaux, et ayant, dans les mâles, quatre dents à l'extrémité. — Paris.

e. *Mandibules triangulaires, allongées et multidentées; corps large, peu allongé; abdomen ovale, tronqué, soyeux en dessous dans les femelles; pates postérieures longues relativement au corps; palpes maxillaires de deux articles.* LES MÉGACHILES.

MÉGACHILE FLORENTINE (*Megachile florentina*, LATR.; *apis florentina*, le mâle, FAB.). Abdomen des mâles terminé par trois pointes coniques, et ayant un bourrelet soyeux sur les bords latéraux de ses anneaux, les quatrième, cinquième et sixième prolongés de chaque côté en une pointe ou un crochet, dans les mâles; une tache jaune de chaque côté sur le premier anneau, et des bandes transverses et entières sur les autres, dans les femelles. — Midi de la France.

MÉGACHILE A CINQ CROCHETS (*M. manicata*, LAT.; *apis manicata*, le mâle, FAB.; *apis maniculata*, la femelle, FAB.). Le sixième anneau de l'abdomen prolongé de chaque côté en un crochet, et la pointe du milieu du dernier anneau forte, dans les mâles; bord antérieur de la tête dentelé, des bandes jaunes, transverses, largement interrompues au milieu, surtout à la base, sur le dessus de l'abdomen, dans les femelles. — Paris.

MÉGACHILE INTERROMPUE (*M. interrupta*, LATR.; *apis interrupta*, FAB.). Noire; corselet sans taches; abdomen avec des bandes transverses, jaunes, interrompues au milieu, le sixième anneau ayant une dent à chaque bord latéral, et un troisième au milieu du bord postérieur; anus à deux dents arrondies. La femelle n'en diffère que par son abdomen sans dents, très soyeux en dessous. — Paris.

MÉGACHILE VARIÉE (*M. variegata*. — *Apis variegata*, FAB.). Tête brune, avec une tache jaune de chaque côté de la lèvre, et un petit point près des yeux; corselet brun, avec une ligne marginale et deux taches scutellaires jaunes; abdomen globuleux, noir, avec quatre taches jaunes sur chaque anneau;

hérissé de poils roux en dessous ; anus entier ; pieds jaunes, et cuisses noires en dessus. — Italie.

f. Mandibules triangulaires, larges ; trois à quatre dents au côté interne ; abdomen ové-conique, déprimé, très soyeux en dessous dans les femelles, se relevant en dessus ; palpes maxillaires de deux articles. Suite des MÉGACHILES.

MÉGACHILE DU ROSIER (*Megachile centuncularis*, LATR. ; *apis centuncularis*, FAB.). Noire ; couverte d'un duvet d'un gris fauve ; abdomen presque triangulaire, garni en dessous de poils d'un rouge cannelle, ayant, le long de ses côtés, des petites taches transverses et blanches. Le mâle, *apis logopoda* de Fabricius, est grisâtre, avec les pieds antérieurs dilatés et ciliés ; les jambes postérieures en massue, et l'anus échancré. — Europe.

MÉGACHILE DE WILLUGHBY (*M. willughbiella*, LATR.). Noire ; couverte, sur quelques parties du corps, d'un duvet roux-jaunâtre ; poils de la face noirâtres ; dessus du corselet presque nu ; dessous de l'abdomen à duvet rougeâtre, excepté à l'anus, où les poils sont noirs ; derniers anneaux un peu bordés de blanchâtre. — Europe.

g. Mandibules triangulaires, larges, ayant trois fortes dents au côté interne ; abdomen ovale, tronqué à sa base, très soyeux en dessous dans les femelles, convexe en dessus ; palpes maxillaires de quatre articles. LES OSMIES.

MÉGACHILE DU PAVOT (*M. papaveris*, LATR.). Noire ; tête et corselet couverts d'un gris roussâtre ; abdomen presque nu en dessus, ayant ses anneaux bordés de gris, le second et le troisième avec une ligne imprimée en devant ; le dessous garni d'un duvet gris et soyeux ; les mâles ayant une pointe de chaque côté, à l'avant-dernier anneau, et deux pointes obtuses au dernier. — Paris.

h. Mandibules larges, triangulaires, fortement terminées en pointe, ayant une dent au plus au côté interne ; femelles ayant l'abdomen très soyeux en dessous ; palpes maxillaires de quatre articles. Suite des OSMIES.

MÉGACHILE TUNISIENNE (*M. tunensis*, LATR. ; *apis tunensis*, FAB.). Noire ; tête couverte de duvet ; corselet d'un roux vif, ainsi que les pates, le dessous de l'abdomen et le bord postérieur de ses anneaux; l'avant-dernier anneau de celui-ci unidenté de chaque côté dans les mâles. — Paris.

MÉGACHILE BLEUATRE (*Megachile cœrulescens*. — *Andrena cœrulescens*, FAB.). Brune, un peu velue, à abdomen bleuâtre et ayant les côtés de ses anneaux blanchâtres. — Europe.

MÉGACHILE CORNUE (*M. cornuta*, LATR.). Noire; abdomen bronzé et hérissé de poils fauves; femelles ayant au-dessus des mandibules deux pointes anguleuses et en forme de cornes, entre lesquelles se voit un enfoncement rebordé en devant et une petite ligne élevée au milieu; mâles ayant le devant de la tête couvert de poils blancs. — France.

MÉGACHILE CORNIGÈRE (*M. cornigera*, ROSS.). Corselet légèrement bronzé, couvert de poils d'un fauve grisâtre; abdomen bronzé, garni de poils, et, avec l'anus, noir; milieu antérieur et supérieur de la tête avancé et tronqué, avec deux petites arêtes convergentes en devant — Europe.

i. *Mandibules larges, triangulaires, terminées en pointe forte et crochue; point de dents à leur côté interne; palpes maxillaires de deux articles.*

MÉGACHILE DES MURS (*M. muraria*, LATR.; *xylocopa muraria*, FAB.). Très grande; femelle noire, avec les ailes d'un noir violet; mâle couvert de poils roussâtres, avec les derniers anneaux de l'abdomen noirs. — France.

Douzième genre. LES CÉRATINES (*Ceratina*).

Labre carré, presque aussi long que large; palpes maxillaires de six articles; mandibules obtuses et bifides à leur extrémité; tiges des antennes formant presque une massue allongée; corps presque ras, allongé; pates velues.

CÉRATINE LÈVRE-BLANCHE (*Ceratina albilabris*, LATR.; *hylæus albilabris*, FAB.). D'un noir bleuâtre; un des sexes, au moins, ayant une petite tache blanche et carrée sur le nez. — Midi de la France.

Treizième genre. LES XYLOCOPES (*Xylocopa*).

Labre très dur, corné ou écailleux, transversal, échancré et cilié en devant; mandibules striées sur le dos, crénelées au bout; palpes maxillaires de cinq articles; antennes brisées, à premier article allant au-delà des petits yeux lisses; et ces derniers situés à peu de distance de leur insertion.

Leur corselet est grand, convexe; leur abdomen ovale-triangulaire, et leurs pates hérissées de poils.

XYLOCOPE VIOLETTE (*Xylocopa violacea*, LATR.; *apis violacea*, FAB.). Noire, velue; ailes d'un bleu violacé et foncé; mâles ayant aux antennes un anneau d'un brun rougeâtre. — Europe.

XYLOCOPE A LARGES PATES (*X. latipes*, LATR.). D'un noir luisant et violacé; un des sexes ayant les tarses antérieurs arqués, aplatis, couverts de poils longs et gris; ailes d'un bleu foncé, à limbe postérieur d'un vert cuivreux ou doré. — Inde.

Quatorzième genre. LES EUCÈRES (*Eucera*).

Vie solitaire comme dans les précédens; insertion du second article des tarses postérieurs plus rapprochée de l'angle interne de l'extrémité de l'article précédent que de son angle extérieur, celui-ci étant plus avancé; une dentelure au plus au côté interne des mandibules; palpes maxillaires de cinq à six articles; antennes souvent longues dans les mâles.

Premier sous-genre. LES EUCÈRES. *Les deux divisions latérales de la languette en forme de soie; antennes longues dans les mâles; petits yeux lisses presque en ligne droite; cellules sous-marginales au nombre de trois.*

EUCÈRE ANTENNÉE (*Eucera antennata*, LATR.). Noire; tête couverte de poils d'un jaunâtre un peu roux et obscur, ainsi que le corselet, les pates, la naissance de l'abdomen, ce dernier ayant les bords antérieurs du second et du troisième anneau, leur bord postérieur, ainsi que celui du quatrième, avec une bande d'un gris jaunâtre un peu roux; une bande semblable, plus roussâtre et interrompue largement, à l'anneau suivant;

mâle avec les antennes longues, la lèvre supérieure et le nez jaunes. — France.

Deuxième sous-genre. LES MACROCÈRES. *Mêmes caractères, mais palpes maxillaires de cinq articles seulement, et cellules sous-marginales des ailes supérieures, au nombre de deux.*

MACROCÈRE A LONGUES CORNES (*Macrocera longicornis.* — *Eucera longicornis*, LATR.). Mâle : noir, à labre et nez jaunes; dessus du corps, corselet et les deux premiers anneaux de l'abdomen couverts d'un duvet roussâtre; antennes noires, un peu plus longues que le corps; femelle ayant les antennes courtes; mâchoires et lèvre formant une petite saillie à leur base; abdomen rayé de gris, et anus roussâtre. — France.

Quinzième genre. LES ANTHOPHORES (*Anthophora*).

Mêmes caractères que les précédens, mais les deux divisions latérales de la languette beaucoup plus courtes que les palpes labiaux; antennes filiformes ou à peine plus grosses vers le bout, courtes dans les deux sexes; petits yeux lisses placés en triangle.

ANTHOPHORE A JAMBES JAUNES (*Anthophora acervorum*, LATR.; *apis acervorum*, FAB.). Noire, à jambes postérieures couvertes d'un duvet rougeâtre. Mâle : noir; tête, corselet, premier et quelquefois second anneau de l'abdomen, couverts de poils d'un gris jaunâtre; nez d'un jaune un peu rougeâtre vers les côtés, ayant une grande raie noire échancrée en bas, quelquefois divisée en deux; lèvre supérieure jaune, avec deux points noirs à sa base; tarses d'un brun clair, à premier article des intermédiaires dilaté, ayant une brosse de poils épaisse et extérieure. — Europe.

ANTHOPHORE HÉRISSÉE (*A. hirsuta*, LATR.; *andrena hirsuta*, FAB.). Femelle : noire; hérissée de poils d'un roux jaunâtre ou grisâtre. Mâle : mandibules tachées à la base; nez jaune, avec deux taches noires; premier article des antennes jaune en dessous; abdomen ayant ses derniers anneaux presque nus, parsemés de quelques poils noirs; pates du milieu menues et arquées, avec de longs poils aux tarses. — Paris.

ANTHOPHORE PARIÉTINE (*Anthophora parietina*, LATR.; *apis parietina*, FAB.). Noire; abdomen traversé dans son milieu par une bande roussâtre ou grisâtre. Mâle : noir, couvert d'un duvet gris-jaunâtre, et ayant l'extrémité de l'abdomen nue; lèvre supérieure et nez blancs; tarses couverts de poils roussâtres. — Paris.

Seizième genre. LES EUGLOSSES (*Euglossa*).

Insectes vivant en société nombreuse, composée d'individus mâles, femelles et neutres, ces derniers ayant à la face externe de leurs jambes postérieures un enfoncement lisse nommé *corbeille*, et un faisceau de duvet soyeux nommé *brosse*, à la face interne du premier article des tarses postérieurs; jambes postérieures terminées par deux épines; labre carré; fausse trompe de la longueur du corps; palpes labiaux terminés en une pointe formée par les deux derniers articles.

Ces insectes ont les mandibules striées sur le dos, le corps court, et l'abdomen conique.

EUGLOSSE CORDIFORME (*Euglossa cordata*, LATR.; *apis cordata*, FAB.). D'un vert brillant; jambes postérieures très dilatées à l'angle postérieur de la base; ailes transparentes. — Amérique.

EUGLOSSE DENTÉE (*E. dentata*, LATR.; *apis dentata*, FAB.). D'un vert brillant; cuisses postérieures dentées; ailes noires. — Amérique.

Dix-septième genre. LES BOURDONS (*Bombus*).

On les distingue des euglosses par leur labre transversal, leur fausse trompe notablement plus courte que le corps; le second article des palpes labiaux terminé en pointe et portant les deux autres sur le côté extérieur.

Ces insectes font leur nid dans la terre, et se réunissent au nombre de trente à deux cents. Ils périssent l'hiver, et il ne survit que quelques femelles pour recommencer de nouvelles colonies au printemps.

BOURDON DES MOUSSES (*Bombus muscorum*, LATR.; *apis muscorum*, FAB). Jaunâtre, à poils du corselet fauves. — Paris.

Bourdon des pierres (*Bombus lapidaria*, Latr.; *apis lapidaria*, la femelle, Fab.; *apis arbustorum*, le mâle, Fab.). Femelle : noire; anus rouge. Mâle : semblable, mais devant de la tête jaune, ainsi que la base et l'extrémité du corselet. — Paris.

Bourdon souterrain (*B. terrestris*, Latr.; *apis terrestris*, Fab.). Noir; devant du corselet jaune, ainsi que la base de l'abdomen; anus blanc. — Paris.

Bourdon des forêts (*B. sylvarum*, Latr.; *apis sylvarum*, Fab.). D'un jaune pâle; anus roussâtre; une bande noire transverse au milieu du corselet, et une autre semblable au-delà du milieu de l'abdomen. — Paris.

Bourdon cul-blanc (*B. soroensis*, Latr.; *apis soroensis*, Fab.). Noir; anus blanc. — France : très rare.

Bourdon des rochers (*B. rupestris*, Latr.; *apis rupestris*, Fab.). Noir; ailes noirâtres; anus rouge. — Paris : rare.

Bourdon des jardins (*B. hortorum*, Latr.; *apis ruderata*, Fab.). Devant et extrémité postérieure et scutellaire du corselet jaunes, ainsi que la base de l'abdomen. — Paris.

Bourdon presque interrompu (*B. subinterruptus*, Latr.). Noir; une bande jaune à la base de l'abdomen, et une autre à celle du corselet; anus fauve. — Paris.

Bourdon vertal (*B. vertalis*, Latr.). Noir; base du corselet jaune, ainsi que l'extrémité latérale de l'abdomen; anus blanc. — Paris.

Dix-huitième genre. Les Abeilles (*Apis*).

Elles diffèrent des deux genres précédens par leur manque d'épines à l'extrémité des jambes postérieures; ouvrières ayant le premier article de leurs tarses postérieurs en carré long et garni à sa face externe d'un duvet soyeux, divisé en bandes transversales, ou strié.

Tout le monde sait de quelle utilité sont les abeilles : aussi n'entrerons-nous dans aucun détail sur ce sujet. Un essaim est ordinairement composé d'une femelle, vulgairement nommée *reine*, de six cents à douze cents mâles, et de quinze mille à trente mille ouvrières ou neutres. Les mâles et les femelles sont plus gros que les neutres, dont ils se distinguent encore par leurs mandibules échancrées sous la pointe et velues; par leur trompe plus courte, surtout dans les mâles : ces derniers ont treize articles aux antennes, et manquent d'aiguillon.

La femelle ne quitte la ruche qu'une fois pour s'accoupler, et une autre fois pour aller s'établir ailleurs avec une colonie qui la suit. Dans une ruche il y a toujours deux sortes d'ouvrières : les unes, grosses et robustes, vont dans la campagne ramasser sur les fleurs le pollen et la liqueur sucrée dont elles composent la cire et le miel; les autres, plus faibles, restent constamment dans l'habitation, et ont soin d'élever et de nourrir les jeunes larves. Toutes les ouvrières ne sont que des femelles dont les ovaires sont avortés, faute d'avoir reçu une nourriture particulière lorsqu'elles étaient en état de larve, et d'avoir été logées dans des cellules assez grandes. Rien de plus intéressant que les habitudes des abeilles. Nous regrettons que notre cadre ne nous permette pas d'entrer dans de plus grands détails, mais nous renverrons le lecteur curieux de s'instruire sur ce sujet, à un excellent ouvrage de M. Hubert, intitulé *Observations sur les Abeilles*. Genève, 1814.

ABEILLE DOMESTIQUE (*Apis mellifica*, LATR.). Noirâtre, pubescente, à poils d'un gris jaunâtre obscur, plus épais sur le corselet; troisième anneau de l'abdomen et les suivans, ayant à leur base une petite bande transverse formée par un léger duvet d'un cendré obscur. — Europe.

ABEILLE INDIENNE (*A. indica*, LATR.). Noire, couverte d'un léger duvet d'un gris cendré; écusson de la couleur du corselet; abdomen presque glabre, ayant ses deux premiers anneaux rougeâtres, ainsi que la base du troisième. — Inde.

ABEILLE A AILES NOIRES (*A. nigripennis*, LATR.). D'un noir brunâtre; dessus de l'abdomen d'un roussâtre obscur; ailes supérieures noirâtres. — Bengale.

Dix-neuvième genre. LES MÉLIPONES (*Melipona*).

Mêmes caractères que le genre précédent, mais premier article des tarses postérieurs plus étroit à sa base ou en triangle renversé, et sans stries sur la brosse soyeuse de sa face interne.

MÉLIPONE AMALTHÉE (*Melipona amalthea. — Apis amalthea*, LATR.). D'un noir brunâtre et luisant, ainsi que les pates; ailes un peu sombres, à nervures jaunâtres. — Cayenne. Cette espèce établit son nid au sommet des arbres, et lui donne la forme d'une cornemuse. Son miel est fort agréable, mais très liquide et se conservant peu.

MÉLIPONE RUCHAIRE (*M. favosa. — Apis favosa*, LATR.). Noire, à corselet couvert d'un duvet roussâtre; abdomen un peu glabre en dessus, avec une raie jaunâtre au bord postérieur de ses anneaux; ailes teintées de jaunâtre. — Cayenne.

ORDRE DIXIÈME.

LES LÉPIDOPTÈRES.

Quatre ailes recouvertes, sur leurs deux surfaces, de petites écailles semblables à une poussière fugace et colorée; bouche consistant en une trompe ou langue roulée en spirale, et placée entre deux palpes hérissés de poils ou d'écailles. Leurs antennes varient dans leur forme, mais elles sont toujours composées d'un grand nombre d'articles; leurs tarses ont toujours cinq articles.

Ces charmans animaux, remarquables par l'élégance de leurs formes, l'éclat de leurs couleurs, et l'innocence de leurs mœurs à l'état parfait, sont connus de tout le monde sous le nom général de *papillon*. Ils se nourrissent du nectar des fleurs, qu'ils pompent avec leur longue trompe; leurs larves, nommées chenilles, ont six pieds écailleux et de quatre à dix pieds membraneux, dont deux placés à l'extrémité postérieure du corps. Le plus souvent elles se nourrissent des feuilles de différens végétaux, et chaque espèce donne la préférence à une ou plusieurs espèces de plantes à l'exclusion de toutes les autres. Le plus grand nombre se file une coque de soie pour se renfermer pendant que l'insecte reste à l'état de nymphe ou chrysalide. On en a formé trois familles, qui sont celles des *diurnes*, des *crépusculaires* et des *nocturnes*.

FAMILLE 44. LES DIURNES.

Analyse des genres.

1. Jambes postérieures ayant une seule paire d'épines; les quatre ailes élevées dans le repos; antennes presque filiformes, ou renflées en bouton, ou en petite massue tronquée et arrondie à son sommet. *Section première* 2
   Jambes postérieures ayant deux paires d'épines, une paire à l'extrémité et l'autre au-dessus; ailes inférieures ordinairement horizontales; antennes fort souvent terminées en pointe crochue. *Section deuxième* 17

SECTION PREMIÈRE.

2. Troisième article des palpes inférieurs aussi fourni d'écailles que le précédent; crochets des tarses très apparens ou saillans; ailes inférieures logeant ordinairement l'abdomen dans une espèce de canal 3
   Palpes inférieurs de trois articles distincts, dont le dernier presque nu ou beaucoup moins fourni d'écailles que les précédens; crochets des tarses très petits, peu ou point saillans 16

3. Quatre pieds ambulatoires seulement, les deux antérieurs repliés sous le corselet. 4
   Six pieds presque semblables, également propres à marcher 13

4. Palpes notablement élevés au-delà du chaperon, ou longs et avancés, toujours très rapprochés l'un de l'autre...... 5
   Palpes inférieurs très écartés l'un de l'autre, grêles, cylindriques et courts.... 12

5. Crochets des tarses bifides ou comme doubles 6
Crochets des tarses simples, ou sans divisions .... *Genre Céthosie.*

6. Antennes presque filiformes...... *Genre Morphe.*
Antennes terminées en massue ou en bouton très sensible........................ 7

7. Palpes inférieurs très comprimés, avec la tranche antérieure presque aiguë et fort étroite........................ *Genre Satyre.*
Palpes inférieurs peu comprimés, côté antérieur aussi large ou guère plus étroit que ses faces latérales........................ 8

8. Palpes longs et avancés; mâles seulement n'ayant que quatre pieds ambulatoires. .... *Genre Libythée.*
Palpes longs et avancés; les deux sexes n'ayant que quatre pieds ambulatoires. 9

9. Palpes inférieurs manifestement plus longs que la tête........................ *Genre Biblis.*
Palpes inférieurs n'étant pas plus longs que la tête........................ 10

10. Antennes terminées en massue allongée. .... *Genre Nymphale.*
Antennes terminées en bouton 11

11. Palpes inférieurs contigus à leur extrémité, et formant par leur réunion une pointe ou un bec.............. *Genre Vanesse.*
Palpes inférieurs écartés à leur extrémité, brusquement terminés par un article grêle et en forme d'aiguille..... *Genre Argynnis.*

12 Ailes triangulaires, guère plus longues que larges; abdomen ovale; bouton des antennes courbe à son extrémité... *Genre Danaïde.*
Ailes étroites et allongées; abdomen grêle et cylindrique; bouton des antennes droit........................ *Genre Héliconien.*

13. Ailes inférieures n'embrassant pas l'abdomen en dessous, et ayant le bord interne plissé et concave; tarses terminés par des crochets simples 14
Ailes inférieures logeant l'abdomen dans un canal; crochets des tarses bifides ou unidentés.................. *Genre Piéride.*

14. Palpes inférieurs très courts, obtus, atteignant à peine le chaperon, à troisième article presque nul ou très peu distinct.................... *Genre Papillon.*
Palpes inférieurs sensiblement plus élevés que le chaperon, allant en pointe, à trois articles très distincts........... 15

15. Bouton des antennes court, presque ovoïde, et droit............... *Genre Parnassien.*
Bouton des antennes allongé et courbe. .... *Genre Thaïs.*

16. Six pieds ambulatoires dans les deux sexes. .... *Genre Polyommate.*
Quatre pieds ambulatoires seulement, au moins dans un des sexes....... *Genre Érycine.*

17. Antennes d'abord filiformes, puis s'amincissant en scie à leur extrémité; palpes inférieurs allongés, grêles, à second article très comprimé, le dernier beaucoup plus menu, presque cylindrique et nu..................... *Genre Uranie.*
Antennes terminées en bouton ou en massue; palpes inférieurs courts, larges, très garnis d'écailles en devant.. *Genre Hespérie.*

Caractères. Bord extérieur des ailes inférieures n'offrant point une soie roide, écailleuse, ou une espèce de frein pour retenir les deux ailes supérieures; celles-ci, et souvent les deux autres, élevées dans le repos; antennes terminées par une massue, ou un bouton, ou filiformes, ou un peu plus grêles et formant une pointe crochue à l'extrémité.

Ils sont toujours pourvus d'une trompe, ne volent

que le jour, et leurs ailes sont aussi vivement colorées dessous que dessus; leurs chenilles ont seize pates, et leurs chrysalides sont rarement enveloppées dans une coque; le plus ordinairement elles sont nues, anguleuses et suspendues par l'extrémité postérieure. On en fait deux sections.

SECTION PREMIÈRE.

Une seule paire d'épines placée au bout des jambes postérieures; les quatre ailes élevées dans le repos; antennes presque filiformes, ou renflées en bouton, ou en petite massue tronquée et arrondie à son sommet.

A. Troisième article des palpes inférieurs aussi fourni d'écailles que le précédent; crochets des tarses très apparens ou saillans; ailes inférieures logeant ordinairement l'abdomen dans une sorte de canal.

* *Quatre pieds ambulatoires seulement, les deux antérieurs repliés sous le corselet.*

1°. LES NYMPHALES. Palpes notablement élevés au-delà du chaperon, ou longs et avancés, toujours rapprochés l'un de l'autre; crochets des tarses bifides ou comme doubles; ailes inférieures embrassant l'abdomen.

Premier genre. LES MORPHES (*Morpho*).

Antennes presque filiformes, ou grossissant à peine ou insensiblement vers leur extrémité. Insectes exotiques.

MORPHE IDOMÉNÉE (*Morpho idomeneus*, FAB.). Ailes un peu crénées, brunes, bleuâtres à la base, nébuleuses en dessous; les postérieures ayant un œil grand et jaunâtre. — Amérique méridionale.

MORPHE ADONIS (*Morpho adonis*, LATR.). Dessus des ailes du bleu azuré le plus brillant, avec le limbe postérieur noir; dessous d'un gris lavé de brun, avec des bandes plus claires et des yeux séparés.

Deuxième genre. LES SATYRES (*Satyrus*).

Antennes terminées en bouton ou en massue très

sensible; palpes inférieurs très comprimés, avec la tranche antérieure presque aiguë ou fort étroite; ailes inférieures presque toujours rondes.

Satyre circé (*Satyrus circe*, Latr.). Ailes d'un brun noirâtre foncé en dessus, traversées par une bande blanche interrompue sur les antérieures qui ont deux taches blanches en dessous; ailes inférieures avec un petit œil près de l'angle anal. — Midi de la France.

Satyre sylvandre (*S. hermiona*, Latr.). La bande blanche qui traverse les quatre ailes a une teinte brune sur les supérieures, et n'est pas interrompue; elle ne va pas jusqu'au bord interne sur les ailes inférieures. — France.

Satyre faune ((*S. fauna*, Latr.). Ailes d'un brun foncé en dessus, plus clair sur les bords; les inférieures d'un gris cendré en dessous; deux yeux noirs en dessus et en dessous des supérieures. — Paris.

Satyre fidia (*S. fidia*, Latr.). Dessus d'un brun noir; ailes supérieures ayant deux petits yeux noirs à prunelle blanche, avec deux points blancs dans leur entre-deux; ailes inférieures ayant un seul petit œil; dessous mélangé de brun noirâtre et de cendré; raies anguleuses, noires dessus, l'une plus courte sous le dessous des inférieures. — Midi de la France.

Satyre ermite (*S. briseis*, Latr.). Ailes d'un brun noirâtre, changeant en vert ou en violet, avec une bande blanche; dessous des ailes d'un gris ou d'un blanc jaunâtre, nuancé de brun clair; deux yeux sur les supérieures, et un petit œil sur les inférieures. — France.

Satyre férule (*S. ferula*, Latr.). Ailes noires, les supérieures ayant, en dessous, deux petits yeux noirs, avec l'iris fauve et la prunelle blanche; dans leur intervalle sont deux points blancs; les postérieures ont en dessous une bande cendrée. — Midi de la France.

Satyre actéon (*S. actæa*, Latr.). Ailes sinuées, d'un brun noirâtre en dessus, avec un petit œil noir à prunelle blanche, à l'angle extérieur des supérieures, dont le dessous est d'un brun clair du côté du bord extérieur, d'un brun plus foncé dans le reste; un œil plus grand, avec un cercle fauve répondant à celui de dessus et un ou deux points blancs en dessous dans plusieurs; dessous des ailes inférieures nébuleux, partagé en trois bandes transverses claires : celle du bord postérieure plus ou moins claire.

Satyre agreste (*Satyrus semele*, Latr.). Dessus des ailes d'un brun noirâtre, marqué de deux taches ocellées noires, à prunelle blanche; les supérieures fauves en dessous, avec une tache blanche près de l'angle extérieur; les postérieures mélangées de fauve, de cendré et de grisâtre en dessous. — France.

Satyre phèdre (*S. phædra*, Latr.). Brun noirâtre; ailes supérieures ayant sur leurs deux faces deux grands yeux noirs à prunelle d'un bleu violet et à iris d'un brun fauve; un très petit œil, semblable aux précédens, sur les ailes postérieures; deux bandes grisâtres en dessous. — France.

Satyre mélampe (*S. melampus*, Latr.). Ailes très entières, d'un brun très foncé; une bande fauve ayant deux points noirs, de part et d'autre des supérieures; dessus des inférieures ayant deux petites taches fauves arrondies. — Provence.

Satyre pollux (*S. pollux*, Latr.). Ailes brunes, les supérieures ayant le disque tirant sur le fauve, et quatre points noirs de part et d'autre; les inférieures ayant aussi quelques points noirs dessus, leur dessous grisâtre. — Des Alpes.

Satyre lygée (*S. lygea*, Latr.). Ailes un peu dentées, d'un brun foncé, à frange coupée de noir et de blanc; une bande fauve et transverse en dessus et sous le dessous des supérieures; trois à quatre petits yeux noirs à prunelle bleue sur cette bande aux supérieures et sur le dessus des inférieures; deux yeux et une raie ou des taches blanches sous le dessous de celles-ci. — Europe.

Satyre tircis (*S. ægeria*, Latr.). Dessus des ailes brun, taché de jaune fauve; un œil noir à prunelle blanche vers l'extrémité des supérieures; trois à quatre yeux semblables bordés d'un cercle jaunâtre sur les posterieures; face inférieure plus pâle dans les premières, et mélangées de jaunâtre et de brun dans les secondes. — France.

Satyre bacchante (*Satyrus dejanira*, Latr.). Ailes brunes : les supérieures ayant en dessus et en dessous cinq yeux noirâtres entourés d'un cercle jaunâtre, et une raie de cette dernière couleur ; ailes inférieures ayant quatre yeux semblables en dessus, et six ou sept en dessous. — France.

Satyre æthiopien (*S. æthiops*, Latr.). Ailes d'un brun foncé, ayant une bande d'un fauve rouge en dessus ; trois yeux noirs à prunelles blanchâtres sur cette dernière, en dessous des ailes antérieures ; les postérieures ayant quatre yeux semblables. — Alsace.

Satyre moera (*S. mœra*, Latr.). Ailes presque entièrement brunes en dessus : les supérieures n'ayant que trois yeux en dessus, et leur œil du dessous environné d'un cercle roussâtre, précédé d'un autre jaunâtre et régulier ; du reste il a de grands rapports avec le suivant. — Europe.

Satyre mégère (*S. satyrus*, Latr.). Ailes d'un fauve mélangé de brun en dessus ; un œil noir à une ou deux prunelles blanches près de l'angle des supérieures ; les postérieures ayant quatre ou cinq yeux semblables enfermés dans deux cercles, l'un brun, l'autre fauve ; dessous des supérieures avec un œil placé dans une tache jaunâtre ; dessous des inférieures cendré, avec des raies brunes et six yeux. — France.

Satyre tristan (*S. hyperanthus*, Latr.). Brun ; dessous des ailes supérieures ayant trois yeux noirs à prunelle blanche, et iris jaune ; cinq yeux semblables dessous les inférieures. — France.

Satyre amaryllis (*S. pilosellæ*, Latr.). Dessus des ailes fauve, bordé d'une large bande brune ; les deux faces des supérieures ayant un œil allongé, noir, avec deux prunelles blanches ; les inférieures ayant trois petits yeux dessus et autant dessous. — France.

Satyre tityre (*S. bathseba*, Latr.). Dessus des ailes fauve, bordé de brun ; un œil noir à double prunelle blanche sur les supérieures ; et trois petits yeux noirs à prunelle blanche sur les inférieures ; dessous des supérieures comme le dessus ; les inférieures d'un brun foncé, avec une bande transverse blanche, et quatre à cinq yeux. — Midi de la France.

Satyre procris (*Satyrus pamphilus*, Latr.). Ailes fauves en dessus, bordées de brun ; les supérieures ayant un petit œil à l'angle extérieur de leur face inférieure ; dessous des postérieures avec une large bande blanchâtre et trois à quatre petits yeux d'un brun roussâtre à prunelle blanche. — France.

Satyre myrtil (*S. janira*, Latr.). Ailes brunes, glacées au milieu d'une teinte fauve ou jaunâtre ; un œil noir à prunelle blanche sur les deux faces des antérieures ; une bande d'un blanc jaunâtre, et quatre petits points noirs à la face inférieure des postérieures. — France.

Satyre eudore (*S. eudora*, Latr.). Brun ; ailes supérieures à disque fauve, avec deux points noirs formant en dessous des yeux à prunelle blanche ; dessous des ailes inférieures gris et sans taches. — Piémont.

Satyre céphale (*S. arcanius*, Latr.). Ailes supérieures fauves, à bord brun, ayant un petit œil en dessous ; ailes inférieures brunes en dessus, d'un brun cendré en dessous, avec une large bande blanche, cinq petits yeux et une raie argentée. — France.

Satyre palémon (*S. palemon*, Vill.). Ailes fauves en dessus, avec une raie noire près du bord postérieur et qui en suit le contour ; un point noir vers l'angle extérieur des supérieures, et les inférieures quatre ; dessous des supérieures fauve à extrémité jaunâtre, et ayant un œil noir à prunelle blanche et à iris d'un fauve pâle ; les inférieures d'un gris verdâtre en dessous, près de leur naissance, traversées ensuite d'une large bande blanche et ondulée, et ayant cinq yeux noirs à prunelle blanche, entourés d'un cercle fauve : il y en a en outre un sixième écarté des autres ; un espace jaunâtre en dessous de ces yeux. — Cévennes.

Satyre mélibée (*S. sabœus*, Latr.). Ailes d'un brun foncé, avec une ligne fauve près du bord postérieur ; deux petits yeux noirs entourés d'un cercle fauve sur les supérieures, et quatre avec une prunelle blanche sur les inférieures; dessous des ailes d'un brun mêlé de fauve, les supérieures ayant les yeux comme ceux de dessus, mais le plus voisin de l'angle du sommet ayant une prunelle blanche; les inférieures ayant six yeux bruns à prunelle blanche et à iris fauve. — Angleterre.

SATYRE DEMI-DEUIL (*Satyrus galathea*, LATR.). Ailes d'un blanc jaunâtre en dessus, avec des taches et une bande noires; une espèce d'œil noirâtre en dessous des antérieures, et cinq à six yeux à peu près semblables aux postérieures. — France.

Troisième genre. LES LIBYTHÉES (*Libythœus*).

Palpes inférieurs peu comprimés, à côté antérieur aussi large ou guère plus étroit que ses faces latérales; ils sont longs et avancés; femelles ayant leurs six pieds presque semblables : les deux antérieurs en palatine, dans les mâles, au moins dans quelques espèces.

LIBYTHÉE ÉCHANCRÉ (*Libythœus celtis*, FAB.). Ailes fort anguleuses, d'un brun foncé, avec des taches d'un jaune orangé, en dessus; une tache blanche à la côte, aux deux supérieures; dessous des inférieures cannelle. — Midi de la France.

Quatrième genre. LES BIBLIS (*Biblis*).

Palpes inférieurs plus longs que la tête, très-poilus, le dernier article n'étant au plus que d'une demi-fois plus court que le précédent; antennes terminées en une petite massue allongée; les deux pates antérieures très courtes dans les deux sexes; chenilles garnies de tubercules charnus et pubescens. M. Latreille réunit les mélanites de Fabricius à ce genre.

BIBLIS THADANA (*Biblis thadana*, LATR.; *papilio biblis*, FAB.). Ailes dentées, noires, l'extrémité des supérieures d'un brun obscur de part et d'autre : celle des inférieures offrant une bande maculaire d'un rouge vermillon en dessus, d'un blanc rosé en dessous. — Des Antilles.

Cinquième genre. LES NYMPHALES (*Nymphalus*).

Palpes inférieurs plus courts ; antennes terminées plutôt en massue allongée qu'en bouton ou en tête.

NYMPHALE JASIUS (*Nymphalus jasius*, LATR.). Ailes brunes en dessus, jaunâtres postérieurement ; une bande et des traits imitant des caractères d'écriture, blancs en dessous ; ailes inférieures ayant deux avancemens postérieurs en forme de queue. — Midi de la France.

NYMPHALE DU PEUPLIER (*N. populi*, LATR.). Ailes dentées, d'un brun noir en dessus, traversées, dans les femelles, par une bande maculaire blanche, et par une ligne de taches fauves, près du bord postérieur ; deux rangées de taches bleues prés de ce bord, sur les inférieures ; dessous des quatre ailes d'un fauve jaunâtre, avec des taches d'un blanc bleuâtre, disposées en une bande interrompue sur les supérieures ; des taches bleuâtres, entrecoupées de points noirs le long du bord postérieur. — Nord de l'Europe.

NYMPHALE SIBYLLE (*N. sibylla*, LATR.). Dessus des ailes d'un brun foncé ; dessous des inférieures n'ayant pas à sa naissance un grand espace coupé net, d'un cendré bleuâtre argenté, ce qui le distingue du suivant ; les quatre ailes traversées par une bande blanche, et, sous les inférieures, entre cette bande et l'origine de ces ailes, une suite de traits noirs qui n'existent pas ou sont rares dans l'espèce suivante ; le dessous de ces mêmes ailes d'un fauve rougeâtre. — France.

NYMPHALE CAMILLE (*N. camilla*, LATR.). Ailes noires, dentées, avec des reflets blanchâtres ; une bande de taches blanches sur chacune des faces ; une rangée de points noirs plus foncés, et de petites taches bleuâtres en dessus, près du bord postérieur. — Allemagne.

NYMPHALE IRIS (*N. iris*, LATR. ; *papilio beroë*, FAB. ; le grand mars d'ENGRAMELLE). Ailes dentées, d'un brun noirâtre (à reflet violet dans le mâle), avec des taches aux supérieures, et une bande unidentée aux inférieures, blanches; dessus des supérieures sans taches oculaires. — Paris.

NYMPHALE ILIE (*Nymphalus ilia*, LATR.; *papilio ilia*, FAB.; le petit mars d'ENGRAMELLE). Ailes dentées, d'un brun noirâtre (à reflet violet dans le mâle), avec des taches aux supérieures, une bande sinuée aux inférieures, blanches ou orangées; supérieures ayant de part et d'autre une tache orangée. — Paris.

NYMPHALE DE L'ÉRABLE (*N. aceris*, LATR.; *papilio aceris*, FAB.; *papilio leucothoë*, HERBST.). Ailes dentées, d'un noir brun en dessus, fauves en dessous, avec trois bandes blanches maculaires; bande de la base des supérieures, longitudinale et lancéolée. — Autriche.

NYMPHALE LUCILLE (*N. lucilla*, LATR.; *papilio lucilla*, FAB.). Ailes un peu dentées, d'un noir brun en dessus, ferrugineuses en dessous, ayant le milieu traversé de part et d'autre par une bande maculaire blanche; base des supérieures avec une ligne longitudinale de points blancs. — Nord de l'Europe.

Sixième genre. LES VANESSES (*Vanessa*).

Antennes brusquement terminées par une tête ou un bouton; palpes inférieurs contigus à leur extrémité, et formant, ainsi réunis, une pointe ou une sorte de bec.

VANESSE MORIO (*Vanessa antiopa*, LATR.). Ailes anguleuses, d'un noir pourpre foncé, avec une bande jaunâtre ou blanchâtre au bord postérieur, et une suite de taches bleues au-dessus. — France.

VANESSE PAON DE JOUR (*V. Io*, LATR.). Ailes anguleuses et dentées; dessus d'un fauve rougeâtre, avec une grande tache en forme d'œil sur chacune; œil des supérieures rougeâtre au milieu, entouré d'un cercle jaunâtre : celui des inférieures noirâtre, avec un cercle gris autour, et renfermant des taches bleuâtres; dessous des ailes noirâtre. — France.

VANESSE BELLE-DAME (*V. cardui*, LATR.). Ailes dentées; leur dessus rouge, varié de blanc et de noir; dessous marbré de gris, de jaune et de brun, avec cinq taches en forme d'yeux bleuâtres sur leur bord. — France.

Vanesse vulcain (*Vanessa atalanta*, Latr.). Ailes dentées, un peu anguleuses; dessus noir, traversé par une bande d'un beau rouge, avec des taches blanches sur les supérieures; dessous marbré de brun de diverses nuances. — France. — Paris.

Vanesse grande tortue (*V. polychloros*, Latr.). Ailes anguleuses, fauves en dessus, avec une bordure noire interrompue par des petites lignes jaunes et une rangée de taches blanchâtres; trois taches noires sur les supérieures près de la côte, et quatre plus petites en dessous. — France.

Vanesse petite tortue (*V. urticæ*, Latr.). Ailes anguleuses, fauves; les antérieures ayant trois taches noires sur leur disque supérieur et une petite tache blanche près de leur extrémité. — France.

Vanesse gamma ou robert le diable (*V. C-album*, Latr.). Ailes très anguleuses, fauves en dessus, avec des taches noires dont quelques unes sont réunies, brunâtres et nuancées de bleu en dessous; une tache blanche en forme de c ou de g en dessous des ailes inférieures. — France. — Paris.

Vanesse triangle (*V. triangulum*, Latr.). Analogue à l'espèce précédente, mais fond plus clair, et taches noires plus petites et moins nombreuses; pas de taches verdâtres près du bord postérieur en dessous; la tache c convertie en un v. — Midi de la France.

Vanesse v blanc (*V.* V-*album*, Latr.). Ailes anguleuses, fauves, tachées de noir, ayant chacune une tache blanche à leur partie supérieure; ailes inférieures ayant une tache en forme d'l. — Allemagne.

Vanesse carte géographique brune (*V. prorsa*, Latr.). Ailes dentées, noirâtres en dessus, avec une bande transverse blanche; quelques points blancs à l'angle apical et une raie fauve près de l'angle opposé sur les supérieures; deux raies de cette dernière couleur sur les inférieures; dessous des quatre ailes mélangé de fauve, de brun, de noir et de jaunâtre, croisé par des nervures de cette couleur-ci. — France.

VANESSE CARTE GÉOGRAPHIQUE FAUVE (*Vanessa levana*, LATR.). Forme de l'espèce précédente; dessous des ailes presque semblable; le dessus fauve, tacheté de noir et de jaune; les supérieures ont deux ou trois points blancs. — France.

Septième genre. LES ARGYNNIS (*Argynnis*).

Palpes inférieurs écartés à leur extrémité, et terminés brusquement par un article grêle en forme d'aiguille.

Premier sous-genre. LES ARGYNNIS proprement dits. *Des taches nacrées sous les ailes.*

ARGYNNIS TABAC D'ESPAGNE (*Argynnis paphia*, LATR.). Ailes d'un fauve jaunâtre en dessus, avec quelques raies et plusieurs rangées de taches rondes, unies; ailes postérieures glacées en dessous, d'une teinte verdâtre, avec des lignes argentées ou nacrées. — Paris.

ARGYNNIS CARDINAL (*A. cynara*, FAB.). Semblable au précédent, mais moitié du dessous des ailes inférieures d'une couleur purpurine. — France.

ARGYNNIS VALAISIEN (*A. valesiana*, LATR.). Il ressemble beaucoup au tabac d'Espagne, mais ses ailes antérieures ont quelques taches blanchâtres, et elles sont jaunâtres en dessous. — Dans le Valais. Paris : rare.

ARGYNNIS NACRÉ (*A. aglaia*, LATR.). Ailes peu dentées, fauves, tachées de noir en dessus; vingt-une taches argentées en dessous des ailes postérieures, qui offrent une teinte verdâtre. — Paris.

ARGYNNIS CHIFFRE (*A. niobe*, LATR.). Il ne diffère du précédent que par le dessous des ailes inférieures, qui offre des taches dont le fond est plus pâle et n'a que trois à quatre points argentés. — France méridionale.

ARGYNNIS GRAND NACRÉ (*A. adippe*, LATR.). Ailes arrondies, peu dentées, fauves, tachetées de noir en dessus; dessous fauve, avec vingt-trois taches nacrées ou argentées, et un cordon de taches rougeâtres avec un point nacré. — France.

ARGYNNIS PETITE VIOLETTE (*Argynnis dia*, LATR.). Ailes fauves, très tachetées de noir : les inférieures d'un pourpre foncé en dessous, avec des taches argentées et des taches jaunes ; une bande plus claire et une ligne d'yeux argentés ; une série de petites taches argentées au bord postérieur. — France.

ARGYNNIS PALÈS (*A. pales*, LATR.). Ailes fauves, pointillées et tachées de noir ; une ou deux taches rouges sur les antérieures ; les postérieures d'un rouge brun en dessous, avec des taches argentées. — Piémont.

ARGYNNIS PETIT NACRÉ (*A. lathonia*, LATR.). Dessus des ailes fauve, avec des taches et des points noirs ; les supérieures jaunes en dessous, avec sept à huit taches nacrées ; les inférieures jaunes en dessous, avec une trentaine de taches nacrées et de grandeur inégale. — Paris.

ARGYNNIS COLLIER-ARGENTÉ (*A. Euphrosine*, LATR.). Ailes fauves, tachetées de noir et ayant en dessus une double bordure noire, avec des taches jaunes ; ailes postérieures d'un fauve vif en dessous, marquées d'une tache argentée à la base, d'une bande jaune vers le milieu, ayant une autre tache argentée ; une bande plus claire, avec cinq points presque ocellés, rougeâtres, et sept taches argentées, le long du bord postérieur. — France.

ARGYNNIS LUCINE (*A. lucina*, LATR.). Dessus des ailes d'un brun noir, avec des taches d'un brun jaunâtre, disposées en bandes transversales, irrégulières ; dessous d'un fauve jaunâtre ; deux bandes maculaires blanches ou jaunâtres, avec une suite de points rougeâtres au bord postérieur des inférieures. — France.

ARGYNNIS GRANDE VIOLETTE (*A. daphne*, LATR.). Ailes dentées, fauves, tachetées de noir, traversées, dans les mâles, par une bande purpurine pâle et une ligne formée de quelques yeux : la moitié postérieure du dessous de ces ailes, rougeâtre dans les femelles, avec une bande ocellée et une seconde bande d'un rouge purpurin. — France méridionale.

Deuxième sous-genre. LES MÉLITÉES (*Melitæa*). *Pas de taches nacrées sous les ailes ; celles-ci tachetées en forme d'échiquier ou de damier.* FABRICIUS.

ARGYNNIS CYNTHIA (*Argynnis cynthia. — Melitæa cynthia*, FAB.). Ailes noirâtres en dessus dans les mâles, avec des taches fauves dans les femelles, et coupées par un grand nombre de raies noires; les supérieures ayant en dessous des taches blanches ou d'un jaune verdâtre, disposées en bandes, et les postérieures trois bandes de même couleur. — Autriche.

ARGYNNIS ARTEMIS (*Arg. artemis.—Melitæa artemis*, FAB.). Ailes d'un fauve vif en dessus, variées de taches et de bandes jaunâtres; les postérieures ayant une ligne courbe formée de six à sept points noirs, et, en dessous, trois bandes d'un jaune pâle. — France.

ARGYNNIS DAMIER (*Arg. linxia. — Melitæa linxia*, FAB.). Ailes fauves ou jaunâtres en dessus, tachées de noir; deux bandes transverses fauves, et des petites taches noires en dessous des postérieures; une rangée de lunules blanches, bordées de noir, situées au bord postérieur de chaque aile, tant en dessus qu'en dessous. — France.

ARGYNNIS DÉLIE (*Arg. delia.—Melitæa delia*, ENGR.). Semblable à l'espèce précédente, mais une ligne isolée de points noirs sur les ailes inférieures près du bord postérieur. — France.

ARGYNNIS ATHALIE (*Arg. athalia. — Melitæa athalia*, ENGR.). Analogue au mélitée damier, mais teinte fauve du dessus des ailes réticulée de lignes noires; ailes inférieures ayant en dessous leur naissance fauve; espace jaune de leur milieu non ponctué de noir.

2°. LES CÉTHOSIES. Palpes comme les *Nymphales*, mais crochets des tarses simples ou sans divisions.

Huitième genre. LES CÉTHOSIES (*Cethosia*).

On ne leur assigne pas d'autres caractères que ceux que je viens d'annoncer : ils sont tous exotiques.

CÉTHOSIE CYDIPPE (*Cethosia cydippe. — Papilio cy-*

dippe, Fab.). Ailes dentées, noires, tachées de blanc, avec une bande commune roussâtre; dessous à base testacée, varié de noir et de bleu. — Inde.

3°. LES DANAIDES. Palpes inférieurs très écartés l'un de l'autre, grêles, presque cylindriques, et courts; crochets des tarses toujours simples; ailes inférieures n'embrassant pas ou presque pas l'abdomen; ailes triangulaires, guère plus longues que larges.

Neuvième genre. Les Danaïdes (*Danaus*).

Abdomen ovale; boutons des antennes courbes à leur extrémité. Ces insectes sont exotiques et habitent, pour la plupart, les contrées chaudes de l'ancien continent.

Danaïde archippe (*Danaus archippus*, Latr.). Ailes très entières, fauves; avec de larges veines noires, ayant leur bord noir, ponctué de blanc, et une bande blanche sur les supérieures. — Amérique.

Danaïde chrysippe (*D. chrysippus*, Latr.). Ailes un peu sinuées, fauves, avec le limbe noir et ponctué de blanc; les supérieures ayant le sommet d'un noir obscur, avec une bande maculaire très blanche; les inférieures avec quelques points noirs sur le milieu. — Naples.

4°. LES HÉLICONIENS. Palpes inférieurs très écartés l'un de l'autre, grêles, cylindriques et courts; crochets des tarses toujours simples; ailes inférieures n'embrassant pas ou presque pas l'abdomen; ailes étroites et allongées. Tous sont exotiques.

Dixième genre. Les Héliconiens (*Heliconius*).

Abdomen grêle, cylindrique; bouton des antennes droit. Ils se trouvent particulièrement dans l'Amérique méridionale.

Héliconien antiocha (*Heliconius antiocha*, Latr.). Ailes très entières, oblongues, noires; deux bandes blanches sur les supérieures; une petite ligne et deux points d'un rouge écarlate au-dessous des postérieures. — Inde.

** *Six pieds presque semblables, également propres à marcher.*

† *Ailes inférieures n'embrassant pas l'abdomen en dessous, et ayant le bord interne plissé et concave; tarses terminés par des crochets simples.*

Onzième genre. LES PAPILLONS (*Papilio*).

Palpes inférieurs très obtus, très courts, atteignant à peine le chaperon, et ayant leur troisième article presque nul ou très peu distinct.

PAPILLON MACHAON (*Papilio machaon*, LATR.). Ailes jaunes, avec des nervures noires; deux rangs de taches jaunes et lunulées sur leur bord postérieur; trois raies courtes et noires sur les supérieures; les inférieures terminées en queue étroite, ayant sur leur bordure un rang de taches bleues, dont la plus interne ocellée. — France.

PAPILLON FLAMBÉ (*P. podalyrius*, LATR.). Ailes jaunes, les antérieures traversées de plusieurs raies noires : les postérieures ayant au-dessous de semblables raies, dont deux très rapprochées interceptent une ligne fauve; quelques lunules bleues sur leur bord postérieur, et une tache rougeâtre ayant une lunule bleue à l'angle anal. — France.

PAPILLON ALEXANOR (*P. alexanor*, LATR.). Ailes presque semblables de part et d'autre, jaunes, avec le bord noir; les supérieures avec quatre bandes, les inférieures avec une seule : ces dernières en queue, avec une bande d'atomes bleus et un demi-œil roussâtre à l'angle de l'anus. — Midi de la France : rare.

Douzième genre. LES PARNASSIENS (*Parnassius*).

Palpes inférieurs sensiblement plus élevés que le chaperon, allant en pointe, et de trois articles distincts; bouton des antennes court, presque ovoïde et droit.

PARNASSIEN APOLLON (*Parnassius apollo*, LATR.). Ailes blanches, peu couvertes d'écailles, très entières, arrondies, tachées de noir; les postérieures ayant en dessus et en dessous deux yeux à iris rouge, entouré extérieurement d'un cercle bleuâtre ; elles ont en outre trois ou quatre taches rouges bordées de noir. — Les Alpes ; le mont Pilat, près de Lyon. Je l'ai trouvé aux environs de Lamur, dans le Beaujolais.

PARNASSIEN PETIT APOLLON (*Parnassius apollo-minor*). Ailes supérieures blanches, très ponctuées de noir, à côte entrecoupée de traits noirs ; les inférieures jaunâtres, avec sept taches noires ayant du bleu en dessus et du rouge en dessous. — Sicile.

PARNASSIEN SEMI-APOLLON (*P. mnemosyne*, LATR.). Blanc, à nervures noires ; deux taches noires près de la côte des ailes supérieures.

Treizième genre. LES THAÏS (*Thaïs*).

Palpes comme les précédens, mais bouton des antennes allongé et courbé ; l'abdomen des femelles n'a pas de poche cornée comme dans les parnassiens.

THAÏS DIANE (*T. hypsipyle*, FAB.). Ailes d'un jaune foncé, tachées de noir, les inférieures ayant sept points rouges ; face inférieure jaunâtre, avec des taches et des points noirs et rouges ; une ligne sinueuse jaunâtre en dessous des postérieures. — Piémont. Midi de la France.

THAÏS PROSERPINE (*T. rumina*, FAB.). Cette espèce ressemble à la précédente, mais ailes supérieures avec six taches rouges, dont celles du bord postérieur plus grosses ; le noir du milieu des quatre ailes est aussi plus étendu. — Midi de la France.

†† *Ailes inférieures logeant l'abdomen dans un canal ; crochets des tarses bifides ou unidentés.*

Quatorzième genre. LES PIÉRIDES (*Pieris*).

Palpes velus, couverts d'écailles dans toute leur longueur.

PIÉRIDE DU CHOU (*Pieris brassicæ*, LATR.). Ailes très entières, blanches ; les supérieures avec deux taches et leur extrémité, noires. — France.

PIÉRIDE DE LA RAVE (*P. rapæ*, LATR.). Plus petit ; ailes supérieures ayant moins de noir au bord postérieur, l'angle seul coloré; pas de tache au bord interne. — France.

Piéride du navet (*Pieris napi*, Latr.). Ailes blanches, veinées de verdâtre en dessous; les supérieures ayant l'extrémité noire. — France.

Piéride daplidice (*P. daplidice*, Latr.). Ailes blanches; angle extérieur des supérieurcs noirâtre, tacheté de blanc; une tache noirâtre coupée par un trait blanc vers le milieu de la côte: ces taches vertes en dessous; dessous des inférieures d'un vert foncé, avec des taches blanches, dont celles du bord postérieur forment une bande. — Midi de la France.

Piéride de la moutarde (*P. sinapis*, Latr.). Ailes blanches; l'extrémité des supérieures noirâtre; dessous teinté de verdâtre. — France.

Piéride aurore (*P. cardamine*, Latr.). Ailes supérieures mi-parties de blanc et d'aurore; dessous des postérieurs marbré de vert. — France.

Piéride aurore de Provence (*P. eupheno*, Engr.). Dessus des ailes jaune; la moitié du dessous des supérieures aurore: dessus et dessous ayant une tache près de la côte, et l'angle du sommet, noirs; dessous des ailes inférieures ponctué et linéé d'un vert foncé et de jaune pâle; ailes supérieures de la femelle blanches, avec une tache noire; l'angle du sommet d'un aurore jaunâtre, tacheté de noirâtre en dessus et de verdâtre en dessous. — Midi de la France.

Piéride gazé (*P. cratægi*, Latr.). Ailes arrondies, très entières, blanches, un peu transparentes, avec les nervures noires. — France.

Piéride soufre (*P. palæno*, Latr.). D'un jaune pâle; la bordure brune des ailes tachetée dans les deux sexes; ailes inférieures n'ayant qu'un seul œil bien distinct au milieu du disque inférieur; du reste, il ressemble au suivant. — Europe.

Piéride souci (*P. hyale*, Latr.). Ailes d'un jaune souci en dessus, ayant une large bordure noirâtre tachetée de jaune dans la femelle; un point noir vers le milieu des supérieures, et un point souci foncé sur les inférieures; six petits yeux à prunelle argentée et iris rouge, en dessus des premières; deux yeux réunis bordés de rouge, et une ligne de points ocellés à la face inférieure des secondes. — France.

PIÉRIDE CITRON (*Pieris rhamni*, LATR.). Ailes d'un jaune citron verdâtre, très entières, ayant chacune un angle curviligne, et un point rougeâtre sur leur milieu. — France.

PIÉRIDE CLÉOPATRE (*P. cleopatra*, LATR.). Cette espèce se distingue de la précédente par la tache orangée du disque des ailes supérieures et par le défaut de points ferrugineux sur cette partie. — Midi de la France.

B. Palpes inférieurs de trois articles distincts, dont le dernier presque nu, ou beaucoup moins fourni d'écailles que les précédens; crochets des tarses très petits, peu ou point saillans.

Quinzième genre. LES POLYOMMATES (*Polyommatus*).

Six pieds semblables et ambulatoires dans les deux sexes; bord interne des ailes inférieures formant un canal pour recevoir l'abdomen.

POLYOMMATE DU BOULEAU (*Polyommatus betulæ*, LATR.). Dessus des ailes d'un brun foncé; dessous jaunâtre, marqué de deux raies blanches et d'une tache noirâtre; ailes supérieures du mâle ayant une bande fauve. — France.

POLYOMMATE DU BRUNIER (*P. pruni*, LATR.). Dessus des ailes brun; les postérieures ayant une petite queue, et en dessous une bande marginale fauve, ponctuée de noir. — France.

POLYOMMATE DU CHÊNE (*P. quercûs*, LATR.). Dessus des ailes brun, l'un des sexes ayant une ou deux taches bleues sur les supérieures; les inférieures avec une petite queue; dessous des quatre ailes gris, avec une raie blanche près du bord postérieur, et deux points fauves à l'angle anal des inférieures. — France.

POLYOMMATE DE LA RONCE (*P. rubi*, LATR.). Dessus des ailes brun; le dessous d'un beau vert brillant; ailes inférieures ayant un petit appendice. — France.

POLYOMMATE STRIÉ (*P. bæticus*, LATR.). Dessus des ailes bleu dans les mâles, brun ou avec le disque bleu dans les femelles; ailes inférieures ayant une petite queue, avec deux ou trois points foncés, blanchâtres dans leur contour en dessus; dessous rayé de blanchâtre et de brun clair; les inférieures avec une bande blanche près du bord postérieur, et deux taches oculaires noires à iris doré. — France.

POLYOMMATE ARGUS BLEU (*Polyommatus argus*, LATR.). Dessus des ailes brun dans les femelles, bleu dans les mâles; dessous gris, avec une bande de taches fauves et contiguës, et des points noirs bordés de blanc. — France.

POLYOMMATE ADONIS (*P. adonis*, LATR.). Mâles ayant le dessus des ailes d'un bleu céleste, avec le bord postérieur noir, et une frange blanche; les inférieures ayant une rangée de points noirs près de ce bord; femelles ayant le dessus brun, avec une raie fauve près du bord postérieur; le dessous des deux ailes supérieures cendré, et celui des inférieures brun; sur les quatre, une rangée de taches fauves, plusieurs points noirs cerclés de blanc, et dans leur milieu une petite tache noire, presque triangulaire, entourée de blanc. — France.

POLYOMMATE MÉLÉAGRE (*P. meleager*, LATR.). Ailes bleues en dessus, à limbe brun tacheté de blanc; frange blanche, coupée de brun; dessous d'un gris olivâtre, avec des lignes de points noirs bordés de blanc. — France.

POLYOMMATE ARION (*P. arion*, LATR.). Ailes bleues en dessus, avec une large bordure brune, et une ligne transverse de points noirs, au moins sur les supérieures; dessous d'un gris brun, avec trois rangées transverses de points noirs bordés de blanc; la base des inférieures est bleuâtre. — France.

POLYOMMATE CORYDON (*P. corydon*, LATR.). Ailes des mâles d'un bleu argenté en dessus, avec une bordure brune, des points noirs près d'elle, et la frange blanche; dessous à peu près comme dans le polyommate méléagre, ayant une tache blanche dans le milieu. — France.

POLYOMMATE ÉRÈBE (*P. erebus*, LATR.). Ailes bleues en dessus, à points noirs sur le disque, et bordure brune, ou brun et bordure blanche; dessous brun, avec une rangée courbe et transversale de points noirs ocellés, sur chacune. — France.

Polyommate demi-argus (*Polyommatus argiolus*, Latr.). Mâles ayant le dessus des ailes bleu, avec des nervures et une petite bordure brunes, et la frange blanche; dessous d'un gris brun dans les deux sexes, avec une rangée de six à sept yeux noirs, bordés de blanc; base d'un bleu verdâtre. — France.

Polyommate acis (*P. acis*, Latr.). Ailes bleues en dessus, avec le bord brun, et une rangée de points noirs sur les inférieures, près du bord postérieur; dessous des quatre d'un bleu blanchâtre, avec une ligne de petits points noirs non bordés; quelques autres à la base des inférieures. — Europe.

Polyommate cyllare (*P. cyllarus*, Latr.). Ailes bleues en dessus, avec une bordure brune; dessous cendré, ayant une raie de petits points noirs bordés de blanc, sur chacune. — France.

Polyommate alsus (*P. alsus*, Latr.). Plus petit que le demi-argus, avec lequel il a de l'analogie; bande solitaire et ocellée de chacune de ses ailes ayant deux ou trois yeux de plus: trois autres séparés à la base des inférieures. — Europe.

Polyommate argus bronzé (*P. phlæas*, Latr.). Ailes supérieures fauves, ponctuées de noir; les postérieures brunes, avec une bande fauve tachée de noir; dessous d'un fauve grisâtre, marqué de points noirâtres. — France.

Polyommate myope (*P. myopa*, Latr.). Ailes brunes en dessus, ou d'un brun glacé de fauve, ponctuées de noir, avec une bande fauve marquée d'une rangée de points noirs, le long du bord postérieur, de part et d'autre; dessous d'un cendré verdâtre, avec un grand nombre de points noirs bordés d'un peu de blanc; mâles ayant le disque des supérieures fauve, avec l'extrémité postérieure jaunâtre. — France.

Polyommate grand argus bronzé (*P. gordius*, Engr.). Dessus entièrement bronzé, avec un grand nombre de points noirs dont la plus grande partie disposés en lignes; une rangée de petites taches noires, particulières, au bord postérieur; ailes inférieures n'ayant pas l'angle inférieur avancé; le dessous des supérieures fauve, tacheté de noir : celui des inférieures cendré, avec des points noirs bordés de gris, et une ligne fauve renfermée entre deux lignes de taches noires, près du bord postérieur; fond des ailes du mâle changeant en violet. — Piémont.

POLYOMMATE DE LA VERGE D'OR (*Polyommatus virgaurea*, LATR.). Ailes d'un fauve ponceau en dessus, à bord postérieur brun; point de taches dans les mâles : des points noirs sur deux rangées, dans la femelle; dessous des ailes d'un rougeâtre terne; des points noirs très petits accompagnés de blanc; quelques taches blanches aux inférieures. — Europe.

POLYOMMATE ARGUS SATINÉ (*P. hippothoe*, FAB.). Il ressemble beaucoup au précédent, mais il a au milieu du dessus de ses ailes un trait noir et arqué; le dessous diffère peu de celui de l'argus bronzé.

Seizième genre. LES ÉRYCINES (*Erycinus*).

Mêmes caractères que les précédens, mais pieds antérieurs plus petits, non propres à marcher, en palatine. Ces insectes, tous exotiques, sont propres à l'Amérique méridionale.

ÉRYCINE CUPIDON (*Erycina cupido*, LATR.). Ailes blanches, avec le limbe postérieur noir, les deux surfaces des inférieures avec des gouttes à l'extrémité, le dessus des supérieures avec une ligne marginale, argentées. — Cayenne.

SECTION DEUXIÈME.

Jambes postérieures ayant deux paires d'épines, une paire à l'extrémité et l'autre au-dessus; ailes inférieures ordinairement horizontales; antennes fort souvent terminées en pointe très crochue.

Dix-septième genre. LES URANIES (*Urania*).

Antennes d'abord filiformes, s'amincissant en forme de soie à leur extrémité; palpes inférieurs allongés, grêles, avec le second article très comprimé, et le dernier nu, beaucoup plus menu, presque cylindrique.

Uranie riphée (*Urania riphœus*, Fab.). Ailes à six dents, prolongées en queues, noires, fasciées de vert; les inférieures vertes en dessous, ayant à l'angle anal une grande tache ferrugineuse, ponctuée de noir. — Madagascar.

Dix-huitième genre. Les Hespéries (*Hesperia*).

Antennes terminées distinctement en bouton ou en massue; palpes inférieurs courts, larges, très garnis d'écailles en devant.

Hespérie de la mauve (*Hesperia malvæ*, Latr.). Ailes dentées, d'un brun noirâtre en dessus, avec des taches et des mouchetures blanches; bord postérieur entrecoupé de taches de cette couleur; dessous des ailes d'un gris verdâtre, avec des taches irrégulières semblables. — France.

Hespérie bande-noire (*H. comma*, Latr.). Ailes fauves, avec des taches plus claires et une ligne noire dans les mâles. — France.

Hespérie échiquier (*H. paniscus*, Latr.). Ailes brunes, avec beaucoup de taches carrées et fauves. — France.

Hespérie miroir (*H. aracinthus*, Latr.). Ailes d'un brun foncé, les supérieures ayant, près de l'extrémité, trois petites taches jaunes et une bordure de la même couleur; les inférieures avec dix ou douze grandes taches blanchâtres entourées de brun. — France.

Hespérie plain-chant (*H. fritillum*, Latr.). Ailes entières, noires, tachées de blanc. — France.

Hespérie grisette (*H. tages*, Latr.). Ailes très entières, brunes, avec des taches plus foncées et de très petits points blancs. — France.

Hespérie protée (*H. proteus*, Fab.). D'un brun noirâtre; des taches vitrées ou transparentes aux ailes; ailes inférieures prolongées en queue. — Amérique.

FAMILLE 45. LES CRÉPUSCULAIRES.

Analyse des genres.

1. Antennes terminées par un petit flocon d'écailles ; palpes inférieurs larges ou comprimés transversalement, très fournis d'écailles, à troisième article ordinairement peu distinct. 2
   Antennes en fuseau ou en corne de bélier, rarement terminées par une petite houppe d'écailles ; palpes inférieurs grêles, cylindriques ou coniques, barbus, à troisième article très distinct. . 4

2. Antennes dentées en scie; pas de langue distincte. *Genre Smérinthe.*
   Antennes non dentées en scie ; une langue distincte. 3

3. Antennes renflées à l'extrémité, en forme de massue allongée, sans dentelures ni stries en dessous. . . . . *Genre Castnie.*
   Antennes formant, à commencer du milieu, une massue prismatique, simplement ciliée, ou striées transversalement en manière de râpe sur un côté . . . . *Genre Sphinx.*

4. Antennes terminées par une petite houppe d'écailles ; ailes ayant des espaces vitrés ; abdomen terminé par une brosse. . . . . *Genre Sésie.*
   Antennes sans houppe à l'extrémité. . . . 5

5. Antennes sans dentelures, en fuseau ou en corne de bélier. . . . . *Genre Zygène.*
   Antennes pectinées, au moins dans l'un des sexes. . . . . *Genre Glaucopide.*

Caractères. Bord externe des ailes inférieures ayant près de son origine une soie roide, écailleuse, passant dans un crochet du dessous des ailes supérieures pour les maintenir dans une position horizontale ou inclinée; antennes en massue allongée, prismatiques ou en fuseau.

Les chenilles de ces lépidoptères ont toujours seize pates, et leurs chrysalides, enveloppées dans une coque de soie ou cachées dans la terre, ne sont jamais anguleuses comme celles de la famille précédente. La plupart des espèces ne volent que pendant le crépuscule; elles volent avec beaucoup de rapidité, et font entendre une espèce de bourdonnement fort remarquable.

A. Antennes terminées par un petit flocon d'écailles; palpes inférieurs larges ou comprimés transversalement, très fournis d'écailles, à troisième article ordinairement peu distinct.

Premier genre. LES CASTNIES (*Castnia*).

Antennes renflées à l'extrémité, en forme de massue allongée, sans dentelures ni stries en dessous. Ces lépidoptères se trouvent dans l'Amérique méridionale.

CASTNIE CYPARISSE (*Castnia cyparissias*; LATR.). Ailes supérieures très entières, noires, ayant un reflet verdâtre et luisant quand on les regarde dans un certain sens; elles ont deux taches blanches; les ailes supérieures obliques, les inférieures ponctuées. — Amérique méridionale.

Deuxième genre. LES SPHINX (*Sphinx*).

Antennes, à commencer vers le milieu, formant une massue prismatique, simplement ciliée ou striée transversalement, en manière de râpe sur un côté; langue très distincte.

a. *Abdomen sans brosse à son extrémité.*

SPHINX A TÊTE DE MORT (*Sphinx atropos*, LATR.). Ailes supérieures mélangées de brun foncé, de brun jaunâtre et de jaune clair; les inférieures jaunes, avec deux bandes brunes; corselet ayant une tache jaunâtre et deux points noirs imitant grossièrement une tête de mort; abdomen annelé de noir. — France.

SPHINX DU LISERON (*S. convolvuli*, LATR.). Ailes

supérieures variées de raies brunes plus ou moins foncées ; les inférieures ayant des bandes d'un brun noirâtre ; abdomen alternativement rayé de rouge et de noir. — France.

Sphinx du troene (*Sphinx ligustri*, Latr.). Ailes supérieures veinées de gris rougeâtre, de brun noir et de blanc ; les inférieures rousses, avec deux bandes noires ; abdomen d'un rouge vineux, annelé de noir. — France.

Sphinx du tithymale (*S. euphorbiæ*, Latr.). Ailes supérieures d'un gris roussâtre, ayant trois taches et une large bande verte ; les inférieures rouges, ayant la base et une bande noires, avec une tache blanche ; corps rouge en dessous, d'un vert olivâtre en dessus, marqué de blanc sur les côtés. — France.

Sphinx de la vigne (*S. elpenor*, Latr.). Ailes supérieures d'un vert olive, ayant des bandes longitudinales et transversales d'un rouge pourpre ; les inférieures noires à la base, ponctuées au sommet. — France.

Sphinx (petit) de la vigne (*S. porcellus*, Latr.). Ailes supérieures roses à leur base et à leur extrémité ; les inférieures jaunâtres, à base noirâtre et bord postérieur rose. — Europe.

Sphinx de la garance (*S. gallii*, Latr.). Ailes ayant à la côte supérieure une bande olive tachée de noir ; les inférieures avec une tache d'un rouge de brique ; abdomen marqué d'une série de points blancs le long du dos. — France.

Sphinx cendré (*S. vespertilio*, Latr.). Cendré en dessus ; ailes inférieures rouges au milieu, noires dans le reste de leur étendue. — France.

Sphinx phoenix (*S. celerio*, Latr.). Dessus d'un brun clair ; ailes supérieures ayant un point et une bande obliques d'un blanc jaunâtre ; les inférieures d'un blanc rosé au milieu, coupé par des nervures noires, et une bande noire près du bord postérieur ; abdomen avec une raie blanche bordée de noirâtre le long du dos, et une rangée de traits blancs de chaque côté. — Midi de la France.

Sphinx rayé (*S. lineata*, Latr.). Dessus des ailes supérieures verdâtre, ayant une bande blanche coupée par six nervures de cette dernière couleur; ailes inférieures noires, avec une bande rouge transversale; tête verdâtre, latéralement bordée de blanc; corselet noirâtre, avec trois raies blanches et doubles; abdomen cendré, tacheté de noir et de blanc. — Europe.

Sphinx de l'onagre (*Sphinx œnothera*, Latr.). Ailes à bord postérieur anguleux, les supérieures ayant au milieu un bande transversale plus foncée et marquée d'un point obscur; les inférieures jaunâtres ou roussâtres, avec une bande verte. — France.

b. *Abdomen terminé par une brosse.*

Sphinx fuciforme (*S. fuciformis*, Latr.). Dessus d'un vert olive; une large ceinture d'un rouge foncé sur le milieu de l'abdomen; ailes vitrées, les supérieures bordées postérieurement de rouge, avec un trait de cette dernière couleur; brosse noire sur les côtés, rouge en dessous. — France.

Sphinx du caille-lait (*S. stellarum*, Latr.). Antennes blanchâtres en dessous; d'un brun cendré, avec des bandes transversales ondées et nébuleuses, plus brunes sur les ailes supérieures; ailes inférieures d'un rouge de rouille; des taches blanches sur les côtés de l'abdomen. — France.

Sphinx bombyliforme (*S. bombyliformis*, Latr.). Dessus d'un vert jaunâtre; ailes vitrées, bordées postérieurement de noirâtre; abdomen ayant une ceinture d'un noir mêlé de vert en dessus, entièrement noire en dessous, jusqu'à la brosse qui est noire. — Europe.

Troisième genre. Les Smérinthes (*Smerinthus*).

Antennes dentées en scie, prismatiques, crochues à leur extrémité; langue très courte ou indistincte; ailes inférieures débordant les supérieures.

Smérinthe du tilleul (*Smerinthus tiliæ*, Latr.). Ailes découpées, les supérieures d'un gris verdâtre, avec des taches brunes sur le milieu; les inférieures d'un fauve verdâtre; corselet gris, avec trois raies verdâtres. — France.

Smérinthe du peuplier (*S. populi*, Latr.). Ailes d'un gris brunâtre, avec des raies plus foncées; une petite tache blanchâtre ou jaunâtre vers le milieu des supérieures; la base des inférieures d'un fauve chamois. — France.

Smérinthe du chêne (*Smerinthus quercûs*, Latr.). Dessus des ailes supérieures d'un gris cendré, avec des nuances ou des bandes plus claires, un peu jaunâtres, et des raies obscures qui les tranchent; les inférieures chamois, avec le côté interne d'un gris jaunâtre. — France. Très rare.

Smérinthe demi-paon (*S. ocellata*, Latr.). Ailes anguleuses, les supérieures d'un brun diversement nuancé; les inférieures d'un rouge foncé, ayant chacune une tache noire et bleue en forme d'œil; abdomen brun, ayant des bandes rouges en dessous. — France.

B. Antennes en fuseau ou en corne de bélier, rarement terminées par une petite houppe d'écailles; palpes inférieurs grêles, cylindriques ou coniques, barbus, à troisième article très distinct.

Quatrième genre. Les Sésies (*Sesia*).

Antennes sans dentelures, en fuseau, terminées par une petite houppe d'écailles; abdomen terminé par une brosse; ailes horizontales, ayant des espaces vitrés.

Sésie apiforme (*Sesia apiformis*, Latr.). Ailes transparentes, bordées de brun dans leur pourtour; abdomen brun, rayé transversalement de jaune; corselet brun, ayant une tache jaune de chaque côté. — France.

Sésie chrysidiforme (*S. chrysidiformis*, Latr.; *sesia crabroniformis*, Fab.). Noire; ailes supérieures bordées de noir, vitrées au milieu, rougeâtres ailleurs, et marquées d'un trait noir; un anneau blanc près de l'extrémité des antennes; deux taches jaunes sur le corselet; abdomen ayant deux anneaux blancs. — France.

Sésie tipuliforme (*S. tipuliformis*, Latr.). Noire; ailes vitrées, bordées de noir; les supérieures partagées par un trait de cette dernière couleur; corselet ayant les côtés et deux raies d'un jaune citron; anneaux de l'abdomen alternativement bordés de jaune; brosse de l'anus noire. — France.

SÉSIE CULICIFORME (*Sesia culiciformis*, LATR.). Noire; ailes vitrées, bordées de brun noir; une tache jaune à l'origine des ailes, et une bande rousse sur le milieu de l'abdomen. — France.

Cinquième genre. LES ZYGÈNES (*Zygæna*).

Antennes simples dans les deux sexes, en fuseau ou en corne de bélier, sans houppe à l'extrémité; ailes ordinairement en toit; une langue; palpes presque coniques, dont le second article n'est pas plus fourni d'écailles que les autres.

ZYGÈNE DE LA FILIPENDULE (*Zygæna filipendulæ*, LATR.). D'un vert noir ou bleuâtre; ailes supérieures ayant chacune six taches d'un rouge foncé; les inférieures rouges et sans taches. — France.

ZYGÈNE DE L'ESPARCETTE (*Z. onobrychis*, LATR.). Noire; ailes supérieures d'un vert changeant en bleu, avec six taches ocellées; les inférieures rouges, bordées de noir. — Autriche.

ZYGÈNE DE LA SCABIEUSE (*Z. scabiosæ*, LATR.). Noire; ailes supérieures ayant une ou trois taches rouges; les inférieures de cette couleur. — France.

ZYGÈNE DU LOTIER (*Z. loti*, LATR.). Ailes supérieures vertes, avec cinq points rouges; les inférieures de cette dernière couleur. — France.

ZYGÈNE DE LA BRUYÈRE (*Z. fausta*, LATR.). Ailes supérieures rouges, plus pâles sur les bords, ponctuées de noir; premier segment du corselet rouge; une bande de cette couleur sur l'abdomen. — France.

ZYGÈNE DU CHÊNE (*Z. quercûs*, LATR.). D'un vert noirâtre; ailes supérieures ayant six points transparens, et les inférieures deux; une bande jaune sur l'abdomen. — Allemagne.

ZYGÈNE DE LA LAVANDE (*Z. lavandulæ*, LATR.). Noire; premier segment du corselet blanc; ailes blanches, avec cinq points rouges sur les supérieures et un sur les inférieures. — France.

ZYGÈNE DE LA CORONILLE (*Z. coronillæ*, LATR.). Ailes supérieures d'un vert foncé, ayant six taches rouges;

les inférieures d'un vert presque noir, avec une tache blanche; une ceinture rouge à l'abdomen. — Europe.

ZYGÈNE CERBÈRE (*Zygœna cerbera*, LATR.). Noire; petite; ailes supérieures ayant six points transparens, et les inférieures deux; abdomen avec des bandes rouges. — Ethiopie.

ZYGÈNE DU PRUNIER (*Z. pruni*, LATR.). Ailes supérieures noires, les inférieures brunes. — France.

ZYGÈNE MALHEUREUSE (*Z. infausta*, LATR.). Ailes supérieures brunes; les inférieures d'un rouge sanguin; corselet ayant une bande de cette dernière couleur. — France.

Sixième genre. LES GLAUCOPIDES (*Glaucopis*).

Antennes pectinées, au moins dans les mâles, sans houppe à l'extrémité; palpes cylindriques; langue nulle ou très courte.

GLAUCOPIDE TURQUOISE (*Glaucopis statices*. — *Zygœna statices*, FAB.). D'un noir bleuâtre et brillant; ailes inférieures brunes, ainsi que le dessous des supérieures. — France.

GLAUCOPIDE AUSTRALE (*G. australis*. — *Stygia australis*, DRAPARNAUD). D'un jaune un peu fauve; ailes supérieures variées de brun et de jaune fauve, avec une frange brune au bord postérieur; les inférieures obscures; abdomen noirâtre, ayant une tache jaune fauve sur le dessus de ses premiers anneaux. — Midi de la France.

FAMILLE 46. LES NOCTURNES.

Analyse des genres.

1. { Ailes entières, non refendues en lanières dans leur longueur.................. 2
   { Ailes refendues dans leur longueur en lanières ressemblant à des plumes. *Huitième tribu*. LES FISSIPENNES........ 25

2. Ailes supérieures étroites et fort allongées ; les inférieures très larges et plissées dans le repos. *Septième tribu.* Les TÉNÉITES.................. 16
Ailes supérieures ni étroites ni allongées ; les inférieures n'étant jamais plissées. 3

3. Ailes étendues ou rabattues, ou horizontales et formant un triangle plus ou moins large ; les supérieures non arquées à l'origine de leur bord interne. 4
Ailes presque horizontales, en toit écrasé, les supérieures ayant leur bord extérieur arqué à sa base et se rétrécissant ensuite, de manière à donner à ces insectes une forme courte, large, en ovale tronqué. *Sixième tribu.* Les TORDEUSES.................. 15

4. Antennes dentelées en scie ou en peigne, au moins dans les mâles ; palpes supérieurs cachés.................. 5
Antennes ordinairement simples ; palpes supérieurs à découvert.................. 7

5. Pas de trompe distincte. *Première tribu.* Les BOMBYCITES.................. 8
Une trompe très distincte, se prolongeant au-delà de la tête lorsqu'elle est déroulée.................. 6

6. Corps épais, peu allongé ; ailes en toit. *Deuxième tribu.* Les FAUX-BOMBYX. 11
Corps grêle, allongé ; ailes ordinairement grandes et horizontales. *Troisième tribu.* Les ARPENTEUSES.................. 12

7. Palpes inférieurs cylindriques ou coniques, diminuant graduellement d'épaisseur. *Quatrième tribu.* Les DELTOÏDES.................. 13
Palpes inférieurs terminés brusquement par un article très petit ou beaucoup plus menu que le précédent qui est large et comprimé. *Cinquième tribu.* Les NOCTUÉLITES.................. 14

Première tribu. Les Bombycites.

8. Antennes barbues ou pectinées des deux côtés, au moins dans les mâles. *Genre Bombyx.*
Antennes non barbues et n'étant jamais pectinées des deux côtés........... 9

9. Antennes presque grenues, beaucoup plus courtes que le corselet... *Genre Hépiale.*
Antennes non grenues, au moins aussi longues que le corselet............ 10

10. Antennes dentelées en scie dans les deux sexes...................... *Genre Cossus.*
Antennes simples dans les femelles, à moitié pectinées dans les mâles..*Genre Zeuzère.*

Deuxième tribu. Les Faux-Bombyx.

11. Antennes pectinées dans les mâles; trompe courte.............. *Genre Arctie.*
Antennes tout au plus ciliées dans les mâles; trompe longue...... *Genre Callimorphe.*

Troisième tribu. Les Arpenteuses.

12. Ailes étendues horizontalement, avec les dessins colorés des supérieures se prolongeant ordinairement sur les inférieures..................... *Genre Phalène.*

Quatrième tribu. Les Deltoïdes.

13. Ailes étendues horizontalement, formant un delta dont le côté postérieur a dans son milieu un angle rentrant, ou paraît fourchu................. *Genre Botys.*

Cinquième tribu. Les Noctuélites.

14. Dernier article des palpes inférieurs allongé et nu.................. *Genre Noctuelle.*
Palpes très grands, recourbés sur la tête......................... *Genre Herminie.*

Sixième tribu. Les Tordeuses.

15. Insectes petits, agréablement colorés. .... *Genre Pyrale.*

Septième tribu. LES TINÉITES.

16. Deux palpes seulement apparens, les deux supérieurs étant cachés 17
Quatre palpes apparens, les inférieurs plus longs, avancés en forme de bec ou de museau. . . . . *Genre Crambus.*

17. Palpes inférieurs recourbés dès leur origine. 18
Palpes inférieurs se portant en avant dans toute leur longueur. 22

18. Langue allongée et très distincte. 19
Langue peu distincte ou très courte, composée au plus de deux filets membraneux et disjoints. . . . . *Genre Teigne.*

19. Antennes écartées à leur naissance, pectinées ou barbues dans plusieurs mâles. 20
Antennes excessivement longues, rapprochées à leur base. . . . . *Genre Alucite.*

20. Palpes inférieurs moins longs que la tête, cylindriques, à dernier article fort court. . . . . *Genre Lithosie.*
Palpes inférieurs plus longs que la tête. . 21

21. Palpes inférieurs plus longs que la tête, à dernier article allongé et conique. . . . . *Genre Yponomeute.*
Palpes inférieurs beaucoup plus longs que la tête, formant deux espèces de cornes pointues et recourbées en arrière de la tête. . . . . *Genre Œcophore.*

22. Palpes inférieurs uniformément couverts d'écailles, à dernier article un peu courbé ; ailes se relevant postérieurement en forme de queue de coq.. *Genre Gallérie.*
Palpes inférieurs ayant un faisceau d'écailles au second article, et le troisième relevé perpendiculairement, presque nu. 23

23. { Langue très courte ; antennes ciliées, ou barbues, ou un peu pectinées dans les mâles. 24
Langue plus longue, distincte ; antennes plus simples. .... *Genre Ypsolophe.*

24. { Antennes ciliées ou barbues, dans les mâles. .... *Genre Phycide.*
Antennes un peu pectinées dans les mâles. .... *Genre Euplocampe.*

Huitième tribu. LES FISSIPENNES.

25. { Palpes inférieurs recourbés dès leur naissance, pas plus longs que la tête, garnis de petites écailles. .... *Genre Ptérophore.*
Palpes inférieurs allongés, plus longs que la tête, à second article très garni d'écailles, et le dernier presque nu et relevé. .... *Genre Ornéode.*

CARACTÈRES. Bord externe des ailes inférieures ayant, comme dans la famille précédente, près de son origine, une soie roide, écailleuse, passant dans un crochet du dessous des ailes supérieures, pour les maintenir dans une position horizontale ou inclinée ; ailes horizontales ou penchées, quelquefois roulées autour du corps ; antennes sétacées ou au moins diminuant de grosseur de la base à l'extrémité.

Ils ne volent que la nuit ou au moins après le soleil couché ; plusieurs manquent de trompe, et quelques femelles sont aptères. Leurs chenilles ont de dix à seize pates ; elles se filent ordinairement une coque de soie, et leur chrysalide n'est pas anguleuse. Notre plus célèbre entomologiste, M. de Latreille, partage cette famille, très difficile à étudier, en huit tribus.

PREMIÈRE TRIBU. LES BOMBYCITES.

Ailes entières, étendues ou rabattues, ou horizontales et formant un triangle plus ou moins large : les supérieures non arquées à l'origine de leur bord externe ; palpes extérieurs très petits et en forme de tubercules, ou presque cylindriques ou coniques, diminuant graduellement d'épaisseur; les deux palpes supérieurs, ou ceux de la base de la langue, entièrement cachés; langue nulle ou imperceptible; antennes dentelées en scie ou en peigne, dans les deux sexes ou au moins dans les mâles; corselet laineux; abdomen des femelles ordinairement très volumineux.

Premier genre. LES HÉPIALES (*Hepialus*).

Antennes presque grenues et beaucoup plus courtes que le corselet; palpes inférieurs très petits et très velus; ailes en toit.

Leurs chenilles ont seize pates; elles vivent dans la terre et rongent les racines des plantes.

HÉPIALE DU HOUBLON (*Hepialus humili*, LATR.). Jaunâtre; ailes supérieures du mâle d'un blanc argenté et sans taches; celles de la femelle jaunes, tachées de rouge; les inférieures brunes et sans taches; pates postérieures ayant une touffe de poils fauves très longs. — France.

Deuxième genre. LES COSSUS (*Cossus*).

Antennes au moins aussi longues que le corselet, dentelées en scie dans les deux sexes; ailes en toit; extrémité de l'abdomen prolongée en forme de queue ou d'oviducte.

Leurs chenilles ont seize pates, sont nues, et vivent dans les troncs d'arbre dont elles rongent le bois.

COSSUS RONGE-BOIS (*Cossus ligniperda*, LATR.). D'un gris foncé; ailes supérieures ayant en dessus des petites lignes noires très nombreuses, formant des petites veines entremêlées de brun et de blanc; extrémité postérieure du corselet jaunâtre, avec une ligne noire. — France.

COSSUS TARIÈRE (*C. terebra*, FAB.). Un peu plus petit que le précédent; antennes blanches, à peine pectinées; corselet velu, brun, avec une tache blanche postérieure; ailes supérieures cendrées, angulées, avec une tache ondulée et des points bruns; les inférieures blanches en dessous; abdomen blanc; anus brun. — Allemagne.

Troisième genre. LES ZEUZÈRES (*Zeuzera*).

Antennes au moins aussi longues que le corselet, à demi pectinées dans les mâles, simples dans les femelles; palpes n'atteignant pas le front. Du reste, mêmes caractères et mêmes mœurs que les précédens.

ZEUZÈRE DU MARRONNIER (*Zeuzera æsculi*, LATR.). Blanche; des anneaux bleus sur l'abdomen, et des points nombreux de la même couleur sur les ailes supérieures, ainsi que six taches sur l'abdomen. — France.

Quatrième genre. LES BOMBYX (*Bombyx*).

Antennes entièrement ou presque entièrement barbues ou pectinées des deux côtés, soit dans les deux sexes, soit au moins dans les mâles; palpes atteignant le front.

Premier sous-genre. LES ATTACUS. ***Ailes étendues horizontalement dans le repos.***

ATTACUS GRAND PAON (*Attacus pavonia*, GERM.). Le plus grand papillon de notre pays, ayant jusqu'à cinq pouces de largeur; corps brun, avec une bande blanchâtre à l'extrémité antérieure du corselet; ailes rondes, d'un brun comme saupoudré de gris, ayant chacune au milieu une tache oculaire noire, coupée par un trait transparent, entourée d'un cercle fauve obscur, d'un demi-cercle blanc, d'un autre rougeâtre, et enfin d'un cercle noir. — France.

ATTACUS PAON-MOYEN (*A. pavonia-media*, GERM.). Un peu plus petit; mâle semblable à la femelle; bande grise et transverse des ailes supérieures et précédant la frange blanche, commençant par un petit filet ou étant très menue à son origine, près de la côte. Cette espèce ne formerait qu'une très légère variété de la précédente, si leurs chenilles n'étaient différentes. — France : très rare.

ATTACUS PETIT PAON (*A. pavonia minor*, GERM.). Beaucoup plus petit que le grand paon, il en diffère par le fond de ses ailes qui est gris; ses yeux sont placés sur une grande tache plus claire ; il a une tache d'un rouge foncé près de l'angle du sommet des ailes supérieures ; enfin le mâle a les ailes inférieures jaunâtres. — France.

ATTACUS TAU (*Attacus tau*, GERM.). Ailes d'un jaune fauve, ayant une raie noirâtre, transverse, près du bord postérieur, et au milieu de chacune une tache violette, à prunelle blanche et en forme de T. — Europe.

Deuxième sous-genre. LES GASTROPACHES. *Ailes dentelées; les ailes supérieures en toit, le bord antérieur des inférieures les débordant presque horizontalement; palpes avancés en forme de bec.*

GASTROPACHE FEUILLE MORTE (*Gastropacha quercifolia*, GERM.). D'un roux plus ou moins brun ; ailes supérieures traversées par trois lignes noirâtres et onduleuses ; les inférieures marquées de deux lignes semblables, dentelées postérieurement ; antennes pectinées et arquées. — France.

GASTROPACHE FEUILLE DE PEUPLIER (*G. populifolia*, GERM.). Assez semblable au précédent, mais ailes testacées, dentées, avec plusieurs taches en croissant. — Europe.

GASTROPACHE FEUILLE SÈCHE (*G. ilicifolia*, GERM.). Ailes roussâtres, dentées en scie, ayant le bord postérieur blanc, pointillé de brun. — Europe.

Troisième sous-genre. LES ODONESTES. *Ailes comme les précédens, mais palpes moins longs.*

ODONESTE DU PRUNIER (*Odonestis pruni*, GERM.). Ailes dentées, fauves ; les supérieures avec deux raies transversales obscures et un point blanc. — Europe.

ODONESTE BUVEUR (*O. potatoria*, GERM.). Ailes peu dentées, jaunes, avec une bande fauve, sinueuse, et deux points blancs. — Europe.

Quatrième sous-genre. LES LASIOCAMPES. *Ailes non dentées, les supérieures en toit, les inférieures reverses comme dans les précédens ; palpes ne formant point de bec.*

LASIOCAMPE DU CHÊNE (*Lasiocampus quercûs*,

SCHRANK). D'un ferrugineux plus foncé dans les mâles ; une raie jaune traversant les ailes, moins marquée sur les supérieures ; un point blanc vers le milieu de ces dernières. — Europe.

LASIOCAMPE DU TRÈFLE (*Lasiocampus trifolii*, SCHRANK). Ailes ferrugineuses ; les inférieures sans taches, les supérieures avec une raie transversale et des points blancs. — Europe.

LASIOCAMPE DE L'AUBÉPINE (*L. cratægi*, SCHRANK). Ailes supérieures d'un gris cendré, ayant, vers leur milieu, une large bande obscure transverse, et une raie ondée de la même couleur vers le bord postérieur. — Europe.

LASIOCAMPE DU PIN (*L. pini*, SCHRANK). Ailes d'un gris roussâtre, ayant une bande transverse ferrugineuse et un point blanc. — Europe.

LASIOCAMPE PROCESSIONNAIRE (*L. processionea*, SCHRANK). D'un gris cendré ; antennes pectinées, fauves ; quelques lignes transversales, brunes, peu marquées, au-dessus des ailes. — Europe.

LASIOCAMPE VER A SOIE (*L. mori*, SCHRANK). Ailes blanches, avec deux ou trois raies obscures et transverses, et une tache en croissant sur les supérieures qui sont un peu recourbées en faucille et débordées par les inférieures dans le repos ; antennes brunes et pectinées.—De la Chine. C'est cette espèce qui fournit la soie.

LASIOCAMPE DU PISSENLIT (*L. taraxaci*, SCHRANK). D'un jaune fauve, avec un point noir au milieu des ailes supérieures. — Europe.

LASIOCAMPE DE LA LAITUE (*L. dumeti*, SCHRANK). Ailes brunes, avec un point, une bande aux supérieures, et leur bord postérieur, jaunes. — Europe.

LASIOCAMPE DE LA RONCE (*L. rubi*, SCHRANK). Ailes d'un roux brun, avec deux raies transverses blanchâtres sur les supérieures. — Europe.

LASIOCAMPE LAINEUX (*L. lanestris*, SCHRANK). D'un brun rougeâtre ; ailes supérieures ayant deux taches et une raie transverse, blanches. — Europe.

LASIOCAMPE VERSICOLORE (*L. versicolor*, SCHRANK). Ailes grisâtres ou d'un jaune d'ocre foncé, mélangées de ferrugineux et de brun, avec deux raies moitié brunes et moitié blanches, une tache brune lunulée, des taches et des lignes blanchâtres ; corselet d'un gris fauve, avec une bande blanche en devant. — France : très rare.

Lasiocampe du peuplier (*Lasiocampus populi*, Schrank). Ailes supérieures d'un brun rougeâtre en dessous, d'un brun cendré vers l'extrémité, avec deux raies transverses d'un jaune pâle. — Europe.

Lasiocampe a livrée (*L. neustria*, Schrank). D'un gris jaunâtre ou roussâtre ; deux lignes brunes transversales ainsi qu'une large bande d'un roussâtre obscur sur les ailes supérieures. — France.

Lasiocampe catax (*L. catax*, Schrank). D'un fauve ferrugineux ; une petite tache blanche au milieu des ailes supérieures. — Europe.

Lasiocampe du noisetier (*L. avellanæ*, Schrank). Ailes d'un cendré obscur, ayant une large bande sinuée et plus foncée. — France.

Lasiocampe franconière (*L. franconica*, Schrank). Ailes un peu transparentes, ayant une bande grisâtre au milieu, et des nervures brunes, ainsi que les bords. — Allemagne.

Lasiocampe de la jacée (*L. castrensis*, Schrank). Ailes supérieures d'un gris jaunâtre, avec une bande oblique, brune, mélangée de gris au milieu ; une raie brune à la base, et des nuances de la même couleur vers le bord postérieur. Ailes supérieures de la femelle d'un cendré brun roussâtre, avec deux raies un peu ondées, obliques, d'un jaune pâle. — Europe.

Lasiocampe évéria (*L. everia*, Schrank). Ailes supérieures jaunes ou brunes, avec l'extrémité plus pâle, et une petite tache ronde et blanche vers le milieu. — France.

Lasiocampe pithyocampe (*L. pithyocampa*, Schrank). Ailes supérieures grises, avec trois raies plus foncées ; ailes postérieures blanchâtres, avec une tache obscure à l'angle anal. — France.

Cinquième sous-genre. LES BOMBYX. *Les quatre ailes en toit et en recouvrement, les inférieures ne dépassant point extérieurement celles de dessus.*

BOMBYX AGATE (*Bombyx fascelina*, LATR.). Cendré et nuancé d'obscur ; ailes supérieures ponctuées de noirâtre, ayant deux raies transversales roussâtres, une autre obscure, et une tache vers le milieu. — Europe.

BOMBYX ZIGZAG (*B. zigzag*, LATR.). Corselet huppé ; ailes supérieures d'un brun clair nuancé d'agate, ayant une grande tache ovale nuancée et bordée de brun. — Europe.

BOMBYX BUCÉPHALE (*B. bucephala*, LATR.). Corselet huppé, jaune, fauve en devant, avec une raie ferrugineuse ; ailes supérieures d'un gris de perle, ayant deux raies transversales noirâtres et une grande tache jaune apicale. — France.

BOMBYX TÊTE-BLEUE (*B. cæruleo-cephala*, LATR.). Ailes supérieures d'un cendré légèrement bleuâtre, ayant deux bandes brunes et deux taches en forme d'*o*, réunies, jaunâtres au milieu. — France.

BOMBYX DU COUDRIER (*B. coryli*, LATR.). Ailes supérieures moitié brunes et moitié d'un cendré blanchâtre, ayant une tache ovale, blanchâtre, bordée de noir. — Europe.

BOMBYX DISPAR (*B. dispar*, LATR.). D'un cendré obscur ou roussâtre ; ailes supérieures ayant en dessus deux raies transversales noirâtres et ondées : les inférieures plus claires et à peine rayées. Femelle plus grande, blanchâtre, avec des raies noirâtres en zigzag sur les ailes supérieures. — France.

BOMBYX PATE-ÉTENDUE (*B. pudibunda*, FAB.). D'un gris un peu cendré ; corselet huppé ; ailes supérieures ayant trois raies ondées, transversales, obscures ; les inférieures avec une tache obscure peu marquée et une raie ; antennes brunes, pectinées. — France.

BOMBYX MOINE (*B. monacha*, LATR.). Ailes blanches, coupées par des lignes noires en zigzag ; abdomen ayant le bord de ses anneaux rouge. — Europe.

BOMBYX ÉTOILÉ (*Bombyx antiqua*, LATR.). Ferrugineux ; quelques lignes tranversales brunes, et une tache blanche vers l'angle interne, sur les ailes supérieures ; les inférieures sans taches ; femelle aptère. — France.

BOMBYX SOUCIEUX (*B. gonostigma*, LATR.). Brun ; ailes supérieures mélangées de brun et de jaune roussâtre, ayant une tache blanche vers l'angle interne et une autre irrégulière vers l'angle externe ; femelle aptère, d'un cendré obscur. — Europe.

BOMBYX HAUSSE-QUEUE (*B. curtula*, LATR.). Corselet huppé, ayant une grande tache en losange d'un brun obscur ; ailes d'un gris de perle, ayant quatre lignes transversales ondées et blanchâtres, et une tache rousse. — Europe.

BOMBYX ANASTOMOSE (*B. anastomosis*, LATR.). Corselet huppé, ayant une grande tache ovale d'un brun obscur ; ailes d'un gris brun mêlé de roux, ayant des lignes transversales pâles et ondées. — Europe.

BOMBYX ANACHORÈTE (*B. anachoreta*, LATR.). Corselet huppé, ayant une grande tache ovale, d'un brun obscur ; ailes d'un gris de souris, avec quatre lignes transversales blanchâtres, un point blanc et une tache rousse. — Europe.

BOMBYX PORTE-PLUMET (*B. plumigera*, LATR.). Ailes supérieures d'un brun fauve ou d'un jaune brun, avec quelques raies obscures et quelques nuances plus claires ; les inférieures d'un gris jaunâtre, à bord postérieur ferrugineux ; antennes du mâle très pectinées. — Allemagne.

BOMBYX DROMADAIRE (*B. dromedarius*, LATR.). Ailes supérieures ayant une dentelure saillante au côté interne, brunes, avec des nuances et des raies plus claires et plus foncées, et deux taches d'un cendré roussâtre vers le milieu ; angle interne des inférieures ayant une tache obscure. — Europe.

BOMBYX CAPUCIN (*B. capucina*, LATR.). Roussâtre ; ailes supérieures ayant une dent relevée au bord interne, et une bande transversale obscure. — Europe.

BOMBYX A MUSEAU (*B. palpina*, LATR.). D'un gris légèrement cendré ; palpes très comprimés et allongés ;

corselet huppé; ailes en toit aigu; les supérieures dentelées au bord postérieur, veinées de brun, et marquées en dessus de traits noirâtres. — Europe.

Sixième sous-genre. LES PSYCHÉS. *Ils sont semblables aux précédens, mais leurs chenilles, ayant seize pates et le corps allongé, habitent dans des fourreaux qu'elles traînent avec elles, et qu'elles construisent de soies et de petits corps étrangers.*

PSYCHÉ DE L'HIÉRACIUM (*Psyche hieracii*, SCHRANK). Noir; ailes noirâtres, un peu transparentes, sans taches, avec les nervures noires. — France.

PSYCHÉ VICIELLE (*P. viciella*, SCHRANK). Corps couvert d'une laine cendrée; antennes pectinées, brunes; ailes cendrées, un peu transparentes, nervées, sans taches. — Allemagne.

PSYCHÉ MUSCELLE (*P. muscella*, SCHRANK). Petit; corps entièrement velu, noir; antennes brunes; ailes obscures, un peu transparentes, sans taches. — Autriche.

Septième sous-genre. LES BOMBYX-HÉPIALES. *Antennes simples dans les deux sexes; ailes très en toit et fort grandes; chenilles dépourvues de pieds, n'ayant à la place que de simples mamelons.*

BOMBYX-HÉPIALE TORTUE (*Bombyx testudo*, LATR.). Ailes supérieures d'un gris jaunâtre ou un peu fauve, ayant deux raies transversales obliques, un peu obscures; ailes inférieures d'un gris jaune plus foncé.— Europe.

BOMBYX-HÉPIALE CLOPORTE (*B. bufo*, LATR.). Ailes supérieures jaunâtres, ayant une bande obscure, tachée de jaune. — Allemagne.

BOMBYX-HÉPIALE ASELLE (*B. asella*, MANT.). Entièrement brun, sans taches, luisant. — Autriche.

Huitième sous-genre. LES CÉRURES. *Ils sont distingués des autres Bombyx par leurs chenilles, qui n'ont que quatorze pates.*

CÉRURE QUEUE FOURCHUE (*Cerura vinula*, SCHRANK). D'un gris blanchâtre; corselet ponctué de noir, ainsi que la base des ailes supérieures qui ont des lignes noirâtres en zigzag. — Europe.

Cérure du hêtre (*Cerura fagi*, Schrank). D'un gris cendré roussâtre ; deux raies transversales ondées sur les ailes supérieures ; les inférieures reverses, cendrées, mélangées de brun et de jaunâtre à la base.

Cérure fourchue (*C. furcula*, Schrank). Corselet cendré, avec des bandes noirâtres ; ailes supérieures grises, ayant des points noirs aux deux extrémités ; quelques lignes ondées, obscures, et une large bande foncée, bordée d'une double ligne noire et jaune au milieu ; abdomen obscur, fascié, ponctué de noir. — Europe.

Deuxième tribu. LES FAUX-BOMBYX.

Ils ressemblent entièrement aux précédens, mais ils ont une trompe très distincte, se prolongeant au-delà de la tête lorsqu'elle est déroulée ; leurs ailes sont en toit.

Cinquième genre. Les Arcties (*Arctia*).

Antennes pectinées dans les mâles ; palpes inférieurs très velus ; trompe courte.

Arctie à queue d'or (*Arctia chrysorrhœa*, Latr.). Blanche, ordinairement sans taches ; extrémité de l'abdomen d'un brun fauve. — France.

Arctie marte (*A. caja*, Latr.). Ailes supérieures d'un brun roussâtre en dessus, divisées inégalement et en tous sens par des raies blanches ; les inférieures rouges, avec cinq ou six taches d'un noir bleuâtre ; abdomen rouge en dessous, avec une suite de taches noires. — Europe.

Arctie cul-doré (*A. auriflua*, Latr.). Blanche ou jaune fauve ; bord extérieur des ailes antérieures brun en dessous dans le mâle. — Paris.

Arctie nègre (*A. morio*, Latr.). Noire ; bord des quatre ou cinq derniers anneaux de l'abdomen, et pates, d'un jaune obscur. — France.

Arctie mendiante (*A. mendica*, Latr.). Ailes blanches ou noirâtres, ponctuées de noir ; abdomen blanc, avec cinq rangées de points noirs ; cuisses jaunes. — Paris.

Arctie tigre (*Arctia menthastri*, Latr.). Ailes blanches, ponctuées de noir; abdomen jaune en dessus, avec cinq rangées de points noirs; cuisses antérieures jaunes. — Paris.

Arctie du saule (*A. salicis*, Latr.). Grisâtre; ailes d'un beau blanc; pates entrecoupées d'anneaux noirs. — Paris.

Arctie mouchetée (*A. purpurea*, Latr.). Ailes supérieures jaunes, tachetées de noir; les inférieures rouges, avec cinq ou six taches noires. — Paris.

Arctie marbrée (*A. villica*, Latr.). Ailes supérieures très noires, marquées de sept à huit taches d'un blanc jaunâtre; les inférieures jaunes, tachées de noir, leur bord postérieur noir, avec une ou deux taches jaunes. — Paris.

Arctie hébée (*A. hebe*, Latr.). Ailes supérieures blanches, avec des bandes très noires, bordées de fauve; les inférieures rouges, bordées postérieurement de quelques taches noires. — Paris.

Arctie ensanglantée (*A. russula*, Latr.). Ailes supérieures d'un jaune pâle, bordées de rouge, avec une tache au milieu, moitié noirâtre et moitié rougeâtre; les inférieures d'un jaune clair, sans tache. — Paris.

Arctie pied-de-lièvre (*A. lubricipeda*, Latr.). Ailes jaunâtres, ponctuées de noir; cinq rangs de points noirs à l'abdomen. — Europe.

Arctie v-noir (*A. V-nigrum*, Latr.). Ailes supérieures blanches, ayant en dessus une tache noire en forme de V ou de croissant. — France.

Arctie zone (*A. zona*, Latr.). Corselet rayé longitudinalement de blanc et de noir, ainsi que les ailes; bords des anneaux de l'abdomen rougeâtres; femelle grosse, velue, n'ayant que des moignons d'ailes. — France.

Arctie lièvre (*A. leporina*, Latr.). Ailes blanches, avec des points et des taches noires; abdomen sans taches. — Europe.

Arctie fuligineuse (*A. fuliginosa*, Latr.). D'un roux brun; ailes supérieures ayant deux points noirs au milieu; les inférieures rouges, avec une série de aches noires vers le bord postérieur; abdomen rouge en dessus, avec une série de taches noires. — Europe.

Arctie aulique (*Arctia aulica*, Latr.). Ailes supérieures d'un brun clair, ayant quelques taches et deux ou trois points jaunes; les inférieures d'un jaune foncé, avec quatre grandes taches noires. — France.

Arctie du plantain (*A. plantaginis*, Latr.). Ailes supérieures noires, irrégulièrement rayées de jaune; les inférieures rouges ou jaunes, rayées et tachetées de noir. — Allemagne.

Arctie pudique (*A. pudica*, Latr.). Ailes blanches, les supérieures avec des taches noirâtres, les inférieures sans taches. — Europe.

Arctie matrone (*A. matrona*, Latr.). Corps rouge, avec des taches noires; ailes supérieures brunes, tachées de jaune au bord extérieur; les inférieures jaunes, tachées de noir. — Allemagne.

Arctie lugubre (*A. lugubris*, Latr.). Variée de jaune et de noir; ailes supérieures jaunes, rayées et ponctuées de noir : les inférieures noirâtres. — Europe.

Sixième genre. Les Callimorphes (*Callimorpha*).

Antennes tout au plus ciliées dans les mâles; palpes inférieurs n'étant couverts que de petites écailles; langue longue.

Callimorphe de la jacobée (*Callimorpha jacobeæ*, Latr.). Noire; une ligne et deux points d'un rouge carmin sur les ailes supérieures; ailes inférieures d'un rouge carmin bordé de noir. — France.

Callimorphe chinée (*C. hera*, Latr.). Ailes presque horizontales; les supérieures noires, avec un reflet d'un vert bronzé; des bandes jaunes dont les deux dernières forment un Y; les inférieures rouges, avec des taches noires. — Paris.

Callimorphe dominule (*C. dominula*, Latr.). Noire, tachetée de gris; ailes presque horizontales; les supérieures noires, avec un reflet d'un vert bronzé, et dix taches d'un blanc jaune; les inférieures rouges, avec une tache et le bord postérieur noirs. — Paris.

Callimorphe obscure (*C. obscura*, Latr.). Ailes

supérieures d'un roux brun, avec deux à quatre taches ovales, blanchâtres, transparentes; les inférieures d'un roussâtre obscur, sans taches. — France.

TROISIÈME TRIBU. LES ARPENTEUSES.

Les insectes de cette tribu ne diffèrent des précédens qu'en état de chenilles : celles-ci n'ont que dix pates, quelquefois, mais rarement, douze ou quatorze; les papillons ont généralement le corps plus allongé et beaucoup plus grêle que dans les précédens; leurs ailes sont souvent grandes, étendues horizontalement, avec les dessins des ailes supérieures se continuant sur les inférieures.

Septième genre. LES PHALÈNES (*Phalœna*).

On ne leur assigne pas d'autres caractères que ceux de leur tribu. Leurs palpes ne sont pas plus longs que la tête; leurs ailes sont étendues, et leurs antennes le plus ordinairement pectinées.

* *Corps gros; trompe fort courte; palpes velus.*

PHALÈNE DU BOULEAU (*Phalœna betularia*, LATR.). Ailes blanches, pointillées de noir; corselet ayant une bande noire; antennes pectinées et terminées par un filet simple. — Europe.

PHALÈNE HISPIDE (*P. hispidaria*, FAB.). Antennes pectinées; corps velu, d'un gris brun; antennes jaunes; ailes obscures, ayant au milieu une bande plus obscure et ondée; leur bord est ponctué de blanc. — Autriche.

PHALÈNE VELUE (*P. hirtaria*, FAB.). Antennes pectinées et noires; ailes hérissées, blanchâtres, avec trois bandes noires; les inférieures rapprochées. — Europe.

** *Corps menu; trompe longue ou moyenne; palpes légèrement velus.*

PHALÈNE SOUFRÉE (*P. sambucaria*, LATR.). Antennes pectinées; ailes d'un jaune de soufre, les inférieures ayant un angle avancé en forme de queue; les supérieures avec deux lignes transversales obscures et le commencement d'une troisième; deux petites taches d'un rouge brun au bord postérieur des inférieures. — France.

PHALÈNE PRINTANIÈRE (*Phalæna vernaria*, LATR.). Antennes pectinées, filiformes à l'extrémité; ailes anguleuses, d'un bleu pâle, traversées de deux lignes ondées blanches. — Europe.

PHALÈNE EN FAUCILLE (*P. falcataria*, LATR.). Antennes pectinées; ailes en faucille, d'un fauve pâle; des lignes transversales, ondées, brunes, sur les supérieures qui ont en outre un point d'un brun foncé. — Europe.

PHALÈNE DE L'AUNE (*P. alniaria*, LATR.). Antennes pectinées; ailes jaunes, anguleuses, parsemées de petits points bruns, avec deux lignes brunes et presque droites. — Europe.

PHALÈNE DU LILAS (*P. syringaria*, LATR.). Antennes jaunâtres, pectinées; ailes anguleuses, marbrées de jaunâtre, de rougeâtre et de brun, plus foncées au bord extérieur. — Europe.

PHALÈNE ANGULEUSE (*P. amataria*, LATR.). Antennes pectinées; ailes grises, anguleuses, pointillées de brun, ayant une raie transversale droite et d'un brun rougeâtre, et une autre en dessous, plus étroite, sinuée, brune. — Europe.

PHALÈNE LUNAIRE (*P. lunaria*, LATR.). Voisine de celle du lilas; antennes pectinées; ailes roussâtres à la base, cendrées postérieurement, ayant en dessus une petite tache blanche lunulée. — Europe.

PHALÈNE AILE EN DOLOIRE (*P. dolabriaria*, LATR.). Antennes fauves, pectinées; ailes jaunâtres, anguleuses, ayant plusieurs petites lignes ferrugineuses, et une ligne violette à l'angle interne. — France.

PHALÈNE PAPILLON (*P. papilionaria*, LATR.). Antennes pectinées; ailes vertes, un peu sinuées au bord postérieur, traversées de deux lignes un peu ondées et blanchâtres. — Europe.

PHALÈNE DE L'ORME (*P. ulmata*, LATR.). Antennes simples; ailes blanches, rondes, ayant deux bandes noirâtres mêlées de roussâtre, dont l'une à la base et l'autre formée de taches à la côte. — Europe.

PHALÈNE DE L'ALISIER (*Phalæna cratægata*, LATR.). Antennes simples; ailes d'un beau jaune, rondes, traversées par quatre lignes grises et ponctuées; les supérieures ayant quatre taches ferrugineuses au bord externe, et une au milieu d'une de ces dernières. — France.

PHALÈNE HYÉMALE (*P. brumata*, LATR.). Antennes simples; ailes rondes, jaunâtres, ayant une raie noire et l'extrémité plus pâle; femelle épaisse, n'ayant que des moignons d'ailes cendrées, avec une bande noire au bord postérieur. — Europe.

PHALÈNE BROCATELLE D'OR (*P. bilineata*, LATR.). Antennes simples; ailes jaunes, rondes, ayant un grand nombre de petites lignes brunes, transversales, avec une large bande bordée de brun jaunâtre ondulé, et d'une ligne blanche sur les supérieures; au milieu de cette bande est une suite transverse d'O irréguliers. — France.

PHALÈNE A BARREAUX (*P. clathrata*, LATR.). Antennes simples; ailes rondes, d'un blanc jaunâtre, réticulées de brun. — France.

PHALÈNE PANTHÈRE (*P. maculata*, LATR.). Antennes simples; ailes rondes, jaunes, ayant des taches d'un brun noirâtre, disposées en bandes transversales et interrompues. — France.

PHALÈNE DU GROSEILLER (*P. grossulariata*, LATR.). Ailes blanches, mouchetées de noir; deux bandes d'un jaune aurore sur les supérieures, une vers la base et une un peu au-delà du milieu. — France.

PHALÈNE PERLE (*P. margaritaria*, FAB.). Antennes pectinées; ailes angulées, blanches, avec une fascie plus foncée et terminée par une bande blanche. — Allemagne. Sa chenille a douze pates.

PHALÈNE A SIX AILES (*P. hexaptera*, LATR.). Antennes simples; ailes rondes, les supérieures d'un gris blanchâtre, ayant trois bandes ondées, jaunâtres, et un point noir. Les mâles ont deux petites appendices en forme de troisième paire d'ailes. — Suède.

QUATRIÈME TRIBU. LES DELTOIDES.

Semblables aux précédens, mais palpes supérieurs à découvert, non cachés sous les inférieurs; ailes étendues horizontalement, formant un delta dont le côté postérieur a dans son milieu un angle rentrant, ou paraît fourchu; antennes ordinairement simples.

Huitième genre. LES BOTYS (*Botys*).

On ne leur assigne pas d'autres caractères que ceux de la tribu. Leurs chenilles ont seize pates.

BOTYS QUEUE-JAUNE (*Botys urticata*, LATR.). Antennes simples; ailes blanches, avec des taches d'un cendré noirâtre, dont les postérieures disposées en bandes; tête jaune, ainsi que le corselet et le bout de l'abdomen. — France.

BOTYS DE LA GRAISSE (*B. pinguinalis*, LATR.). D'un cendré rougeâtre et un peu bronzé; ailes supérieures ayant plusieurs petites bandes transversales noirâtres; le dessous des ailes et du corps plus pâle; pas de trompe. — France.

BOTYS POURPRE (*B. purpuraria*, LATR.). Antennes pectinées; ailes d'un jaune terne, avec deux bandes pourpres au bord antérieur des supérieures. — France.

BOTYS DE L'ÉPI D'EAU (*B. potamogata*, LATR.). Ailes cendrées, tachées de blanc, les supérieures obscurément réticulées. — France.

BOTYS DES MARAIS (*B. paludata*, LATR.). Corps blanc; yeux noirs; antennes simples; ailes supérieures blanches, avec une ou deux taches brunes, et un point noir à pupille blanche dans le milieu; les postérieures blanches, avec une bande brune interrompue. — Angleterre.

BOTYS DE LA STRATIOTE (*B. stratiolata*, LATR.). Antennes simples; ailes avec des fascies pâles, et trois points noirs sur les supérieures. — Europe.

BOTYS DU NYMPHÉA (*B. nympheata*, LATR.). Antennes simples; ailes cendrées, toutes quatre réticulées de la même manière et tachées de blanc. — Europe.

Botys du lemna (*Botys lemnata*, Latr.). Antennes simples; ailes blanchâtres, les inférieures avec une fascie terminale noire; quatre points blancs. — Europe.

Botys de la farine (*B. farinalis*, Latr.). Palpes recourbés; ailes d'un jaunâtre brillant, avec des bandes ondulées, blanches, glauques à la base et au sommet. — Europe.

CINQUIÈME TRIBU. LES NOCTUÉLITES.

Semblables aux précédens, quant aux ailes, mais palpes inférieurs terminés brusquement par un article très petit ou beaucoup plus menu que le précédent qui est beaucoup plus large et comprimé; antennes ordinairement simples; corps plus couvert d'écailles que de duvet; trompe le plus souvent courte et corselet huppé; abdomen en cône allongé.

Neuvième genre. Les Noctuelles (*Noctua*).

Dernier article des palpes inférieurs allongé et nu, droit; antennes le plus souvent simples; trompe longue et cornée.

* *Antennes simples.*

† *Ailes horizontales.*

a. *Bord postérieur des ailes denté.*

Noctuelle du frêne (*Noctua fraxini*, Latr.). Ailes supérieures d'un gris blanchâtre en dessus, avec des lignes et des bandes d'un gris foncé; dessous blanc, avec des bandes noires; les inférieures noires, avec une large bande d'un bleu pâle, bleuâtres en dessous. — Europe.

Noctuelle fiancée (*N. sponza*, Latr.). Ailes supérieures cendrées, ayant des bandes transverses d'un brun noirâtre, des raies anguleuses noires, et d'autres grises, transverses : une suite de points noirs accompagnés de blanc, près du bord postérieur; ailes inférieures d'un rouge vif en dessus, avec deux bandes noires; l'antérieure étroite, en forme de raie, sinueuse, faisant le crochet en dessous à sa naissance. — France.

NOCTUELLE MARIÉE (*Noctua nupta*, LATR.). Elle diffère de la suivante par ses couleurs un peu plus claires, et par les raies et les taches des ailes supérieures qui sont peu prononcées et plus distinctes ; ses ailes inférieures sont d'un rouge plus vif, et la bande antérieure noire est plus arquée et subitement étranglée au milieu. — France.

NOCTUELLE DÉPLACÉE (*N. elocata*, LATR.). Ailes supérieures d'un gris jaunâtre obscur, avec des raies ondées, transverses, plus claires et plus obscures ; taches orbiculaires et lunulées peu prononcées et sur un espace obscur ; ailes inférieures d'un rouge un peu pâle en dessus, avec deux bandes noires dont l'antérieure presque droite ou légèrement arquée, assez large et sans rétrécissement marqué dans son milieu ; abdomen blanc en dessous, gris en dessus. — France.

NOCTUELLE MAURE (*N. maura*, LATR.). D'un cendré obscur ; ailes supérieures ayant des taches noirâtres le long de la côte, et au milieu, une bande transverse de la même couleur ; les inférieures avec une autre bande transverse, d'un noirâtre plus pâle. — Europe.

NOCTUELLE CHOISIE (*N. electa*, LATR. ; *N. pacta* des auteurs). Ailes supérieures d'un gris cendré, avec des traits noirâtres très prononcés du côté extérieur ; ailes inférieures d'un rose vif, ayant deux bandes noires dont l'antérieure faisant presque le demi-cercle ; abdomen étant quelquefois rouge en dessus. — Allemagne.

b. *Bord postérieur des ailes non denté.*

NOCTUELLE HIBOU (*N. pronuba*, LATR.). Dessus des ailes d'un gris nébuleux, avec deux taches noires ; les inférieures d'un jaune doré, traversées d'une large bande noire — Europe.

NOCTUELLE LUNAIRE (*N. lunaris*, LATR.). D'un gris obscur ; corselet huppé ; dessus des ailes supérieures plus clair au milieu, ayant un point très noir et une tache lunulée, brune. — Europe.

†† *Ailes en toit.*

NOCTUELLE VERT DORÉ (*Noctua chrysis*, LATR.). Corselet huppé; ailes supérieures d'un brun fauve, tachées de brun foncé, avec deux bandes d'un vert doré brillant; les inférieures d'un gris foncé. — Europe.

NOCTUELLE ITALIQUE (*N. italica*, LATR.). D'un brun noirâtre; corselet simple; ailes supérieures ayant une grande tache marginale et leur bord postérieur à l'angle anal, blancs; les inférieures avec une grande bande transverse de la même couleur. — France.

NOCTUELLE BATIS (*N. batis*, LATR.). Corselet simple; ailes supérieures brunes, avec cinq taches couleur de chair; les inférieures blanches. — Europe.

NOCTUELLE COLLIER-BLANC (*N. albicollis*, LATR.). Corps blanc, à corselet simple; dessus des ailes supérieures d'un brun noirâtre, avec presque leur moitié inférieure et une tache à la côte, blanches, ainsi qu'une frange au bord postérieur près de l'angle anal, et une petite raie ondée en dessus; quelques traits noirs; ailes inférieures blanches en dessus, avec une bande d'un brun noirâtre le long du bord postérieur. — France.

NOCTUELLE DE L'ÉRABLE (*N. aceris*, LATR.). Corselet huppé; ailes supérieures grises en dessus, avec un O et une tache lunulée en dessous; une raie transversale, dentée et arquée plus bas; elles sont noirâtres sur leurs bords, dont le postérieur a une rangée de points noirâtres; ailes inférieures blanches. — France.

NOCTUELLE ALCHYMISTE (*N. alchymista*, LATR.). Corselet huppé; ailes supérieures noirâtres, ayant des lignes ondées, transverses, très noires; le bord postérieur plus clair, en forme de bande bordée de blanc au côté interne de la côte; ailes inférieures blanches en dessus, avec une large bande postérieure noire. — Europe.

NOCTUELLE DU CHOU (*N. brassicæ*, LATR.). Ailes supérieures se croisant l'une sur l'autre au côté interne, d'un nébuleux cendré, avec une tache et un crochet, noirs. — Europe.

NOCTUELLE DU BOUILLON BLANC (*Noctua verbasci*, LATR.). Corselet très huppé; ailes dentelées postérieurement, les supérieures d'un brun foncé, avec des stries longitudinales plus obscures, et deux petites lunules blanches vers le côté interne. — Europe.

NOCTUELLE DE LA FÉTUQUE (*N. festucæ*, LATR.). Corselet huppé; ailes supérieures mélangées de jaune et de brun, avec trois grandes taches brillantes et argentées. — Europe.

NOCTUELLE MÉTICULEUSE (*N. meticulosa*, LATR.). Corselet huppé; bord postérieur des ailes inégalement découpé; les supérieures ayant une teinte rougeâtre à leur naissance, et, vers le milieu de la côte, un double triangle rouge et brun entourant une tache. — France.

NOCTUELLE DE L'AIRELLE (*N. myrtilli*, LATR.). Corselet huppé; ailes supérieures rouges, avec des raies transversales jaunes, entremêlées de taches blanches; les inférieures noires en dessus, avec la base orangée. — France.

NOCTUELLE DU PIED D'ALOUETTE (*N. delphinii*, LATR.). Dessus des ailes supérieures ayant une tache rose à la base, une bande grise, une tache de rouge foncé, une ligne transverse ondée rougeâtre, et une bande blanchâtre. — Europe.

NOCTUELLE CHI (*N. chi*, LATR.). Corselet en crête; dessus des ailes supérieures d'un gris blanchâtre, avec une tache noire ayant la forme d'un X. — Europe.

NOCTUELLE GAMMA (*N. gamma*, LATR.). Corselet huppé; dessus des ailes supérieures avec une tache blanchâtre ayant la forme d'un *lambda* ou *gamma*, et se détachant sur un fond diversement nuancé de brun. — France.

NOCTUELLE PSI (*N. psi*, LATR.). Grise; corselet huppé; dessus des ailes supérieures ayant en dessus quelques taches noires affectant la forme de psi grecs. — France.

NOCTUELLE TRAPÉZINE (*N. trapezina*, LATR.). Plusieurs points noirs dont un isolé, à la tête; ailes supérieures blanches, avec une tache large et plus foncée. — Europe.

Noctuelle de la persicaire (*Noctua persicariæ*, Latr.). Corselet huppé; dessus des ailes supérieures brun, rayé de blanchâtre, avec deux taches blanches dont une en forme d'O. — France.

** *Antennes pectinées, dans les mâles au moins.*

Noctuelle du blé (*N. segetis*, Latr.). Ailes supérieures brunes ou d'un gris cendré en dessus, avec des raies ondées, transverses; une tache ronde et une autre lunulée, plus foncées; dessus des ailes inférieures blanc, avec le bord postérieur noirâtre. — France.

Dixième genre. Les Herminies (*Herminia*).

Palpes très grands, beaucoup plus longs que la tête et recourbés sur cette dernière; ailes formant avec le corps un triangle; antennes simplement ciliées, dans le plus grand nombre.

Herminie barbue (*Herminia barbalis*, Latr.). Antennes pectinées dans les mâles; une touffe épaisse de poils aux cuisses antérieures; dessus des ailes supérieures d'un cendré jaunâtre, avec deux lignes flexueuses plus foncées et un point de même couleur. — France.

Herminie muselière (*H. rostralis*, Latr.). Ailes d'un gris noirâtre, ayant une ligne transversale plus claire, et trois points noirs saillans. — France.

Herminie proboscidale (*H. proboscidalis*, Latr.). Mâles ayant une espèce de nodosité allongée au milieu des antennes; ailes d'un gris obscur, traversées d'une ligne plus claire, dont le bord antérieur est marqué d'une tache plus foncée. — France.

Herminie ventilabre (*H. ventilabris*, Latr.). Mâles ayant les antennes pectinées; une grosse touffe de poils aux cuisses antérieures; dessus des ailes supérieures gris, avec trois lignes transversales plus foncées et un point obscur. — France.

SIXIÈME TRIBU. LES TORDEUSES.

Elles ressemblent beaucoup aux papillons des deux tribus précédentes; elles s'en distinguent néanmoins par leurs ailes supérieures, dont le bord extérieur est arqué à sa base et se rétrécit ensuite, de manière à donner à ces insectes une forme courte et large, en ovale tronqué. Ils sont petits et agréablement colorés; leurs ailes sont presque horizontales, en toit écrasé.

Onzième genre. LES PYRALES (*Pyralis*).

On ne leur assigne pas d'autres caractères que ceux de leur tribu; leur corps est court et leurs ailes en chappe, ou elles ont le port triangulaire.

PYRALE DES POMMES (*Pyralis pomana*, LATR.). D'un gris cendré; dessus des ailes supérieures finement rayé de brun et de jaunâtre, ayant, à l'extrémité, une grande tache d'un rouge doré. — France.

PYRALE DE LA VIGNE (*P. vitis*, LATR.). Dessus des ailes supérieures d'un verdâtre foncé, avec trois bandes obliques, noirâtres, dont la troisième terminale. — France.

PYRALE A BANDE (*P. prasinaria*, LATR.). Dessus des ailes d'un vert tendre, avec deux lignes blanches, obliques, sur les supérieures. C'est la plus grande espèce connue. — France.

PYRALE DU HÊTRE (*P. fagana*, LATR.). Verte; antennes et pates d'un rouge pâle, rarement jaunâtres; ailes supérieures avec des lignes obliques d'un rouge pâle. — France.

PYRALE DU CHÈVREFEUILLE (*P. xylosteana*, LATR.). Ailes supérieures brunes, ayant, dans leur milieu, une large bande d'un brun plus foncé, avec de petites lignes de cette couleur dans le reste de leur étendue. — France.

PYRALE DU ROSIER (*P. cynosbana*, LATR.). Ailes grises, la base des supérieures d'un brun noirâtre, avec l'extrémité blanche et terminée par des points noirs. — France.

PYRALE DE LA BERCE (*P. heracleana*, LATR.). Corps un peu aplati; ailes grises, les supérieures ayant, sur le disque, des lignes noires rapprochées. — France.

SEPTIÈME TRIBU. LES TINÉITES.

Ailes entières, les supérieures étroites et fort allongées, les inférieures très larges et plissées dans le repos. Les ailes sont tantôt couchées sur le corps, tantôt serrées et pendantes sur les côtés, d'autres fois moulées autour de lui, ce qui donne à ces insectes une forme linéaire ou celle d'un triangle étroit et allongé. Ils sont de très petite taille, mais souvent parés des couleurs les plus éclatantes.

A. Deux palpes apparens, les supérieurs étant cachés.

* *Palpes recourbés dès leur origine.*

Douzième genre. LES LITHOSIES (*Lithosia*).

Langue allongée et très distincte ; antennes écartées à leur naissance, pectinées ou barbues dans plusieurs mâles ; palpes inférieurs moins longs que la tête, cylindriques, à dernier article fort court ; ailes couchées et croisées sur le corps ; point de huppe sur le front.

LITHOSIE CHOUETTE (*Lithosia grammica*, LATR.). Ailes jaunes ; les supérieures rayées de noir ; les inférieures ayant les bords antérieurs et postérieurs de cette dernière couleur. — France.

LITHOSIE POINTILLÉE (*L. irrorata*, LATR.). Ailes supérieures jaunes, avec des points noirs ; corselet orangé, ainsi que l'extrémité de l'abdomen. — Europe.

LITHOSIE COLLIER-ROUGE (*L. rubricollis*, LATR.). Noire ; bord antérieur du corselet rouge. — France.

LITHOSIE APLANIE (*L. complana*, LATR.). Ailes jaunes ; les supérieures d'un cendré clair, bordées extérieurement de jaune. — France.

LITHOSIE CRIBLE (*L. cribrum*, LATR.). Corselet blanc, avec des points noirs ; ailes supérieures blanches, avec des rangées transversales de points noirs ; les inférieures obscures. — France.

LITHOSIE QUADRILLE (*L. quadra*, LATR.). Ailes jaunes ; les supérieures ayant deux points bleus. — France.

LITHOSIE PONCTUÉE (*L. punctata*, LATR.). Ailes supérieures obscures, ayant au milieu deux petites taches blanches, transparentes, et trois semblables vers le bord postérieur ; les inférieures jaunes, à bord postérieur noirâtre. — Midi de la France.

Lithosie gentille (*Lithosia pulchella*, Latr.). Ailes blanches; les supérieures ponctuées de noir et de rouge; les inférieures à bords postérieurs noirs. — Midi de la France.

Lithosie rosette (*L. rosea*, Latr.). D'un rouge pâle ; trois lignes ondées, transversales, noirâtres, sur les ailes supérieures ; la postérieure formée par une ligne de points. — France.

Treizième genre. Les Yponomeutes (*Yponomeuta*).

Trompe et antennes des précédens, mais palpes inférieurs plus longs que la tête, à dernier article allongé et conique, également fourni d'écailles.

Yponomeute du fusain (*Yponomeuta evonymella*, Latr.). Ailes supérieures d'un blanc luisant, avec des points noirs très nombreux ; les inférieures noirâtres ; abdomen noir en dessus, blanc en dessous. — France.

Yponomeute du cerisier (*Y. padella*, Latr.). D'un blanc plombé et pointillé de noir en dessus ; ailes inférieures noires. — France.

Yponomeute de Roesel (*Y. rœsella*, Latr.). Ailes supérieures d'un noir doré, ayant neuf points argentés en relief et près du bord. — Europe.

Yponomeute linnéelle (*Y. linneella*, Latr.). D'un noir bronzé ; dessus des ailes supérieures d'un jaune doré, bordé d'une frange noire, avec deux taches d'un noir argenté sur chaque aile ; antennes noires, à extrémité blanche. — France.

Yponomeute de Ray (*Y. rajella*, Latr.). Ailes dorées, ayant sept taches argentées sur les supérieures, dont la seconde et la troisième réunies. — France.

Quatorzième genre. Les Œcophores (*Œcophora*).

Ils diffèrent des précédens par leurs palpes fort longs, les inférieurs formant deux espèces de cornes pointues et recourbées sur la tête ; le second article est plus fourni d'écailles que les autres, et le dernier est presque conique, nu.

Œcophore sulfurelle (*Œcophora sulphurella*, Latr.). Brune ; tête d'un jaune soufré, ainsi que le corselet; ailes supérieures d'un brun doré, à base d'un jaune de soufre, ainsi qu'une grande tache environnée d'un cercle bleuâtre à la côte. — France.

ŒCOPHORE OLIVIELLE (*Œcophora oliviella*, LATR.). Antennes annelées de blanc près de leur extrémité; ailes supérieures d'un noir doré, ayant à la base une tache jaune, une bande de la même couleur au milieu, et une petite raie argentée derrière cette dernière. — France.

Quinzième genre. LES ALUCITES (*Alucita*).

Trompe distincte; antennes excessivement longues, rapprochées à leur base; yeux grands et presque contigus dans les mâles; palpes inférieurs courts, cylindriques et velus; ailes très brillantes.

ALUCITE DEGÉÈRELLE (*Alucita degeerella*, FAB.). Antennes blanches, noires à la base; tête d'un bronzé verdâtre, ainsi que le corselet; ailes supérieures d'un brun doré, avec une large bande jaune; les inférieures d'un violet noirâtre. — France.

ALUCITE RÉAUMURELLE (*A. reaumurella*, LATR.). Antennes blanches, noires à la base; ailes supérieures d'un noir doré, sans taches. — France.

ALUCITE SWAMMERDAMMELLE (*A. swammerdammella*, FAB.). Ailes d'une couleur entièrement pâle. — Europe.

Seizième genre. LES TEIGNES (*Tinea*).

Palpes comme les précédens; langue peu distincte ou très courte, et composée au plus de deux filets membraneux et disjoints; tête huppée; antennes écartées.

TEIGNE DES TAPISSERIES (*Tinea tapezella*, LATR.). Ailes supérieures noires; leur extrémité postérieure, ainsi que la tête, blanches; le bord supérieur est un peu relevé en queue de coq. — France. Sa chenille vit dans les étoffes de laine, ainsi que celle de la suivante.

TEIGNE FRIPIÈRE (*T. sarcitella*, LATR.). D'un gris jaunâtre argenté; ailes frangées à leur bord postérieur; un point blanc de chaque côté du corselet. — France.

TEIGNE DES PELLETERIES (*T. pellionella*, LATR.).

Ailes supérieures d'un gris argenté, avec un ou deux points noirs sur chacune. — France. Sa chenille vit sur les pelleteries.

TEIGNE DES GRAINS (*Tinea granella*, LATR.). Antennes courtes; tête d'un blanc jaunâtre, couverte de longs poils; ailes supérieures marbrées de gris, de brun et de jaunâtre; les inférieures noirâtres. — France. Dans les greniers à blé.

TEIGNE À FRONT JAUNE (*T. flavifrontella*, FAB.). Tête fauve; ailes supérieures cendrées, sans taches; les inférieures blanches. — France. Dans les collections d'histoire naturelle.

** *Palpes antérieurs se portant en avant dans toute leur longueur.*

Dix-septième genre. LES GALLÉRIES (*Galleria*).

Palpes inférieurs uniformément couverts d'écailles, à dernier article un peu courbé; écailles du chaperon formant une saillie au-dessus d'eux; langue très courte; ailes appliquées sur le côté du corps, et se relevant postérieurement en forme de queue de coq.

GALLÉRIE DE LA CIRE (*Galleria cereana*, LATR.). Longue de cinq lignes, cendrée, avec la tête et le corselet plus clairs; ailes supérieures ayant de petites taches brunes le long du bord interne, et leur bord postérieur échancré. — France. Sa larve vit dans les ruches d'abeilles, et se nourrit de cire.

GALLÉRIE ALVÉOLAIRE (*G. alvearia*, LATR.). Une fois plus petite que la précédente, et se rapprochant beaucoup des teignes; tête jaunâtre; ailes d'un cendré obscur. — France. Elle a la même habitude que celle de la cire.

Dix-huitième genre. LES PHYCIDES (*Phycis*).

Palpes inférieurs beaucoup plus grands et plus avancés que ceux des teignes (auxquelles ces insectes ressemblent), ayant un faisceau d'écailles au second article, et le troisième relevé perpendiculairement, presque nus; langue très courte; antennes ciliées ou barbues dans les mâles, quelquefois un peu pectinées.

Phycide dos-marqué (*Phycis dorsatus.* — *Ypsolophus dorsatus*, Fab.). Ailes supérieures cendrées, mélangées de noirâtre, et marquées vers le dos d'une tache commune blanche, ayant deux taches noires. — France.

Dix-neuvième genre. Les Ypsolophes (*Ypsolophus*).

Comme les phycides, mais antennes plus simples et langue plus distincte ou plus longue.

Ypsolophe xilostelle (*Ypsolophus xilostei*, Fab.). Ailes supérieures d'un gris foncé, avec une raie blanche sinuée, comme au bord interne. — France.

Ypsolophe éphipelle (*Y. ephippium*, Fab.). Ailes supérieures d'un doré pâle, avec une raie blanche commune au bord interne, coupée par une bande dorée. — France.

B. Quatre palpes apparens, les inférieurs plus longs, avancés en forme de bec ou de fuseau.

Vingtième genre. Les Crambus (*Crambus*).

Ailes roulées autour du corps; celui-ci allongé, étroit, presque cylindrique; les quatre palpes formant un bec conique, avancé; le dernier article des inférieurs court.

Crambus incarnat (*Crambus carneus*, Latr.). Ailes supérieures jaunes, entièrement bordées de rouge purpurin. — France.

Crambus des pins (*C. pineti*, Latr.). Ailes supérieures jaunes, ayant chacune deux taches d'un blanc argenté, l'une oblongue et l'autre ovale. — France.

Crambus des pacages (*C. pascuum*, Latr.). Ailes cendrées, ayant une ligne très blanche et le bord postérieur avec des points noirs. — France.

Crambus des graminées (*C. culmorum*, Latr.). Ailes cendrées, avec une ligne courte, blanche et argentée. — France.

HUITIÈME TRIBU. LES FISSIPENNES.

Ailes refendues dans leur longueur en plusieurs lanières barbues sur leurs bords, et imitant des plumes; corps étroit et allongé.

Vingt-unième genre. LES PTÉROPHORES (*Pterophorus*).

Palpes inférieurs recourbés dès leur naissance, pas plus longs que la tête, garnis de petites écailles.

PTÉROPHORE MONODACTYLE (*Pterophorus monodactylus*, LATR.). Ailes très écartées, d'un brun fauve, très étroites, mais sans divisions. — France.

PTÉROPHORE DIDACTYLE (*P. didactylus*, LATR.). Ailes brunes; les supérieures striées de blanc et divisées en deux lanières; les inférieures en trois. — France.

PTÉROPHORE PENTADACTYLE (*P. pentadactylus*, LATR.). Blanc et sans taches; ailes supérieures à deux lanières, les inférieures à trois. — France.

PTÉROPHORE ALBODACTYLE (*P. albodactylus*, LATR.). Ailes blanches, à trois taches sur les supérieures, qui ont deux lanières; les inférieures trifides.

PTÉROPHORE RHODODACTYLE (*P. rhododactylus*, LATR.). Ailes jaunâtres, striées de blanc; les supérieures à deux lanières, et les inférieures à trois; corps ferrugineux. — France.

Vingt-deuxième genre. LES ORNÉODES (*Orneodes*).

Ils diffèrent des précédens par leurs palpes inférieurs allongés, plus longs que la tête, à second article très garni d'écailles, et le dernier presque nu et relevé.

ORNÉODE HEXADACTYLE (*Orneodes hexadactylus*, LATR.; *pterophorus hexadactylus*, FAB.). Ailes cendrées, divisées en six lanières. — France.

ORDRE ONZIÈME.

LES RHIPIPTÈRES.

Ces insectes sont très petits, et leurs larves vivent en parasites entre les écailles de l'abdomen de quelques espèces de guêpes et d'andrènes. Des deux côtés de l'extrémité antérieure du tronc sont placés deux petits corps crustacés, en forme de petites élytres étroites, allongées, dilatées en massue, courbées au bout, rejetées en arrière et se terminant à l'origine des ailes. Celles-ci sont toujours recouvertes en totalité ou en partie par de véritables élytres prenant naissance au second segment du tronc; elles sont grandes, membraneuses, à nervures longitudinales, et elles se replient en éventail. Leur bouche se compose de quatre pièces, dont deux plus courtes paraissent être des palpes, et deux plus longues, en petites lames linéaires et se croisant au bout, sont regardées comme des mandibules. Ils ont deux yeux hémisphériques et gros, un peu pédiculés; deux antennes filiformes composées de trois articles, dont le troisième divisé jusqu'à sa base; enfin leur corps se rapproche un peu, pour les formes générales, de celui de quelques petites cigales.

Cet ordre ne forme que deux genres, que l'on caractérise ainsi :

Premier genre. Les Xénos (*Xenos*).

Les deux branches des antennes non articulées; abdomen corné, à l'exception de l'anus, qui est charnu et rétractile.

Xénos de Peck (*Xenos Peckii*, Latr.). Il se trouve sur la guêpe *gallica*. — France.

Xénos de Rossius (*X. Rossii*, Latr.). Il se trouve

sur la guêpe nommée par Fabricius *polistes fucata*. — Amérique septentrionale.

Deuxième genre. LES STYLOPS (*Stylops*).

Branche supérieure de la dernière branche des antennes composée de trois petits articles ; abdomen rétractile et charnu.

On ne connaît qu'un insecte de ce genre. Il vit sur les andrènes.

STYLOPS DES ANDRÈNES (*Stylops melittæ*, KIRBY). Long d'une ligne et demie ; très noir ; ailes plus longues que le corps ; pates brunes. — France.

ORDRE DOUZIÈME.

LES DIPTÈRES.

Ces insectes se distinguent de tous les précédens par leurs ailes, au nombre de deux seulement, membraneuses, étendues, ayant presque toujours deux balanciers placés sous leur insertion. Leur bouche consiste en un suçoir composé de pièces écailleuses en forme de soie, renfermé dans une trompe terminée par deux lèvres, ou recouvert par une ou deux lames inarticulées et lui servant d'étui. On trouve souvent à la base de la trompe deux palpes filiformes ou en massue, composés d'un à cinq articles; les ailes sont ordinairement horizontales et simplement veinées. Beaucoup d'espèces ont, entre l'aile et le balancier, un cuilleron formé de deux pièces membraneuses.

Les diptères sont très incommodes : dans leur état parfait ils harcèlent sans cesse les animaux et les hommes pour leur sucer le sang; en état de larve ils infectent les viandes destinées à la cuisine, les fromages, et presque toutes les autres substances alimentaires. Tous sont sujets à une métamorphose complète. On les divise en cinq familles, qui sont : les Némocères, les Tanistomes, les Notacanthes, les Anthéricères, les Pupipares.

FAMILLE 48. LES NÉMOCÈRES (*Tipulariæ*).

Analyse des genres.

1. { Palpes avancés au-delà de la tête; trompe longue, avancée, filiforme.... *Genre Cousin.*
   Palpes n'avançant point au-delà de la tête; trompe très courte, ou en forme de bec ou de siphon.............. 2 }

2. Antennes beaucoup plus longues que la tête, filiformes, sétacées ou en fuseau. 3
Antennes guère plus longues que la tête, en massue.................... 10

3. Pas de petits yeux lisses............... 4
Trois petits yeux lisses................ 8

4. Ailes à nervures simplement longitudinales; yeux en croissant............ 5
Ailes à nervures formant réseau; yeux entiers et ovales................... 7

5. Ailes couchées ou un peu inclinées; antennes en panache ou portant un bouquet de poils à la base............ 6
Ailes en toit; antennes absolument nues. .... *Genre Psychode.*

6. Trompe terminée par deux lèvres; antennes en panache dans les mâles. *Genre Tanype.*
Trompe en forme de bec pointu; antennes ne portant qu'un simple bouquet de poils à leur base.............. *Genre Cératopogon.*

7. Ailes souvent écartées; dernier article des palpes long, noueux, paraissant composé de plusieurs petits articles. *Genre Tipule.*
Ailes couchées horizontalement sur le corps; dernier article des palpes simple, peu allongé................ *Genre Limonie.*

8. Trompe en forme de bec......... *Genre Asindule.*
Trompe terminée par un évasement labial......................... 9

9. Palpes articulés, filiformes; antennes filiformes.................... *Genre Mycétophile.*
Palpes d'un seul article, ovoïde; antennes en fuseau comprimé.......... *Genre Céroplate.*

10. Trois petits yeux lisses.............. 12
Pas de petits yeux lisses; antennes souvent crochues au bout.......... *Genre Simulie.*

11. Antennes de neuf articles.......... *Genre Bibion.*
Antennes de onze articles.......... *Genre Scatopse.*

CARACTÈRES. Antennes composées de plusieurs articles, ordinairement de neuf à seize, filiformes ou sétacées, plus longues que la tête ; celle-ci petite, ronde, portant deux grands yeux ; trompe plus ou moins courte ou saillante, en bec ou en siphon, terminée par deux lèvres, portant à sa base deux palpes ordinairement de quatre à cinq articles ; corselet gros et bossu ; ailes oblongues, munies en dessous d'un balancier sans cuilleron ; abdomen long, terminé en pointe dans les femelles, par des pinces ou des crochets dans les mâles ; pieds très longs et déliés.

Les larves des uns sont aquatiques, celles des autres sont terrestres. Tout le monde connaît les cousins, si incommodes par leur piqûre et par le bourdonnement inquiétant qu'ils font entendre pendant la nuit.

A. Palpes avancés au-delà de la tête ; trompe longue, avancée, filiforme.

Premier genre. LES COUSINS (*Culex*).

Palpes filiformes, velus, de la longueur de la trompe ; antennes en filets, de la longueur du corselet, de quatorze articles, hérissées de poils ; trompe longue, avancée, filiforme, renfermant un suçoir piquant et de plusieurs soies.

Ils ont le corps et les pieds fort allongés et velus ; les yeux grands, très rapprochés ; les ailes couchées horizontalement l'une sur l'autre, au-dessus du corps, avec de petites écailles. Leurs larves vivent dans l'eau. Ces insectes sont connus en Amérique sous le nom de *maringouins*.

COUSIN COMMUN (*Culex pipiens*, LATR.). Cendré ; abdomen annelé de brun ; ailes sans taches, transparentes, ombrées d'une teinte obscure ; antennes du mâle plumeuses. — Paris.

COUSIN PULICAIRE (*C. pulicaris*, LATR.). Corps mince et allongé, de trois lignes de longueur, brun ; antennes plumeuses et fourchues ; ailes blanches, marquées de trois taches obscures, et de bandes transverses moins foncées. — France.

COUSIN ANNELÉ (*C. annulatus*, LATR.). Cendré ;

tête noire; ailes un peu ferrugineuses à la côte; pates annelées de blanc et de noir. — Paris.

COUSIN BIFURQUÉ (*Culex bifurcatus*, FAB.). Long d'environ trois lignes; antennes du mâle moins plumeuses que dans le cousin commun; trompe avancée; tout le corps cendré; ailes transparentes, sans taches. — Europe.

COUSIN DES CHEVAUX (*C. inquinus*, FAB.). Petit; noir; abdomen brun; tête noire, avec le front blanc; antennes filiformes; côtés du corselet blanchâtres. — Nord de l'Europe.

COUSIN MORIO (*C. morio*, FAB.). De la grandeur du cousin pulicaire; noir; luisant; antennes fasciculées; cuisses antérieures pâles à la base, les postérieures allongées, renflées, dentées en scie. — Allemagne.

COUSIN TRIFURQUÉ (*C. trifurcatus*, FAB.). Brun; corselet un peu linéé. — Europe.

COUSIN JAUNATRE (*C. lutescens*, FAB.). Jaune; ailes transparentes, à côtes jaunâtres. — Europe.

COUSIN RAMPANT (*C. reptans*, FAB.). Noir; ailes transparentes; pates noires, annelées de blanc. — Nord de l'Europe.

B. Palpes n'avançant point au-delà de la tête; trompe très courte, ou en forme de bec ou de siphon.

Deuxième genre. LES TANYPES (*Tanypus*).

Antennes beaucoup plus longues que la tête, filiformes, sétacées ou en fuseau; pas de petits yeux lisses; ailes couchées ou un peu inclinées sur les côtés du corps, à nervures simplement longitudinales; yeux en croissant, se touchant ou au moins très rapprochés postérieurement; antennes en panache dans les mâles; pieds antérieurs très éloignés des autres; poitrine grande et renflée; trompe terminée par deux lèvres.

TANYPE MACULÉ (*Tanypus maculatus*, LATR.). Cendré, taché de noir; ailes blanchâtres, tachetées de noirâtre; antennes des femelles terminées en bouton. — France.

TANYPE ANNULAIRE (*T. annularis*. — *Chironomus*

annularis, Meig.; *tipula plumosa*, Fab.). Long de trois lignes; d'un brun grisâtre, fascié de noir sur l'abdomen; un point noir aux ailes. — France.

Tanype culiciforme (*Tanypus culiciformis*. — *Corethra culiciformis*, Meig.; *tipula culiciformis*, De Géer). Brun; pates grises, ainsi que l'abdomen; nervures des ailes velues. — Europe.

Tanype varié (*T. varius*, Meig.). Long de deux lignes et demie à trois lignes; ailes ayant des nébulosités cendrées, et leur bord antérieur marqué de points noirs. — Europe.

Tanype tacheté (*T. maculatus*, Macq.). Brun; ailes à point noir au milieu, et taches légèrement obscures vers l'extrémité. — Lille.

Tanype fascié (*T. fasciatus*, Macq.). Thorax pâle, à bandes obscures; ailes à tache noire au milieu. — Lille : rare.

Troisième genre. Les Cératopogons (*Ceratopogon*).

Palpes, antennes, ailes et yeux comme les précédens, mais antennes ayant simplement un faisceau de poils à leur base; trompe en forme de bec pointu, comme dans le genre suivant; ailes couchées sur le corps.

Cératopogon barbicorne (*Ceratopogon barbicorne*, Meig.; *tipula barbicornis*, Fab.). Noir; côtés de l'abdomen un peu tachés de blanc; ailes transparentes; pates testacées à leur naissance. — Europe.

Cératopogon fascié (*C. fasciatus*, Meig.). Cendré; abdomen fascié de noirâtre; pieds fauves; genoux noirs. — Lille.

Cératopogon cendré (*C. cinereus*, Meig.). Thorax cendré; abdomen noir; pieds fauves, à genoux noirs. — France.

Cératopogon brillant (*C. nitidus*, Macq.). Noir; pieds fauves; ailes sans taches. — France.

Cératopogon unimaculé (*C. unimaculatus*, Macq.). Noir; pieds fauves; ailes marquées d'une tache. — France.

Cératopogon agréable (*C. venustus*, Meig.). Thorax noir; abdomen blanc; pieds pâles, annelés de noir. — France.

Quatrième genre. LES PSYCHODES (*Psychoda*).

Ces insectes ne diffèrent des précédens que par leurs antennes nues, sans faisceau de poils ni panache, et par leurs ailes en toit incliné.

Leurs antennes sont filiformes, à articles globuleux, garnies de poils verticillés, les deux premiers articles plus grands; leur trompe est saillante.

PSYCHODE DES MURS (*Psychoda muraria*, LATR.; *tipula phalænoides*, LATR.). Cendrée; ailes sans taches. — France.

PSYCHODE HÉRISSÉE (*P. hirta*, LATR.; *tipula hirta*, FAB.). Cendré noirâtre; des taches noires aux ailes. — France.

PSYCHODE VARIÉE (*P. variegata*, MACQ.). Noire; ailes à franges variées de brun et de blanc. — France.

PSYCHODE BLANCHATRE (*P. canescens*, MEIG.). D'un gris blanchâtre; extrémité des ailes brune, ciliée de blanc. — France.

PSYCHODE OBSCURE (*P. obscura*, MACQ.). Noirâtre; ailes obscures, sans tache. — France.

PSYCHODE NERVEUSE (*P. nervosa*, MEIG.). D'un gris clair; antennes annelées de noir; balancier blanc; ailes sans taches. — France.

Cinquième genre. LES TIPULES (*Tipula*).

Antennes beaucoup plus longues que la tête, filiformes ou sétacées; pas de petits yeux lisses; ailes souvent écartées, à nervures formant réseau; yeux entiers et ovales; trompe terminée par deux lèvres; deux palpes longs et courbés, de cinq articles, dont le dernier long, noueux ou paraissant composé de plusieurs petits articles; devant de la tête prolongé en une espèce de museau.

TIPULE DES PRÉS (*Tipula oleracea*, LATR.; *ptychoptera oleracea*, MEIG.). Antennes simples; corps d'un brun grisâtre, sans taches; ailes d'un brun clair, plus foncé au bord extérieur. — France.

TIPULE SOUILLÉE (*T. contaminata*, FAB.; *ptycho-

ptera contaminata, MEIG.). Très noire; deux bandes et un point noirs aux ailes supérieures. — Europe.

TIPULE LUNULÉE (*Tipula lunata*, FAB.; *ptychoptera lunata*, MEIG.). D'un gris jaunâtre; ailes teintes de brun clair, avec un point brun et une raie oblique blanche. — Europe.

TIPULE PECTINICORNE (*T. pecticornis*, FAB.). Noire, tachetée de blanc; abdomen roux à sa base, fascié de jaune au milieu, noir au bout; un point brun sur les ailes. — Europe.

TIPULE GIGANTESQUE (*T. gigantea*, MEIG.). Longue d'un pouce, cendrée; bord extérieur des ailes à bande testacée profondément sinuée; bord postérieur à taches obscures. — Paris.

TIPULE JAUNATRE (*T. lutescens*, FAB.). Cendrée; ailes d'un brun clair, à deux taches obscures; même grandeur que la précédente. — Paris.

TIPULE BORDÉE (*T. marginata*, MEIG.). Abdomen d'un brun noirâtre; ailes obscures, à milieu pâle et bord extérieur noirâtre; longue de six lignes. — Paris.

Sixième genre. LES LIMONIES (*Limonia*).

Elles diffèrent des précédens par le dernier article de leurs palpes qui est simple, peu allongé; leurs ailes sont toujours couchées horizontalement sur le corps.

LIMONIE A SIX POINTS (*Limonia sex-punctata*, LATR.; *tipula sex-punctata*, FAB.). Tête noire; corselet fauve, avec une ligne dorsale noire; trois points obscurs à la côte des ailes; abdomen brun, avec l'anus fauve; antennes brusquement sétacées, à premier article gros et allongé. — Paris.

LIMONIE A AILES REPLIÉES (*L. replicata*, LATR.; *tipula replicata*, FAB.). Brune; bord interne des ailes replié en dessus. — Europe.

LIMONIE DES RIVES (*L. rivosa*, MEIG.). Ailes écartées, transparentes; bord extérieur et une bande anguleuse, testacés. — Paris.

LIMONIE PEINTE (*L. picta*, MEIG.). D'un brun jaunâtre; ailes et anneaux à taches obscures; pieds roux; deux anneaux obscurs aux cuisses. — Paris.

LIMONIE PONCTUÉE (*Limonia punctata*, MEIG.). Cendrée; ailes à taches obscures; antennes et pieds obscurs. — Paris.

Septième genre. LES ASINDULS (*Asindulum*).

Palpes et antennes comme dans les précédens, mais trois petits yeux lisses; ailes couchées horizontalement sur le corps; trompe en forme de bec.

Leurs antennes sont sétacées et arquées, à articles courts, cylindriques, peu distincts, et leur bec est de la longueur du corselet ou un peu plus court que la tête.

ASINDUL NOIR (*Asindulum nigrum*, LATR.). Pates d'un brun obscur; ailes obscures, plus claires au milieu. — Paris.

ASINDUL DES FENÊTRES (*A. fenestrarum*. — *Tipula fenestrarum*, SCOP.). Mélangé de brun et de roussâtre obscur; antennes noirâtres; pates pâles, avec les genoux obscurs; ailes tachetées de noirâtre, particulièrement à la côte. — Paris.

Huitième genre. LES MYCÉTOPHILES (*Mycetophila*).

Palpes n'avançant point au-delà de la tête, presque filiformes, distinctement articulés; antennes grêles, filiformes; trois petits yeux lisses; une trompe de forme ordinaire, terminée par un empâtement labial.

MYCÉTOPHILE DES CHAMPIGNONS (*Mycetophila fungorum*, LATR.). D'un brun de feuille morte; abdomen ovale; hanches très longues; jambes épineuses. — France.

MYCÉTOPHILE DE THOMAS (*M. Thomasii*. — *Tipula Thomasii*, LIN.). Noire; abdomen conique, avec une ligne jaune de chaque côté. — Paris.

Neuvième genre. LES CÉROPLATES (*Ceroplatus*).

Mêmes caractères que les précédens, mais palpes presque ovoïdes et d'un seul article; antennes en forme de fuseau comprimé; trompe très courte.

CÉROPLATE TIPULOÏDE (*Ceroplatus tipuloides*, LAT.).

Roussâtre ; corselet avec des raies brunes ; abdomen brun, ayant des bandes plus claires ; ailes ayant leur extrémité d'un noirâtre brun, avec une tache près de la côte de la même couleur. — Environs de Paris : très rare.

Dixième genre. LES BIBIONS (*Bibio*).

Antennes de neuf articles, en forme de massue presque cylindrique ou conique, épaisse, perfoliée, guère plus longues que la tête ; corps court et épais ; trois petits yeux lisses.

BIBION PRÉCOCE (*Bibio hortulanus*, LATR. ; *tipula hortulana*, la femelle, LIN. ; *tipula marci*, le mâle, LIN.). Mâle entièrement noir ; femelle ayant le corselet d'un rouge cerise foncé. l'abdomen d'un rouge jaunâtre, et le reste du corps noir. — Paris.

BIBION DE SAINT-JEAN (*B. Johannis*, LATR.). D'un brun noirâtre ; ailes à stigmate d'un brun noirâtre ; pieds entièrement ferrugineux dans la femelle, à cuisses noirâtres. — Paris.

BIBION PRINTANIER (*B. vernalis*, MEIG.). D'un noir de poix ; ailes obscures ; stigmates ferrugineux ; pieds ferrugineux. — Europe.

Onzième genre. LES SCATOPSES (*Scatopse*).

Ils ressemblent aux précédens, mais leurs antennes sont de onze articles, et une fois plus longues que la tête ; les palpes sont recourbés et d'un seul article.

SCATOPSE NOIR (*Scatopse nigra*, LATR. ; *hirtea albipennis*, FAB.). D'un noir luisant ; ailes blanches ; balanciers pâles ; un point jaune de chaque côté à la base de l'abdomen. — Paris.

SCATOPSE MAJEUR (*S. major*, MACQ.). Long de deux lignes ; d'un noir velouté ; yeux d'un brun chatoyant ; côtés du thorax argentés antérieurement ; parties des jambes et des tarses blanchâtres. — Lille. Rare.

Douzième genre. LES SIMULIES (*Simulium*).

Mêmes caractères que les précédens, mais pas de petits yeux lisses ; antennes composées de onze ou douze articles, et souvent crochues au bout.

Ces insectes, très incommodes par leurs piqûres, se

trouvent dans les bois et en très grand nombre. Les voyageurs leur ont donné le nom de *moustiques*.

MOUSTIQUE A TÊTE ROUGE (*Simulium reptans*. — *Culex reptans*, LIN.; *rhagis colombaschensis*, FAB.). Très petit; noir ou d'un noir cendré; yeux rouges ou bruns; abdomen annelé de blanc; jambes et tarses de cette dernière couleur. — Paris.

FAMILLE 49. LES TANYSTOMES.

Analyse des genres.

1. { Tige de la trompe tubulaire et allongée, à lèvres plus petites qu'elle. *Première section* 2
Tige de la trompe très courte, retirée, à lèvres plus grandes qu'elle. *Seconde section* 20

2. { Dernier article des antennes sans divisions annulaires; suçoir de quatre soies, ou pas de trompe 3
Dernier article des antennes avec des divisions annulaires; trompe saillante et suçoir de six pièces 18

3. { Ailes croisées 4
Ailes inclinées sur les côtés ou étendues horizontalement 10

4. { Trompe dirigée en avant 5
Trompe perpendiculaire ou dirigée en arrière 9

5. { Antennes sans pédicule commun, de trois articles; deux crochets et deux pelotes aux tarses 6
Antennes portées sur un pédicule commun, beaucoup plus grandes que la tête, de deux ou trois articles 8

6. { Troisième article des antennes ovoïde, sans stylet saillant . . . . *Genre Laphrie.*
Troisième article des antennes cylindrique ou conique, terminé par un stylet 7

7. Troisième article des antennes en cône allongé, terminé par un stylet ou une soie. . . . . *Genre Asile.*
Troisième article des antennes cylindrique, terminé par un petit stylet en forme d'article. . . . . *Genre Dasypogon.*

8. Tarses terminés par deux crochets et deux pelotes. . . . . *Genre Dioctrie.*
Tarses sans pelotes, terminés par trois crochets. . . . . *Genre Gonype.*

9. Antennes de trois articles; palpes relevés. . . . . *Genre Empis.*
Antennes de deux articles; palpes avancés. . . . . *Genre Sique.*

10. Ailes inclinées sur les côtés; trompe nulle ou dirigée en arrière. 11
Ailes étendues horizontalement de chaque côté du corps; trompe dirigée en avant. 12

11. Une trompe dirigée en arrière. . . *Genre Cyrte.*
Point de trompe remarquable. . . *Genre Hénops.*

12. Antennes très rapprochées; corselet plus élevé que la tête. 13
Antennes très écartées; corselet pas plus élevé que la tête. 16

13. Trompe plus longue que la tête; premier article des antennes moins grand que le troisième. 14
Trompe au plus de la longueur de la tête; premier article des antennes le plus grand 15

14. Palpes très apparens; premier article des antennes beaucoup plus long que le second. . . . . *Genre Bombille.*
Palpes nuls ou très petits; les deux premiers articles des antennes presque égaux . . . . *Genre Voluoelle.*

15. Premier article des antennes beaucoup plus gros que les suivans....... Genre *Ploas*.
Premier article des antennes simplement plus long que les précédens.... Genre *Cyllénie*.

16. Palpes insérés à la base d'une trompe beaucoup plus longue que la tête.... Genre *Nemestrine*.
Palpes intérieurs.......................... 17

17. Les deux premiers articles des antennes presque égaux, le dernier en cône allongé, avec un stylet peu distinct. Genre *Mulion*.
Les deux premiers articles des antennes presque égaux, le dernier pyriforme, brusquement terminé par une alêne longue et un stylet distinct.......... *Anthrax*.

18. Trompe plus longue que la tête; palpes très courts................. Genre *Pangonie*.
Trompe plus courte ou à peine plus longue que la tête; palpes longs au moins comme la moitié de la trompe....... 19

19. Antennes guère plus longues que la tête, à dernier article en croissant, composé de cinq anneaux, terminé en alêne...................... Genre *Taon*.
Antennes plus longues que la tête, à dernier article en cône allongé ou presque cylindrique, composé de quatre anneaux............... Genre *Chrysops*.

20. Antennes guère plus longues que la tête, sans soie, de trois articles, dont le dernier composé de plusieurs anneaux; palpes saillans............... Genre *Cænomye*.
Antennes souvent plus longues que la tête, portant ordinairement un filet ou une soie, à dernier article sans divisions annulaires, ou de deux pièces; palpes quelquefois peu apparens........... 21

21. Pas de petits yeux lisses........ Genre *Mydas*.
Des petits yeux lisses................ 22

22. Palpes intérieurs.......... Genre *Thérève*.
Palpes extérieurs................ 23

Troisième article des antennes globuleux ou pyriforme; palpes presque coniques; lèvre de la trompe étendue dans le sens de la hauteur de la tête... *G. Leptis.*
23. Troisième article des antennes en palette ovale ou oblongue, ou en petite massue arrondie; palpe en forme de petite lame aplatie et couchée; un museau court ou un petit bec .... *Genre Dolichope.*

CARACTÈRES. Antennes de deux ou trois articles; trompe saillante de sa cavité en tout ou en partie, renfermant un suçoir de plusieurs pièces.

Ces insectes varient beaucoup dans la forme de leur trompe; tantôt elle manque absolument, ainsi que le suçoir; d'autres fois elle est écailleuse, tubulaire, cylindrique, conique, sétacée, plus ou moins courte ou allongée, plus ou moins saillante, munie de lèvres à peine visibles ou très apparentes. Quand ils ont un suçoir il se compose de quatre soies.

SECTION PREMIÈRE.

Tige de la trompe tubulaire et allongée, à lèvres plus petites qu'elle.

A. **Dernier article des antennes sans divisions annulaires; suçoir de quatre soies, ou pas de trompe.**

* *Corps oblong; ailes croisées; trompe dirigée en avant.*

† *Antennes sans pédicule commun, de trois articles; deux crochets et deux pelotes aux tarses.*

Premier genre. LES LAPHRIES (*Laphria*).

Troisième article des antennes ovoïde, sans stylet saillant; abdomen ovale; pâtes à cuisses grosses.

LAPHRIE DORÉE (*Laphria aurea*, LATR.; *asilus aureus*, FAB.). Ailes brunes, jaunâtres le long de la côte; corps couvert de poils dorés, ainsi que les pates; abdomen brun, avec l'extrémité des anneaux bordée en dessus de poils dorés. — Europe.

Deuxième genre. Les Asiles (*Asilus*).

Troisième article des antennes en cône allongé, terminé par un stylet ou une soie; abdomen conique et pointu.

Asile frelon (*Asilus crabroniformis*, Latr.). Ailes jaunâtres, tachées de brun à l'extrémité; pates fauves, à cuisses brunes; tête couverte de poils fauves assez longs; corselet d'un brun jaunâtre, ayant deux petites lignes brunes; abdomen avec ses trois premiers anneaux noirs: les autres fauves. — Europe.

Troisième genre. Les Dasypogons (*Dasypogon*).

Les deux premiers articles des antennes presque égaux; le troisième cylindrique et terminé par un petit stylet en forme d'article; abdomen conico-cylindrique, obtus ou arrondi au bout.

Dasypogon teuton (*Dasypogon teutonus*, Latr.). Front couvert d'un duvet doré; corselet lisse, noir, ayant de chaque côté une ligne longitudinale d'un jaune doré, et en dessous des taches de la même couleur; abdomen noir, à côtés ponctués de blanc; pates fauves et tarses noirs. — Europe.

†† *Antennes portées sur un pédicule commun, souvent plus longues que la tête, de deux ou trois articles.*

Quatrième genre. Les Dioctries (*Dioctria*).

Antennes une fois plus longues que la tête, de trois articles; tarses terminés par deux crochets et deux pelotes; abdomen cylindrique.

Dioctrie noire (*Dioctria nigra*, Latr.; *asilus œlandicus*, Fab.). Ailes très noires, ainsi que les tarses et une partie des jambes des pates postérieures; corps noir, lisse, luisant; pates fauves, ainsi que les balanciers. — Europe.

Cinquième genre. Les Gonypes (*Gonypes*).

Antennes de deux ou trois articles, plus courtes que la tête; tarses sans pelotes, terminés par trois crochets.

Gonype tipuloïde (*Gonypes tipuloides*, Latr.; *asi-*

lus tipuloides, FAB.). Ailes transparentes, une fois plus courtes que l'abdomen; front ayant une touffe de poils arqués, grisâtres, qui recouvrent la base de la trompe; corps cendré, glabre; corselet marqué de trois raies noirâtres; pates d'un jaune pâle, à tarses noirs. — France.

** *Corps oblong; ailes croisées; trompe perpendiculaire ou dirigée en arrière.*

Sixième genre. LES EMPIS (*Empis*).

Tête arrondie; yeux fort grands; antennes de trois articles distincts; palpes relevés.

Premier sous-genre. LES PLATYPTÈRES. *Pas de stylet ni de soie au bout des antennes.*

PLATYPTÈRE BORÉALE (*Platyptera borealis*, LATR.; *empis borealis*, FAB.). Ailes très grandes, d'un brun obscur, avec la côte roussâtre; corps noir, sans taches; corselet gros, élevé; abdomen mince, pointu, allongé, terminé par deux crochets dans les mâles, et par deux petites pièces mobiles dans les femelles. — Allemagne.

Deuxième sous-genre. LES EMPIS. *Un stylet sétacé au bout des antennes.*

EMPIS LIVIDE (*Empis livida*, LATR.). D'un cendré livide, avec trois lignes longitudinales sur le corselet; base des ailes roussâtre; pates d'un fauve obscur. — France.

EMPIS PENNIPÈDE (*E. pennipes*, LATR.). Noire et sans taches; cuisses et jambes des pates postérieures garnies de cils et comme pennées. — Europe.

Septième genre. LES SIQUES (*Sicus*).

Tête arrondie; yeux fort grands; antennes de deux articles; palpes avancés; trompe courte.

SIQUE CIMICOÏDE (*Sicus cimicoides*, LATR.; *musca cimicoides*, FAB.). Très petit; noir; deux bandes noires sur les ailes. — Europe.

*** *Corps oblong ; ailes inclinées sur les côtés ; trompe nulle ou dirigée en arrière ; cuilleron très grand, et couvrant les balanciers.*

Huitième genre. Les Cyrtes (*Cyrtus*).

Une trompe dirigée en arrière ; corselet élevé ou bossu ; abdomen vésiculaire ; antennes de deux ou trois articles.

Cyrte acéphale (*Cyrtus acephalus*, Latr.). Noir ; ailes obscures ; six taches d'un jaune de soufre sur le corselet ; deux rangs de grandes taches de la même couleur sur l'abdomen, dont le dessous est jaune, ainsi que les pates. — France.

Neuvième genre. Les Hénops (*Henops*).

Point de trompe remarquable ; antennes de deux ou trois articles, insérées au-devant de la tête ou à sa partie antérieure.

Hénops bossu (*Henops gibbosus*, Illig. ; *ogcodes gibbosus*, Latr. ; *syrphus gibbosus*, Fab.). Noir ; abdomen ayant le bord postérieur de ses anneaux blanc. — France.

Hénops pubescent (*H. pubescens*, Illig. ; *ogcodes pubescens*, Latr.). Pubescent ; ailes blanches, à nervures jaunes ; tête noire et globuleuse ; corselet noirâtre, ayant en devant, de chaque côté, une petite tache jaune ; abdomen d'un brun pâle, transparent ; pates blanchâtres, à ongles bruns. — France.

**** *Corps oblong ; ailes étendues horizontalement de chaque côté du corps ; trompe dirigée en avant ; balanciers nus ; antennes très rapprochées ; corselet plus élevé que la tête.*

Dixième genre. Les Bombilles (*Bombylius*).

Trompe plus longue que la tête ; troisième article des antennes plus long que le premier : celui-ci beaucoup plus long que le second ; palpes très apparens.

Bombille bichon (*Bombylius major*, Latr.). Corps pubescent, à poils d'un gris jaunâtre ; ailes noires depuis la base jusque près de l'extrémité de la côte ; trompe longue, noire, bifide à l'extrémité. — France.

Bombille ponctué (*Bombylius medius*, Latr.). Pubescent, à duvet grisâtre; ailes teintées de noirâtre dans leurs deux tiers antérieurs, ayant partout de petites taches noirâtres. — Europe.

Bombille cul-blanc (*B. analis*, Latr.). Velu, grisâtre; ailes teintées à leur base d'une couleur enfumée, qui se perd insensiblement vers le milieu du bord antérieur; abdomen blanc à l'extrémité. — Midi de la France.

Onzième genre. Les Volucelles ou Usies (*Usia*).

Trompe plus longue que la tête, terminée insensiblement en pointe; palpes nuls ou très petits; les deux premiers articles des antennes presque égaux: le troisième plus grand que le premier.

Usie bronzée (*Usia ænea*, Latr.). Corselet obscur, un peu pubescent, à duvet cendré; ailes jaunâtres à leur base, avec une tache allongée et noirâtre à la côte; balanciers d'un beau jaune; pates d'un bronzé obscur, velues. — Midi de la France.

Douzième genre. Les Ploas (*Ploas*).

Trompe au plus de la longueur de la tête; premier article des antennes le plus grand et beaucoup plus gros que les précédens, ové-cylindrique; le dernier allongé, cylindrico-conique; abdomen court et large.

Ploas hirticorne (*Ploas hirticornis*, Latr.). Base des antennes hérissée de poils noirs; corps noirâtre, à duvet d'un gris jaunâtre, avec des poils noirs plus longs; écusson arrondi, noir, glabre et luisant; pates minces, noirâtres. — France.

Treizième genre. Les Cyllénies (*Cyllenia*).

Premier article des antennes simplement plus long que les précédens; abdomen peu allongé.

Cyllénie tachetée (*Cyllenia maculata*, Latr.). Noire, à duvet d'un cendré foncé entremêlé de poils noirs; ailes tachetées de noir; jambes et tarses d'un brun foncé. — Midi de la France.

***** *Corps oblong; ailes étendues horizontalement de chaque côté du corps; trompe dirigée en avant; balanciers nus; antennes très écartées entre elles; corselet n'étant pas plus élevé que la tête.*

Quatorzième genre. LES NEMESTRINES (*Nemestrinus*).

Palpes insérés à la base extérieure d'une trompe beaucoup plus longue que la tête; antennes à articles courts, le dernier en pointe, avec un stylet sétacé, articulé au bout.

NEMESTRINE RÉTICULÉE (*Nemestrinus reticulatus*, LATR.). Noire, à duvet cendré; bords de l'abdomen grisâtres; jambes et tarses roussâtres; ailes noirâtres, à extrémité transparente et réticulée. — Europe.

Quinzième genre. LES MULIONS (*Mulio*).

Palpes intérieurs; les deux premiers articles des antennes presque égaux, le dernier en cône allongé, avec un stylet peu distinct.

MULION OBSCUR (*Mulio obscura*, LATR.). Noir, à duvet cendré; trompe, antennes et pates, d'un brun noirâtre à la base. — Midi de la France.

Seizième genre. LES ANTHRAX (*Anthrax*).

Palpes intérieurs; les deux premiers articles des antennes presque égaux: le dernier pyriforme, brusquement terminé par une alêne longue et un stylet distinct.

ANTHRAX MORIO (*Anthrax morio*, LATR.). Noir, velu, à poils fauves au bord antérieur du corselet, et quelques uns à la base de l'abdomen; ailes noires, à moitié supérieure transparente; pates noires. — France.

ANTHRAX VARIÉ (*A. varia*, LATR.). Brun, velu, à poils ferrugineux sur les côtés du corselet; ailes blanches, ponctuées de noir; abdomen taché de blanc. — Europe.

B. Dernier article des antennes avec des divisions annulaires; trompe saillante et suçoir de six pièces.

Dix-septième genre. LES PANGONIES (*Pangonia*).

Trompe plus longue que la tête; palpes très courts;

dernier article des antennes composé de huit anneaux.

PANGONIE TABANIFORME (*Pangonia tabaniformis*, LATR.; *tabanus haustellatus*, FAB.). Brune, à duvet roussâtre; tête cendrée en devant; ailes transparentes, un peu roussâtres; abdomen entouré d'un duvet très court, roux, ayant au milieu une raie grise peu apparente; pates noirâtres. — Midi de la France.

Dix-huitième genre. LES TAONS (*Tabanus*).

Trompe plus courte ou à peine plus longue que la tête; palpes longs, au moins comme la moitié de la trompe; antennes guère plus longues que la tête, à dernier article en croissant, composé de cinq anneaux, terminé en alêne.

TAON DES BOEUFS (*Tabanus bovinus*, LATR.). Noirâtre; abdomen ayant les côtés de ses anneaux et leurs bords postérieurs d'un brun roussâtre, ainsi qu'une tache triangulaire dorsale; ailes transparentes, à veines brunes; jambes d'un blanc roussâtre. — France.

TAON MORIO (*T. morio*, LATR.). Noir; lisse; yeux bruns; ailes noirâtres; dent du troisième article des antennes très grande. — Midi de la France.

Dix-neuvième genre. LES CHRYSOPS (*Chrysops*).

Trompe et palpes comme les précédens; antennes plus longues que la tête, à dernier article en cône allongé ou presque cylindrique, composé de quatre anneaux.

CHRYSOPS AVEUGLANT (*Chrysops cœcutiens*, LATR.; *tabanus cæcutiens*, FAB.). Yeux d'un vert doré changeant, ponctué de rouge; ventre ayant des taches triangulaires jaunes; trois taches brunes sur les ailes. — France.

CHRYSOPS PLUVIAL (*C. pluvialis*. — *Hæmatopota pluvialis*, LATR.; *tabanus pluvialis*, FAB.). Yeux verts, avec des raies ondées rougeâtres; ailes ponctuées et tachetées de brun, avec une tache noire à la côte; corselet rayé de gris; abdomen cendré, ayant le bord postérieur de ses anneaux gris. — France.

SECTION DEUXIÈME.

Tige de la trompe très courte, retirée, à lèvres plus grandes qu'elle et saillantes.

1°. *Antennes guère plus longues que la tête, sans soie, de trois articles, dont le dernier composé de plusieurs anneaux; palpes saillans.*

Vingtième genre. LES CÆNOMYES (*Cœnomya*).

Dernier article des antennes en cône allongé ou cylindrique, divisé en trois ou huit anneaux; palpes avancés ou relevés.

Premier sous-genre. LES CÆNOMYES. *Dernier article des antennes de trois anneaux; palpes avancés.*

CÆNOMYE FERRUGINEUSE (*Cœnomya ferruginea*, LATR.; *sicus ferrugineus*, FAB.). D'un rouge fauve, avec deux taches jaunes de chaque côté de l'abdomen. — Allemagne.

Deuxième sous-genre. LES PACHYSTOMES. *Dernier article des antennes de trois anneaux; palpes avancés.*

PACHYSTOME SYRPHOÏDE (*Pachystoma syrphoides*, PANZ.). Ailes écartées. Sa larve vit sous l'écorce du pin. — Allemagne.

2°. *Antennes souvent plus longues que la tête, portant ordinairement un filet ou une soie, à dernier article sans divisions annulaires, ou de deux pièces; palpes quelquefois peu apparens.*

Vingt-unième genre. LES MYDAS (*Mydas*).

Troisième article des antennes en massue ovoïde et de deux pièces, ombiliqué au sommet, et portant une très petite soie; pas de petits yeux lisses; antennes plus longues que la tête; corps très allongé.

MYDAS EFFILÉ (*Mydas filata*, LATR.). Noir; ailes obscures; second anneau de l'abdomen ayant ses côtés rougeâtres et transparens; cuisses postérieures dentées en scie. — Amérique septentrionale.

Vingt-deuxième genre. LES THÉRÈVES (*Thereva*).

Port des mydas, mais troisième article des antennes en cône allongé ou en alêne, terminé par un stylet; palpes intérieurs; antennes au plus de la longueur de la tête.

THÉRÈVE PLÉBÉIENNE (*Thereva plebeia*, LATR.; *bibio plebeia*, FAB.). Tête d'un gris jaunâtre postérieurement, avec deux taches noires, luisantes, contiguës; trois petits yeux lisses distincts; corselet pubescent, d'un cendré jaunâtre, avec deux raies peu distinctes; abdomen conique, ayant le bord postérieur de ses anneaux d'un gris jaunâtre; pates brunes, et cuisses noires. — France.

THÉRÈVE BORDÉE (*T. marginata*, LATR.; *bibio marginata*, FAB.). Noire; ailes tachetées de noir; abdomen ayant le bord postérieur de ses anneaux blanc. — Europe.

Vingt-troisième genre. LES LEPTIS (*Leptis*).

Antennes presque filiformes, très courtes et grenues, à troisième article globuleux ou pyriforme, portant une longue soie; palpes extérieurs et presque coniques; lèvres de la trompe étendues; devant de la tête convexe; ailes écartées.

LEPTIS BÉCASSE (*Leptis scolopaceus.* — *Rhagio scolopaceus*, FAB.). Yeux d'un vert obscur; corselet noir; abdomen fauve, avec un rang de taches noires sur le dos; pieds jaunes; ailes tachetées de brun. — France.

LEPTIS CHEVALIER (*L. tringarius.* — *Rhagio tringarius*, FAB.). Cendré; corselet unicolor; abdomen jaunâtre, ayant trois rangs de taches noires; ailes sans taches. — Europe.

LEPTIS VER-LION (*L. vermileo.* — *Rhagio vermileo*, FAB.). Corselet jaunâtre, taché et rayé de noir; ailes transparentes; abdomen jaune, ayant trois séries longitudinales de taches noires; pates jaunes, les postérieures brunes. — France méridionale.

LEPTIS NOIRCI (*L. atratus.* — *Rhagio atratus*, FAB.). Tête noirâtre, ainsi que le corselet, qui a trois lignes noires dont celle du milieu plus étroite; ailes transparentes, avec une tache obscure à la côte ; abdomen d'un noir luisant ; cuisses noires et pates brunes. — France.

Vingt-quatrième genre. LES DOLICHOPES (*Dolichopus*).

Troisième article des antennes en palette ovale ou oblongue, ou en petite massue arrondie, portant une longue soie ; palpes extérieurs en forme de petites lames aplaties et couchées ; antennes de longueur variable ; un museau court ou un petit bec.

DOLICHOPE VERT (*Dolichopus virens*, LATR.). D'un vert doré ; corselet rayé de noir ; abdomen rayé de noirâtre ; pates vertes, à tarses noirs. — Europe.

DOLICHOPE A CROCHET (*D. ungulatus*, LATR.). D'un vert bronzé ; ailes sans taches ; pates en partie d'un rouge livide. — Europe.

FAMILLE 50. LES NOTACANTHES.

Analyse des genres.

1. Trompe très courte, terminée par de grandes lèvres ; pas de bec portant les antennes. 2
   Trompe longue et grêle, coudée à sa base ; un bec portant les antennes. G. *Némotèle.*

2. Dernier article des antennes terminé par une soie ou un stylet. 3
   Dernier article des antennes n'ayant ni stylet ni soie. 4

3. Dernier article des antennes terminé par un stylet. . . . . *Genre Oxycère.*
   Dernier article des antennes terminé par une longue soie. . . . . *Genre Sargie.*

4. Dernier article des antennes en massue ou cylindrique, de huit anneaux. 5
   Dernier article des antennes en fuseau, de cinq à six anneaux. . . . . *Genre Stratiome.*

5. { Dernier article des antennes en massue comprimée.................... *Genre Hermétie.*
Dernier article des antennes cylindracé et pointu...................... *Genre Xylophage.* }

Caractères. Antennes de deux ou trois articles; suçoir de deux pièces, renfermé dans une trompe très courte, avec les deux lèvres grandes et saillantes, ou allongé en siphon, et logé sous un museau avancé en bec et portant les antennes.

Le dernier article des antennes de ces insectes est annelé : le plus ordinairement ces organes sont coniques ou cylindriques, quelquefois en massue; corps déprimé, oblong; yeux très grands, occupant presque toute la tête dans les mâles : celle-ci est globuleuse, et porte en outre trois petits yeux lisses. Ailes horizontales, longues et croisées; pieds courts, sans épines, à tarses terminés par trois pelotes; abdomen le plus souvent ovale ou arrondi, grand, déprimé. Les larves de ces diptères sont aquatiques : aussi ne trouve-t-on les notacanthes que sur le bord des eaux.

* *Trompe très courte, terminée par deux grandes lèvres saillantes ou apparentes, et susceptibles de se tuméfier; devant de la tête arrondi, sans avancement, en forme de bec pour porter les antennes; palpes extérieurs, ou n'existant pas.*

Premier genre. Les Hermétiés (*Hermetia*).

Antennes beaucoup plus longues que la tête, de trois articles distincts, dont le dernier en massue comprimée, divisé en huit anneaux, sans stylet ni soie.

Hermétie luisante (*Hermetia illucens*, Latr.; *mydas illucens*, Fab.). Noire; bords des anneaux de l'abdomen transparens; tarses bleus. — Amérique méridionale.

Deuxième genre. Les Xylophages (*Xylophagus*).

Antennes comme les précédens, mais presque cylindriques et pointues au bout.

Premier sous-genre. LES BÉRIS. *Corps assez court ; palpes à peine apparens ; six épines à l'écusson.*

BÉRIS A TARSES NOIRS (*Beris nigritarsis*, LATR. ; *stratiomys clavipes*, FAB.). D'un noir luisant ; ailes aunâtres, transparentes, avec une petite tache brune, oblongue, vers le milieu de la côte, quelquefois entièrement noirâtres ; écusson bordé de six épines ; abdomen d'un jaune d'ocre, ainsi que les pates, dont les tarses sont très noirs. — France.

BÉRIS LUISANTE (*B. nitens*, LATR. ; *stratiomys sexdentata*, FAB.). D'un vert doré et luisant ; ailes jaunâtres, transparentes, ayant une tache oblongue à la côte ; six pointes à l'écusson ; pates noires, ayant une grande partie des cuisses jaunâtre. — France.

Deuxième sous-genre. LES XYLOPHAGES. *Corps allongé ; palpes apparens ; pas d'épines à l'écusson.*

XYLOPHAGE NOIR (*Xylophagus ater*, LATR.). Noir ; bouche, écusson et pates, jaunes, ainsi qu'une ligne de chaque côté du corselet. — France.

Troisième genre. LES STRATIOMES (*Stratiomys*).

Antennes de trois articles, le dernier en fuseau, seulement à cinq ou six anneaux, ne se terminant pas en alêne, et n'ayant ni soie ni stylet.

Premier sous-genre. LES STRATIOMES. *Antennes presque de la longueur du corselet, à premier et dernier articles allongés.*

STRATIOME CAMÉLÉON (*Stratiomys chamæleon*, LATR.). Six lignes de longueur ; noir ; écusson ayant l'extrémité jaune, avec deux épines ; dessus de l'abdomen avec trois taches jaunes de chaque côté ; pates jaunes, à cuisses brunes. — France.

STRATIOME RAYÉ (*S. strigata*, LATR.). Noir ; un duvet roussâtre sur le corselet ; deux dents courtes à l'écusson ; ailes un peu obscures ; abdomen d'un noir luisant ; tarses roussâtres. — Europe.

STRATIOME DES FLEUVES (*S. potamida*, MEIG.).

Thorax brun ; abdomen noir ; deux taches latérales à la base et deux bandes étroites, jaunes, la première interrompue dans le mâle ; jaune en dessous, à bandes noires. — Paris.

STRATIOME FOURCHU (*Stratiomys furcata*, FAB.). Thorax à poils gris ; abdomen noir ; taches latérales inégales ; quatre bandes jaunes en dessous. — Paris.

Deuxième sous-genre. LES ODONTOMYES. *Antennes de la longueur de la tête, ou environ, à premier et second articles courts, presque égaux.*

ODONTOMYE HYDROLÉON (*Odontomya hydroleon*, LATR. ; *stratiomys hydroleon*, FAB.). Noir ; deux dents à l'écusson ; balanciers verts, ainsi que l'abdomen, qui a une tache noire, anguleuse, au milieu. — France.

Quatrième genre. LES OXYCÈRES (*Oxycera*).

Semblable aux stratiomes, mais dernier article des antennes ovalaire ou conique, brusquement terminé en alêne ou par un stylet.

OXYCÈRE THORACIQUE (*Oxycera thoracica.* — *Ephippium thoracicum*, LATR. ; *stratiomys ephippium*, FAB.). Noir ; deux dents à l'écusson ; corselet d'un rouge satiné, ayant de chaque côté une forte épine noire. — France.

OXYCÈRE MYCROLÉON (*O. mycroleon.* — *Ephippium mycroleon*, LATR. ; *stratiomys mycroleon*, FAB.). Abdomen noir, ayant des raies blanchâtres sur les côtés ; écusson bidenté. — Europe.

OXYCÈRE HYPOLÉON (*O. hypoleon.* — *Stratiomys hypoleon*, FAB.). Corps mélangé de jaune et de noir ; écusson jaune, bidenté. — Europe.

Cinquième genre. LES SARGIES (*Sargus*).

Dernier article des antennes terminé par une longue soie ; écusson non épineux.

Premier sous-genre. LES VAPPONS. *Les deux premiers articles des antennes très petits, un peu en forme de capsule.*

VAPPON NOIR (*Vappo ater*, LATR. ; *nemotelus ater*,

PANZ.). D'un noir luisant; ailes ombrées de noir dans leur moitié inférieure; pates pâles, à cuisses noires; abdomen convexe, transversalement ovale. — France.

Deuxième sous-genre. LES SARGIES. *Les deux premiers articles des antennes presque coniques.*

SARGIE A TROIS RAIES (*Sargus trilineatus*, LATR.; *stratiomys trilineata*, FAB.). Ecusson épineux; corps d'un jaune verdâtre; trois lignes noires au corselet, qui est bicuspidé; abdomen ayant en dessus trois bandes noires arquées. — Europe.

SARGIE CUIVREUSE (*S. cuprarius*, LATR.; *musca cupraria*, LIN.). Ecusson sans pointe; corps allongé, aplati, d'un vert doré; ailes fort longues, avec une tache brune; abdomen luisant, d'un violet cuivreux; pates noires, avec un anneau blanc. — France.

** *Trompe longue, grêle, en siphon, et coudée à la base; devant de la tête avancé en forme de bec servant de gaîne à la trompe, et sur lequel sont les antennes.*

Sixième genre. LES NÉMOTÈLES (*Nemotelus*).

Antennes très courtes, de trois articles, dont le dernier conique ou en fuseau, divisé en quatre anneaux et terminé par un petit stylet.

NÉMOTÈLE ULIGINEUSE (*Nemotelus uliginosus*, LATR.; *nemotelus uliginosus*, le mâle, FAB.; *nemotelus marginatus*, la femelle, *ejusd.*). Noire, lisse; dessus de l'abdomen blanc, avec la base du premier anneau et le bord inférieur du troisième et du quatrième noirs. Femelle ayant les yeux écartés, l'abdomen entièrement noir, avec une ligne de trois ou quatre points blancs en dessus.

FAMILLE 51. LES ATHÉRICÈRES.

Analyse des genres.

1. { Trompe saillante, en siphon écailleux, conique, cylindrique ou en filet; suçoir toujours de deux pièces.......... 2
Trompe entièrement rétractile, membraneuse, terminée par deux grandes lèvres; suçoir de deux à cinq pièces..... 6
Trompe très peu apparente ou nulle, le plus souvent remplacée par trois tubercules; antennes très courtes, à palettes arrondies .... Genre *OEstre.*
Une trompe; suçoir de deux pièces; des palpes extérieurs à la trompe........ 17 }

2. { Trompe simplement coudée à sa base.... 3
Trompe coudée d'abord à sa base, puis au milieu, à extrémité repliée en dessous. 5 }

3. { Antennes plus longues que la tête; corps allongé; ailes écartées.......... Genre *Conops.*
Antennes plus courtes que la tête....... 4 }

4. { Corps allongé; ailes croisées.... Genre *Zodion.*
Corps court; ailes écartées...... Genre *Stomoxe.* }

5. { Corps allongé; ailes croisées..... Genre *Myope.*
Corps court; ailes écartées...... Genre *Bucente.* }

6. { Suçoir composé de quatre à cinq pièces dont deux portant chacune un palpe, toutes logées dans une rainure supérieure de la gaîne................ 7
Suçoir de deux pièces, courtes, souvent peu apparentes ou remplacées par trois tubercules.................. Genre *OEstre.* }

7. { Trompe aussi longue que la tête et le corselet, placée sous un bec avancé... G. *Rhingie.*
Trompe plus courte que la tête et le corselet; bec fort court et perpendiculaire. 8 }

8. { Antennes plus longues que la tête....... 9
Antennes de la longueur ou plus courtes que la tête.................... 10 }

9. Corps étroit et allongé; les deux derniers articles des antennes formant une masse ovale, le dernier portant un filet terminal. . . . . *Genre Cérie.*
Corps plus large et plus court; antennes portant une soie latérale; écusson épineux; pas de proéminence sur le museau. . . . . *Genre Aphrite.*

10. Antennes de la longueur de la tête. 11
Antennes plus courtes que la tête. 12

11. Antennes séparées jusqu'à leur base. . . *G. Parague.*
Antennes portées sur un pédicule commun. . . . . *Genre Psare.*

12. Ailes écartées; museau portant un tubercule ou une éminence. 13
Ailes croisées horizontalement; point d'élévation sur le museau. . . . . *Genre Milésie.*

13. Bouche prolongée en forme de bec. 14
Bouche ne formant qu'une saillie très courte et fort obtuse. . . . . *Genre Syrphe.*

14. Antennes portant une soie très plumeuse insérée à la jointure des second et troisième articles; antennes non contiguës à leur base. 15
Antennes portant une soie très plumeuse insérée plus haut que la jointure des second et troisième articles; antennes presque contiguës à leur base. 16

15. Palette des antennes courte, presque ronde. *Genre Séricomye.*
Palette des antennes allongée. . . . *Genre Volucelle.*

16. Palette des antennes plus large que longue. . . . . *Genre Éristale.*
Palette des antennes aussi longue ou plus large que longue. . . . . *Genre Élophile.*

17. Côtés de la tête portant les yeux non prolongés en cornes ou pédicules. 19
Côtés de la tête prolongés en cornes portant les yeux. 18

18. Antennes insérées sur le front.... *Genre Achias.*
Antennes insérées sous les yeux... *Genre Diopsis.*

19. Cuillerons grands, recouvrant les balanciers en tout ou en partie........... 20
Cuillerons très petits, laissant la majeure partie des balanciers à découvert..... 25

20. Antennes presque aussi longues que la face antérieure de la tête........... 21
Antennes ne dépassant guère en longueur la moitié de la face antérieure de la tête........................... 24

21. Ailes écartées........................... 22
Ailes croisées; palpes élargis en spatule à l'extrémité............... *Genre Lipse.*

22. Second article des antennes le plus long de tous .... *Genre Echinomye.*
Troisième article des antennes le plus long de tous........................ 23

23. Second et troisième articles des antennes allongés.................. *Genre Ocyptère.*
Second article des antennes peu allongé, le troisième très long, en palette prismatique et à soie souvent plumeuse. *G. Mouche.*

24. Antennes écartées à leur naissance, presque parallèles................ *Genre Phasie.*
Antennes contiguës à leur naissance. *G. Mélanophore.*

25. Pieds antérieurs allongés, en forme de pince, très grands.......... *Genre Ochthère.*
Pieds ordinaires.......................... 26

26. Antennes ne portant ni soie ni stylet, presque cylindriques, à palettes allongées, grêles, comprimées, un peu amincies vers le bout. *Genre Scénopine.*
Antennes d'un, deux ou trois articles, de formes variées.................... 27

27. Antennes d'un ou deux articles.......... 28
Antennes de trois articles............... 29

28. Antennes de deux articles....... *Genre Pipuncule.*
Antennes d'un seul article....... *Genre Phore.*

29. Antennes au moins aussi longues que la tête........................ 34
Antennes plus courtes que la tête....... 30

30. Tête plus ou moins globuleuse.......... 31
Tête comprimée dans le sens de la largeur, ou en pyramide tronquée et déprimée.. 33

31. Corps et pieds longs et grêles..... Genre *Calobate.*
Corps et pieds ordinaires............. 32

32. Antennes médiocres, presque contiguës à la base, inclinées, à palette longue et prismatique................. Genre *Scatophage.*
Antennes très courtes, insérées en tout ou en partie dans une cavité frontale, à palette presque globuleuse ou lenticulaire...................... Genre *Thyréophores.*

33. Antennes portées vers le milieu de la face antérieure de la tête, ailes grandes, écartées, vibratiles........... Genre *Tephrite.*
Antennes écartées, droites, parallèles, à palette comprimée, ovoïde ou à demi arrondie, un peu plus grande que l'article précédent................ Genre *Oscine.*

34. Antennes beaucoup plus longues que la tête................................ 35
Antennes à peu près de la longueur de la tête..................... Genre *Tétanocère.*

35. Corps très allongé..................... 36
Corps peu allongé, dernier article des antennes le plus long........... Genre *Lauxanie.*

36. Dernier article des antennes le plus long, linéaire................... Genre *Loxocère.*
Second article des antennes le plus long, cylindrique.............. Genre *Sépédon.*

Caractères. Antennes de deux ou trois articles, quelquefois d'un seul, le dernier sans divisions, en forme de palette ou de massue, terminé par une soie ou un stylet; trompe entièrement cachée dans la bouche, ou saillante mais alors en siphon et avec un suçoir de deux pièces seulement.

La trompe des insectes de cette famille est souvent terminée par deux lèvres, et ne renferme jamais qu'un suçoir de deux à quatre pièces. On trouve communément l'insecte parfait sur les végétaux.

SECTION PREMIÈRE. LES CONOPSAIRES.

Trompe saillante, en forme de siphon écailleux, soit cylindrique, soit conique ou même en forme de filet; suçoir de deux pièces, dont quelques espèces se servent pour percer la peau des animaux et leur sucer du sang.

* *Trompe simplement coudée à sa base, et se portant ensuite en avant sans changer de direction.*

Premier genre. LES CONOPS (*Conops*).

Antennes beaucoup plus longues que la tête, en massue affectant la forme d'un fuseau, avec un stylet; corps allongé; abdomen presque en massue, rétréci à sa base, courbé en dessous à son extrémité; ailes écartées.

CONOPS GROSSE-TÊTE (*Conops macrocephala*, LATR.). Noir; antennes fauves, ainsi que les pieds; tête jaune, rayée de noir; abdomen ayant quatre anneaux bordés de jaune; côte antérieure des ailes noire. — France.

CONOPS RUFIPÈDE (*C. rufipes*, LATR.). Tête jaune; corselet noir, ayant un point élevé jaune de chaque côté de sa partie antérieure, et ses côtés ferrugineux, ainsi que son bord postérieur; ailes transparentes, obscures au bord extérieur; abdomen à base ferrugineuse et extrémité noire; pates ferrugineuses. — Europe.

Deuxième genre. LES ZODIONS (*Zodion*).

Semblables aux conops, mais antennes plus courtes que la tête, terminées en massue ovoïde; ailes croisées sur le corps.

ZODION CONOPSOÏDE (*Zodion conopsoides*, LATR.;

myopa cinerea, FAB.). Cendré; corselet ayant quatre petites lignes d'un brun noirâtre; plusieurs taches de la même couleur sur l'abdomen; front rougeâtre et face blanche; ailes transparentes, roussâtres à la base; pates cendrées; tarses noirs. — Europe.

Troisième genre. LES STOMOXES (*Stomoxys*).

Antennes plus courtes que la tête, terminées en palette, avec une soie velue; corps court, ayant l'aspect de celui d'une mouche domestique; ailes écartées.

STOMOXE PIQUANT (*Stomoxys calcitrans*, LATR.). Trompe noire, très longue; antennes grises; corps d'un gris cendré, tacheté de noir; pates de cette dernière couleur. — France.

STOMOXE IRRITANT (*S. irritans*, LATR.). Tête d'un blanc argenté; corselet gris, avec des lignes noires; abdomen gris, ayant deux petites taches noires sur chaque anneau; pates noires, à jambes ayant une tache pâle à la base. — France.

** *Trompe coudée vers sa base, puis ensuite près du milieu, avec l'extrémité repliée en dessous.*

Quatrième genre. LES MYOPES (*Myopa*).

Corps allongé; antennes plus courtes que la tête, terminées en palette, avec un stylet; ailes croisées sur le corps.

MYOPE ROUX (*Myopa ferruginea*, LATR.). Front jaune; antennes ferrugineuses, ainsi que les pates et l'abdomen; ailes noirâtres; corselet mélangé de ferrugineux et de noirâtre. — France.

MYOPE JOUFFLU (*M. buccata*, LATR.). Front jaunâtre, presque vésiculeux; corselet brun; ailes obscures, jaunâtres à la base; abdomen d'un brun ferrugineux, ayant son dernier anneau et le bord des autres blanchâtres; pates ferrugineuses, annelées de jaune. — Europe.

Cinquième genre. LES BUCENTES (*Bucentes*).

Ce sont des stomoxes; mais antennes terminées en

palette, avec une soie simple. La larve vit dans l'intérieur des chrysalides.

BUCENTE COUDÉ (*Bucentes geniculatus*, LATR.). Corps gris, hérissé de poils, avec le dessus de la tête, l'abdomen et les pieds, d'un jaune roussâtre. Cet insecte est de la grosseur d'une mouche domestique.

SECTION DEUXIÈME.

Trompe membraneuse, terminée par deux grandes lèvres, susceptibles de gonflement, et renfermant un suçoir de deux à cinq pièces, se retirant entièrement dans la cavité de la bouche quand elle est contractée.

A. Les SYRPHIES. Suçoir de quatre à cinq pièces, dont deux portant chacune un palpe, se logeant avec elles et les autres dans une gouttière supérieure de la trompe.

* *Trompe aussi longue que la tête et le corselet; partie antérieure et inférieure de la tête s'avançant en forme de bec conique et recevant la trompe en dessous.*

Sixième genre. LES RHINGIES (*Rhingia*).

Antennes courtes, à palette ronde; soie simple; corps court; ailes couchées.

RHINGIE A BEC (*Rhingia rostrata*, LATR.). Noire; antennes et devant de la tête d'un jaune rougeâtre, ainsi que l'écusson, l'abdomen et les pates; une teinte jaunâtre le long du bord extérieur des ailes. — France.

** *Trompe plus courte; extrémité antérieure et inférieure de la tête formant au plus un bec fort court et perpendiculaire.*

Septième genre. LES CÉRIES (*Ceria*).

Antennes plus longues que la tête, terminées en une massue ovale formée des deux derniers articles, et dont le dernier porte un filet à l'extrémité; corps étroit et allongé; ailes écartées.

CÉRIE CLAVICORNE (*Ceria clavicornis*, LATR.). Noire; écusson ayant une ligne jaune transversale; trois lignes de la même couleur sur l'abdomen, ainsi que deux points calleux sur sa base, qui est légèrement rétrécie;

ailes ayant une large raie brune à la côte; pates jaunes, avec une grande partie des cuisses noire. — Europe.

Huitième genre. Les Aphrites (*Aphritis*).

Antennes plus longues que la tête, avancées; le premier article très long, cylindrique, le second et le troisième formant une palette ovale, allongée; soie insérée sur le dos; tête très obtuse en devant, sans avancement en bec; corps arqué; ailes couchées; écusson avec deux petites épines.

Aphrite doré-soyeux (*Aphritis auropubescens*, Latr.). Corps noir, à duvet court, luisant et doré; jambes et tarses jaunâtres; cuisses noires; ailes à peine aussi longues que l'abdomen, lavées d'une teinte jaune. — France.

Neuvième genre. Les Paragues (*Paragus*).

Antennes beaucoup plus courtes que dans les précédens, un peu moins longues que la tête, séparées jusqu'à leur base; tête très obtuse en devant, sans avancement en bec; abdomen en carré long, déprimé, arrondi au bout; ailes couchées; corps arqué.

Paragus bicolor (*Paragus bicolor*, Latr.; *mulio bicolor*, Fab.). Noir; abdomen rouge, ayant ses deux extrémités noires. — France.

Dixième genre. Les Psares (*Psarus*).

Antennes un peu moins longues que la tête, portées sur un pédicule commun, à soie insérée sur le dos; abdomen ovale, tronqué à sa base, déprimé; ailes écartées.

Psare abdominal (*Psarus abdominalis*, Latr.; *ceria abdominalis*, Fab.). Premier article des antennes plus court que le second; palette ovale; soie blanche; corps noir; abdomen rouge, à extrémité noire. — France.

Psare arqué (*P. arcuatus*, Latr.; *mulio arcuatus*, Fab.). Premier article des antennes de la longueur au moins du second: palette oblongue; corps noir; pates jaunes, ainsi que des taches latérales sur le corselet, une bande arquée, transverse, interrompue au milieu, sur le dessus de chaque anneau de l'abdomen. — France.

Psare a deux ceintures (*Psarus bicinctus*, Latr.; *mulio bicinctus*, Fab.). Antennes comme le précédent; corps noir; deux bandes jaunes sur l'abdomen. — Europe.

*** *Antennes très courtes; une éminence ou un tubercule sur le museau; ailes écartées.*

Onzième genre. Les Séricomyes (*Sericomya*).

Antennes portant une soie très plumeuse insérée à la jointure des second et troisième articles; bouche prolongée en forme de bec; palette des antennes courte, presque ronde.

Séricomye lapone (*Sericomya laponum.* — *Syrphus laponum*, Fab.; *musca laponum*, Lin.). Soie plumeuse des antennes noire; écusson ferrugineux; abdomen ayant trois bandes transversales blanchâtres et interrompues; front jaune, avec une raie noire; côtés antérieurs du corselet à duvet jaunâtre; pates fauves; extrémité de l'abdomen roussâtre. — France: très rare.

Douzième genre. Les Volucelles (*Volucella*).

Antennes, soie et bouche comme dans les précédens, mais palette des antennes allongée; corps ordinairement velu, court.

Volucelle bourdon (*Volucella mystacea*, Latr.; *syrphus mystaceus*, Fab.). Noire; très velue; corselet et bout de l'abdomen couverts de poils fauves; origine des ailes de cette couleur. — Europe.

Volucelle vide (*V. inanis*, Latr.; *syrphus inanis*, Fab.). Huit lignes de longueur; tête jaune et yeux bruns; corselet d'un brun fauve; abdomen d'un jaunâtre fauve, avec deux ou trois bandes noires; ailes jaunâtres, ayant le côté intérieur transparent. — France.

Volucelle luisante (*V. pellucens.* — *Syrphus pellucens*, Fab.). Soie des antennes noire, ainsi que le corps; écusson légèrement ferrugineux; ailes un peu tachées; abdomen ayant son premier anneau d'un blanc luisant et transparent. — France.

Treizième genre. LES ÉRISTALES (*Eristalis*).

Semblables aux volucelles, mais antennes presque contiguës à leur base, à soie insérée plus haut que la jointure de la palette : cette dernière plus large que longue.

ERISTALE DU NARCISSE (*Eristalis narcissi*, LATR.; *syrphus narcissi*, FAB.). Corps très velu, à poils du corselet fauves, et ceux de l'abdomen d'un gris jaunâtre. — France.

ERISTALE BOURDON (*E. fuciformis*, LATR.; *syrphus fuciformis*, FAB.). Noire; soie des antennes simple; corselet avec un duvet jaune, ayant une bande transverse noire; abdomen court, duveteux, noir, à base jaune et extrémité fauve. — Europe.

ERISTALE EMBROUILLÉE (*E. intricaria*, LATR.; *syrphus intricarius*, FAB.). Noire; soie des antennes plumeuse; corselet couvert de poils roux; abdomen court, duveteux, ayant au bout des poils d'un blanc grisâtre; genoux blancs. — Europe.

ERISTALE TRISTE (*E. tristis*, LATR.; *syrphus tristis*, FAB.). Corps presque glabre, d'un brillant métallique; yeux bruns, tachetés; corselet noir, à raies blanches; ailes écartées; abdomen court, convexe, bronzé. — Europe.

ERISTALE DES CIMETIÈRES (*E. cœmiteriorum*, LATR.; *syrphus cœmiteriorum*, FAB.). D'un bronzé très foncé, brillant, presque glabre; abdomen court, plat, noir; ailes couchées, noirâtres. — Europe.

ERISTALE PENDANTE (*E. pendula*, LATR.; *syrphus pendulus*, FAB.). Noire; tête jaune, avec une bande noire; corselet ayant quatre lignes jaunes; trois paires de taches de la même couleur sur l'abdomen, qui est allongé. — Europe.

Quatorzième genre. LES ÉLOPHILES (*Elophilus*).

Ils ne diffèrent guère des éristales que par la palette

de leurs antennes, qui est aussi longue ou plus longue que large.

Élophile abeilliforme (*Elophilus tenax*, Latr.; *syrphus tenax*, Fab.). Au premier coup d'œil il ressemble à une abeille. Noir; duvet du corselet d'un gris jaunâtre; abdomen d'un brun foncé, ayant une large tache fauve de chaque côté du premier anneau; ailes jaunâtres au milieu; pates brunes; tarses et haut des jambes jaunâtres. — France.

Quinzième genre. Les Syrphes (*Syrphus*).

Antennes écartées à leur naissance, dirigées presque parallèlement, à soie insérée comme dans les deux genres précédens; extrémité antérieure de la tête ne formant qu'une saillie très courte et fort obtuse; abdomen presque triangulaire ou presque cylindrique, déprimé; ailes écartées.

Syrphe du groseiller (*S. ribesii*, Latr.). Corselet bronzé, sans taches; abdomen presque triangulaire, peu allongé, noir, avec quatre bandes jaunes, transverses, dont la première interrompue. — France.

Syrphe du rosier (*S. pyrastri*, Latr.). Corselet bronzé, sans taches; abdomen de même forme que dans le précédent, noir, avec trois paires de taches blanches en croissant. — France.

Syrphe écrit (*S. scriptus*, Latr.). Noir; corselet avec des lignes jaunes; abdomen presque cylindrique, ou terminé en massue, allongé, ayant des bandes jaunes. — Europe.

**** *Antennes très courtes; point d'élévation sur le museau; ailes horizontalement croisées sur le corps.*

Seizième genre. Les Milésies (*Milesia*).

Antennes insérées sur une proéminence, à palette presque ronde, comprimée, et dont la soie n'a pas d'articles distincts; abdomen conique, allongé; pates postérieures souvent grandes.

Milésie diophthalme (*Milesia diophthalma*, Latr.; *syrphus diophthalmus*, Fab.). Noire; palette des antennes transversale; corselet taché de jaune; abdomen peu allongé, ayant six bandes jaunes; cuisses postérieures dentées. — Europe : rare.

Milésie sifflante (*Milesia pipiens*, Latr.; *syrphus pipiens*, Fab.). Noire; palette des antennes ovale; abdomen étroit et allongé, ayant trois paires de taches blanches; cuisses postérieures très grosses et dentelées. — France.

Milésie clavipède (*M. clavipes*. — *Syrphus clavipes*, Fab.). Noire, à duvet d'un jaune pâle; palette des antennes ovale-allongée; une bande noire, transverse, sur le corselet; abdomen conique, avec des bandes soyeuses jaunâtres et dorées, couvert d'un duvet roux doré dans les mâles; cuisses postérieures très renflées. — Europe.

SECTION TROISIÈME.

Trompe et palpes très peu apparens ou nuls, le plus ordinairement remplacés par trois tubercules.

Dix-septième genre. Les OEstres (*OEstrus*).

Antennes très courtes, insérées chacune dans une fossette au-dessus du front, et terminées en une palette arrondie, portant sur le dos, près de son origine, une soie simple; cuillerons grands, cachant les balanciers; ailes ordinairement écartées; tarses terminés par deux crochets et deux pelotes.

Les larves de ces insectes sont parasites sur des mammifères, tels que le lièvre, le cerf, le mouton, le bœuf, l'âne, le cheval, etc. Elles habitent le cerveau, l'estomac ou la peau, et font beaucoup souffrir ces animaux.

OEstre du boeuf (*OEstrus bovis*, Latr.). Corselet jaune, ayant une bande noire au milieu; abdomen blanc à la base, avec l'extrémité fauve; ailes un peu obscures, ayant au milieu une large bande brune, et trois petits points bruns à l'extrémité. — France.

OEstre du mouton (*OE. ovis*, Latr.). D'un brun noirâtre, varié et ponctué de blanc; ailes ponctuées; corselet cendré, avec des points noirs élevés; pates d'un brun pâle ; abdomen jaunâtre, finement taché de brun ou de noir. — France.

OEstre des rennes (*OEstrus tarandi*, Latr.). Semblable à l'œstre des bœufs, mais ailes sans taches. — Nord de l'Europe.

OEstre du cheval (*OE. equi*, Latr.). Peu velu ; d'un brun fauve, plus clair sur l'abdomen ; deux points et une bande noirs sur les ailes. — France.

OEstre vétérinaire (*OE. veterinus*, Latr.). Couvert de poils roux, ceux des côtés du corselet et de la base de l'abdomen blancs ; ailes sans taches. — France : sur les chevaux.

OEstre hémorrhoïdal (*OE. hæmorrhoidalis*, Latr.). Très velu ; corselet noir ; écusson d'un jaune pâle ; ailes sans taches ; abdomen noir, blanc à la base et fauve à l'extrémité. — France : sur les chevaux.

OEstre trompe (*OE. trompe*, Fab.). Ailes blanches, avec un point au milieu ; corps noir, couvert de poils cendrés ; une bande noirâtre sur le corselet. — Laponie : sur les rennes.

SECTION QUATRIÈME.

Une trompe ; suçoir de deux pièces seulement ; des palpes extérieurs à la trompe.

* *Côtés de la tête portant les yeux, non prolongés en cornes ou pédicules.*

a. *Cuillerons grands, recouvrant les balanciers en tout ou en partie.*

† *Antennes presque aussi longues que la face antérieure de la tête.*

Dix-huitième genre. Les Echinomyes (*Echinomya*).

Second article des antennes sensiblement le plus long de tous ; ailes écartées.

Echinomye géante (*Echinomya grossa*, Latr. ; *tachina grossa*, Fab.). Huit à dix lignes de longueur ; noire, parsemée de poils ; tête d'un jaune foncé ; yeux et antennes bruns ; origine des ailes d'un jaune roussâtre ; poil de la palette simple. — France.

Echinomye sauvage (*Echinomya fera*, Latr. ; *tachina fera*, Fab.). Hérissée de poils ; antennes roussâtres, à dernier article obscur ; poil de la palette simple ; tête d'un blanc jaunâtre, argenté et soyeux ; yeux bruns ; corselet d'un noir cendré ; abdomen testacé, ayant des taches jaunâtres formées par un reflet, et une ligne noire le long du milieu du dos ; ailes roussâtres à la base ; cueilleron blanc. — Europe.

Dix-neuvième genre. Les Ocyptères (*Ocyptera*).

Ailes écartées comme dans les précédens, mais le second et le troisième article des antennes allongés, et le troisième le plus long ; soie ayant deux articles distincts à sa base.

Ocyptère latérale (*Ocyptera lateralis*, Latr. ; *musca lateralis*, Fab.). Noire ; hérissée ; ailes brunes, à bord postérieur blanc et transparent ; poils des palettes des antennes simples ; abdomen conique, ayant une grande tache rousse de chaque côté du ventre. — Europe.

Ocyptère brassicaire (*O. brassicaria*, Latr. ; *musca brassicaria*, Fab.). Noire ; hérissée ; poils des palettes des antennes simples ; abdomen cylindracé, roux au milieu. — Europe.

Ocyptère arrondie (*O. rotundata*, Latr. ; *musca rotundata*, Fab.). Corps presque ras ; tête blanche ; antennes ayant les poils de leurs palettes simples ; corselet noir, nuancé de blanc ; abdomen à anneaux peu distincts, arrondi, roux, ayant quatre taches noires. — Europe.

Vingtième genre. Les Mouches (*Musca*).

Semblables aux précédens quant aux ailes, mais premier et second article des antennes beaucoup plus courts que le troisième, celui-ci en palette allongée, prismatique, dont la soie est souvent plumeuse.

Mouche bleue de la viande (*Musca vomitoria*, Latr.). Ailes très-écartées, n'étant point couchées l'une sur l'autre dans le repos, formant un triangle avec un angle rentrant postérieur ; antennes plus longues que la moitié antérieure de la face ; palette allongée, à poil barbu ; front fauve ; corselet noir ; abdomen d'un bleu luisant, avec des raies noires. — France.

MOUCHE DORÉE (*Musca cæsar*, LATR.). Ailes, antennes et palette comme la précédente ; corps d'un vert doré luisant ; pates noires. — France.

MOUCHE DOMESTIQUE (*M. domestica*, LATR.). Ailes, antennes et palette comme les précédentes ; corselet d'un noir cendré, ayant quatre raies noires ; abdomen d'un brun noirâtre, tacheté de noir et de brun, jaunâtre en dessous ; base des ailes jaunâtre. — France.

MOUCHE VIVIPARE (*M. carnaria*, LATR.). Ailes, antennes et palette comme dans les précédentes ; corps cendré ; yeux rouges ; corselet ayant trois raies noires ; abdomen allongé, taché en damier de noir et de cendré. — France.

MOUCHE DES CHENILLES (*M. larvarum*, LATR.). Poils des antennes simples ; corps noir, avec des raies plus foncées et plus luisantes sur le corselet ; écusson brun ; des taches et des nuances cendrées, disposées en damier, sur l'abdomen. — France.

MOUCHE LABIÉE (*M. labiata*, FAB.). Ailes comme dans les précédentes, mais antennes à palette presque ronde, la seconde pièce terminée en dessus par une petite saillie en forme de dents ; corps poilu, noirâtre ; lèvre velue, argentée, très luisante ; ailes blanches, sans taches ; pates noires. — Europe.

MOUCHE RORALE (*M. roralis*, FAB.). Ailes et antennes comme dans la précédente ; corps entièrement noir, petit ; antennes très courtes, cachées ou à peine apparentes ; abdomen cylindrique, poilu ; ailes noires, plus pâles au sommet. — Europe.

MOUCHE DES CAVES (*M. cellaris*, FAB.). Ailes couchées ; noire, à abdomen plus pâle ; yeux ferrugineux. — Europe.

MOUCHE MÉDITABONDE (*M. meditabunda*, FAB.). Ailes couchées ; soie des antennes plumeuse ; bouche blanchâtre ; corselet poilu, obscur, sans taches ; abdomen ovale, cendré, avec quatre points roussâtres, en dessus ; pieds noirs, à jambes jaunâtres. — Italie.

Vingt-unième genre. LES LISPES (*Lispe*).

Ailes croisées sur le corps ; palpes s'élargissant fortement vers leur extrémité, en forme de spatule ; antennes en massue prismatique ; pieds antérieurs ne différant pas des autres.

LISPE TENTACULAIRE (*Lispe tentaculata*, LATR.). D'un noirâtre un peu cendré ; front et palpes jaunâtres ; des taches blanchâtres et soyeuses sur l'abdomen, deux de ces taches très distinctes sur son dernier anneau. — France.

†† *Antennes ne dépassant guère en longueur la moitié de la face antérieure de la tête.*

Vingt-deuxième genre. LES PHASIES (*Phasia*).

Antennes écartées à leur naissance, presque parallèles ; corps court ; ailes grandes ; abdomen aplati, presque demi-circulaire.

PHASIE AILES ÉPAISSES (*Phasia subcoleoptrata*, LATR. ; *thereva coleoptrata*, FAB.). Palette des antennes à poils simples ; corselet noir, faiblement rayé ; ailes cendrées, ayant deux petites bandes obscures ; abdomen noir et ferrugineux. — Europe.

Vingt-troisième genre. LES MÉLANOPHORES (*Melanophora*).

Port ordinaire des mouches ; antennes contiguës à leur naissance.

MÉLANOPHORE FRONT-FAUVE (*Melanophora fulvifrons.—Musca fulvifrons*, FAB.). Cendré, front fauve, ainsi que les pates ; ailes jaunâtres, avec des taches obscures vers leur extrémité et à la côte ; corselet rayé longitudinalement de noirâtre ; trois points noirs de chaque côté de la face. — France.

b. *Cuillerons très petits, laissant à découvert la plus grande portion des balanciers.*

1°. *Antennes de forme et de grandeur variables.*

Vingt-quatrième genre. LES OCHTHÈRES (*Ochthera*).

Palpes très grands, en spatule ; une petite pièce en

forme de lèvre supérieure; pates antérieures à cuisses renflées et à jambes terminées par une forte pince.

Ochthère mante (*Ochthera mantis*, Latr.; *musca manicata*, Fab.). Corselet d'un noir obscur, avec deux petits points blancs un peu enfoncés; ailes transparentes; balanciers jaunes; abdomen d'un noir bronzé luisant, ayant sur les côtés des anneaux des taches cendrées et soyeuses; pates et dessous du corps de cette dernière couleur. — France.

Vingt-cinquième genre. Les Scénopines (*Scenopinus*).

Antennes presque cylindriques, à palette grêle, allongée, comprimée, un peu amincie au bout, ne portant point de soie.

Scénopine des fenêtres (*Scenopinus fenestralis*, Latr.; *musca senilis*, Fab.). Tête et corselet bronzés, obscurs; ailes à nervures brunes; abdomen d'un noir luisant, strié transversalement, rayé de blanc dans les mâles; pates fauves, à tarses obscurs. — France.

Vingt-sixième genre. Les Pipuncules (*Pipunculus*).

Antennes de deux articles, dont le dernier presque ovoïde, comprimé, ayant une soie latérale, se terminant en une pointe aiguë, assez longue, en alêne.

Pipuncule des champs (*Pipunculus campestris*, Latr.). D'un noir terne; ailes transparentes; genoux, pelotes des tarses, et quelquefois les jambes et les tarses, d'un fauve jaunâtre; tête globuleuse, entièrement occupée par les yeux. — France.

Vingt-septième genre. Les Phores (*Phora*).

Antennes insérées près de la cavité de la bouche, ne paraissant composées que d'un seul article de forme globuleuse; palpes toujours extérieurs; ailes peu nervées et n'ayant que des nervures longitudinales.

Phore pallipède (*Phora pallipes*, Latr.). D'un noir obscur; palpes, balanciers et pates, livides; tête hérissée; ailes transparentes, avec la moitié de la côte et une nervure, brunes. — France.

PHORE TRÈS NOIR (*Phora aterrima*, LATR.; *musca aterrima*, FAB.). D'un très beau noir mat; tête et corselet hérissés de poils noirs; ailes transparentes, avec la moitié de la côte et une nervure se réunissant à celle-ci, noires; pates comprimées. — France.

2°. *Antennes égalant au moins la longueur de la tête.*

Vingt-huitième genre. LES SÉPÉDONS (*Sepedon*).

Antennes beaucoup plus longues que la tête, insérées sur une élévation, avec le second article fort allongé et cylindrique.

SÉPÉDON DES MARAIS (*Sepedon palustris*, LATR.; *syrphus sphegeus*, FAB.). Noir; front et poitrine luisans; ailes d'un jaunâtre obscur, ayant vers le milieu une très petite nervure noire; pates rougeâtres, les postérieures plus grandes que les autres; tarses noirs. — France.

Vingt-neuvième genre. LES LOXOCÈRES (*Loxocera*).

Antennes beaucoup plus longues que la tête, à dernier article plus allongé que les précédens et linéaire; corps long et menu, ce qui leur donne un peu le port des ichneumons.

LOXOCÈRE ICHNEUMON (*Loxocera ichneumonea*, LATR.; *syrphus ichneumoneus*, FAB.). Noire; ailes à nervures légèrement rembrunies; les deux tiers postérieurs du corselet d'un fauve rougeâtre, ainsi que les pates dont les tarses sont noirs; base de l'abdomen fauve en dessous. — France.

Trentième genre. LES LAUXANIES (*Lauxania*).

Ils ressemblent aux précédens, quant aux antennes, mais leur corps est peu allongé et arqué.

LAUXANIE RUFITARSES (*Lauxania rufitarsis*, LATR.; *musca cylindricornis*, FAB.). D'un noir luisant; velue; ailes et tarses d'un roux jaunâtre. — France.

Trente-unieme genre. LES TÉTANOCÈRES (*Tetanocera*).

Antennes à peu près de la longueur de la tête, ayant leurs deux derniers articles presque également longs, le second comprimé, presque carré, le troisième triangulaire, un peu en croissant à sa base.

TÉTANOCÈRE CHAPERONNÉE (*Tetanocera planifrons*, LATR.; *musca planifrons*, FAB.). Soie des antennes blanche et simple; vertex plan, avancé en forme de chaperon arrondi; corps d'un brun roussâtre, glabre; abdomen plus foncé; ailes sans taches; jambes postérieures arquées. — France.

TÉTANOCÈRE RÉTICULÉE (*T. reticulata*, LATR.). Soie des antennes plumeuse et obscure, roussâtre à la base; corps d'un cendré roussâtre; ailes coupées par une infinité de petits traits bruns, ceux de la côte plus grands. — Europe.

3°. *Antennes sensiblement plus courtes que la tête.*

Trente-deuxième genre. LES CALOBATES (*Calobata*).

Corps et pieds longs et grêles; tête presque ovoïde ou globuleuse.

Premier sous-genre. LES CALOBATES. *Corps filiforme ou linéaire; ailes couchées, non vibratiles.*

CALOBATE A GENOUX NOIRS (*Calobata cothurnata*, LATR.). Noire; tête globuleuse; dessous de l'abdomen roussâtre; pates d'un jaune pâle, les deux premières paires ayant les genoux noirs. — Europe.

CALOBATE FILIFORME (*C. filiformis*, LATR.; *musca filiformis*, FAB.). Noirâtre; tête ovale; abdomen ayant les bords supérieurs de ses anneaux blanchâtres; pates d'un fauve pâle, les cuisses postérieures ayant un anneau noir. — France.

Deuxième sous-genre. LES MICROPÈZES. *Abdomen ové-oblong; ailes divergentes, vibratiles.*

MICROPÈZE VIBRANTE (*Micropeza vibrans*, LATR.). D'un noir un peu bleuâtre et luisant; soie des antennes simple; tête rouge; une tache brune au bout des ailes. — Europe.

MICROPÈZE A UN POINT (*M. punctum*. — *Musca punctum*, FAB.). Tête un peu globuleuse, noirâtre, à antennes d'un ferrugineux obscur; corselet noir, poilu ; abdomen cylindrique, cuivreux, luisant ; le premier anneau infundibuliforme et ferrugineux ; ailes blanches, avec un point latéral et noir, au sommet ; pieds roux. — France.

Micropèze cynipsoïde (*M. cynipsea*. — *Musca cynipsea*, Fab.). Tête noire ; corps d'un noir cuivreux ; un point latéral et noir au sommet des ailes ; abdomen cylindrique. Elle est odorante. — France.

Trente-troisième genre. Les Tephrites (*Tephritis*).

Tête comprimée dans le sens de la largeur, ayant ses antennes insérées vers le milieu de sa face antérieure ; ailes grandes, écartées, tachetées et vibratiles ; abdomen des femelles terminé par un tube écailleux, en forme de queue. Leurs larves vivent dans les fruits ou les tiges de certains végétaux.

Tephrite solstitiale (*Tephritis solstitialis*, Latr. ; *musca solstitialis*, Fab.). D'un vert un peu jaunâtre ; yeux dorés ; quatre bandes transverses d'un brun pâle, sur les ailes. — France.

Tephrite du chardon (*T. cardui*, Latr. ; *musca cardui*, Fab.). Noire ; tête d'un jaune fauve, ainsi que les pieds ; yeux verts ; ailes ayant en dessus une ligne brune en zig-zag. — France.

Tephrite des olives (*T. oleæ*. — *Musca oleæ*, Fab.). Tête jaunâtre, avec deux points noirs sur la bouche ; corselet cendré en dessus, un peu linéé de noir ; écusson jaune ; abdomen conique, aigu, ferrugineux, avec trois taches noires de chaque côté, la postérieure plus grande ; ailes transparentes ; pieds jaunes. — Dans les olives, en Italie.

Tephrite des bigarreaux (*T. cerasi*. — *Musca cerasi*, Fab.). Corps noir ; front testacé ; ailes blanches, avec des taches brunes inégales, les postérieures connexes extérieurement. — France : dans les noyaux de cerise.

Trente-quatrième genre. Les Oscines (*Oscinis*).

Port presque semblable à celui des mouches ordinaires, mais corps un peu plus allongé ; ailes couchées sur le corps; antennes écartées, droites, avancées parallèlement, à dernier article ou palette un peu plus grand que le précédent, comprimé, presque ovoïde ou demi-rond. Tête souvent en pyramide déprimée et tronquée au bout.

Premier sous-genre. Les Oscines. *Tête sphérico pyramidale; vertex plan; antennes à dernière pièce beaucoup plus grande, ovale.*

Oscine rayée (*Oscinis lineata*, Latr.; *musca lineata*, Fab.). Dessous jaune; dessus noir; tête non aplatie; ailes droites; des raies jaunes sur l'écusson et le corselet. — Europe.

Oscine curvipenne (*O. curvipennis*, Latr.). Noire; tête roussâtre, aplatie; vertex plan, ayant un point noir et une impression de la même couleur en forme de V; ailes se courbant vers leur extrémité postérieure, obscures; pates d'un fauve brun. — France.

Oscine bossue (*O. gibbosa*, Latr.). D'un cendré d'ardoise; yeux rouges; quatre raies noires sur le corselet; des points noirs sur l'abdomen. — France.

Oscine frit (*Oscinis frit. — Musca frit*, Fab.). Noire; dessus de la tête d'un verdâtre pâle, ainsi que l'abdomen.—Europe : sa larve vit dans l'intérieur des tiges de plusieurs céréales, et détruit quelquefois, en Suède, une quantité d'orge évaluée à 100,000 ducats d'or.

Deuxième sous-genre. Les Otites. *Tête pyramidale; antennes avancées, à second et troisième article allongés, le second conique et le troisième ovale.*

Otite élégante (*Otites elegans*, Latr.). Cendré; vertex rougeâtre; corselet avec des raies irrégulières et noirâtres; abdomen d'un noir luisant; ayant des bandes transversales cendrées; de petites taches noires sur les ailes. — France.

Troisième sous-genre. Les Mosilles. *Palpes simplement dilatés; ailes couchées; trompe épaisse, reçue à sa base dans une espèce de voûte arquée et saillante; corps court.*

Mosille arqué (*Mosillus arcuatus*, Latr.). D'un

noir bronzé; ailes et balanciers blanchâtres. — Europe.

Trente-cinquième genre. LES SCATOPHAGES (*Scatophaga*).

Port des mouches, mais corps plus oblong; ailes croisées sur le corps ou peu écartées; antennes presque contiguës à leur base, inclinées, à palette longue et prismatique; tête presque globuleuse ou hémisphérique.

SCATOPHAGE PLUVIAL (*Scatophaga pluvialis*, LATR.; *musca pluvialis*, FAB.). Cendré; cinq taches noires sur le corselet; abdomen ayant neuf taches triangulaires noires.

SCATOPHAGE COMMUN (*S. stercoraria*, LATR.; *musca stercoraria*, FAB.). Palette des antennes à soie barbue; corps très ovale, velu, d'un jaune grisâtre; front roux; un point brun aux ailes; abdomen d'un jaune fauve dans les mâles, d'un jaune grisâtre dans les femelles. — France.

Trente-sixième genre. LES THYRÉOPHORES (*Thyreophora*).

Ils ressemblent aux scatophages, mais généralement leur corps est plus allongé; tête presque globuleuse; antennes beaucoup plus courtes, insérées en tout ou partie dans une cavité frontale, terminées par une palette lenticulaire ou presque globuleuse. Ailes longues; pieds postérieurs beaucoup plus longs que les autres; écusson souvent épineux.

THYRÉOPHORE CYNOPHILE (*Thyreophora cynophila*, LATR.). D'un bleu foncé; tête d'un jaune rougeâtre; deux points noirs sur chaque aile; écusson terminé par deux épines. — France.

THYRÉOPHORE CAMBRÉE (*T. curvipes.* — *Sphærocera curvipes*, LATR.). D'un noir obscur; pates d'un fauve livide, à tarses noirs; nervures des ailes brunâtres; cuisses et jambes postérieures grandes et arquées, à premier article de leurs tarses renflé. — France.

** *Côtés de la tête prolongés en forme de cornes portant les yeux.*

Trente-septième genre. LES ACHIAS (*Achias*).

Antennes insérées sur le front.

ACHIAS OCULÉ (*Achias oculatus*, LATR.). Antennes écartées, courtes, composées de trois articles dont les deux premiers très courts ; écusson un peu échancré ; ailes couchées sur le corps. — De Java.

Trente-huitième genre. LES DIOPSIS (*Diopsis*).

Antennes insérées directement sous les yeux, sur la corne qui porte ces derniers.

DIOPSIS ICHNEUMONÉ (*Diopsis ichneumonea*, LATR.). Allongé ; tête fauve ; corselet noir, muni de quatre épines ; abdomen fauve, un peu renflé vers l'extrémité qui est noire ; pates jaunes ; cuisses postérieures renflées. — Afrique.

FAMILLE 52. LES PUPIPARES.

Analyse des genres.

1. { Tête très distincte, articulée devant le corselet 2
   Tête très petite, presque nulle, placée sur le corselet et près de son extrémité antérieure .... *Genre Nyctéribie.*

2. { Des ailes 3
   Pas d'ailes .... *Genre Mélophage.*

3. { Antennes consistant en un tubercule surmonté d'une soie .... *Genre Hippobosque.*
   Antennes consistant chacune en deux petites lames velues et avancées .. *Genre Ornithomye.*

CARACTÈRES. Antennes courtes, composées d'un tubercule surmonté d'une soie ou de deux petites lames velues ; trompe composée d'un suçoir en filet, de deux pièces, placée sur une petite bulbe de la bouche, et recouverte en dessus et sur les côtés par une ou deux lames.

Ces diptères ont en général le corps large, court, aplati, recouvert d'une peau coriace extrêmement solide; on ne leur voit pas de palpes, et leurs pieds, robustes et écartés, sont terminés par deux ongles forts, munis en dessous de une ou deux dents. Ces insectes sont parasites et se trouvent sur les mammifères et les oiseaux.

Premier genre. Les Hippobosques (*Hippobosca*).

Tête très distincte et articulée avec l'extrémité antérieure du corselet; des ailes; yeux très distincts; antennes en forme de tubercules, avec une soie sur le dos.

Hippobosque du cheval (*Hippobosca equina*, Latr.). Corselet varié de jaune et de brun; abdomen jaune, taché de brun; ailes arrondies à l'extrémité.—France.

Deuxième genre. Les Ornithomyes (*Ornithomya*).

Semblables aux hippobosques, mais antennes en forme de lames, velues et avancées; quelquefois des petits yeux lisses, qui manquent toujours aux précédens.

Ornithomye verte (*Ornithomya viridis*, Latr.; *hippobosca avicularia*, Fab.). D'un vert obscur, plus clair sur les pates; corselet unicolore; ailes obtuses, grandes, ovales. — France : sur les oiseaux.

Ornithomye de l'hirondelle (*O. hirundinis*. — *Hippobosca hirundinis*, Fab.). Ailes subulées; pieds hexadactyles. — France : sur les hirondelles.

Troisième genre. Les Mélophages (*Melophagus*).

Tête distincte, figurée à l'ordinaire, mais se confondant presque avec le corselet; yeux peu distincts; pas d'ailes.

Mélophage des moutons (*Melophagus ovinus*, Latr.; *hippobosca ovina*, Fab.). Rougeâtre.—France: il se tient caché dans la toison des brebis.

Quatrième genre. LES NYCTÉRIBIE (*Nycteribia*).

Tête très petite ou presque nulle, formant un petit corps qui s'élève verticalement sur l'extrémité antérieure du corselet ; point d'ailes ni de balanciers.

NYCTÉRIBIE PÉDICULAIRE (*Nycteribia pedicularia*, LATR. ; *pediculus vespertilionis*, FAB.). Corps brun ; abdomen hérissé de poils ; pates longues, arquées, à tarses courbés. — France : sur les chauve-souris.

FIN.

TABLE ALPHABÉTIQUE

DES ORDRES, DES FAMILLES ET DES GENRES.

Nota. Les Ordres sont écrits en grandes capitales; les Familles en petites capitales; les Tribus, Sections ou autres divisions, en italique; les genres et sous-genres en caractères ordinaires. Le chiffre romain indique le volume, et le chiffre arabe la page.

A

B

C

D

E

F

G

H

M

N

O

P

R

S

T

U

V

X

Y

Z

FIN DE LA TABLE ALPHABÉTIQUE.

TABLE DES MATIÈRES

CONTENUES

DANS LE TOME DEUXIÈME.

FIN DE LA TABLE.

DE L'IMPRIMERIE DE CRAPELET,
rue de Vaugirard, n° 9.

www.ingramcontent.com/pod-product-compliance
Lightning Source LLC
Chambersburg PA
CBHW060959220326
41599CB00023B/3764

* 9 7 8 2 0 1 2 7 4 8 2 7 9 *